KB080287

어떻게 수학을
사랑하지 않을 수
있을까?

The Waltz of Reason

삶 의 해 를 구 하 는 공 부

어떻게 수학을 사랑하지 않을 수 있을까?

카를 지크문트 지음

노승영 옮김

The Waltz of Reason

윌북

추천의 글

수학과 철학은 서로를 위해 태어난 학문이란다. 사유 방식은 근본적으로 다르지만 서로 얽혀 상생한다. 인식론은 기하학과 확률론의 핵심인 공간과 우연을 다루고, 윤리학은 게임이론으로 공정과 사회계약을 분석한다. 거꾸로 공정과 규범의 철학은 수학 문제로 자리 잡았다. 신은 비록 수학을 하지 않지만, 인간계에서는 형이상학적 철학이 수학적 논리를 만나 왈츠를 춘다. 이성의 역사는 그 왈츠의 리듬과 박자를 따라가는 과정이다. 수학은 수식과 도형으로만 푸는 문제가 아니다. 문법을 익혀야 한다. 이 책은 바로 그 수학 문법을 일깨워준다. 저자는 이 책을 집필하며 『노인과 바다』를 떠올렸다지만, 우리는 저자를 따라 『이상한 나라의 앨리스』의 토끼굴에서 피타고라스, 플라톤, 파스칼에 이어 비트겐슈타인과 튜링을 만난다. 수학을 경멸한 철학자 쇼펜하우어 열풍이 뜨거운 요즘, 이 땅의 수많은 '수포자'들에게 이 책을 권한다. 감춰져 있던 당신의 수학 재능이 되살아나며 철학이 달리 보일 것이다. 학교 수업에서 지겨운 문제풀이는 잠시 접어두고 그냥 함께 이 책을 읽고서 토론한다면 멋질 것이다.

최재천 | 이화여자대학교 에코과학부 교수, 생명다양성재단 이사장

4

수학은 이야기다. 박진감 있게 전개되는 TV 속 드라마와도 같다. 상상과 환상으로 끝없이 풍성해진다. 논리학은 작동 원리다. TV는 무엇으로 만들어졌는지, 스크린에 신호는 어떻게 전달되는지. 드라마 줄거리보다는 설계도에 더 관심을 둔다. 그리고 철학은 사람의 마음이다. TV 앞에 앉은 청중을 바라본다. 그들은 누구인지, 어떤 생각을 하는지, 언제 울고 웃는지 궁금해한다.

안타깝게도, 태생이 같은 세 형제자매는 현대 학계에서 점점 더 멀어지는 이별의 길을 걷고 있다. 어느 한 분야의 전문가가 되려면 다른 분야에서의 아마추어 취급을 감내해야만 한다. 학문의 분화는 불통의 벽을 공고히 쌓았다.

이 값진 책은 화해의 활로를 제시한다. 저자의 방대한 지식과 통찰은 지난 100여 년간을 하나의 이야기로 꿰어낸다. 특히 비트겐슈타인을 위시한 빈 학파의 위대한 고찰과 발견을 재조망한다. 그들의 선견지명이 튜링 기계, 인공지능 등 현대의 난제에 남기는 함의는 놀라울 뿐이다. 저자는 수학과 논리학과 철학이라는 거대한 서사를 기초부터 차근차근 풀어나간다. 그리고, 마지막에 다다랐을 때, 인간·존재·사유 등 인문학의 근본 주제를 함께 생각해보자고 제안한다. 세 학문이 왈츠를 추며, 우리에게 아름다운 무대를 선보인다.

김상현 | 고등과학원 수학부 교수, 『수학은 상상』 저자

2000년 이상 지속되어온 수학과 철학의 숙명적 얽힘을 이야기하고, 수학의 의미와 가치를 쉬운 언어로 설명해준다. 오랜 시간 수학자로서 키워온 저자의 통찰과 경험이 잘 담겼다. 그 귀중함은 하늘에서 내린 선물과 같다. 또한 저자는 우리가 궁금해하는 근본적인 질문의 답을 찾는다. 왜 수학을 공부할까? 왜 사람들은 수학에 빠져드는가? 수

학은 수천 년간 꾸준히 발전해온 유일한 학문이자 인류가 그동안 쌓아온 지성을 대표한다. 이 책은 역사적으로 중요하고 지금도 알아두면 좋을 유익한 지식을 잔뜩 소개한다. 두고두고 읽을 만하다.

송용진 | 인하대학교 수학과 교수, 『영재의 법칙』 저자

처음 학교에 들어갔을 때 담임 선생님이 칠판에 그리던 수직선, 문제집 뒤에 쉬어가는 페이지라며 나오던 퍼즐, 빈 지면에 깜지를 하다가 귀찮아지면 꼬불거리는 곡선으로 가득 채우던 시간들, 수업 시간에 들었던 가물가물한 정리들부터, 뭔지 잘 모르겠지만 멋지다고 생각했던 용어들까지, 이 책을 읽는 내내 학창 시절 머릿속을 스쳐 지나가다가 그대로 묻혀버린 지식을 복원하는 느낌이 들었다. 저자는 바로 그런, 우리가 한때 수학에서 맛보았던 즐거움에서 출발해, 고대 그리스에서부터 20세기까지의 역사, 나아가 컴퓨터와 인공지능에 관한 수많은 이야기를 종횡무진 누비고 파헤친다. 0부터 1씩 커져가는 자연수들이 찍혀 있던 수직선의 한 칸, 0과 1 사이에 무한히 많은 수가 자리 잡았음을 깨닫던 순간처럼, 예전에 배웠던 수학 지식이 어떻게 연결되고 어디에 쓰이는지 통찰을 준다. 나아가 우리 모두가 한 번쯤은 궁금해했던 "대체 왜 수학을 배워야 하는지"까지, 페이지를 넘길 때마다 생각을 계속하게 만드는 책이다.

전혜진 | SF작가, 『우리가 수학을 사랑한 이유』 저자

명쾌하고 술술 읽히며 매혹적이다. 수의 의미, 컴퓨터의 한계, 공정한 투표 시스템의 불가능성 등 다양한 주제로 우리를 안내한다.

이언 스튜어트 | 워릭대학교 수학과 명예교수,
『세계를 바꾼 17가지 방정식』 저자

이 책은 1979년에 출간된 전설의 철학서 『괴델, 에셔, 바흐』의 21세기 버전이다. 재밌는 입담으로 철학과 수학에 관한 폭넓은 담론을 펼친다.

크리스토프 코흐 | 신경과학자, 『생명 그 자체의 감각』 저자

수학은 인류 역사를 통틀어 언제나 철학의 훌륭한 댄스 파트너였다. 심오한 지식과 재밌는 산문이 결합한 이 책은 당신도 춤추게 할 것이다.

마커스 드 사토이 | 옥스퍼드대학교 수학과 교수,

『우리가 절대 알 수 없는 것들에 대해』 저자

수학과 철학의 얽힘을 밝혀내는 유쾌한 역사 기행.

브라이언 스컴스 | 캘리포니아 어바인대학교 과학철학 교수

철학과 인간 행동을 탐구하길 좋아한다면 이 책에 매료될 것이다. 게임이론, 사회계약, 고전적인 수감자 딜레마는 물론, 컴퓨터가 진정으로 지능을 가지며 잠재적으로 의식이 있는지도 조사한다.

《로스앤젤레스 타임스》

마음을 뒤흔드는 여정으로 독자를 안내한다. 수학의 다양한 분야가 합쳐져 어떻게 그 이상의 의미를 지니게 되는지 흥미롭고 자세하게 설명한다.

《퍼블리셔스 위클리》

수·도형·기호로 하는 철학에 대하여

노승영 | 과학책 전문 번역가

번역가를 자괴감에 빠뜨리는 책 중 하나가 수학책이다. 온전히 이해하지 못한 채로 수식을 번역해야 하기 때문이다. 여기서 '번역'이라는 말이 적절하지 않을 수도 있는데, 원문과 번역문이 정확히 일치하기 때문이다. 영어 수식은 번역자의 머릿속에서 생각으로 바뀌었다가 원문과 똑같은 한국어 수식으로 표현된다. 출판번역이 아니라 기술번역에서라면 '100퍼센트 매치'라며 번역료를 한 푼도 주지 않겠지만, 어쨌거나 수식 번역 또한 번역가가 고민한 결과물이다. 그런데 가슴에 손을 얹고 말하자면, 수식의 어떤 부분은 삼킨 수박씨처럼 전혀 소화되지 않은 채 배설되기도 한다. 특히 저자가 독자를 이해시키기 위해 쓴 것이 아니라 동료 연구자들에게 자신의 논리를 입증하기 위해 쓴 수식은 수학 전공자가 아닌 번역가에겐 한국어도 영어도 아닌 제3의 언어인 셈이다.

『어떻게 수학을 사랑하지 않을 수 있을까?』의 수식은 (그나마 수학책 치고는 가물에 콩 나듯 나오지만) 독자를 이해시키기 위해 쓰였다. 저자 카를 지크문트는 독자가 수학의 희열을 느끼기를 바라며 수식을 풀어냈다. 하지만 생각의 고통을 겪지 않고서 그 희열을 느끼는 수단은 소설뿐이며, 이 책은 소설이 아니므로 우리는 수식을 이해하려고 골머리를 썩여야만 한다. 그리고 이 책의 한국어판을 가장 먼저 읽어본 사람으로서 말하자면 여러분의 고통은 헛되지 않을 것이다.

'수학철학'이라는 용어는 대부분의 독자에게 낯설 텐데, 이 책을 읽고 나면 수학이란 수·도형·기호를 가지고 하는 철학이라 생각하게 된다. 유클리드가 『기하학 원론』에서 확립한 공리와 증명은 철학자들이 논리를 펴는 토대가 되었으며(스피노자가 『윤리학』을 기하학의 방법으로 구축하고자 했다는 사실은 널리 알려져 있다), 수학을 논리적으로 완벽한 체계로 만들고자 했던 힐베르트 프로그램은 오히려 스스로의 토대를 허물게 된다. 수의 체계가 자연수에서 정수, 유리수, 실수, 복소수로 확장되는 과정을 보면 과연 수가 이 세상의 참모습인지, 아니면 (단지 연산의 일관성을 유지하기 위한) 인간의 발명품인지 의문을 품지 않을 수 없다.

철학은 수학의 본질을 탐구하는 행위에 그치지 않는다. 수학과 관계가 있으리라고는 상상하기 힘든 선거, 공리주의, 협력의 탄생, 사회계약, 공정 같은 철학 분야의 핵심에 수학이 있음을 보면, 현행 교육과정에서 수학의 비중을 오히려 늘려야 하는 것 아닌가 생각하게 된다. 하지만 그 수학은 그저 시험을 잘 보기 위한 수학이 아니다. 문제를 푸는 게 아니라 만드는 수학, 성공이 아니라 실패를 새로운 돌파구로 삼는 수학이다. 피타고라스 정리가 수백 개에 이른다는 사실, 각각의 정리가 새로운 관점과 새로운 통찰을 제시한다는 사실을 마주하면 수학이 창조적 학문이라는 말을 수긍하게 된다.

내가 고등학교를 다닐 때 이런 책이 있었다면 수학을 전공하고 싶었을지도 모르겠다. 그건 이미 늦었지만, 지금 읽으며 수학을 적어도 좋아하게 된 것 같기는 하다.

차
례

1부

**사유의
역사**

2부

**당혹스러운
수수께끼**

일러두기

1. 이 책의 부록(인용 출처, 참고 문헌, 그림 출처)은 윌북 웹사이트의 SUPPORT/
   자료실에서 확인할 수 있다(https://www.willbookspub.com/data/39).

2. 옮긴이 주는 단락 중간에 '§' 기호로 표시했다.

3. 단행본·장편소설은 겹낫표(『 』), 논문·시·단편소설은 홑낫표(「 」), 학술
   지·신문은 겹화살괄호(《 》), 그림·노래·영화 등 문서가 아닌 콘텐츠는 홑
   화살괄호(〈 〉)로 표시했다.

4. 언급되는 도서 중 한국에 번역 출간된 것은 그 번역서의 이름을 적었으며,
   출간되지 않은 것은 우리말로 옮기고 원 제목을 병기했다.

머리말

수학과 철학의 인연은 오래전으로 거슬러 올라간다. 이 책은 수학과 철학의 만남 중에서 가장 기억에 남는 것 몇 가지를 너무 딱딱하지 않게 서술한다.

두 분야는 서로를 위해 태어난 것처럼 보인다. 한편으로 수학은 이론철학과 실천철학 둘 다에 요긴한 연장이다. 이를테면 인식론은 기하학과 확률론의 핵심인 공간과 우연 같은 주제를 다루고, 윤리학은 게임이론을 차용하여 공정과 사회계약 같은 개념을 다루며, 그 밖에도 여러 분야가 있다. 다른 한편으로 수학 자체는 더없이 알쏭달쏭하고 흥미진진한 철학적 질문들의 원천 중 하나다. 수학은 분명 경험과학이 아닌데도 왜 이토록 실용적일까? 수학은 발명되는 것일까, 발견되는 것일까? 수학 지식이 그토록 확고해 보이는 이유는 무엇일까?

이런 질문들은 인간 사유의 역사를 탐구하는 신나고 유익하고 이따금 두서없는 여행으로 이어질 것이다. 이 여정에는 놀랍도록 독창적인 인물들이 등장하는데, 그들은 모두 죽은사색가협회 소속이다. 철학적 사유 방식과 수학적 사유 방식은 완전히 별개이지만 종종 나란한 코스를 밟았다. 한때는 철학자와 수학자가 구별되지 않았다. 그 시대는 저물고 있지만 두 분야가 서로를 놀라운 방식으로 자극하고 종종 놀래킨다는 사실은 여전하다. 그리스가 낳은 두 형제자매인 수학과 철학은 복잡하고 이따금 현란한 왈츠를 추며 영영 얽힐 운명으로 보인다. 가끔 서로의 발가락을 밟기도 하지만. 이 책에서 우리는 둘의 발전 과정을 따라갈 것이다.

이 책에는 그림이 많고 수식은 매우 적다. 용도가 관광 가이드북이기 때문이다. 까다로운 분야인 수학철학을 죽기 살기로 파고들지는 않겠지만, 이를 만회하기 위해 도덕에서 논리까지 온갖 철학적 문제에 수학이 어떻게 적용되는지 설명하고, 유서 깊은 탐구 과정에서 벌어진 역사적 사건들을 강조할 것이다. 이 탐구에는 끝이 있을 수 없다. 폭발적으로 발전한 인공지능이 인류가 카드로 쌓은 이성의 집을 탁자에서 쓸어버리고 새 패를 돌릴 것처럼 보이는 지금은 더더욱 그렇다.

이 책의 1부는 공간, 수, 알고리즘, 공리, 증명을 다룬다. 수학자가 바라보는 수학의 모습이 어떻게 진화했는지 추적하며 유클리드에서 튜링까지, 더 정확히 말하자면 탈레스에서 헤일스까지 이어지는 기나긴 정사正史의 성인용 축약본인 셈이다. 탈레스는 이오니아해 연안 밀레토스 출신의 전설적 인물로, 통찰과 확실성이 깃든 수학 증명 개념을 지금으로부터 수백 세대 전에 처음 창안했다고 전해진다. 토머스 헤일스는 현대 미국의 수학자로, 그가 내놓은 증명이 너무 복잡하여 누구도 완벽하게 검증하지 못해 유명해졌다. 결국 헤일스는 컴퓨터를 납득시켜 모든 의심을 일소했다.

이 두 가지 이정표 사이에서 수학이 발전하는 동안 관점이 극적으로 변화했는데, 이 때문에 수학자와 철학자 둘 다 골머리를 썩여야 했다. 그런 예로는 공간적 직관의 역할, 평행선 공리의 운명, 수학적 공간과 물리학적 공간의 결별, 수의 성격과 목적, 금기와 추문의 후광에 둘러싸인 무한, 수학과 논리학의 근친상간적 관계 등이 있다. 이 모든 주제는 대규모 혁명을 이따금 겪으며 수백 년에 걸쳐 발전했는데, 모두가 수학과 철학의 ('미지와의 조우'라 부를 법한) 야릇한 만남으로 이어졌다.

2부는 우연과 연속성을 다룬다. 엘레아의 제논 같은 사상가들이 연속성에 착안하여 낸 수수께끼는 가장 명석한 사람들조차 혼란에 빠뜨렸으며 고대 수학을 당혹감으로 가득 채웠다. 르네상스 이후 연금술사의 전성기가 되어서야 몇몇 지적 모험가들이 무한소 계산법을 발전시키기 시작했다. 그들의 목표는 저돌적 '빨리 감기'(이른바 '극한으로의 이동')로 극한에 도달하여 유한을 무수히 많은 무한소 조각들로 나누는 것이었다. 거의 같은 시기에 확률도 길들여졌다. 당시는 수학자들이 몽유병자의 자신감을 발휘하여 상식을 넘어서던 때였다. 어떻게 우연이 인과율에 들어맞는지, 어떻게 무한소가 그 무엇보다 작으면서도 0이 아닐 수 있는지 제대로 이해하는 사람은 아무도 없었다. 계산만 맞으면 만사 오케이였다. 머지않아 우연 계산과 부피 계산을 같은 분석 도구로 다룰 수 있다는 사실이 밝혀졌다. 수학자들은 이성을 거역하는 데 익숙해졌다. 또한 철학자들을 성가시게 하기 시작했다.

3부는 도덕, 경제, 정치, 법률 같은 실천철학을 들여다본다. 플라톤은 이상적 통치자가 되려면 우선 10년간 수학을 공부해야 한다고 제안한 적이 있다. 다행히 아무도 그의 제안에 호응하지 않았다. 하지만 2000년 뒤 몇몇 수학자가 무엇이 좋고 바람직한가의 문제를 실제로 고찰했다. 처음에는 해로울 것 없었다. 민주주의가 급진파의 몽상이요 유일한 공화국은 '학자의 공화국'이던 시절에 투표 제도를 탐구하는 일에서 출발했으니 말이다. 얼마 뒤 '행복 계산'이라는 벤담식 개

넘이 조롱을 사긴 했지만 '효용' 개념은 경제학을 장악했다. 그리고 마침내 효용은 스스로를 공격하여 '합리적 존재'라는 우리의 낙관적 자아상에 그림자를 드리웠다.

20세기 중엽을 앞두고 수학자들은 '게임이론'이라는 무해한 제목을 내걸고서 이해관계 상충 문제를 탐구하기 시작했다. 이런 갈등은 모든 도덕과 법률의 **존재 이유**다. 수감자 딜레마(죄수의 딜레마)나 사슴 사냥 게임이 없었다면 오늘날 철학자들이 어떻게 이기심, 협력, 사회계약에 대해 숙고했을지 상상하기 힘들다. 마찬가지로 공정이라는 개념이나 소유권 규범의 진화는 현재 수학 문제로 확립되었다(그렇다고 해서 우리가 반드시 이 문제를 더 잘 이해한다는 뜻은 아니지만).

4부는 미지의 해안에 상륙하여 원주민과 교류하듯 외부에서 수학에 접근하고자 한다. 첫 장은 수학의 언어, 더 정확히 말하자면 수학 글쓰기를 살펴본다. 이 유사-필적학적 접근법은 부족이 변화를 겪고 있음을, 변화 속도가 아찔할 정도로 빨라지고 있음을 보여준다. 이 격변의 원인은 물론 디지털화다('디지털화digitalization'라는 낱말은 개수를 세는 손가락digit을 가리킨다). 수학의 발명품인 컴퓨터는 지금껏 생각한 것보다 더 다양한 방면에서 수학을 급진적으로 탈바꿈시키고 있다. 다음 장은 수학철학에 경의를 표한다. 오늘날 이 고귀한 분야는 수학 못지않게 자기 자신을 다루는 듯하다. 마지막 장은 많은 사람의 눈에 가장 까다로운 수수께끼처럼 보일지도 모르는 문제를 다룬다. 그것은 수학이 왜 우리 중 일부 사람들에게(하지만 일부 사람들에게'만') 이토록 큰 즐거움을 선사하는가다.

나로 말할 것 같으면 기억할 수 있는 가장 어린 시절 이래로 수학을 사랑했다. 어느 포근한 저녁, 꼬맹이이던 내가 집에서 삼각형의 세 각을 조심스럽게 측정하여 더하고서 아버지 말씀이 옳았음을 알게 된 장면이 생생히 떠오른다. 나는 빈에서 자라는 동안 금세 루트비히 비트겐슈타인, 쿠르트 괴델, 빈 학파의 족적을 맞닥뜨렸으며 그들의 이질적 견해에 궁금증을 품지 않을 수 없었다. 나의 인생에 결정적 영향을 미친 경험은 이것만이 아니었다. 내 직업적 삶의 상당 부분(어쩌면 최고의 부분)은 학부생들에게 수학을 가르치면서 그들이 몇 달 안에 수학 꿈나무로서 남다른 사고방식을 기르는 과정을 지켜보는 것이었다. 마치 통과의례를 목격하는 듯한 느낌이었다. 나의 첫 과학적 연구 대상은 결정론적 모형과 확률론적 모형의 경계에 있는 동역학계였다. 그러다 진화적 게임이론으로 돌아섰다. 나는 전자로부터 이론철학 사유를 위한 양식을 얻었고 후자로부터는 실천철학 사유를 위한 양식을 얻었다. 허겁지겁 배를 채웠음에도 나는 어느 분야에도 전문가가 아니다. 통재라! 사실 이 책에서 내가 다룬 모든 분야에는 나보다 나은 전문가가 많다. 핑계를 대자면 나의 취지는 드넓은 벌판을 한가롭게 거닐며 이따금 다른 경로를 거쳐 같은 지점으로 돌아오고 이따금 편안히 경치를 감상하는 것이었다.

그렇긴 해도 실토하건대 이 책을 쓰는 동안 종종 『노인과 바다』를 읽을 때와 비슷한 느낌을 받았다. 말하자면, 내가 낚은 물고기는 내가 감당하기에 너무너무 커서 나와 고깃배를 끌고 간다. 전혀 알지 못하는 곳으로….

내가 취할 수 있는 태도는 철학적 태도뿐이다.

The
Waltz of
Reason

1부

사유의 역사

기하Geometry
이름 없는 것에 대한 기억들

잊어버리기의 기술

첫 장면의 무대는 아테네다. 이곳은 아니토스라는 정치 모리배의 저택이다. 전도 유망한 군사 지도자인 젊은 메논이 저택을 방문한다. 우연히 소크라테스도 동석한다. 메논은 기회를 놓칠세라 덕을 가르치는 것이 가능하냐고 그에게 묻는다. 한 번도 소크라테스를 낚지 못한 적 없는 백발백중 미끼다. 이 계략 덕분에 메논은 영원으로 가는 통행권을 얻었다. 그는 얼마 지나지 않아 페르시아전쟁에서 의심스러운 상황에 휘말려 목숨을 잃었지만 그의 이름은 플라톤의 대화편 중 하나로 남았다.

『메논』은 플라톤의 초기 저작이다. 여기서 철학자 플라톤은 자신이 주창하는 개념 하나를 처음으로 제시한다. 바로 어떤 지식은 기억을 되살림으로써 배울 수 있다는 개념이다. 우리의 불멸하는 영혼은 그 지식을 처음부터 알았으며 끄집어내기만 하면 된다는 것이다.

그리스인들은 묻혀 있는 지식을 복원하는 일에 이름을 붙였으니, 그것이 바로 '아남네시스'다. 이 개념은 우리에게 구제 불능 구닥다리요 미신 시대의 유물처럼 들릴지도 모르겠다. 하지만 이것은 철

▲ 소크라테스(469~399 BCE).

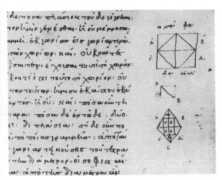

▲ 『메논』의 한 페이지.

학과 수학의 가장 장엄하고 실제로 황홀한 만남으로 이어졌다. 그 순간은 소크라테스가 자신의 신기한 개념을 변호하고자 메논을 위해 완전한 회상의 실험을 선보이겠노라 제안했을 때였다.

소크라테스는 곁에 있던 노예들 중 한 소년을 부른다. 소년이 교육을 전혀 받지 못했음은 의심할 여지가 없다. 소크라테스는 능숙한 질문법을 구사하여 소년이 한 번도 들어보지 못했을 기하학 정리를 발견하도록 유도한다. 그러고는 소년이 이 정리를 처음부터 알고 있었던 것이 틀림없다고 결론 내린다. 단지 지금껏 자각하지 못했을 뿐 은근히 캐묻자 잠재했던 지식이 드러났다는 것이다. 현대 용어로 표현하자면 프로이트 박사의 소파에서 정신분석 요법을 진행할 때처럼 잠재의식의 일부가 의식화되었다는 것이다. 소크라테스 본인은 자신의 역할을 산파에 비유하여 소년이 잊은 것을 **아니 잊도록** 도와줬을 뿐이라고 말한다.

이 모든 과정은 15분밖에 걸리지 않았다. 그러고 나서 소년은 비천한 무지의 세계로 돌아갔다. 그는 모든 질문이 무슨 말인지 알아듣지 못했을뿐더러 이 사건은 그에게 명성의 15분도, (아무도 소년에게 이름을 묻지 않았으므로, 정확히 말하자면) 불멸의 15분도 선사하지 않았다.§ 앤디 워홀이 말했다고 잘못 전해지는 "미래엔 모든 사람이 15분 동안은 세계적으로 유명해질 것이다"라는 발언에 빗댄 표현. 소크라테스와 메논은 덕이 무엇에 대한 것이냐는 토론으로 돌아갔다.

소크라테스가 물리학이나 지리학 같은 학문이 아니라 기하학을 실험 소재로 고른 것은 의미심장하다. 자신이 갈고닦은 변증술을 구사하여 소년으로 하여금 크레타가 섬이라거나 모든 것이 물·불·공기·흙으로 이루어졌음을 기억해내도록 할 수 있었음에도 기하학 정리에 초점을 맞춘 것은, 그 무엇도 기하학보다 더 타당하게 영원한 진리로 간주될 수는 없기 때문이었다.

소년에게는 주어진 정사각형보다 넓이가 두 배 큰 정사각형을 구하는 문제가 놓였다. 우리가 학교에서 배웠듯 그 정사각형의 변 길이는 원래 정사각형의 변 길이의 $\sqrt{2}$ 배여야 한다. 즉, 대각선 길이와 같아야 한다. 하지만 거기서 제곱근 얘기를 할 수는 없었다. 사실 소크라테스는 정사각형을 언급하지도 않았다. 그가 이야기한 도형은 변의 길이가 같은 사변형이었다(24쪽 그림 ⓐ). 이것만으로는 정사각형을 정의하기에 부족하지만 소크라테스는 두 대각선의 길이가 같다고 덧붙였다(필시 그림 ⓑ 같은 도형을 활용했을 것이다). 그러면 변의 길이가 같은 사변형은 정말로 정사각형이다.

소크라테스는 대각선의 길이가 아니라 모든 각이 같아야 한다고 말할 수도 있었다. 이 조건에서도, 변의 길이가 같은 사변형은 정사각형이다. 하지만 그는 문답을 시작하면서 대각선을 대수롭지 않은 듯 도입하는 쪽을 선택했다. 이것은 묘수다. 이 대각선이 결국 해解를 낳기 때문이다(그림 ⓒ). 이 목표를 향해 소크라테스는 소년이 스스로의 길을 따르도록 유도하면서 실수를 은근슬쩍 바로잡아주었다. 변의

▲ ⓐ 마름모는 변의 길이가 같은 사변형이다.　▲ ⓑ 정사각형은 대각선의 길이가 같은 마름모다.

길이를 두 배로 하면 될까? 아니, 그러면 안 된다. 그렇게 만든 정사각형은 넓이가 원래 정사각형의 **네** 배가 될 것이다. 변의 길이에 1.5를 곱하면? 아니, 그래도 너무 크다. 이런 식으로 대화가 이어지다 마지막에 소크라테스는 소년에게서 정답을 끌어낸다.

　　다음 장에서는 3차원에서 이에 대응하는 문제의 해를 구할 수 없음을 보게 될 것이다. 이를 '델로스 문제'라고 하는데, 에게해의 작은 섬 델로스의 이름을 땄다. 소크라테스가 메논과 담소를 나누기 30년 전쯤 그리스에 역병이 돌았다. 페리클레스가 그 역병으로 죽었다. 역병이 유행할 때 전문가들은 늘 그렇듯 무엇을 해야 할지 알고서 이렇게 말했다. "가서 신탁에 물어보라." 아니나 다를까 신탁은 조언

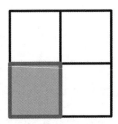 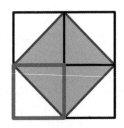

▲ ⓒ 오른쪽 회색 정사각형의 넓이는 왼쪽의 두 배다.

24

을 내놓았다. 아폴론 신전에 있는 정육면체 모양 제단의 크기를 두 배로 늘리 신들 노여움을 달랠 수 있다는 것이었다. 오늘날 역병은 떠나갔고 제단은 어디서도 찾을 수 없다. 아폴론은 은퇴했다. 하지만 델로스 문제는 여전히 미해결로 남았다. 사실 우리는 이 문제가 영영 미해결로 남으리란 사실을 안다. **증명**이 존재한다. 소크라테스가 소년에게 이 해를 기억해내라고 요구하지 않은 것이 얼마나 현명한 처사였던지!

유클리드의 세 천사

기하학은 수학을 통틀어 처음으로 승승장구한 분야다. 아마도 건축가, 선원, 측량사에게 분명한 쓸모가 있기 때문인지도 모르겠다. 더 그럴듯한 이유는 아름다움이다. 기하학적 도형은 삼각형 같은 가장 단순한 도형조차도 매혹적이다. 음악의 삼각형(트라이앵글)은 관현악단 뒤쪽 어딘가에 숨은 변변찮은 악기이지만 수학의 삼각형은 맨 앞 줄에서 빛난다. 아닌 게 아니라 밀레토스의 탈레스나 사모스의 피타고라스 같은 초기 그리스 사상가들을 매료한 최초의 사물 아니던가. 삼각형은 아이의 흥미를 북돋우는 최초의 수학적 도형이기도 하다.

가장 오래된 기하학 정리 중 하나는 피타고라스 정리다(26쪽 그림 ⓐ). a, b, c가 직각 삼각형의 변 길이이면(c는 직각을 마주 보는 빗변) $a^2 + b^2 = c^2$이다. 이 사실은 이집트인, 인도인, 바빌로니아인에게도 알려져 있었지만 증명을 내놓은 사람은 피타고라스가 (아마도?) 처음이다.

증명이란 무엇일까? 고대 그리스인에게 증명은 명제가 참인 이유를 모든 사람에게 납득시키는 논증이었다. 변 길이가 한 정사각형의 대각선과 같은 또 다른 정사각형의 넓이가 원래 정사각형의 두 배인 이유를 노예 소년이 문득 깨달은 것처럼 말이다.

피타고라스 정리는 증명이 여러 가지다. 가장 흔한 증명은 아래 그림 ⓑ를 바탕으로 한다($a=b$인 경우는 『메논』에서 직접 유도된다). 변의 길이가 $a+b$인 큰 정사각형은 다섯 조각으로 나뉘는데, 그것은 직각 삼각형 네 개와 이 직각 삼각형의 빗변으로 이루어진 가운데 정사각형이다. 각 삼각형의 넓이는 $\frac{ab}{2}$이므로 모두 합치면 $2ab$다. 큰 정사각형에서 직각 삼각형들을 빼면 가운데 정사각형의 넓이 $c^2=(a+b)^2-2ab$를 얻는다.

변 길이가 $a+b$로 같은 큰 정사각형을 다르게 분해하면(그림 ⓒ를 보라) 방정식 $(a+b)^2=a^2+2ab+b^2$이 유도된다. 이것을 앞 방정식에 대입하면 증명하고자 하는 $c^2=a^2+b^2$을 얻는다.

학교에서는 삼각형에 관한 몇 가지 사실을 배운다(우리 선조들이 배운 것보다는 적지만). 이를테면 삼각형의 세 변의 수직 이등분선은 한 점에서 교차한다. 이것은 그림 ⓓ에서 분명히 알 수 있다. 실제로 P를 변 AB의 수직 이등분선과 AC의 수직 이등분선이 교차하는 점이라고 하자. P는 AB의 수직 이등분선 위에 있으므로 A와 B로부터 거리

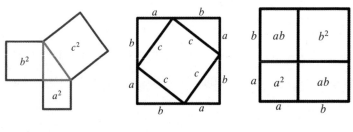

▲ ⓐ 피타고라스 정리.　　▲ ⓑ 다른 방식의 증명.　　▲ ⓒ 또 다른 방식의 증명.

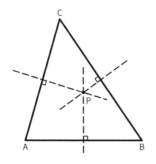

▲ ⓓ 수직 이등분선은 한 점에서 교차한다.

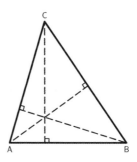

▲ ⓔ 높이는 한 점에서 교차한다.

가 같다. 마찬가지로 P는 A와 C로부터 거리가 같다. P는 B와 C로부터도 거리가 같으므로 BC의 수직 이등분선 위에 있다. 이로써 우리는 P가 A, B, C를 지나는 원의 중심임을 알 수 있다.

여기에 매우 간단한 정리가 있다. 그것은 삼각형의 세 높이가 한 점에서 교차한다는 것이다(그림 ⓔ를 보라). 하지만 이번에는 증명이 좀 더 까다롭다. 직접 알아낼 수 있겠는가? 학교에서, 아니면 플라톤 말마따나 전생에서 본 기억이 나시는지?

여기 요긴한 수법이 하나 있다. A, B, C를 지나면서 대변에 평행하도록 직선을 긋는다(그림 ⓕ를 보라). 이렇게 하면 큰 삼각형이 생

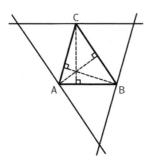

▲ ⓕ 세 높이가 한 점에서 교차한다는 증명.

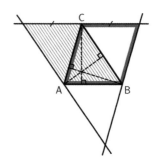

▲ ⓖ 다른 방식의 증명.

긴다. 평행사변형을 이용하면 점 A, B, C가 큰 삼각형의 변의 중점임을 쉽게 알 수 있다(27쪽 그림 ⑧). 삼각형 ABC의 높이들은 이 변에 수직이므로 큰 삼각형의 수직 이등분선이다. 따라서 높이들은 증명하고자 하는 대로 한 점에서 교차한다.

삼각형의 정리 중 상당수는 2000년이나 묵었지만 훨씬 이후에 나온 것이 더 많다. 사실 그리스 기하학자들에게 그들이 얼마나 많이 빼먹었는지 알려주면 머리를 쥐어뜯을 것이다.

이를테면 예각 삼각형 ABC에서 세 높이의 밑인 A′B′C′을§ 알파벳에 붙은 따옴표 모양 기호는 '프라임'이라 읽는다 각 변에 찍어보자. 세 점이 꼭짓점인 삼각형, 즉 수족 삼각형 A′B′C′은 ABC에 내접하는(즉, 꼭짓점이 A, B, C의 대변에 있는) 삼각형 중에서 둘레가 가장 작다(아래 그림 ⓐ를 보라). 고무줄을 삼각형 ABC의 세 변으로 잡아당겼다 수축시키면 A′B′C′이 된다. 고대 그리스인들은 고무줄이 없었지만 이 정리에 희열을 느꼈을 것이다. 이 정리는 레온하르트 오일러가 18세기에 발견했다.

또 다른 예도 있다. 삼각형의 내각을 이등분한 선이 한 점에서 만난다는 사실은 잘 알려져 있는데, 우리가 살펴볼 것은 삼등분선이다. 임의의 삼각형에서 서로 다른 각의 이웃한 삼등분선이 교차하는

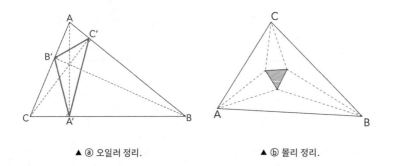

▲ ⓐ 오일러 정리.　　　　▲ ⓑ 몰리 정리.

세 교점은 이등변 삼각형을 이룬다(그림 ⑤). 마법 같은 결과다. 증명은 결코 간단하지 않다. 20세기의 저명한 기하학자 H.S.M. 콕서터의 말을 빌리자면 "직접적 접근법을 시도했다가는 적잖은 곤란을 경험한"다. 하지만 10년 전 영국의 수학자 존 H. 콘웨이가 경고에 주눅 들지 않고서 놀랍도록 기발한 한 페이지짜리 증명을 찾아냈다.

흠 있는 자명성

유클리드 기하학에 포함된 증명 중에 몇 가지는 극도로 정교하며 기발하고 놀라운 수법으로 가득하다. 하지만 그 증명의 각 단계는 한눈에도 명백해 보인다. 이렇듯 자명성에 호소하는 방법을 보고서 플라톤과 피타고라스는 기하학 논증의 진리성에 의문을 제기할 수 없다고 확신했다. 대각선으로 이루어진 정사각형을 **보면** 그 넓이가 원래 정사각형의 두 배라고 **이해하게** 된다. 한 삼각형의 높이들이 다른 삼각형의 수직 이등분선임을 **보면** 그 높이들이 한 점에서 교차한다는 사실을 **이해하게** 된다.

많은 언어에서 '보다'는 '이해하다'와 같은 뜻으로 쓰인다. "이것은 내게 분명하다"라는 표현도 마찬가지다. '자명성evidence'이라는 낱말의 라틴어 어원 '비데레videre'는 '보다'라는 뜻이다.

하지만 그들은 보는 것이 믿는 것이요, 믿는 것은 자신이 안다고 믿는다는 뜻이라고 말한다. 이러면 치명적 실수를 저지르기 쉽다. 데카르트의 말마따나 감각 지각은 감각 착각인지도 모른다. 고대 그리스인들은 착시 현상에 친숙했다. 기하학적 오류도 알았다. 여기 고전적인 예가 있다. 모든 삼각형 ABC가 이등변 삼각형이라는 '증명'(명백한 헛소리)이다.

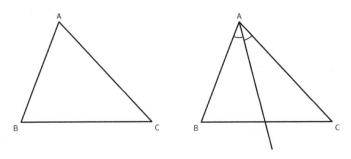

▲ ⓐ (분명히 이등변이 아닌) 삼각형과 각 A의 이등분선.

각 A의 이등분선을 살펴보자(위 그림). 이 선이 변 BC에 수직이면 삼각형은 분명히 이등변 삼각형이다. 그러면 증명 끝이다. 그러므로 이 선이 BC에 수직이 **아니라고** 가정하자. 그러면 BC의 수직 이등분선에 평행하지 않는다. 따라서 점 P에서 그 선과 교차한다(아래 그림 ⓑ를 보라).

P에서 삼각형의 변 AB와 AC로 수선을 긋고 수선의 발을 각각 E와 F라고 하자. 두 직각 삼각형 APE와 APF는 등각이며 공통변이 있다. 그러므로 반드시 합동이다. 특히 AE와 AF는 길이가 같다. 두 직각 삼각형 BEP와 CFP도 합동이다(그림 ⓒ를 보라). 사실 PE와 PF의 길이가 같은 이유는 P가 각 A의 이등분선 위에 있기 때문이며 PB와 PC의

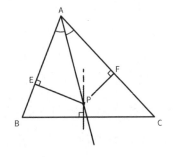

▲ ⓑ 오류를 향해 한 걸음.

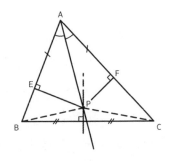

▲ ⓒ 오류를 향해 또 한 걸음.

길이가 같은 이유는 P가 BC의 수직 이등분선 위에 있기 때문이다. 하지만 AE와 AF의 길이가 같고 EB와 FC의 길이가 같다면 두 등식을 합치는 것만으로 AB와 AC의 길이가 같다는 결론을 얻는다. 이것은 삼각형 ABC가 이등변 삼각형이라는 뜻이다.

다음은 또 다른 현대의 기하학 오류로, 다각형을 분해하여 재배열하면 넓이를 줄일 수 있다는 증명이다(아래 그림을 보라). 이것은 물론 터무니없는 소리다. 하지만 우리 눈앞에 '보이는' 것은 삼각형이 네 부분으로 분해되었다가 재배열되자 전과 똑같은 모양이되 이빨이 빠진 것(밑변에서 움푹 들어간 부분)처럼 보인다는 사실이다. 이것은 착시임에 틀림없다. 사실일 리 없다! 다시 들여다본다. 네 조각은 삼각형 두 개와 **폴리오미노**(크기가 같은 정사각형으로 이루어진 다각형으로, 하나

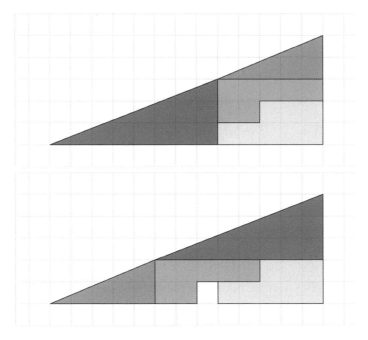

▲ ⓓ 사라진 정사각형의 미스터리.

는 일곱 개, 다른 하나는 여덟 개로 이루어졌다) 두 개다. 조각들은 위치가 옮겨졌을 뿐 넓이는 달라지지 않았다. 그런데도 재배열했더니 정사각형 하나가 사라졌다. 어떤 묘기를 부린 걸까?

두 예 모두 결과가 하도 명백하게 틀려서 우리는 대뜸 논증에 실수가 있진 않은지 찾아보기 시작한다. 오류를 발견하기까지는 오래 걸리지 않을 것이다(부록에서 확인할 수 있다: https://www.willbookspub.com/data/39). 하지만 기하학 정리가 한눈에 틀린 것으로 보이지 **않으면** 어떡하지? 머릿속 경보기가 **전혀** 울리지 않으면 어떡하나?

사실 수학에는 틀린 증명이 넘쳐난다. 수명은 대체로 짧지만 말이다. 오류를 저지른 수학자의 동료들이 기꺼이 실수를 지적할 것이다. 하지만 누구도 결과에 관심이 없으면 어떻게 될까? 정리가 타당하다고 어떻게 확신할까? 자명성이 우리를 오도할 수 있는데.

유클리드가 베스트셀러를 쓰다

유클리드는 직관의 함정을 피하기 위해 직관을 최대한 덜 쓰기로 작정했다. 그의 방안은 처음에 명제 몇 개를 미리 명확하게 제시하고는 이것들을 '자명하게' 주어진 것으로 받아들인 뒤 **다시는** 자명성에 호소하지 않는다는 것이었다. 나머지 모든 것은 주어진 소수의 명제에서 연역되어야 했다. 연역은 더는 직관에 전혀 호소하지 않은 채 엄격히 논리적인 논증으로 유도되어야 했다.

유클리드가 어떤 사람인지는 많이 알려지지 않았다(메가라 출신의 동명이인 유클리드와 전혀 다른 인물이라는 것만 빼면). 우리의 유클리드는 기원전 300년경 알렉산드리아에서 살았던 듯하다. 젊을 때 플라톤의 학당에 드나들었을 수도 있다. 아닐 수도 있고. 정말로 중요한 대목은 그가 당대의 수학 지식을 능수능란한 명료함으로 요약하여 『원론』이라는 책을 썼다는 것이다. 이 책 덕분에 수학은 추론 결과들의 잡동사니에서 벗어나 체계화된 통일체가 되었다. 수학의 혁신가를 딱 한 명 꼽으라면 유클리드를 꼽아야 한다.

유클리드의 책은 이후 몇천 년간 쓰일 기준을 세웠으며 제왕으로 군림했다. 수백 년이 지나도록 오직 성경만이 『원론』보다 많이 팔렸다. 베스트셀러와 스테디셀러로서의 성공보다 중요한 사실은 기본 규칙을 제시함으로써 수학을 빚어냈다는 것이다. 이론은 정의되지 않은 기초 개념과 증명되지 않은 기초 명제(공리)에서 출발해야 하고, 나머지 모든 개념은 기초 개념을 이용해 정의되어야 하며, 나머지 모든 명제는 기초 명제로부터 증명되어야 한다. 어떤 정리도 증명 없이는 성립할 수 없다. 증명은 직관적 자명성에 기대지 않는 논리적 연역의 사슬이어야 한다. 시각화에 호소하는 행위는 금지 사항으로 간주되었다. 19세기에 독일의 한 기하학자는 어두컴컴한 강의실에서 수업하겠다고 고집했다. '도형으로부터' 논증하는 것은 금기였다.

알고 보니 유클리드는 자신의 기준을 철저히 따르지 않았다. 거듭거듭 부지불식간에 직관을 구사했다. 놀랄 일은 아니다. 인간적 오류를 피하기란 쉬운 일이 아니기 때문이다.

상황을 맥락에 비추어 보려면 고대 그리스인들의 말이 거의 모든 방면에서 틀렸음을 명심해야 한다. 그들은 태양과 행성이 지구를 공전한다고 믿었다. 혈액, 담즙, 점액의 균형이 건강을 좌우한다고 생각했다. 신의 명수名數를 지나치게 높여 잡았다. 이 밖에도 많다. 이런 배경에 놓고 바라보면 그리스 기하학자들이 이 정도의 결과를 얻어낸 것은 그야말로 어마어마한 업적이며 그들의 실수는 애교로 봐줄 만한 사소한 흠에 불과하다.

유클리드 기하학의 기초 개념은 점, 선(직선을 뜻한다), 거리다. 공리는 아래와 같다(살짝 현대식으로 다듬었다).

1. 임의의 두 점은 하나의 선 위에 있다.
2. 임의의 선은 늘일 수 있다.
3. 임의의 중심과 임의의 반지름을 가진 원이 존재한다.
4. 모든 직각은 서로 같다.
5. 임의의 선 위에 있지 않은 임의의 점을 통과하며 그 선에 평행한 선은 하나뿐이다.

직각은 보각과 크기가 같은 각이며, 원은 거리 개념을 활용한다§ 한 점에서 같은 거리에 있는 점들의 집합을 원이라 한다. 마지막 공리는 그 자체가 하나의 이야깃거리이므로 다음 절에서 살펴보겠다.

19세기를 거치면서 유클리드의 정리들이 모두 옳지만 몇 가지 증명은 불완전하다는 사실이 명백해졌다. 이따금 유클리드의 논증은 공리에 의해 보증되지 않는 '자명성'을 써먹었다. 이를테면 A, B, C가 직선 위의 세 점이고 B가 A와 C 사이에 있으면 C는 A와 B 사이에 있지 않다거나, 삼각형의 한 변과 교차하는 직선은 다른 변과도 교차해야 한다고 암묵적으로 가정했다. 무의식적으로든, 적어도 부지불식간에든 올바르게 증명되지 않은 것들이 현실에서의 공간 추론 때문에 '명백'해 보인 것이다. 이런 결함은 첫 정리에서부터 나타났다.

1899년에 저명한 수학자 다비트 힐베르트는 『기하학의 기초 Grundlagen der Geometrie』라는 얇은 책에서 23개의 공리를 이용하여 유클리드 기하학을 논란의 여지가 없도록 유도했다(나중에는 공리 개수가 약간 줄었다).

◀ 다비트 힐베르트(1862~1943)는 게임의 규칙을 다듬었다.

　　그리스 기하학자들의 맹점이던 '사이에 있음' 개념은 힐베르트의 기초 개념 명단에서 주역을 맡았다. 더 새로운 버전들의 기하학에서는 이 개념이 심지어 '직선'을 대체했으며, 직선은 정의될 수 있는 개념의 등급에 속하게 되었다. 실제로 우리는 임의의 두 점 A와 B에서 출발하여 **선분**을 A와 B 사이에 있는 모든 점의 집합으로 정의한 다음 두 **반직선**을, 하나는 B가 A와 C 사이에 있도록 하는 모든 점 C의 집합으로, 다른 하나는 A가 C와 B 사이에 있도록 하는 모든 점 C의 집합으로 정의할 수 있다. 그러면 A와 B를 지나는 직선 g는 두 점 A와 B, 두 반직선, 선분으로 이루어진 집합으로 정의된다. 다음으로 그 직선 위에 있지 않은 점이 (공리로서!) 필요하다. 그리하여 우리는 그 점과 직선 g를 지나는 면을 얻는다. 다음으로 각과 삼각형을 정의한다.

　　이제 우리는 (이를테면) 임의의 점 A, B, …, X가 모두 하나의 직선 위에 있지 **않으면** 이 점들 중 **두 개만** 포함하는 직선이 존재한다는 사실을 보일 만반의 준비를 끝냈다. 이것은 실베스터 정리로, 그리스인들이 놓친 또 다른 보석이다.

　　힐베르트의 책은 유클리드의 『원론』에 있는 구멍 몇 개를 메우는 것에 그치지 않았다. '자명성'과 '직관'을 둘 다 없애 최후의 보루인 기초 개념과 공리에서 배제했다. 힐베르트는 기초 개념에 대해 공리를 따른다는 것 말고는 어떤 의미도 부여하려 **시도**조차 하지 않았다.

"점은 부분이 없는 것이다"라는 유클리드의 명제는 힐베르트의 책에 들어설 자리가 없다. "점이란 무엇인가?"라는 물음은 현대 기하학에서 무의미하다. 이것은 체스에서 "룩이란 무엇인가?"라고 묻는 셈이다. 체스 컴퓨터를 비롯한 모든 체스 기사는 '룩'이 어떻게 움직이는지, 어떤 기물을 잡을 수 있는지 등을 알아야 한다. 룩은 작은 성처럼 생겼을 수 있고 흑단으로 제작되었을 수도 있지만 이것은 본질이 아니다. 기하학 개념도 마찬가지다. 수학자들이 점을 바라보며 무슨 **생각**을 하는가는 개인적 문제다. 아이에게 모래 알갱이나 칠판에 찍은 점이나 (더 효과적이게는) 하늘의 별을 보여주면 요점을 이해시키는 데, 즉 '점'을 시각화하는 데 도움이 될지도 모른다. 하지만 증명의 논리는 어떤 시각화도 없이 전개되어야 한다. 독일인 교수의 기하학 수업이 칠흑 같은 강의실에서 실시되었듯 말이다.

평행선 공리

유클리드의 제5공리인 평행선 공리는 특별한 지위를 차지한다. 유클리드가 실제로 이용한 것은 다른 명제이지만, 둘은 동치다. 기하학자들은 이 제5공리가 나머지 공리보다 덜 명백하다는 사실을 한눈에 간파했다.

두 개의 직선은 유일한 점을 공유하지 않으면(두 직선이 일치하거나 공유점이 하나도 없다는 뜻) 평행하다고 간주된다. 평행선 공리는 명백해 보일지도 모르지만 다시 들여다보면 이상한 점이 눈에 띈다.

곧은 철로 위에 서 있으면 우리 눈에는 두 레일이 수평선 위에 있는 한 점에서 교차하는 것처럼 보인다. 우리는 레일이 교차하지 않는다는 사실을 알지만 어떤 '증거'도 내놓지 못한다. 만나지 않음이 보이지 않기 때문이다.

고대 그리스인들은 철로가 없었지만 기하학을 다루는 세련된 감각이 있었으며 평행선 공리가 결코 명백하지 않음을 알았다. 실제로 직선은 무한히 늘어난다(더 신중하게 말하자면, 끝이 없다). 그렇다면 두 직선이 결코 교차하지 않는다고 어떻게 말할 수 있겠는가? 완벽하게 측량하는 것은 불가능하다. 우리의 시야 너머에서, 지각의 한계 너머에서 무슨 일이 일어날지 누가 알겠는가?

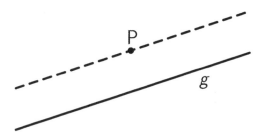

▲ 평행선 공리.

▲ 평행선 착시.

평행선 공리는 수천 년간 참인 것으로 합의되었고 건전한 정신을 가진 그 누구도 진지하게 의문을 제기할 수 없음에도, 어엿한 공리만큼 명백하지는 않다. 나머지 공리들에 못 미친다. 여러 세대의 기하학자들이 (명제 자체를 부정하진 않았지만) 공리로서의 지위를 없애려고 노력한 것은 이 때문이다. 그들은 평행선 공리를 정리 등급으로 낮추려 시도했다. 이를 위해서는 훨씬 명백해 보이는 나머지 네 공리의 논리적 결과로서 도출해야 했다.

하지만 그 기획은 결코 성공하지 못했다. 처음부터 삐걱거렸다. 가장 강력한 정리들 중 상당수는 이용할 수 없었는데, 이는 그 정리들 자체가 미심쩍은 제5공리를 이용하여 유도되었기 때문이다. 여기에는 "삼각형의 내각의 합은 180도다(즉, 두 직각의 합과 같다)", "임의의 넓이를 가진 삼각형이 존재한다", "세 개의 점은 직선이나 원 위에 놓인다", "피타고라스 정리는 성립한다" 같은 고전적 정리가 포함된다. 이 정리들은 평행선 공리와 사실상 동치다. 기하학자들은 평행선 공리 대신 이 명제들 중 아무거나 '제5공리'로 이용하여 유클리드 기하학을 유도할 수 있었다. 하지만 이렇게 해서는 아무것도 얻지 못한다.

최초의 실질적 진전은 떠들썩한 실패를 토대로 삼았다. 18세기 초 이탈리아의 조반니 사케리(1667~1733)는 간접적 증명을 시도했다. 전략은 간단했다. 평행선 공리가 성립하지 않는다고 가정한 다음 불합리한 결론(가정에서 도출되지만 가정과 모순되는 명제)을 맞닥뜨릴 때까지 논리적 결론을 유도한다. 모순이 생긴다는 것은 가정이 거짓임을 함축한다. 그러면 평행선 공리가 참임을 입증할 수 있다.

사케리는 직선 g를 긋고는 g 위의 두 점에서 길이가 같은 두 수직 선분을 같은 방향으로 그었다(오른쪽 그림). 그런 다음 두 선분의 끝점을 직선 h로 연결했다. 이렇게 하면 사변형이 생긴다. 두 선분이 h

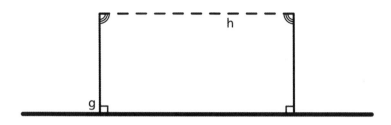

▲ 사케리는 평행선 공리를 한낱 정리로 강등하려고 시도한다.

와 교차하는 각도가 같다는 것은 쉽게 밝힐 수 있다. 사케리가 이것이 직각임을 밝힌다면 평행선 공리는 쉽게 도출될 것이다. 그러려면 예각과 둔각이라는 나머지 두 가능성이 모순으로 이어진다는 사실을 밝혀야 했다. 그는 이 일을 제딴에는 만족스럽게 해냈다. 제5공리가 나머지 네 공리의 결과이며 그러므로 정리임을 증명했다고 생각했다. 유도할 수 있다면 주어진 것으로 가정할 필요가 없다.

사케리에게는 실망스럽게도 동료들은 납득하지 않았다. 그들은 "두 각 모두 둔각이다"라는 명제가 모순으로 이어진다는 논증은 받아들였지만 "두 각 모두 예각이다"를 처리하는 과정에서 오류를 찾아냈다. 사케리는 자신의 증명을 바로잡으려고 애썼지만(매우 긴 증명이었다) 헛수고였다. 다른 수학자들도 뛰어들었는데, 다들 "두 각 모두 예각이다"라는 가정이 결국 충돌하게 될 바리케이드를 찾으려 했다.

사케리로부터 수백 년 뒤에 젊은 수학자 두 명이 독자적으로 어쩌면 바리케이드가 존재하지 않는 것 아닐까 하는 의심을 품었다. 러시아의 니콜라이 이바노비치 로바쳅스키와 헝가리의 야노시 보여이는 사케리의 가정이 교착 상태로 이어지기는커녕 신세계로 통한다는 사실을 깨달았다. 이 세계는 돌아가는 원리가 달랐다. 아주 달랐다. 직선 위에 있지 않은 임의의 점에서 그 직선에 대한 평행선을 무수히 그을 수 있었다. 삼각형의 내각의 합은 180도보다 작으며 얼마나 작으냐는 삼각형의 넓이에 달렸다. 이 밖에도 수많은 차이가 있었다. 이 이른바 **쌍곡기하학**은 유클리드 기하학 못지않게 흥미진진했다.

공교롭게도 보여이의 아버지 또한 수학자였다. 그는 괴팅겐에서 공부했으며 젊은 카를 프리드리히 가우스의 친구였다. 아버지는 아들의 근사한 발견을 상찬하는 편지를 가우스에게 보냈다. 그런데 답장에서 가우스는 아들 보여이의 성취를 칭찬할 수 없노라며 실은 자신이 이 새로운 기하학을 여러 해 전에 먼저 발견했다고 단언했다. 친한 친구들에게 예전에 보낸 편지에서 이미 이 기하학에 대해 설명했다고 말이다. 자신의 결과를 발표하지 않은 것은 시쳇말로 개판이 벌어지는 상황을 원치 않았기 때문이라고 덧붙였다. 가우스의 실제 표현은 더 세련됐다. "보이오티아족의 아우성이 두려웠다네"(보이오티아족은 아둔함으로 유명한 그리스 부족이었다).

이런 까닭에 가우스의 비유클리드 기하학 연구는 그의 사후에야 발표되었으며, 비로소 전 세계 수학자들은 로바쳅스키와 보여이가 학문적 오지에서 수십 년 전 발표한 내용에 관심을 기울였다.

가우스의 기이한 침묵은 독일에서 칸트, 헤겔, 쇼펜하우어 같은 철학자들의 영향력이 대단했기 때문인지도 모른다. 이 철학자들은 유클리드 공간이 사유의 필수 조건이라고 주장했다. 평행선 공리를 조금이라도 의심하는 것은 말하자면 선(여기서는 '당의 노선'을 뜻한다)을 넘는 행위였다.

이마누엘 칸트가 한낱 아둔한 보이오티아족이 아니었음은 분명하다. 직관에 대해 그보다 더 치열하게 생각할 수 있는 사람은 드물었다. 칸트는 시간과 공간에서 모든 경험 이전에 선험적으로 주어진 직관의 형식들을 보았다. 우리의 지각 기관은 이 형식들을 이용하여(이용하지 않을 도리가 없다) 감각을 정돈한다. 공간은 지각의 배경이다. 이런 의미에서 공간은 필수다. 공간이 비었다고 상상할 수 있을지는 몰라도 공간이 존재하지 않는다고 상상할 수는 없다. 공간이 유클리드 기하학을 갖추었음은 칸트에게 명백해 보였다. 그러므로 이 기하학 또한 선험적이어서 우리의 경험으로부터 독립되어 있다.

하지만 이 결론은 분석적(해석적)이지 않다. 이 말은 논리만으로부터 연역되지 않는다는 뜻이다. "이등변 삼각형은 삼각형이다"는 분석적으로 참이지만 기하학으로 간주되기 힘들다. 이 명제가 참임을 확인하기 위해 삼각형을 상상할 필요는 없다. 이에 반해 "삼각형의 내각들의 이등분선은 한 점에서 만난다"는 기하학이다. 그럼에도 분석 명제는 아니다. 종합적이어서 직관이 필요하다.

이등분선에 대한 주장이 참임을 '보거나' 이것이 무슨 뜻인지라도 살피려면 도형이 있어야 한다. 칠판에 삼각형을 그리는 것은 기하학에서 삼각형이 무엇인지 포착하는 데 턱없이 부족하다. 직선은 완벽하게 곧지 않으며 너무 굵다. 당신이 영영 보지 못할지언정 여전히 명제에 포함하고 싶어하는 삼각형도 무수히 많다. 하지만 이 부족함은 문제가 되지 않는다. 직관이 이런 자질구레한 문제를 극복할 것이다. 작도는 상상력을 보조하는 수단에 불과하다. 어떤 사람의 말마따나 기하학은 올바르지 않은 도형에 대한 올바른 추론의 과학이다.

기하학적 직관에 대한 칸트의 견해는 동시대인들에게 설득력이 있었던 듯하다. 기하학은 분석적이지도 않고 경험에 의해 주어지지도 않는다. 선험적 종합지의 본보기다. 유클리드의 공리가 순수한 형식의 직관에 의해 주어진다는 사실을 의심한다는 것은 상상할 수 없는 일 같았다.

돌이켜 보면 칸트가 평행선 공리의 특별한 역할에 한 번도 관심을 가지지 않았다는 게 신기하다. 그는 이 문제에 거의 입을 열지 않았다. 유클리드 이래로 수학자들이 평행선 공리에 찜찜함을 느꼈음을 그도 똑똑히 알았을 것이다. 평행선 공리를 입증하려는 사케리의 영웅적 시도 이후 1년이 멀다 하고 이 주제를 다룬 새 논문이 발표되었다. 이 탐구에 몸담은 기하학자들이 보기에 칸트의 침묵은 틀림없이 의미심장했을 것이다.

게오르크 빌헬름 프리드리히 헤겔은 이 문제에 덜 침묵했다. 그는 제5공리를 증명하려는 모든 시도를 명시적으로 배격했으며 제5공리가 공간 개념 자체만큼이나 기하학에 필수라고 주장했다. 그러니 주어진 것으로 받아들여져야 한다는 것이었다. 풍크툼_punctum_(설명 끝).

아르투어 쇼펜하우어는 이 문제를 여느 때처럼 자신만만하게 요약했다.

유클리드의 입증 방법은 자신의 의미심장한 패러디와 캐리커처를, 더 정확히 말하자면 평행선 이론에 관하여 유명한 논란을 자궁으로 낳았다. 하지만 이 공리는 선험적 종합 판단이며, 순수하고 비경험적인 직관이 이를 보증한다. 이것은 모순율만큼이나 직접적이고 확실하다.

그러고는 이렇게 덧붙였다. "수학자들에게 남겨진 (이 문제의) 유일한 직접적 쓰임새는 불안하고 변덕스러운 두뇌로 하여금 정신에 집중하도록 습관을 들이게 하는 것이다."

그러니 이것이 가우스가 말한 '보이오티아족의 아우성'의 뜻이었는지도 모르겠다. 하지만 가우스는 자신의 미발표 원고가 사후에 빛을 보고 최고의 두뇌들이 치열하게 연구하리라는 사실을 틀림없이 알았을 것이다. 적어도 보이오티아족이 아닌 사람들은 그(와 보여이와 로바쳅스키)가 유클리드 기하학만큼 풍성하고 흥미진진한 멋진 새 기하학을 발견했음을 수긍할 테니 말이다.

유클리드가 확증되다

평행선 공리를 증명하려는 모든 헛된 열망의 관짝에 최후의 못을 박은 것은 이탈리아의 에우제니오 벨트라미, 프랑스의 앙리 푸앵카레, 독일의 펠릭스 클라인이 합작한 결과였다. 세 사람은 쌍곡기하학이 유클리드 기하학만큼 정합적consistent임을 증명했다. 그들의 방법은 유클리드 세계 안에 쌍곡 세계의 장난감 모형을 구축하는 것이었다. 장난감 세계에 모순inconsistency이 하나라도 있으면 유클리드 세계에도 모순이 있게 된다. 거꾸로 유클리드 세계의 장난감 모형을 쌍곡 세계에 구축할 수도 있기 때문에 두 기하학은 논리적으로 동등하게 타당하다. 모순을 배제할 수는 없지만 한 기하학에서 모순이 생기면 다른 기하학에서도 생긴다.

그리하여 두 기하학은 함께 살고 함께 죽는 처지가 되었다. 앞서 평행선 공리를 증명하려 했던 사케리의 꿈이 현실이 되었다면 악몽이 펼쳐졌을 것이다. 두 각이 모두 예각인 경우가 모순으로 이어진다고 밝히는 데 성공했다면 직각의 경우, 즉 유클리드 기하학도 모순으로 이어진다고 밝힌 셈이니 말이다. 이것은 유클리드의 제5공리를 증명하는 것이 아니라 유클리드 기하학을 무너뜨릴 터였다.

푸앵카레의 모형은 논란의 여지가 있지만 가장 우아하다. 그는 유클리드 평면을 원판에 투영했다. 우리는 동그란 지구를 평평하게 나타낸 지도에 친숙하다. 그런데 이런 지도는 거리를 줄일 뿐 아니라 왜곡하기도 한다. 이를테면 평면 지도에서는 그린란드가 남아메리카보다 커 보인다.

푸앵카레 원판도 이와 비슷하게 왜곡되었다(그림 ⓑ). 가장자리에 가까울수록 거리가 늘어난다. 당신은 결코 가장자리에 도달하지 못할 것이다. 이것은 온도가 절대영도에 다다를 때와 같다. 그 주위에서는 움직이는 모든 것이 얼어붙는다. 거리가 왜곡된다는 것은 원판 내부에서 두 점 사이의 가장 짧은 경로가 곧은 선분이 아니라는 뜻이다. 그것은 원판의 가장자리와 직교하는 원호다.

유클리드의 첫 네 공리(더 정확히 말하자면 현대적 대응물)는 여전히 성립한다. 두 '직선'은 공유점을 기껏해야 하나밖에 가질 수 없고 두 점을 지나는 '직선'은 정확히 한 개이며 그런 '직선'은 늘일 수 있다. '거리'는 비유클리드적 거리가 되었지만 우리는 여전히 '원'(주어진 점인 '중심'으로부터 같은 '거리'에 있는 점들)에 대해 이야기할 수 있다. 기이하게도 푸앵카레 원판에서 '직선'은 직선처럼 생기지 않은 반면에 '원'은 정말로 원처럼 생겼다(하지만 원의 '중심'은 일반적으로 유클리드 원의 중심과 다르다).

하지만 푸앵카레의 원판에서는 유클리드의 제5공리가 성립하

▲ ⓐ 세계지도.

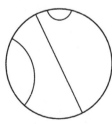

▲ ⓑ 푸앵카레 원판에 그은 세 '직선'.

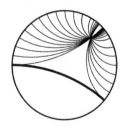

▲ ⓒ 굵은 직선의 평행선들은 모두 하나의 공유점을 가진다.

지 않는다. '직선' g 위에 있지 않은 주어진 점 P를 지나면서 g와 교차하지 않는 '직선'은 하나 이상이다. 실은 무수히 많다(그림 ⓒ). 그러므로 이곳 원판에서 우리는 쌍곡기하학의 모형을 만나게 된다. 쌍곡기하학에서의 점과 '직선'에 대한 각각의 정리는 일반적 유클리드 평면에서의 점과 '가장자리와 직교하는 원'에 대한 정리로 번역된다. 이곳에서의 모순은 저곳에서의 모순으로 번역된다. 한 기하학은 다른 기하학만큼 정합적이다. 다른 렌즈를 통해 보일 뿐이다.

이런 관계를 보고서 쇼펜하우어가 한풀 꺾였을 것 같지는 않다. 그는 원호가 직선인 척할 수 있다는 개념을 들먹이는 미개한 기하학자들을 다음과 같이 여전히 조롱할 것이다. 그런 원호가 두 점 사이의 '가장 짧은' 경로일지는 몰라도 그러려면 거리가 왜곡된다고 우겨야 한다. 그렇다면 그런 원호는 유클리드 기하학에서의 선분을 닮았다. 하지만 한낱 유사성에 현혹될 사람이 어디 있나? 직선의 본질은 분명 곧음에 있다. 하지만 그의 논증은 원판에 사는 나노 존재가 '곧음'을 이해하는 유일한 방법이 '가장 짧은 경로'를 찾는 것이라는 사실을 간과했다.

지구로 돌아와서

기하학자들이 직관을 건너뛰고 '주어진' 세계보다 모형을 다루는 데 익숙해지자 기하학은 새로운 맛깔을 띠게 되었다. 그런 모형을 하나만 소개할 텐데, 첫눈에는 터무니없어 보이지만 우리를 말 그대로 지구로 데려다준다. 우리의 '정상적' 3차원 유클리드 공간에 F라는 점 하나가 있고 그 유일한 역할은 우리의 정신을 집중하게 하는 것이라고 상상해보자(집중이야말로 변덕스러운 수학자들에게 필요한 것이라고 쇼펜하우어가 말하지 않았던가).

이 장난감 세계에서는 F를 지나는 직선(정상적이고 곧은 유클리드 직선)은 유사점이라고 불릴 것이고 F를 지나는 평면은 유사직선이라고 불릴 것이다(아래 그림을 보라). 임의의 두 유사점을 하나의 유사직선이 지나가며 임의의 두 유사직선은 한 유사점에서 교차한다. 이 명제를 확증하기 위해서는 '유사'를 번역하기만 하면 된다. 이런 수법은 평행선이 전혀 없는 기하학(**타원** 기하학이라고 부른다)으로 이어지는데, 여기서는 임의의 두 유사직선이 한 유사점에서 교차한다(F를 지나는 임의의 두 진짜 참된 유클리드 평면이 F를 지나는 직선에서 교차하기 때문).

유클리드 『원론』의 정리 중 하나는 평행선이 존재한다는 것이기 때문에 그의 공리 중 몇 가지는 유사직선과 유사점에 의해 위배되어야 한다. 알고 보니 이렇게 위배된 공리는 유클리드가 명시적으로 선언하지 않고 당연하게 치부한 공리, 정확히 말하자면 '사이에 있음' 공리에 속한다. 유사직선 위에 있는 임의의 세 유사점에 대해 한 점만

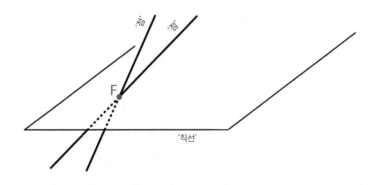

▲ 타원기하학의 한 가지 모습. 유사점은 F를 지나는 직선이고 유사직선은 F를 지나는 평면이다.

이 나머지 사이에 있다고 말하는 것은 무의미하다(우리의 평범한 기하학으로 돌아가서 F를 지나는 평면 위에서 F를 지나는 임의의 세 직선에 대해 한 직선만이 나머지 둘 사이에 있다고 말하는 것만큼이나 무의미하다. 실제로는 각각의 세 직선이 나머지 둘 사이에 있다).

하지만 '사이에 있음' 공리 대신 비슷한 부류의 '떨어져 있음' 공리를 이용하면 "삼각형의 내각의 합은 언제나 180도보다 크다" 같은 신기한 성질을 가진 풍성한 기하학을 얻는다(이 떨어져 있음 공리들은 직선 위에 있는 세 점이 아닌 **네** 점의 배열을 서술한다).

우리의 평범한 공간에서 중심이 F인 구를 상상하면 타원기하학은 더 직관적으로, 실은 아주 친숙하게 바뀐다(아래 그림). F를 지나는 평면인 유사직선은 대원§구를 그 중심을 지나는 평면으로 자를 때에 생기는 원 또는 그 둘레에서 구와 교차하며 F를 지나는 직선인 유사점은 대척점§구 위의 한 지점에서 중심을 기준으로 반대쪽에 있는 지점 쌍에서 구와 교차한다. 사실 우리는 구球로, 지도 제작자들이 애용하는 구로 돌아왔다. 말하자면 지

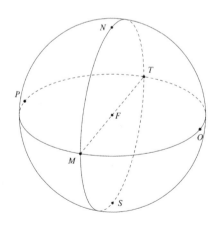

▲ 타원기하학의 또 다른 모습. 직선과 평면이 F를 둘러싼 구와 교차하는 것을 고려하면 유사점은 대척점 쌍이고 유사직선은 대원이다.

구로 돌아온 셈이다. 항해사와 지도 제작자의 검증된 구면기하학은 영락없는 타원기하학이다. 수학자들은 수백 년간 구면기하학을 코밑에 두었으면서도 이것을 비유클리드 기하학의 모형으로 삼을 수 있다는 발상에 대경실색했다. 그들에게 결여된 것은 기하학 지식이 아니라 **점**과 **직선** 같은 낱말을 직관에 구애받지 않고 구사하려는 마음가짐이었다.

수학에서 이름은 약속에 불과하다. 이것은 인간사에서와는 사뭇 다르다. 이 세상에서는 우리가 의식하든 못 하든 낱말 하나하나가 수많은 연상을 일으켜 생각을 인도한다는 사실을 모두가 자각하며 마땅히 그래야 한다. 하지만 수학자들은 그런 연상을 미심쩍게 바라본다.

기하학은 유클리드 기하학, 쌍곡기하학, 타원기하학 말고도 많다. 그중에는 유난히 유용하거나 흥미로운 것이 있다. 이를테면 **순서기하학**은 유클리드의 제1공리와 제2공리만을 토대로 삼으며 거리도 각도도 모르는데도 꽤 풍성하다. 순서기하학은 기하학을 측정학으로 정의하는 데 익숙한 사람들에게는 낯설어 보일 것이다.

첫 네 공리는 **절대기하학**을 정의하는데, 이것은 유클리드 기하학과 쌍곡기하학을 둘 다 포괄한다(이 용어는 보여이가 창안했다). 제1, 제2, 제5공리는 **아핀기하학**에 적용되며 이 밖에도 여러 기하학이 있다. 우리의 실제 공간에 해당하는 것은 어느 기하학일까? 물리학자들은 여전히 이 물음과 씨름한다. 매우 분명해 보이는 사실은 그것이 유클리드 기하학은 아니라는 점이다. 쇼펜하우어에겐 유감이겠지만 말이다.

그럼에도 상대론적 우주론은 칸트의 선험에는 거의 위협이 되지 않는다(그 반대라는 주장이 있긴 하지만). 우리가 갖춘 생각 범주들은 외부 공간의 현실과 일치할 필요가 없다. 실은 일치한다면 오히려 놀라울 것이다. 공간 지각은 물리적 개념이라기보다는 심리적 개념에 가깝다. 우리의 '직관의 형식'을 설명하기에는 아인슈타인보다 다윈이 더 적절한 인물일 것이다.

진화론적 인식론은 역사가 50년쯤 됐으나 실은 1838년으로 거슬러 올라가는 찰스 다윈의 근사한 두 문장에 붙은 각주에 불과하다. 그 문장은 그의 『공책 M』에 실려 있다.

플라톤은 우리의 '필수적 개념'이 경험에서가 아니라 영혼의 선재 先在에서 생겨난다고 말한다.

다윈은 신기한 아남네시스 개념을 은근히 상기시킨 다음 이렇게 한 방 먹인다.

'선재'에 대해서는 '원숭이'를 읽어보라.

칸트의 선험은 필시 자연선택에 의해 다듬어진 진화의 후험일 것이다. 종마다 감각 기관이 다르고 감각 자료를 조직화하는 방법이 다르다. 개미는 페로몬의 안내를 받으며 냄새의 세계에서 산다. 철새는 자기장 감각을 활용하여 이동 경로를 정한다. 박쥐는 제 울음소리의 메아리를 듣는다. 그들의 선험적 공간 직관은 무엇일까? 그 직관은 '참된' 물리적 공간과 어떤 관계일까? 이 동물들의 직관을 정당화하는 유일한 근거는 실용성이다. 즉, 살아남는 데 유익하다는 점이다. 우리의 직관보다 조금이라도 더 나은 것을 기대할 수 있을까?

인간의 공간 지각은 대부분 시각과 촉각으로 전달되는 듯하다

(아기는 제 발가락을 쥐는 일에 매혹되어 두 감각이 어떻게 연관되는지 탐구하느라 몇 달을 보낸다). 어떤 면에서 두 감각은 별개의 두 기하학에 대응한다. 시각은 **사영기하학**과 관계가 있는데, 이것은 르네상스 화가들이 시점을 이해하려고 처음 연구했다. 사영기하학에는 평행선이 없다. 평면 위에 있는 임의의 두 직선은 한 점에서 만나며, 마찬가지로 임의의 두 점은 한 직선에 속한다. 점 개념과 직선 개념은 완벽한 쌍대 관계§사영기하학의 원리 중 하나로, 하나의 명제와, 거기에 쓰인 '점'과 '직선'이라는 용어를 바꿔서 얻어지는 명제는 어느 한쪽이 성립하면 다른 한쪽도 성립한다는 뜻이다를 이룬다. 이에 반해 촉각은 강체와 그 운동의 기하학에 속하며, 그렇기에 유클리드의 첫 네 공리에 대응하는 절대 기하학에 속한다.

기이하게도 시각과 촉각이 대립할 때는 촉각이 우선권을 가지는 듯하다. 연필은 물에 잠기면 꺾어진 것처럼 '보이'지만, 우리는 연필이 곧다고 말한다. 촉각이 현실을 전달하고 시각이 외양만을 전달하는 이유는 무엇일까? 나뭇가지 사이를 잽싸게 누비며 눈과 손을 협응시켜야 했던 유인원과 원숭이의 오랜 계보에서 우리가 진화했다는 사실과 관계가 있을까? 그런 존재에게는 촉각이 틀림없이 언제나 최종 결정권을 가져야 했을 것이다. 붙잡던 줄이 끊어지면 대가 끊길 테니 말이다.

천장 위의 파리

쇼펜하우어는 수학을 경멸한다는 점에서 철학자들 가운데 소수파에 속한다. 많은 철학자는 기하학에 매우 우호적이다. 가장 유명한 예는 의심할 여지 없이 플라톤이다. "수학에 무지한 자는 아무도 이곳에 들어오지 못하게 하라"라는 문구가 그의 학당 입구에 새겨져 있었

▲ 플라톤 다면체.

다(고 한다). 플라톤은 정다면체가 정사면체, 정육면체, 정팔면체, 정십이면체, 정이십면체라는 다섯 가지임을 발견하고서 무척 매혹되었다. 이것들을 플라톤 다면체라고 부른다.

　기하학에서 내로라하는 또 다른 철학자로 블레즈 파스칼이 있다. 파스칼은 고작 열여섯의 나이에 원뿔 곡선에 관한 놀라운 정리를 발견했다. 원뿔 곡선은 원, 타원, 쌍곡선 등이다(밤중에 벽에 손전등을 비췄을 때 보이는 것은 전부 원뿔 곡선에 둘러싸여 있다). 당신의 원뿔 곡선에 점이 여섯 개 있다고 가정해보라. 점들을 서로 이어진 여섯 개의 선분으로 연결하되 선들이 닫혀 변이 여섯 개인 다각형이 되도록 하라. 그러면 세 쌍의 마주 보는 변의 교점이 일직선상에 놓인다(52쪽 그림 ⓐ).

　이것은 놀라운 주장이다. 가장 충격적인 것은 가장 단순한 예와도 이미 모순된다는 것이다. 실제로 가장 단순한 육각형은 단연 정육각형이며 가장 단순한 원뿔 곡선은 단연 원이다. 원 안에 정육각형을 내접하면 마주 보는 변은 평행하다. 교점은 선분 위에 놓이지 않는다.

▲ ⓐ 블레즈 파스칼(1623~1662).

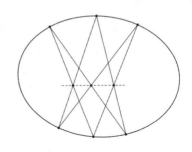

▲ ⓑ 파스칼의 원뿔 곡선 정리.

마주 보는 변이 평행하므로 교점 자체가 존재하지 않는다!

파스칼은 완전히 틀린 것처럼 보인다. 하지만 이때 기하학 선생이 띠꺼운 미소를 지으며 세 교점이 **정말로** 존재한다고 설명한다. 무한히 멀리 있을 뿐이라고 말이다. 그러므로 교점들은 실제로 일직선상에, 말하자면 무한 원점§ 동일 평면 위의 평행한 직선 두 개가 무한히 먼 곳에 있는 어떤 점에서 만난다고 할 때의 그 점들의 직선 위에 놓여 있다. 이런, 안 보이나? 그렇다면 직관을 한 단계 끌어올려보라(무한 원점을 처음 생각해낸 사람은 천문학자 요하네스 케플러다. 그나저나 그는 근시였다. 이게 도움이 되었을까?).

17세기 철학자들이 모두 위대한 기하학자는 아니었다. 하지만 모두 그렇게 되고 싶어했다. 바뤼흐 스피노자는 『윤리학』을 유클리드 방식(그의 표현으로는 모레 게오메트리코more geometrico)으로 썼다. 토머스 홉스는 원적문제§ 주어진 원과 넓이가 같은 정사각형을 자와 컴퍼스로 작도하는 문제의 해법을 거듭거듭 제시했다. 전부 틀리긴 했지만.

철학자를 통틀어 기하학에 가장 중요하게 기여한 사람은 누가

▲ ⓒ 르네 데카르트(1596~1650).

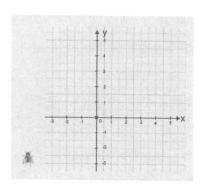

▲ ⓓ 데카르트 좌표계.

뭐래도 르네 데카르트다. 어느 날 데카르트는 침대에 누워 여느 때처럼 사색하다가 천장에서 파리 한 마리가 기어다니는 모습을 보았다. 그는 파리의 위치를 숫자 두 개(천장의 두 가장자리로부터의 거리)로 나타낼 수 있음을 알아차렸다. 데카르트 좌표계는 이렇게 탄생했다. 해석 기하학은 파리에게 고마워해야 한다. 데카르트가 근시가 아니어서 얼마나 다행인지! (그나저나 산통 깨기 전문가들은 피에르 페르마가 좌표계를 독자적으로 발견했다고 지적한다.)

좌표계는 우리에게 십진수만큼이나 친숙하다. 이런 좌표계를 어떻게 그토록 오랫동안 보지 못했을까? 누구도 피할 수 없는 최소한의 교육 과정을 거친 사람이라면 평면을 생각할 때마다 두 개의 직교축을 떠올리며 각각의 점을 좌표라는 두 개의 숫자와 연결한다. 직선은 1차 방정식의 해이고 원뿔 곡선은 2차 방정식의 해다. 기하학은 대수학이다. 단순하며 그야말로 마법 같다.

3차원 공간에 대해서도 마찬가지다. 젊은 아이작 뉴턴은 대역

병 § 1664년부터 1666년까지 런던에서 유행한 흑사병으로, 당시 약 46만 명이던 인구의 6분

의 1이 사망했다 기간에 자신의 홈 오피스에서 지내다, 창밖에 있는 사과나무와 책상에 놓인 데카르트의 『기하학』만 가지고서 유명한 법칙들을 발견했다. 여기서 뉴턴은 절대 공간을 발견했는데, 이 공간은 "외부의 물체와 무관하게 스스로 존재하는 공간으로, 언제 어디서나 균등하고 움직이지 않는"다. 절대 공간은 신의 피조물을 담는 거대한 그릇으로, 완전히 비어 있다(반면에 데카르트는 연장延長§ 공간 속에 위치하고, 그것의 일정한 부분을 차지하는 물체의 성질과 실체가 언제나 하나라고 생각했다). 물리학 너머의 이 신비로운 공간은 칸트의 형이상학에서 중요한 역할을 했다. 그럼에도 예사로운 직관으로 보기에 절대 공간은 아무것도, 절대 아무것도, 파리 한 마리조차 없는 '좌표계'다.

2

수Number

수를 만들어내다

세계 지혜에 대한 칸트의 기여

칸트가 지은 책 중에서 덜 유명한 것으로 『음의 양 개념을 세계 지혜에 도입하려는 시도Versuch, den Begriff der negativen Größen in der Weltweisheit einzuführen』가 있다. 발표 연도는 1763년이다. 그의 '세계 지혜Weltweisheit'('철학'이라고 엉터리로 번역되기도 한다)는 칸트 시대에 교양 있는 유럽인들이 갖춘 지식 수준이었을 것이다. 이 책은 얇은 소책자다. 주제는 보잘것없어 보인다. 100쪽 남짓한 이 책에서 칸트는 음수(-1, -2 등등)가 첫눈에 보이는 것만큼 터무니없지는 않다고 독자를 설득하려 애쓴다.

표현이 비슷해서 헷갈리기 쉽지만 음의 양量은 사실 양의 비존재가 아니라, 무언가에 대립한다는 것을 제외하면 그 자체로 진정 존재하는 무언가다.

이 대립은 논리적 대립이 아니라 실재하는 대립이라고 칸트는 말한다.

◀ 이마누엘 칸트(1724~1804)는 음의 양과 씨름했다.

양이 다른 양에 대해 음이라는 말은 다른 양 안에서 동일한 양만큼을 상쇄한다는 의미에서 반대라는 것으로 받아들일 수 있다.

칸트는 이 주장을 설명하는 예를 몇 가지 제시한다. 범선 한 척이 포르투갈에서 브라질로 항해한다. 어느 날에는 12해리 전진하지만 그다음 역풍을 맞아 3해리를 잃는다. 그러므로 '음의 3'해리를 총 이동 거리에 더해야 한다. 교역에서도 비슷한 상황이 벌어진다. 빚은 음의 재산으로 간주할 수 있다(이 개념은 새로운 것이 아니다. 음수가 인도에서 처음 도입되었을 때 원래 이름은 '빚'이었다).

여기까지는 좋다. 하지만 칸트는 이렇게 논평한다.

나는 음이 실제 대립의 결과일 때에는 결핍이라고 부를 것이지만, 이런 적대에서 발생하지 않을 때에는 결함이라고 부를 것이다.

이 문장 뒤로는 점점 따라가기 힘들어진다.

지금은 칸트가 음수에 왜 그토록 열중했는지 이해할 수 없다. 우리는 어릴 적부터 음수에 친숙하다. 다른 유형의 수가 존재한다는 사실도 배운다. 대학 수준의 수학 교과과정은 대체로 맨 처음에 정수·유리수·실수·복소수를 소개하는데, 몇 주 만에 끝난다(공학 꿈나무에게는 며칠밖에 걸리지 않는다). 일반적으로 학생들은 이미 고등학교에서 이런 수를 접했으며 온갖 문제에 이런 수가 쓰인다는 것을 안다. 남은 의문이 하나라도 있다면 왜 이런 수를 생각해내기까지 수백 년에 걸친 투쟁, 혼란, 의심이 필요했는가다.

실은 무척 명백해 보인다. 방정식 $5 + x = 3$은 자연수 해가 없으므로 우리는 그 자리를 채우는 표지로 음수 -2를 도입한다.

$5 \times x = 3$은 정수 해가 없으므로 우리는 유리수 $\frac{3}{5}$을 도입한다. $x^2 = 2$는 유리수 해가 없으므로 우리는 무리수인 실수 $\sqrt{2}$를 도입한다.

$x^2 = -1$은 실수 해가 없으므로 우리는 복소수 i를 도입한다.

이러고 나면 다 끝난 것처럼 보인다. 여기서 뭘 더 요구할 수 있겠는가? 정수든 유리수든 실수든 복소수든 새로운 수는 우리 수중에 없는 해를 나타내기 위해 고안한 것들이다. 에 부알라Et voilà(그런데 이것 좀 보게나)!

그렇게 간단하지 않다는 것은 두말할 필요가 없다. 바란다고 해서 다 이루어지는 것은 아니다. 만일 그렇다면 $1^x = 2$를 성립시키는 수 x나 $x + y = 1$과 $2x + 2y = 5$를 동시에 성립시키는 두 수 x와 y를 만들어낼 수도 있을 것이다. 여기서는 바라면 이루어진다는 원리가 통하지 않는다. 이루어질 수 있는 소망이 있는가 하면 이루어질 수 없는 소망도 있다.

빈 학파의 철학자 프리드리히 바이스만은 『수학적 사고 입문 Einführung in das mathematische Denken』에서 이렇게 말했다. "소원을 품는 것을 소원이 이루어지는 것과 혼동하면 결코 안 된다." 바이스만의 수학과에서 몇 블록 떨어진 곳에 살았던 노학자 지크문트 프로이트도 동의했을 것이다.

수, 평면, 단순함

음수든 무리수든 그 무엇이든 새로운 수는 무언가를 발판으로 삼아야 한다. 이때 요긴한 개념이 수직선이다. 수직선은 0과 1이라고 표시된 두 기준점이 있는 직선이다. 수는 그 직선 위의 선분으로 나타낸다. 초등학생은 자를 다루는 데 익숙해지고 나면 이 직선에서 −3이나 $\sqrt{2} = 1.41\cdots$ 같은 수를 찾고 어느 수가 큰지 알아내는 데 별로 어려움을 겪지 않는다. 수를 더하는 법도 금세 익힌다. 직선을 따라 선분을 옮기기만 하면 된다. 하지만 수직선 위의 점으로 주어진 이런 두 수의 곱도 수직선 위 어딘가에 있다는 사실을 수학자들이 이해하기까지는 여러 세대가 걸렸다. 곱은 오랫동안 겉넓이로 여겨졌다. 알고 보니 이것은 잘못된 시각화였다. 옳은 시각화는 삼각형의 닮은꼴을 이용한다. 그러면 수직선에 있는 두 수의 곱은 한 선분을 늘이거나 줄여 얻는다는 것을 알 수 있다. 이 작업의 결과는 여전히 직선 위에 있다 (아래 그림).

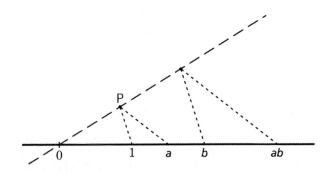

▲ 실수선에서의 곱셈은 삼각형의 닮은꼴을 이용한다. (수평 실수선 위에 있지 않은) 점 P를 임의로 선택한 다음 1Pa와 평행한 변을 가진 닮은꼴 삼각형을 만든다(1 자리에 b를 넣는다). 그러면 점 ab를 얻는다(우리의 예에서는 $a=\frac{3}{2}$이고 $b=2$다).

이런 수직선 두 개를 직교시키면 복소수를 시각화하는 데 도움이 된다. 역시나 처음부터 명확하지는 않았다. 400년 전쯤 고트프리트 빌헬름 라이프니츠는 경이감에 사로잡혀 이렇게 말했다. "허수는 거룩한 지성의 정묘하고 놀라운 재료요, 존재와 비존재를 넘나드는 '양서류'에 가깝다." 천만에, 허수는 평면 위의 점이다. 두 복소수를 곱하는 계산은 선분을 늘이고 회전시키는 것에 불과하다(아래 그림).

수를 직선이나 평면 위에서 시각화하는 것은 요긴하지만 단단한 토대를 마련해주지는 못한다. 어쨌거나 직선과 평면도 허구이니 말이다.

수학 꿈나무들은 일종의 입문식을 치르는데, 그중 하나는 자연수 1, 2, 3, …에서 출발하여 다양한 종류의 수 구조를 섭렵하는 것이다. 저 기다란 행렬을 이끄는 구호는 수학자 레오폴트 크로네커의 명언이다. "정수는 신이 주신 것이고 나머지 모든 수는 인간이 만들어낸

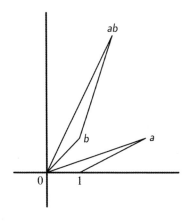

▲ 복소평면에서의 곱셈도 삼각형의 닮은꼴을 이용한다. 복소수는 평면 위의 점이다. 원래 점과 다른 임의의 점은 두 점을 잇는 선분의 각도와 길이로 정의된다. (0이 아닌) 두 복소수 a와 b를 곱하려면 각도를 더하고 길이를 곱한다. 삼각형 01a와 삼각형 0$b(ab)$는 닮은꼴이다(여기서 $a=3+i$, $b=1+i$, $ab=2+4i$다).

것이다." 하지만 크로네커가 왜 정수를 신의 선물로 여기는지 의아하다. 정수에 포함된 −1, −2 등은 음의 양 아니던가! 크로네커 시대로부터 불과 100년 전에 이 수들은 세계 지혜의 일부가 아니라 (칸트의 말을 믿는다면) 엄청난 놀라움의 대상이었다.

정수는 자연수 쌍 (a, b)로 생각할 수 있다. 이 쌍은 평면에 일정한 간격으로 배열한 **격자점**으로 나타낼 수 있다(아래 그림). 이런 쌍으로 표현하고자 하는 것은 차 $a−b$, 즉 $a = b + x$의 해 x다. −3은 1−4뿐 아니라 2−5, 3−6 등에도 대응한다. 따라서 그런 두 쌍 (a, b)와 (c, d)는 $a−b$가 $c−d$와 같으면(이 말은 $a + d = b + c$라는 뜻이다) 반드시 같다. 이 규약에 따르면 각 정수는 한 쌍의 자연수에뿐 아니라 그런 쌍의 전체 집합(말하자면 45도 직선에 평행한 모든 격자점)에도 대응한다.

마찬가지로 분수 $\frac{a}{b}$는 $b \neq 0$인 정수 쌍 (a, b)에 대응한다(오른쪽 그림). 이것은 $a = bx$의 해를 나타내기 위한 것이다. 이번에도 이 말은 $ad = bc$인 모든 경우에 쌍 (a, b)와 (c, d)가 같은 분수를 나타낸다는 뜻이다. 이 절차는 기본적으로 앞서와 같다. 다시 말하지만 각각의 유리

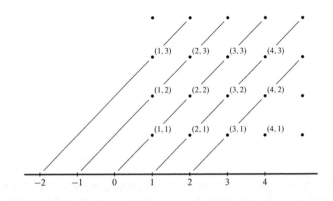

▲ 정수는 자연수 쌍에서 유도된다. 쌍 (2, 3)과 (1, 2)는 2−3＝1−2이므로 같은 정수 −1에 대응한다. 같은 맥락에서 같은 45도 직선 위에 있는 모든 격자점은 같은 정수를 나타낸다.

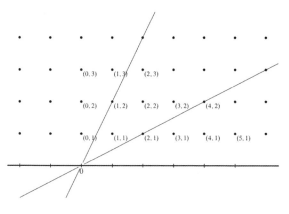

▲ 분수도 자연수 쌍에서 유도된다. 쌍 $(4, 2)$와 $(2, 1)$은 $\frac{4}{2} = \frac{2}{1}$이므로 같은 분수에 대응한다. 원점 0을 지나는 같은 반직선(가로선 제외) 위에 있는 모든 격자점은 같은 유리수를 나타낸다.

수는 쌍(이번에는 정수 쌍)들의 집합에 대응한다. 이 집합은 원점 $(0, 0)$을 지나는 직선(0으로 나누는 것은 배제되므로 가로선은 제외) 위에 있는 격자점으로 이루어진다.

실수는 격자점을 가르는 '절단'으로 생각할 수 있다. 이렇게 하려면 유리수를 크기 순으로 정렬해야 한다. 자세한 내용은 지루하고 명백하다. $(0, 0)$을 지나는 각각의 선은 평면 위쪽 절반에 있는 반직선을 정의한다. $(0, 0)$에 달려 시계 방향으로 움직이는 시곗바늘이 (c, d)를 지나는 반직선에 도달하기 전에 (a, b)를 지나는 반직선을 가로지르면 유리수 $\frac{a}{b}$는 유리수 $\frac{c}{d}$보다 작다.

각각의 순간에 시곗바늘은 유리수를 왼쪽과 오른쪽의 두 부분으로 가른다. 이 두 부분은 '데데킨트 절단'으로 불리는 구성을 형성한다. 어떤 유리수가 왼쪽에 있으면 그보다 작은 모든 유리수도 왼쪽에 있으며 어떤 유리수가 오른쪽에 있으면 그보다 큰 모든 유리수도 오른쪽에 있다.

그렇다면 실수는 그런 절단으로 정의된다. 기본적으로 절단은 이 가상 시곗바늘의 위치로 주어진다. 어떤 유리수가 시곗바늘에 대응하는 반직선 위에 있다면 이 수는 그 절단과, 말하자면 그 실수와 같다. 이를테면 $\frac{1}{2}$ 왼쪽에 있는 모든 유리수의 집합은 실제로 실수 $\frac{1}{2}$이다.

그 반직선에 유리수가 하나도 없으면 절단은 무리수를 정의한다. 이를테면 음수이거나 제곱수가 2보다 작은 모든 유리수의 집합은 그런 절단, 말하자면 실수 $\sqrt{2}$다. 유리수와 무리수를 뭉뚱그리면 실수가 되며, 실수는 수직선을 빼곡히 채운다.

(우리가 아는) 복소수는 실수 쌍으로 정의된다. 이 단계를 구성하기는 훨씬 쉽다. 복소수 $a+ib$는 실수 a와 b가 좌표인 점 (a, b)다.

각 단계에서는 수의 새로운 부류를 정의하는 것만으로는 충분하지 않다. 덧셈 규칙과 곱셈 규칙을 정해야 하고 각 수 체계가 충돌을 일으키지 않으면서 다음 수 체계에 포함될 수 있음을 보여야 한다. 이것은 시간을 많이 잡아먹는 과제이며 학생들 대부분이 이런 고생을 겪고 나면 다시는 "수란 무엇인가?"라고 묻지 않는다.

복소수를 다루는 수학자가 자신이 실수 쌍을 다루고 있으며 각각의 실수가 유리수 집합의 쌍이고 각각의 유리수가 정수 쌍이고 각각의 정수가 자연수 쌍이라는 사실을 늘 자각하지는 않는다. 이는 두말할 필요가 없다. 이 문제를 곱씹기 시작하면 구두끈 묶는 동작을 머릿속에서 상상할 때처럼 머리가 어질어질해지기 십상이다.

현업 수학자들은 그저 익숙한 작업을 할 뿐이다. 하지만 철학자는 점점 깊이 파고들려 노력하며, 수에 대해 당연하게 간주되는 괴상한 규약들을 맞닥뜨렸을 때 아이가(또는 칸트의 독자가) 경험하는 어리둥절함을 자각하고 싶어한다.

무보다 작은 것

자연수에서 정수로 이어지는 단계부터 출발하자. 우리는 "0 곱하기 0은 0이다"라는 규칙을 왜 받아들여야 할까? "2 곱하기 3"이라는 표현은 "사과 세 개를 두 묶음 줄게"라는 식으로 쓸 수 있다. 따라서 "0 곱하기 3개의 사과를 가져!"의 뜻은 당신이 사과 세 개를 한 묶음도 안 가지게 된다는 뜻이다. 즉, 아무것도 못 가진다. 지금까지는 괜찮다. 0×3=0은 퍽 타당해 보인다. 하지만 이렇게 되면 "0 곱하기 0개의 사과를 가져"라는 명령은 **없는** 사과를 한 묶음도 **안** 가지게 된다는 뜻이다. 없는 사과를 한 묶음도 안 가진다는 말은 있는 사과를 가지게 된다는 뜻을 함축하지 않을까?

그리고 어떻게 '음의 3'이 0보다 작을 수 있겠는가? 0은 없음을 뜻하는데, 어떻게 없음보다 작은 게 존재할 수 있을까?

음에 음을 곱하면 왜 양이 될까? 당신은 학교에서 요긴한 비유를 배운 적이 있을 것이다. "적의 적은 친구다." 하지만 산술의 토대는 마키아벨리가 아니므로 이 비유는 좀 뜬금없다. 음수를 양수의 거울상으로 보면 -1을 곱하는 것은 점 0을 기준으로 뒤집기를 하는 것으로 해석할 수 있다. 그러므로 (-1)×(-1)은 뒤집기를 두 번 하는 셈이니 원래 자리로 돌아와 1이 된다. 이런 설명은 아이의 의심을 잠재우기에는 충분할지도 모른다. 하지만 수학자들은 "음수 곱하기 음수는 양수다"의 '진짜' 이유는 자연수에서와 같은 규칙을 보전하고 싶기 때문이라고 말할 것이다.

모든 정수는 두 자연수의 차로 간주할 수 있다. a, b, c, d가 자연수이며 $b > a$이고 $c > d$이면 다음 규칙이 성립한다.

$$(b-a)\times(c-d)=b\times c+a\times d-(a\times c+b\times d)$$

위 규칙은 (아래의) 간단한 그림에서 보듯 명백하다.

-1은 정의상 1-2이므로 곱 $(-1)\times(-1)$은 곱 $(1-2)\times(1-2)$와 다름없다. 위의 산술 규칙을 보전하고 싶다면 **모든** 자연수 a, b, c, d에 대해 어느 것이 어느 것보다 크든 $(1-2)\times(1-2)$는 $1+4-(2+2)$와 같아야 하며 이 값은 1이다. 그러므로 $(-1)\times(-1)=1$이다. $0\times0=0$도 비슷한 추론으로 도출할 수 있다.

가우스는 저명한 천문학자가 된 제자 프리드리히 빌헬름 베셀에게 보낸 편지에서 이렇게 말했다.

함수가 여느 수학적 구성물과 마찬가지로 우리 자신의 피조물에 지나지 않으며 처음에 가진 정의가 더는 성립하지 않으면 "뭐지?"라고 묻는 게 아니라 "정의를 유의미하게 보전하려면 무엇을 가정하는 게 편리할까?"라고 물어야 한다는 것을 결코 잊으면 안 되네.

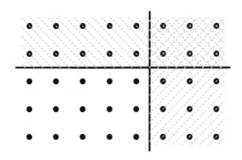

▲ 이 그림은 $(8-3)\times(5-2)=(8\times5)-(3\times5)-(2\times8)+(2\times3)$임을 보여준다. 우리는 5×8(행이 5개, 열이 8개인 직사각형)에서 출발한다. (5-2)×8을 얻으려면 위의 두 행을 뺀다. (5-2)×(8-3)을 얻으려면 오른쪽 세 열을 뺀다. 하지만 이렇게 하면 오른쪽 위 직사각형을 두 번 빼는 셈이므로 이 직사각형에 해당하는 2×3을 돌려줘야 한다.

이를테면 음수와 음수의 곱을 생각해보게.

또 다른 예를 들여다보자. a^2은 $a \times a$로 정의되며, 일반화하면 a^n은 $a \times a \times \cdots \times a$, 즉 수 a를 n번 곱한 것으로 정의된다. 이것은 n이 자연수이면 반드시 성립한다. 하지만 a^0은 어떻게 정의해야 할까? a를 0번 곱한다는 것은 무슨 뜻일까? 수 a가 자신을 한 묶음도 **안** 가지면 무엇이 될까? 이 의문은 심오한 생각의 심연으로 이어질 수 있다. 수학자들은 심연에 빠지는 게 아니라 자연수 m과 n에 대해 명백히 성립하는 깔끔한 식 $a^{m+n} = a^m a^n$을 기억해내고 만일 $m = 0$이면 무슨 일이 일어나는지 알아본다. 그 경우에 식에서 $a^n = a^{n+0}$이 도출되므로 $a^0 = 1$이 '편리하다'는 사실은 즉시 명백해진다. 그러고서 수학자는 음수 n이나 유리수 n에 대해서도 비슷한 방식으로 a^n을 정의한다. "n번 곱하는 것"의 참된 본질을 궁리하느라 골머리를 썩이는 게 아니라 낯익은 계산 규칙을 보전하려고 시도한다. 이 방법은 형식 불역의 원리 permanence principle로 통한다.

이마누엘 칸트가 음의 양에 대한 소책자를 써야겠다고 마음먹기 훨씬 전 레온하르트 오일러는 $e^{i\pi} = -1$이라는 유명한 공식을 발표했다. 이 공식에는 (자연)로그 값이 1인 불가사의한 수 $e = 2.71\cdots$가 들어 있다. 이 수를 거듭제곱했는데, 뭐 이런 제곱수가 다 있나! e^2은 아무 문제도 없다. $e^{3.14}$는 이해하기가 좀 더 힘들지만, 3.14는 유리수이므로 형식 불역의 원리에 따라 짐작할 수 있다. e^{π}를 이해하려면 연속성 논증을 몇 가지 추가해야 한다. π는 무리수이기 때문이다. 하지만 오일러 공식에서 $e^{i\pi}$의 i는 한때 "존재와 비존재를 넘나드는" 눈속임으로 치부된 허수이므로 뭔가 미심쩍다. 오일러가 모종의 마법적 수법을 동원하여 이 $e^{i\pi}$에서 발견한 사실은 이 수가 바로 우리의 친구 −1이

◀ 카를 프리드리히 가우스(1777~1855)는 편리한 것을 찾는다.

라는 것이다. 이런 묘기가 벌어진 뒤, 이마누엘 칸트가 불러낸 이른바 "세계 지혜"가 공식의 좌변인 $e^{i\pi}$이 아니라 우변인 음의 양 -1에서 모습을 드러내다니 얼마나 기이한가.

　　이 사실은 칸트의 소책자가 발표되기 전인 17세기에 벌어진 깊은 균열을 무엇보다 똑똑히 보여준다. 데카르트, 라이프니츠, 파스칼은 철학 못지않게 수학에도 능통했다. 칸트의 시대에 철학자는 수학에도 조예가 깊을 수 있었다(칸트는 더더욱 그랬는데, 쾨니히스베르크 대학교에서 수학을 가르치며 본격적으로 교수 인생을 시작했기 때문이다). 그럼에도 철학적 정신의 소유자 몇몇은 이렇게 외치고 다녔다. "잠깐만, 무보다 작을 수 있는 건 아무것도 없다고!"

　　"수는 사과 한 개, 두 개, 세 개처럼 개수를 세는 데 쓰지. 과일 바구니에 사과가 마이너스 세 개 들어 있는 모습은 결코 볼 수 없어. 수는 1미터, 2미터, 3미터처럼 수치를 재는 데 쓰지. 하지만 우주에서 길이가 마이너스 3미터인 것은 아무것도 없어!" 그렇긴 하지만 수는 개수를 세고 치수를 재는 일뿐 아니라 계산에도 쓴다. 수백 년이 흐르면서 계산 규칙이 우위를 차지했다.

수에 수장되다

사과 반 개, 빵 2와 2분의 1쪽, 포도주 4분의 1잔 등에서 보듯 분수는 음의 양보다 쉽게 이해할 수 있다. 유리수는 모든 고등 문명에서 쓰였는데, 이따금 오늘날의 기준으로는 이상한 제약을 받기도 했다. 이를테면 고대 이집트에서는 $\frac{1}{n}$ 같은 형식의 단위분수와 단위분수의 합만 썼는데, 어떤 단위분수도 두 번 나타날 수 없었다. 그래서 $\frac{2}{3}$은 $\frac{1}{3}+\frac{1}{3}$이 아니라 $\frac{1}{2}+\frac{1}{6}$로 표시된다. 이상하게 우회하긴 하지만 모든 양의 유리수를 이런 식으로 나타낼 수 있다.

덧셈, 곱셈, 뺄셈, 나눗셈의 사칙연산만 구사한다면 유리수로 어떤 계산을 하든 해는 유리수다. 단, 한 가지 주의 사항이 있다. 0으로 나누는 것은 금지된다. 자유를 제한하는 명령이 다 그렇듯 이것은 성가신 일이다. 동산의 나무 중에서 이 한 그루의 열매는 먹으면 안 돼. 푸른 수염의 성에서 이 방 하나의 문은 열면 안 돼. 종종 초심자는 $0\times\infty=1$에 동의함으로써 별도의 수(무한대 기호 ∞로 표시되는 수)를 도입해야 한다고 주장한다. 그러면 $\frac{1}{0}=\infty$가 되어 0으로 나누는 것이 가능해진다.

안타깝게도 이 방법은 통하지 않는다. 이것은 우리에게 친숙한 분배법칙과 충돌한다. 분배법칙은 $(a+b)\times c=a\times c+b\times c$를 뜻한다. $0+0=0$이므로 $1=0\times\infty$는 $1=(0+0)\times\infty$를 함축할 것이다. 그런데 분배법칙에 따르면 $1=0\times\infty+0\times\infty$이므로 $1=1+1$이 되는데, 이는 모순이다. 물론 ∞에만 분배법칙을 쓰지 않을 수도 있겠지만, 치러야 할 대가가 너무 크다. 가우스라면 이렇게 말했을 것이다. "편리하지 않군." 물론 그렇다고 이것이 무한이 없음을 함축하지는 않는다. $0\times\infty=1$이라는 성질을 가진 수 ∞가 유리수 협회에 허용되지 않는다는 뜻일 뿐이다. 저런 회원을 받아주면 협회 규칙이 훼손된다.

유리수는 정수에 없는 신기한 성질이 있다. 크기 순으로 정렬할 수는 있지만 '이 수 다음으로 가장 큰 수'는 없다. 임의의 두 유리수 사이에는 수많은, 실은 무수히 많은 유리수가 있다. 유리수는 조밀하다. 수직선 위에 있는 임의의 두 점 사이에는 언제나 유리수가 있다. 유리수는 수직선을 뒤덮어 조그만 간격조차 남기지 않는다. 언뜻 보기에 이 성질은 치수를 재기에 안성맞춤인 듯하다. 하지만 애석하게도 그렇지 않다. 유리수는 수직선을 덮긴 하지만 '채우진' 못한다.

우리가 아는 최초의 사색가 협회인 피타고라스와 제자들에게 유리수가 불완전하다는 사실은 마른 하늘에 날벼락 같은 소식이었다. 모든 길이가 유리수는 아니다. 이를테면 단위 정사각형의 대각선 길이는 유리수가 아니다. 불운한 회원 히파소스는 정사각형의 대각선 길이를 변 길이에 대한 비율로 나타낼 수 없음을 발견했다가(또는 단지 외부인에게 발설했다가) 더는 파문을 일으키지 못하도록 바닷속에 던져졌다. 적어도 전설에 따르면 그렇다. 가련한 내부 고발자여! 하지만 진실은 수장할 수 없다.

$\sqrt{2}$가 무리수라는 증명은 수천 년간 전해 내려온 정통적 견해의 일부이지만 처음에는 틀림없이 매우 기이하게 보였을 것이다. 첫 입증은 간접적 방법을 근거로 삼았을 텐데, 이 방법은 반어법과 모종의 유사성이 있기 때문이다. 즉, 어떤 관점을 채택하여 밀어붙이다가 터무니없는 결론을 끌어내는 것이다. 이 경우에는 $\sqrt{2}$가 유리수라는 가정에서 출발하여 결론들을 도출하다가 모순에 도달한다. 모순은 존재할 수 없으므로, 증명하고자 하는 대로 $\sqrt{2}$는 유리수일 수 없다. (더 정확히 표현하자면 다음과 같다. $\sqrt{2} = \frac{a}{b}$이고 a와 b가 자연수라고 가정하자. 우리는 두 수 중에 적어도 하나가 홀수라고 단정할 수 있다. 아니라면 a와

b를 아무 때나 2로 나눌 수 있다. $a = \sqrt{2}\,b$의 양변을 제곱하면 $a^2 = 2b^2$이 된다. 그러므로 a는 짝수다. 즉, 임의의 자연수 c에 대해 $a = 2c$다. 그러면 $a^2 = (2c)^2 = 2(2c^2) = 2b^2$이므로 b도 짝수여야 한다. 그러므로 a와 b는 둘 다 짝수인데, 이것은 우리가 방금 배제했으므로 모순이다.)

플라톤 시대가 되자 $\sqrt{2}$가 무리수라는 사실이 더는 당혹스럽지 않았다. 플라톤의 대화편 『테아이테토스』에서 동명의 새내기 수학자는 자신이 친구들과 함께 3부터 17까지의 모든 수의 제곱근이 무리수임을 증명해냈다고 지나가듯 언급한다(4, 9, 16의 제곱근이 무리수가 아니라는 사실과 2의 제곱근이 무리수라는 사실은 언급되지 않았다. 너무 명백해서 지적할 필요가 없었던 것이다).

플라톤은 $\sqrt{2}$가 무리수라는 사실을 힘주어 지적한다. "정사각형의 대각선이 변과 공약 가능하지 않다는 사실을 모르는 자는 인간이라고 불릴 값어치가 없다." 그즈음 히파소스의 충격적인 비밀은 상식이 되어 있었다. "믿음직한 헬레네인들이여, 이는 말할 수 있는 것 중 하나라네. 알지 못하는 것은 수치요, 안다 해도 별다른 덕이 아니라는 것이지."

처음 무리수를 접했을 때의 경이감을 요즘도 느낄 수 있을까? $\sqrt{2}$가 무리수라는 사실은 $(0, 0)$에서 출발하여 $(\sqrt{2}, 1)$을 통과하는 반직선이 x와 y가 정수인 어떤 격자점 (x, y)와도 만나지 않는다는 뜻이다. 평면에는 무한히 많은 격자점이 있으나, 반직선 중에는 어느 격자점에도 걸리지 않는 것들이 있다. 무한 속으로 항해하면서도 격자점을 하나도 맞닥뜨리지 않을 수 있다는 뜻이다.

각각의 구간에 무한히 많은 유리수를 포함하면서도 모든 구간에 존재하는 유리수는 하나도 없는 축소구간열§ 범위가 점차 줄어드는 구간들의 나열. 각 구간은 바로 이전에 나온 구간에 포함된다이 존재한다(70쪽 그림 ⓐ). 원점에서 뻗은 두 반직선 사이의 부분을 들여다보면 더 신기하다(그림 ⓑ). 각각의 부분에는 무한히 많은 격자점이 들어 있으며, 무한히 많은 격자점을 지나는 반직선을 공통으로 가지는 부분들의 축소열(각 구간이 이후의 모든 구간을 포함)이 존재한다. 그럼에도 모든 구간에 속하는 격자점이 하나도 **없는** 부분들의 축소열 또한 존재한다. 후자의 축소열은 사라지기 마술처럼 보인다. 각 부분에 무한히 많은 분수가 들어 있는데도, 모든 부분에 들어 있는 분수는 하나도 없다. 족집게를 오므려 무엇이 집혔는지 보면… 아무것도 없다.

평면의 원점을 통과하는 반직선은 실수‘다’. 격자점을 통과하는 반직선은 유리수‘다’. 모든 격자점을 피해 다니는 반직선은 무리수‘다’. 철학자들은 이 ‘다’가 무슨 뜻인지 궁리하는 반면에 수학자들은 모든 아귀가 딱딱 맞아떨어지도록 산술 규칙(덧셈, 곱셈, 작다 등)을 정의하기 시작한다.

이제 종점에 도착한 듯하다. 실제로 어떤, 수학적으로 정확한 의미에서 실수는 ‘완벽하다’§ 수학 용어로는 ‘완비성’을 가졌다고 말한다. 수직선은 채워야 할 빈틈이 전혀 없다. 하지만 **완벽하다**라는 낱말에는 오해의 소지가 있다. 이야기가 끝나려면 아직 멀었다.

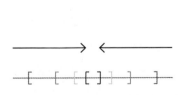

▲ ⓐ 유리수 끝점을 가지되 어떤 유리수 점도 공유하지 않는 축소폐구간열이 존재한다.

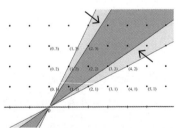

▲ ⓑ 격자점을 통과하는 반직선 족집게 중에는 어떤 격자점도 집지 못하는 것이 있다.

실수 파악하기

실수를 아무리 교묘하게 작도하더라도 우리가 학교에서 배운 두 가지 사실을 바꿀 수는 없다. 하나는 실수가 직선 위의 점에 대응한다고 여겨진다는 사실이고 다른 하나는 실수가 십진법의 전개식§십의 거듭제곱을 사용하여 나타낸 식으로 주어진다는 사실이다. 이를테면 $\sqrt{2}$ 같은 수는 1.41421…의 형태로 나타낸다. 하지만 이런 수를 정말로 손에 넣고 주무르려면 어떻게 해야 할까?

그리스 기하학자에게는 답이 분명해 보였다. 자와 컴퍼스로 작도해내면 수를 파악할 수 있다. 이것이 고대의 장악 방법이다. 실제로 $\sqrt{2}$는 쉽게 작도할 수 있다. 심지어 철학자들도 할 수 있다. 플라톤의 책에서 찾아보면 된다.

더 일반적으로 말하자면, 임의의 길이 a에 대해 a의 제곱근을 쉽게 작도할 수 있다(72쪽 그림). 첫 단계는 길이가 각각 a와 1인 선분 AB와 BC를 직선 위에 긋는 것이다. 다음 단계는 지름이 AC인 원을 그리는 것이다. 마지막 단계는 직선에 수직이고 점 B를 지나는 직선을 긋는 것이다. 수선은 점 D에서 원과 교차한다. 이 모든 절차는 자와 컴퍼스만 가지고 실행할 수 있다. 삼각형 ADC는 직각 삼각형이다. x를 DB의 길이라고 하자. 직각 삼각형 ABD와 DBC는 닮은꼴이므로 $\frac{a}{x} = \frac{x}{1}$이고, 그렇다면 $x^2 = a$다. 따라서 x는 a의 제곱근이다.

세제곱근을 자와 컴퍼스로 작도하려면 어떻게 해야 할까? $\sqrt[3]{2}$는 모든 노력에 저항했다. 그럼에도 정육면체의 부피를 두 배로 늘리려면 $\sqrt[3]{2}$이 필요하다. 이것은 그리스 기하학의 최고 난제 세 가지 중 하나였다. 나머지 둘은 20도 각도의 코사인을 작도하는 것과 수 π를 작도하는 것이었다. 고대인들은 이 문제들을 해결하지 못한 채 후세

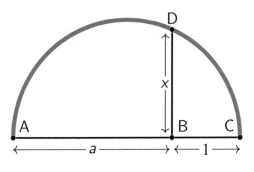

▲ 자와 컴퍼스로 $x = \sqrt{a}$ 를 작도하는 법.

에게 넘겨주었다.

코사인 작도 문제는 각의 삼등분 문제에서 생겨난다. 직각인 90도를 비롯한 어떤 각들은 쉽게 삼등분할 수 있는 반면에 이등변 삼각형의 각인 60도를 비롯한 어떤 각들은 그럴 수 없다. 20도 각, 또는 그에 해당하는 코사인을 작도하려면 어떻게 해야 할까?

아르키메데스는 기발한 해법을 제안했다(오른쪽 그림). O가 주어진 각의 꼭짓점이면 O를 중심으로 임의의 반지름을 가지는 원을 그린다. 각은 점 P와 Q에서 원과 교차한다. 거리가 원의 반지름과 같은 두 점 A와 B를 자에 표시한 다음 자의 A 표시가 OP를 지나는 직선 a 에 놓이고 B 표시가 원 위에 놓이도록 자를 옮긴다. 그러다보면 점 Q가 자 위에 놓이게 된다. 그 위치에서 OP를 지나는 직선과 자가 이루는 각 x는 각 AQO의 절반일 것이다. 왜 그런지 알겠는가? 두 삼각형 ABO와 BOQ는 이등변 삼각형이다. 그러므로 x는 꼭짓점 O가 이루는 원래 각의 3분의 1이다. 삼등분 문제는 해결되었다. 하지만 아르키메데스는 자를 사용하기만 하는 게 아니라 자에 점 A와 B를 표시하여 규칙을 어겼다. 그러므로 삼등분 문제는 해결되지 않았다.

여기 또 다른 시도가 있다. 자와 컴퍼스로 각을 이등분하는 것

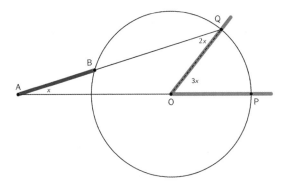

▲ 아르키메데스는 각 POQ를 삼등분하는 방법을 제안했다.

은 쉽기 때문에 그 각의 $\frac{1}{4}$을 작도하고 그 각의 $\frac{1}{4}$인 원래 각의 $\frac{1}{4^2}$, 그 각의 $\frac{1}{4}$인 원래 각의 $\frac{1}{4^3}$ 등도 쉽게 작도할 수 있다. 그리고 이 모든 각을 더하라.

$$\frac{1}{4} + \frac{1}{4^2} + \frac{1}{4^3} + \cdots = \frac{1}{3}$$

위와 같으므로 원래 각의 3분의 1을 얻는다. 자와 컴퍼스만 가지고 각을 삼등분한 것이다. 하지만 그리스 기하학자들은 이 방법을 받아들이지 않았을 것이다. 그들은 유한한 개수의 단계만 허용했으며 무한히 많은 항의 덧셈을 꺼렸으니 말이다. 그들이 이 사실을 언급하지 않은 것은 당연하다고 생각했기 때문이다.

세 번째는 원적문제로, 반지름이 r로 주어진 원과 넓이가 같은, 즉 넓이가 πr^2인 정사각형을 작도하는 것이다. 이번에도 저절로 풀리는 듯 보이는 '해법'이 있다. 이를테면(74쪽 그림) 임의의 직선 위의 점 A에 원을 놓고서 직선을 따라 둘레의 반인 πr의 거리를 이동하게 한다. 이렇게 원이 반 바퀴 돌아 점 B에서 직선과 만나면 AB의 길이는

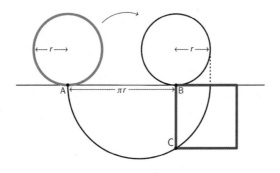

▲ 원을 반 바퀴 회전해 정사각형을 만들 수 있다. 정사각형이 커 보이지만 넓이가 같다.

πr다. 점 B를 지나고 직선에 수직인 직선을 그은 다음 직선을 중심으로 A를 지나고 지름이 $\pi r + r$인 원을 그린다. 수선은 점 C에서 원과 교차한다. 변 BC를 가지는 정사각형의 넓이는 πr^2으로, 원래 원의 넓이와 같다. 원은 스스로를 정사각형으로 만든 셈이다. 하지만 애석하게도 원을 직선 위로 굴리는 것은 작도 절차로서 용납되지 않는다.

데카르트가 데카르트 좌표계를 도입한 뒤로 그리스의 문제들이 1차 방정식과 2차 방정식을 푸는 것과 같다는 사실이 분명해졌다. 이런 방정식의 해를 푸는 공식은 덧셈, 뺄셈, 곱셈, 나눗셈, 제곱근 풀이라는 다섯 가지 연산으로 이루어진다. 주어진 단위길이에서 출발하여 여러 중간 단계를 거쳐 이 연산들로 도달할 수 있는 수만이 작도 가능하다. 이 조건은 '작도 가능한 수'의 집합을 심각하게 제약한다. 즉, 작도 가능한 수는 **대수적**이어야 한다. 말하자면 유리수 계수를 가진 다항식의 근이어야 한다. 게다가 이 다항식들은 일정한 대수적 성질을 충족해야 한다.

1837년에 프랑스의 젊은 수학자 피에르 방첼은 다항식 $x^3 = 2$가 이에 필요한 대수적 성질을 충족하지 않음을 증명했다. 그리하여 근

$\sqrt[3]{2}$는 작도 가능한 수가 아니며 델로스 문제는 해결 불가능하다. 뒤이어 방첼은 어떤 각의 삼등분 문제도 해결 불가능하다는 사실을 증명했다. 그의 연구를 눈여겨본 사람은 거의 없었으며 방첼은 얼마 뒤 세상을 떠났다. 결국 수학자들은 카를 프리드리히 가우스에게 대부분의 공을 돌리기로 했다.

원적문제를 풀려면 또 다른 시도가 필요했다. 결국 독일의 수학자 페르디난트 린데만이 수 π가 초월수임을 증명했다. 초월수는 대수적 수가 아니라는 뜻이다. 그리하여 19세기에 세 가지 난제 모두 해결 불가능한 것으로 드러났다.

역사에서 가정은 무의미하다. 과학의 역사에서는 더욱 그렇다. 하지만 세 가지 작도 문제가 만일 해결 가능했더라도 별로 중요하지 않았을 것임은 분명해 보인다. 수천 개의 작도 문제 중 하나에 불과했을 것이다. 세 가지 문제가 해결될 수 **없음**을 밝혀내는 과정에서 훨씬 많은 것이 밝혀졌다. 이른바 체의 확대를 다루는 방대한 대수 이론이 등장했다. 그리스 기하학자들의 탁상공론에는 풍성한 결실이 담겨 있었다.

100년 전쯤 이와 비슷하지만 훨씬 현대적인 방법으로 수를 이해하려는 시도가 '계산 가능한 수' 개념을 낳았다. 실용적 접근법의 천재 앨런 튜링의 정의에 따르면 계산 가능한 수는 유한한 개수의 수단으로 계산할 수 있는 실수다. 더 정확히 말하자면 체계적 절차에 따라 임의의 정확도로 계산할 수 있는 실수를 뜻한다. 질문: 체계적 절차란 무엇일까? 답: 컴퓨터로 할 수 있는 모든 것. 이것은 **계산 가능성**을 정의하는 방법이라기엔 우스꽝스러워 보인다. 설명이 더 필요한데, 5장에서 제시하겠다.

계산 가능한 수에는 모든 유리수와 작도 가능한 수, 모든 대수적 수, 그리고 π를 비롯한 여러 초월수가 포함된다. 그리스 기하학자들의 골머리를 썩인 모든 수는 계산 가능한 수다. 계산 가능한 수의 집합은 임의의 두 수를 더하고 빼고 곱하고 나눴을 때 언제나 계산 가능한 수를 얻는다는 점에서 닫힌집합이다. 그런데 작도 가능한 수도 마찬가지다. 하지만 두 집합은 실수의 작은 부분에 불과하다. 실수를 무작위로 골랐을 때 그 수가 (정확한 값을 가진다는 의미에서) 계산 가능할 가능성은 희박하다.

작도 가능한 수 개념과 계산 가능한 수 개념은 둘 다 합의에 의존한다. 두 경우 다 수학자들이 별다른 논쟁 없이 만장일치에 도달했다는 사실은 의아하다. 원과 자에는 본질적인 것이 전혀 없다. 이를테면 일정한 길이의 실을 쓰지 말아야 할 이유가 무엇인가? 고대 기하학자들은 타원을 작도할 때 실을 이용했지만 이것이 타당성의 한계를 넘는다고 생각했다. 비슷한 맥락에서 우리는 디지털 컴퓨터보다 훨씬 성능이 뛰어난(이를테면 연속적 상태 집합을 가지는) 기계를 상상할 수 있으며 심지어 이런 기계를 제작하여 수의 근삿값을 구하는 데 이용할 수도 있다. 그럼에도 이런 '아날로그' 컴퓨터는 앨런 튜링이 구상한 디지털 컴퓨터의 맞수로 진지하게 간주되지 않았다. 수는 추상적 실체이지만 일종의 수학적 자기절제로 인해 수를 구성하거나 계산하는 구체적 연장이 제한되었다.

양서류의 귀화

르네상스 시대에 허수 단위(제곱하면 -1이 되는 $\sqrt{-1}$)가 등장했다. 공교롭게도 두 명의 악명 높은 한탕주의자 니콜로 타르탈리아와 지롤라모 카르다노가 발견했다. 100년 뒤 이 가짜 수는 데카르트에게서 이름을 부여받았다. **상상의 수**imaginaire라는 뜻의 i(아이)다. 데카르트는 다항 방정식의 해를 차수의 개수만큼 **상상**할 수 있다고 주장했다. $x^2 + ax + b = 0$의 해는 두 개이고 $x^3 + bx + c = 0$의 해는 세 개라는 식이다. 그는 이 해 중에서 일부가 실수가 아님을 받아들이는 수법을 썼다. 획기적인 발상의 전환이었다.

데카르트는 신비로운 양 i 이면에 참된 기적이 존재한다고 추측했다. 실제로 $x^2 = -1$의 해는 언뜻 보기에 $x^2 = 2$의 해와 별로 달라 보이지 않는다. 이렇게 새 사물이 도입되어 빠진 자리를 채운다. 문득 기시감이 들지도 모르겠다.

하지만 사실은 천양지차다. $x^2 = 3$, $x^2 = 5$ 같은 방정식에서 2의 제곱근은 아무짝에도 쓸모없다. 방정식마다 $\sqrt{3}$나 $\sqrt{5}$ 같은 새로운 무리수가 도입되어야 한다. 이에 반해 이 **하나의** 불가사의한 수 i는 **모든** 다항 방정식을 푸는 열쇠임이 입증된다. 이런 해는 모두 $a + bi$의 형식이며 이때 a와 b는 평범한 실수다. 필요한 것은 i 하나뿐이다. 그러면 모든 다항식이 풀린다. 대수학의 이 기본 정리를 처음으로 설득력 있게 증명해낸 사람은 가우스다. 가우스 이전에 여러 세대의 수학자들이 데카르트의 선견지명을 이해하려고 애썼으나 누구도 만족스러운 해법을 내놓지 못했다.

새로운 수가 인간 정신의 발명품이라는 견해가 이즈음부터 황당해 보이기 시작한다. 허수 단위는 지금껏 누구 하나 꿈도 꾸지 못한 일을 해낸다. 모든 다항 방정식의 해를 내놓는 것만이 아니다. 새 세계를 열어주는 것만이 아니다. 옛 세계를 탈바꿈시키기도 한다!

그럼에도 복소수 $a+bi$는 친숙한 유클리드 평면의 점 (a, b)에 불과하며(여기서 a와 b는 실수다) 신기해 보이는 곱셈은 평면에서의 회전에 뒤이은 확대에 불과하다. 이것은 별로 알려지지 않은 학문 애호가이자 거의 취미로 수학을 연구한 두 사람, 장 로베르 아르강과 카르파르 베셀이 (독자적으로) 가우스와 거의 동시에 깨달았다.

가우스의 논평에서 보듯 복소수complex number(이 이름은 그가 지었다)는 그전까지 시민권을 부여받지 못한 채 단지 묵인되는 신세였다. "복소수는 유의미한 실체가 없는 공허한 기호 놀음에 더 가까워 보였다." 라이프니츠가 "존재와 비존재를 넘나드는 양서류"라고 일컫은 존재는 이제 귀화하여 여권을 발급받았다. 어떤 의미에서 가우스가 가져다준 것은 확신이었다. 카리스마가 수학의 역사에서 결정적 역할을 한다는 사실은 의심할 여지가 없다. 가우스는 이렇게 썼다.

> 예전에 이 주제를 잘못된 관점에서 사유하여 수수께끼 같은 암흑을 발견했다면 그것은 대체로 꼴사나운 용어 탓이다. 1, -1, $\sqrt{-1}$ 을 양수, 음수, 허수(또는 심지어 불가능한 수)가 아니라 (이를테면) 직접 단위, 역 단위, 측면 단위라고 불렀다면 이런 암흑을 운운할 일은 거의 없었을 것이다.

가히 언어철학이라 할 만하다.

물론 실수를 복소수로 확장하면서, 그리하여 수직선에서 복소평면으로 이동하면서 무언가를 포기해야 했다. 실제로 실수는 크기 순으로 정렬되는 반면에 복소수는 그렇지 않다. 더 정확히 말하자면 복소수는 여러 방법으로 정렬할 수 있지만 그때마다 일반적 산술 규칙에서 말썽이 벌어진다. 이 규칙들은 제곱수가 음수일 수 없음을 함축하는데도 $\sqrt{-1}$의 제곱은 음수다.

팔원수에서 끝내기

실수가 직선 위의 점이고 복소수가 평면 위의 점이라면 다음 질문은 명백하다. 3차원 공간에 속하는 수는 무엇일까? 그 점들은 좌표가 세 개이며 따라서 세짝§이 책에서는 세 개가 한 짝을 이루는 경우 '세짝'으로 표기한다의 실수로 이루어진다. 이 수들을 더하는 방법은 명백하다. 하지만 세짝을 말이 되게 곱하려면 어떻게 해야 할까?

모든 시도는 실패했다(이유는 나중에야 밝혀진다). 아예 먹히질 않았다. 하지만 윌리엄 해밀턴이 몇 년간 애쓴 끝에 **네짝**을 곱하는 데 성공했다(그 자신을 비롯하여 모두가 놀랐다). 그는 이것을 사원수라고 불렀다. 유일한 옥에 티는 교환법칙을 포기해야 한다는 것이었다. $a \times b = b \times a$는 더는 일반적 참이 아니게 되었다. 훗날 사원수에서 팔원수(실수 여덟 개로 이루어진 짝)로 확장하는 방법이 발견되었다. 이번에도 대가가 따랐다. 결합법칙이 폐기된 것이다. 팔원수에서는 $(a \times b) \times c = a \times (b \times c)$가 더는 일반적 참이 아니게 되었다.

오늘날 우리는 수를 일반적인 방법으로 나누려면 이 수가 1차원, 2차원, 4차원, 8차원 공간의 점에 대응해야 한다는 사실을 안다. 차원은 2^0, 2^1, 2^2, 2^3이 전부다. 이는 플라톤 다면체가 다섯 가지뿐인 것과 같다. 이런 결과가 나오면 게임은 종료된다. 하지만 수 게임은 아직도 많이 남았다.

수학자들에게 "수란 무엇인가?"라고 물으면 그들은 "무엇인가?"

라는 질문이 거의 무의미하다고 (여느 철학자처럼) 대답할 것이다. 그래도 계속 다그치면 답을 내놓을 것이다. 수란 수 체계의 원소라고. 이런 체계는 환, 나눗셈 대수, 순서체 등 여러 가지가 있다. 수는 그 자체로는 아무것도 아니다. 이것은 "벡터란 무엇인가?"라고 묻는 것과 비슷하다. 그러면 벡터란 벡터 공간의 원소라는 답이 돌아올 것이다. "대칭이란 무엇인가?" 물론 대칭군의 원소다. 중요한 것은 구조다.

이런 답이 얄미울 수는 있겠지만 이것은 낱말의 의미가 쓰임새로 정해진다는 루트비히 비트겐슈타인의 견해와 일맥상통한다. 우리는 수를 여러 용도에 쓰고 필요할 때마다 뜯어고친다. 심지어 '수'라는 하나의 관념조차 필요하지 않다. 수 체계는 비트겐슈타인 말마따나 밧줄을 삼는 끈과 같다. 반대쪽 끝에 도달하는 끈이 하나도 없더라도 밧줄은 견인력을 가질 수 있다.

3

무한Infinity
무한 수영장에 다이빙하기

분필과 계산

수 1, 2, 3, …은 **자연**수라고 불린다. 왜 자연스러울까? 자연수는 실제로 현실 세계에 속한다. 원, 극한, 함수 같은 수학 용어보다 더 가까이에 **존재한다**.

자연수는 매우 추상적이다. 우리는 깃털 세 개는 볼 수 있지만 '셋' 자체는 볼 수 없다. 하지만 자연수에는 허구나 규약이 전혀 없다. 각각의 수는 세상 속에서 자리를 가진 듯하다. 우리가 개인적으로 만나는 수는 몇 개 되지 않지만 각자 사는 주소가 있는 것 같다. 자연수는 **이곳에** 있다. 기하학에서는 이 점이나 저 점이나 비슷하다. 하지만 자연수는 하나하나가 개별성을 가진다.

많은 동물이 수를 셀 수 있으며 심지어 초보적 덧셈을 할 줄 아는 종도 있다. 이것은 동물심리학에서 즐겨 다루는 주제다. 한스라는 말에게서 뼈아픈 경험을 했던 터라 더더욱 그렇다.

제1차 세계대전이 일어나기 몇 년 전 독일의 학교 교장이자 수학 교사 빌헬름 폰 오스텐은 자신의 말 한스가 수를 셀 수 있고 심지어 덧셈, 뺄셈, 곱셈까지도 할 수 있다고 믿었으며 대중도 설득당했다

▲ 한창때의 영리한 한스.

(한스는 나눗셈은 하지 않았다).

데어 클루게 한스(영리한 한스)는 유명해졌다. 주인이 없을 때조차 재능을 뽐낸 것을 보면 사기일 가능성은 없어 보였다. 한스는 번번이 정답을 내놓았다. 정답에 해당하는 횟수만큼 발굽을 두드렸다.

결국 한스가 구경꾼의 반응을 주시하다 자신이 기대에 부응했음을 알게 되면 발굽질을 그친다는 사실이 드러났다. 한스는 구경꾼에게서 단서를 얻었다. 이것이 산수 능력의 비결이었다. 하지만 더 신기한 수수께끼는 한스가 인간의 마음을 읽는 데 왜 이토록 뛰어난가였다. 안타깝게도 이 수수께끼는 미해결로 남았다. 제1차 세계대전이 일어나자 한스는 군에 징발되어 이름도 흔적도 없이 사라졌다.

한스 이후 동물심리학자들은 실험을 할 때 극도로 신중을 기했다. 그 뒤로 어떤 짐승도 영리한 한스의 재능에 필적할 수 없었지만, 많은 종이 6과 8을 구별하거나 2와 2를 암산으로 더하거나, 새가 세 마리 천막에 들어갔다가 두 마리가 나왔으면 아직 천막이 비지 않았음을 알아차리는 데 놀라운 솜씨를 발휘했다.

인간은 수를 다루는 데 언어를 활용한다. 적어도 '하나', '둘',

'셋'을 나타내는 낱말이 없는 사회는 거의 없다. 그 극소수의 사회조차 손가락, 새김눈, 매듭, 조개껍데기를 이용하여 수를 센다. 가장 오래된 셈 흔적은 이상고 뼈로, 약 2만 년 전으로 거슬러 올라간다. 열성적 학자들은 뼈에 11, 13, 17, 19개의 새김눈이 파여 있다고 주장한다(뼈에 관한 여러 주장이 그렇듯 여기에는 논란의 여지가 있다). 이 수들은 10과 20 사이의 소수다(여기에는 논란의 여지가 없다).

조약돌은 매우 이른 시기부터 셈에 쓰였다. 조약돌 한 개는 가축 무리 중 한 마리에 해당한다. 이렇게 하면 가축이 전부 목초지에서 돌아왔는지 확인하기 편리하다. 로마인들은 이런 조약돌을 '칼쿨루스calculus'라고 불렀는데, 어원은 '분필'을 뜻하는 '칼크스calx'다. 그러므로 우리가 하는 계산의 기원은 조약돌이며, 전 세계 수학과에서는 여전히 칠판에 분필로 계산 과정을 필기했다가 이튿날 새벽에 지운다.

조약돌은 셈에도 쓰이고 계산에도 쓰인다. 조약돌 두 무더기(집합)는 크기를 비교하기 쉬우며 줄지어 늘어놓으면 더욱 편리하다. 이 배열은 수직선을 따라 내디딘 첫걸음이었다.

아이들은 심지어 걸음마쟁이도 새 조약돌을 덧붙여 조약돌 행

▲ 이상고 뼈.

$$3 + 5 = 5 + 3$$

▲ ⓐ 조약돌 세 개의 행과 조약돌 다섯 개의 행은 덧셈 3+5를 나타낸다.

$$3 \times 5 = 5 \times 3$$

▲ ⓑ 조약돌 다섯 개로 이루어진 행 세 개는 곱셈 3×5를 나타낸다.

$$2 \times (3 \times 5)$$
$$= (2 \times 3) \times 5$$

$$3 \times (2 + 3) =$$
$$(3 \times 2) + (3 \times 3)$$

▲ ⓒ 조약돌 산술 몇 가지.

을 끝없이 늘릴 수 있다는 사실을 한눈에 이해한다. 이렇게 하면 셈뿐 아니라 두 행을 나란히 놓아 덧셈도 할 수 있다(왼쪽 그림 ⓐ). 마찬가지로 같은 개수의 조약돌을 여러 행 늘어놓으면 곱셈도 나타낼 수 있다(그림 ⓑ).

합과 곱에 교환법칙이 적용되는 것은 분명하다. 3+5=5+3이고 3×5=5×3이다. 결합법칙도 적용되며, 합과 곱이 둘 다 들어간 연산에는 분배법칙이 적용된다. 이 모든 법칙은 산술 규칙이 처음 생겨나기 오래전부터 자명했다. 뺄셈과 (나머지가 있는) 나눗셈도 한눈에 명백하다. 소수도 직사각형으로 배열할 수 없는 조약돌 집합이라고 보면 쉽게 이해할 수 있다. 우리와 산술의 첫 만남은 경험적이다.

영국의 철학자 존 스튜어트 밀은 이게 전부라고 생각했다. 모든 산술적 참은 경험적이며 관찰에 근거한다는 것이다. 조약돌 999,999개의 무더기에 한 개를 더했을 때 어떻게 1,000,000개가 되는지 관찰하기란 여간 힘들지 않으므로 999999+1=1000000의 진위는 적은 개수의 조약돌을 관찰하여 그 결과를 일반화하는 방식으로 얻는다. 산술적 관계는 자연법칙이자 엄연한 물리적 사실이다.

독일의 논리학자 고틀로프 프레게는 산술을 논리로 환원하려는 목표를 품었으며 밀의 조약돌 산술에 조롱을 퍼부었다. 아이와 걸음마쟁이의 셈법에서 실마리를 얻을 생각도 없었다. 프레게는 밀의 접근법을 아메리카에 대해 배우겠다며 (신대륙을 처음 발견할 참인) 콜럼버스의 머릿속에 들어가는 것에 비유했다. 이것은 순수한 근원이 아니라 모호한 안개를 찾는 격이라고 프레게는 말했다. 그럼에도 조약돌은 수를 다루는 법을 심층적 수준에서 우리에게 가르쳐주었다.

테아이테토스라는 새내기 수학자가 소크라테스에게 수를 여러 방식으로 배열하는 아이디어를 설명하는데, 그 장면에서 마치 조약돌이 눈에 보이는 듯하다. "우리는 모든 수數를 두 부류로 나누었는데, 같은 수를 같은 수만큼 곱해서 만들어지는 수는 기하학의 정사각형에 빗대어 '정사각형 수' 또는 '등변 수'라고 불렀습니다. 그 중간에 있는 수들—여기에는 3과 5와 같은 수를 같은 수만큼 곱해서는 얻을 수 없고 더 큰 수를 더 작은 수만큼 곱하거나 더 작은 수를 더 큰 수만큼 곱해야 얻을 수 있어서 기하학 용어로 부등변 도형을 이루는 수가 포함됩니다—은 기하학의 직사각형에 빗대어 '직사각형 수'라고 불렀습니다."

소크라테스가 대꾸한다. "정말 훌륭해. 그다음은 어떻게 됐지?"

물론 그다음에는 (3, 5, 6, 26, 142 같은) 직사각형 수의 제곱근이 무리수라는 증명이 이어져야 한다. 이 제곱근은 자연수 홑분수§ 분모와 분자가 모두 정수로 된 분수에 대응하지 않는다. 하지만 플라톤 대화편 『테아이테토스』는 여기서 방향을 틀어 덜 수학적인 논의로 이어지는데, 이것은 우리의 관심사가 아니다. 우리는 계속해서 조약돌을 살펴보기로 하자.

조약돌과 셈

2 곱하기 2가 4라는 사실을 이해하기 위해 논리적 증명을 필요로 하는 사람은 아무도 없다. 2×2=4는 '반론의 여지가 없는 참'의 상징이 되었다. 어찌나 참된지 성가실 정도다. 바이런 경은 미래의 아내에게 보낸 편지에 이렇게 썼다. "나는 2 곱하기 2가 4라는 것을 알고, 할 수만 있다면 기꺼이 증명하고 싶소. 하지만 어떤 방법으로든 2 곱하기 2를 5로 바꿀 수만 있다면 훨씬 즐거울 거요."

표도르 미하일로비치 도스토옙스키의 1864년 소설 『지하로부터의 수기』에도 거의 똑같은 구절이 있다. "나는 2×2＝4라는 것이 훌륭하다는 데 동의한다. 그러나 우리가 모든 것을 칭찬해야 한다면, 2×2＝5도 때때로 가장 사랑스러운 것이 될 수 있다."

전설 속 고대 부족이 2 곱하기 2를 정말로 5라고 생각했다는 얘기 두 작가가 들었으면 틀림없이 반색했을 것이다. 그 부족은 잉카인처럼 매듭으로 셈을 했다. 매듭이 두 개인 끈은 '둘'을 나타내는데, 이런 끈 두 개를 묶으면 매듭이 다섯 개가 된다. 자, 어떤가! (비트겐슈타인은 농담으로만 이루어진 "훌륭하고 진지한 철학 저작"을 쓸 수 있다고 주장했다. 나도 동의하지만, 멋진 농담을 구사하는 법을 모르겠다.)

조약돌은 산술을 하기에 매듭보다 요긴하다. 이를테면 조약돌을 이용하면 1＋3, 1＋3＋5, 1＋3＋5＋7처럼 1부터 시작하는 홀수의 합이 언제나 4, 9, 16 같은 제곱수라는 사실을 한눈에 알 수 있다. 배열만 보면 된다(아래 그림). 말이 필요 없다.

이것을 증명하는 또 다른 방법이 있는데, 특별히 중요한 이 방법은 귀납에 의한 증명이다. 공식 $A(n)$이 모든 자연수 n에 대해 성립함을 보여주고 싶으면 이 공식이 $n = 1$에 대해 성립하며 임의의 n에 대해 성립할 때마다 $n+1$에 대해서도 성립한다는 것을 보이기만 하면 된다. 실제로 $A(1)$이 참임은 $A(2)$를 함축하고 $A(2)$가 참임은 $A(3)$을 함축하며 이런 식으로 계속된다.

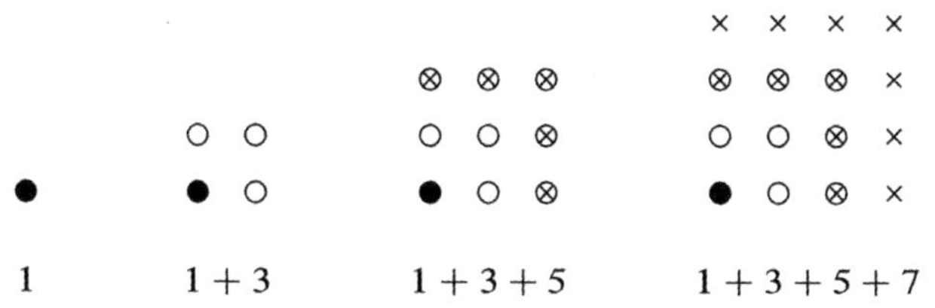

▲ 1부터 시작하는 홀수의 합은 언제나 제곱수다.

그렇다면 귀납에 의한 증명을 우리의 예에서 진행해보자. n번째 홀수는 $2n-1$이다(첫 번째 홀수인 1은 $2\times1-1$, 두 번째 홀수인 3은 $2\times2-1$, 세 번째 홀수인 5는 $2\times3-1$, 이런 식으로 계속된다. 사실 이것도 귀납으로 증명해야 하지만 일단은 그냥 받아들이기로 하자).

$A(n)$을 아래 식으로 정하자.

$$1+3+5+\cdots+(2n-1)=n^2$$

이 식이 타당하다면 양변에 $2n+1$을 더해 아래 식을 얻는다.

$$1+3+5+\cdots+(2n-1)+(2n+1)=n^2+(2n+1)$$

이 식을 풀면 아래와 같다.

$$1+3+\cdots+(2(n+1)-1)=(n+1)^2$$

이것은 영락없는 $A(n+1)$이다.

$1=1^2$이므로 $A(1)$은 분명히 참이다. $A(1)$은 $A(2)$를 함축하므로 $A(2)$는 참이다. $A(2)$는 $A(3)$을 함축하므로 $A(3)$도 참이다. 이런 식으로 계속된다. 이것은 도미노와 같다. 패들이 서로 가까이 서 있을 때 첫 번째 패가 쓰러지면 두 번째 패가 쓰러지고 그러면 세 번째 패가 쓰러지고 이런 식으로 계속된다. 결국 모든 패가 쓰러질 수밖에 없다. '이런 식으로 계속된다'라는 표현은 알고 보니 '귀납에 의해 진행한다'라는 뜻이다.

귀납이라는 용어는 오해의 소지가 있다. '다음 정수로 이행하기'라는 이름을 붙였으면 더 좋았을 것이다. 자연과학에서 귀납(더 정확히 말하자면 귀납 추론)은 특수한 것에서 일반적인 것으로, 관찰 표본에서 일반 법칙으로 나아가는 추론을 일컫는다. 표본이 클수록 법칙의 타당성이 커진다. "모든 고니는 흰색이다"처럼 말이다. 이런 추론이 오류로 이어질 수 있음은 분명하다. 실제로 검은 고니가 발견되었으니 말이다. 이런 유형의 귀납은 한낱 발견법에 불과하며 수학적 귀납과 혼동해서는 안 된다. 아무리 많은 n에 대해 공식 $A(n)$를 검증했더라도 모든 n에 대해 이 공식이 성립한다는 것을 증명하기에는 미흡하다. $n=1, n=2, n=3, \cdots n=40$에 대해 n^2+n+41이 소수라는 사실을 입증할 수 있더라도 모든 n에 대해 이 공식이 참이 되지는 않는다. 마찬가지로 공식 $n^2 \leq 2^n$은 하나의 예외를 제외한 모든 자연수 n에 대해 성립하지만, $n=3$이라는 예외가 검은 고니다.

논리학자 고틀로프 프레게는 귀납 추론을 굴착에 비유했다. 우리는 땅을 파고 들어갈수록 온도가 규칙적으로 높아지는 현상을 관찰할 수 있지만, 계속 구멍을 뚫어 더 깊이 들어가면 어떻게 될지는 전혀 알 수 없다. 수직선을 따라 '1'을 더해가는 경우도 마찬가지다. 과거의 관찰을 토대로 예측할 수는 있지만, 예측은 예측일 뿐이다. 이에 반해 수학적 귀납에 의한 증명은 지식을 낳는다.

귀납에 의한 증명은 수학자에게 대단한 기쁨을 선사한다. 수학자들은 이런 증명을 숱하게 보는데, 대학 1학년 때에는 더더욱 그렇다. 각각의 증명은 무한히 많은 논리적 단계의 연쇄다. 지퍼처럼 자르륵 풀린다.

자연수의 성질

수학적 귀납을 도입한 사람은 블레즈 파스칼이다. 이 원리의 근본적 역할을 감안하면 매우 늦은 감이 있다. 사람들은 수학적 귀납의 위력을 금세 알아보았다. 파스칼로부터 200년 뒤 앙리 푸앵카레는 귀납을 수학의 마법 탄환이요 놀라운 성공 비결로 칭송했다. 그가 보기에 귀납에 의한 증명은 (단순히 형식 때문에 타당한) 분석명제에서 선험적 종합명제로 이어지는 **결정적** 단계였다. 실제로 "$A(n)$이 모든 n에 대해 성립한다" 같은 명제가 후험적이라고 주장할 사람은 아무도 없다. **모든** n을 아우르는 경험으로부터 이 명제가 나오는 것이 불가능하기 때문이다. 푸앵카레가 보기에 칸트의 대왕고래인 참된 '선험적 종합지'는 다름 아닌 귀납에 의한 증명이었다.

칸트는 시간과 공간이 둘 다 선험적으로 종합적이며 산술이 시간을, 기하가 공간을 다룬다고 주장했다(하긴, 셈에는 시간이 걸리니까). 푸앵카레는 이 유쾌한 대칭이 솔깃하지 않았다. 그는 칸트가 기하를 "오해한 게 틀림없"다고 생각했다. "그것은 참일 리 없지만 쓸모 있는

▲ 앙리 푸앵카레(1854~1912).

▲ 주세페 페아노(1858~1932).

규약들의 덩어리에 불과하다." 이에 반해 산술에는 우호적이었다. "칸트는 산술의 참된 성질을 꿰뚫어 봄으로써 천재성을 드러냈다. 그 성질이란 산술이 선험적 종합 판단으로 이루어졌다는 것이다."

푸앵카레와 동시대에 활동한 이탈리아의 주세페 페아노는 견해가 달랐다. 페아노는 자연수를 공리로 표현한 최초의 인물이다. 그때까지만 해도 자연수는 지극히 자연스러워 보였기에 누구도, 심지어 유클리드도 자연수에 공리를 부여할 필요성을 느끼지 않았다.

페아노에 따르면 자연수는 각 원소가 ('후속자'라는) 다른 원소 하나에 사상map하도록(화살표로 연결되도록) 대응이 정의되는 집합이다(이 사상을 S라고 부른다). 집합의 원소는 후속자가 저마다 다르다. 후속자가 아닌 원소는 하나가 있다(수학 용어로는 후속자 사상 S가 일대다 사상이 아니라 일대일사상이라고 말할 수 있다). 이것을 전부 뭉뚱그리면, 공리에 따라 어떤 부분집합이 후속자가 아닌 원소를 포함하고 각각의 원소에 대해 그 후속자도 포함하면 이 부분집합은 전체집합이어야 한다.

이게 전부다. 산술에 필요한 공리들은 이게 **다**다.

후속자가 아닌 원소가 하나뿐일 수밖에 없음은 쉽게 알 수 있다. 그 원소의 이름은 1이다. 페아노 공리계에 따르면 자연수는 92쪽 그림 @처럼 생겼다. 그림 ⓑ에서 ⓕ까지의 어떤 방식과도 닮지 않았다.

분명히 알 수 있듯, 페아노 공리계가 성립하는 집합은 귀납이 작동하도록 하는 장치에 불과하다. 이것은 산술이 분석적이며 참된 형식에 의해 타당성을 가진다고 말하는 듯하다. 하지만 푸앵카레는 그럴 수 없다고, 산술은 종합적이어야 한다고 말했다. 산술 명제는 분석적이기에는 너무 깊다. 하지만 어떤 사람들은 산술 명제가 깊디깊

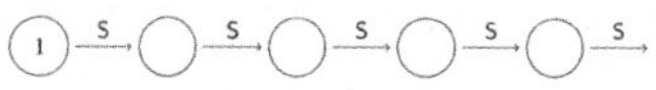

▲ 페아노 공리계 모형 ⓐ

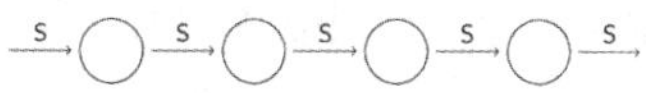

▲ 페아노 공리계 모형 ⓑ

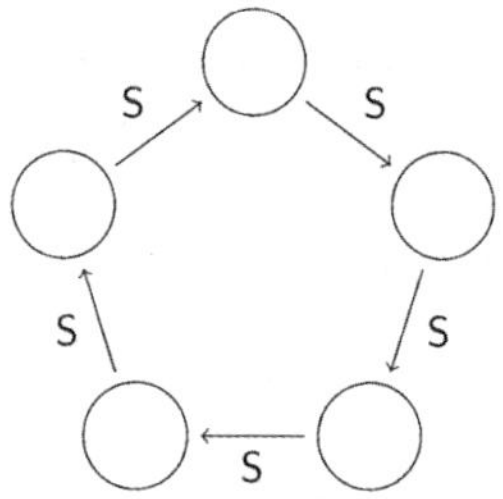

▲ 페아노 공리계 모형 ⓒ

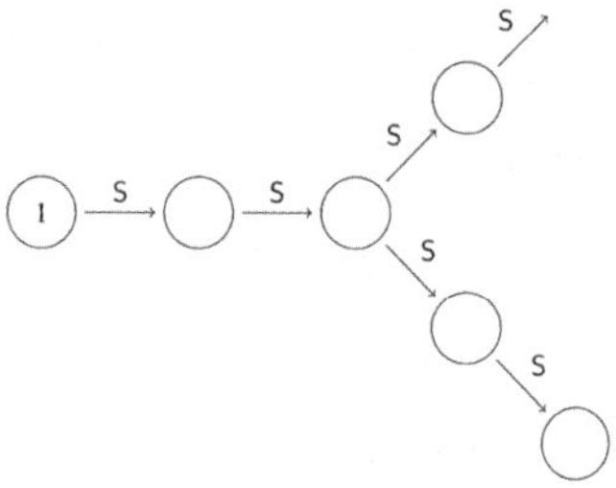

▲ 페아노 공리계 모형 ⓓ

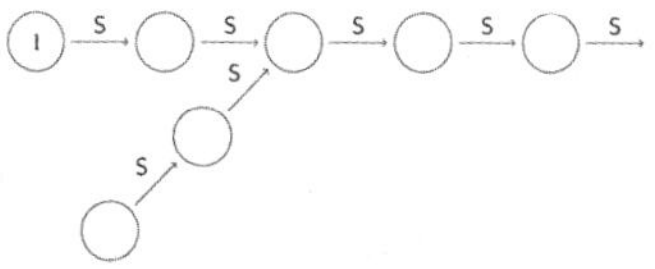

▲ 페아노 공리계 모형 ⓔ

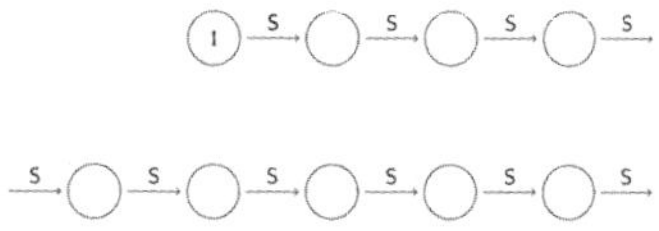

▲ 페아노 공리계 모형 ⓕ

어 보이는 것은 우리의 마음이 얕디얕기 때문이라고 말한다. 오늘날 이 논쟁은 맥이 빠졌다. 주된 이유는 철학자 윌러드 밴 오먼 콰인이 밝혔듯 분석과 종합을 엄밀하게 구분하기가 쉽지 않기 때문이다.

페아노 본인은 모든 철학적 물음을 회피했다. 철학의 전당에 서 불편함을 느끼는 한낱 시골뜨기로 행세하고 싶어했으며 자신의 공 리계가 자연수를 정확히 규정하지 못한다는 사실을 한 번도 부정하 지 않았다. 이를테면 그의 공리계는 집합 {11, 12, 13, …}에도 똑같이 적용된다. 첫째 원소만 다를 뿐 '후속자' 관계는 똑같다. 또 다른 예는 $\{1, \frac{1}{2}, \frac{1}{4}, \frac{1}{8}, \cdots\}$이다. 이 집합은 첫째 원소가 자연수와 같지만 후속 자가 다르다. 기본적으로 페아노 공리계는 진행의 의미를 정의한 것에 불과하다.

페아노 공리계를 바탕으로 삼으면 덧셈을 쉽게 정의할 수 있다. 물론 귀납법이 쓰인다. m이 자연수이면 후속자가 있다. 그 후속자는 $m+1$로 정의되며, $m+n$이 이미 정의되었으면 그 후속자는 $m+(n+1)$로 정의될 것이다. 곱셈도 같은 절차로 정의할 수 있다. $m \times 1$은 m으로 정의되며, $m \times n$이 이미 정의되었으면 $m \times (n+1)$은 영락없는 $m \times n+m$이다. 이로부터 일반적 성질을 도출할 수 있다(상세한 증명은 대체로 지루하며 가끔은 위태위태하다).

이것은 자연수를 정확히 나타내기에 충분하다. 더 정확히 말하자면 페아노와 동시대에 활동한 독일의 리하르트 데데킨트는 페아노 공리계를 충족하는 모든 집합이 (원소의 이름을 바꾸는 것까지) 자연수 집합과 같음을 증명했다. 하지만 여기에 난제가 도사리고 있는데, 4장에서 살펴볼 것이다.

무한에 탐조등을 비추다

자연수 집합은 무한집합이다. 모두의 눈앞에 늘 버젓이 놓여 있었다. 그럼에도 수학자들이 집합과 무한에 대해 이야기하기 시작한 것은 19세기 들어서였다. 이 새로운 전환점은 대부분 한 사람, 독일의 게오르크 칸토어가 이룬 성과다. 그의 아이디어 중 몇몇은 그전에 갈릴레오 갈릴레이, 데이비드 흄, 베른하르트 볼차노가 발표한 적이 있지만, 집합론(사실상의 무한 이론)이 실제로 만개한 것은 오로지 칸토어 덕이다.

아리스토텔레스는 금기 하나를 천명했는데, 수천 년간 아무도 이의를 제기하지 않았다. 그는 (유한하지만 좀 더 많은 것을 덧붙일 수 있

는) 가무한과 실무한을 구별했다. 실무한은 우리의 정신이 감당하기
엔 너무 크다는 이유로 아리스토텔레스에 의해 배척당했다. 이에 따
라 "가장 큰 소수는 존재하지 않는다" 같은 진술은 허용되지만 "소수
는 무한히 많다"라는 진술은 금지된다. 이 진술은 소수의 무한집합이
실제로 존재함을 함의하는데 무한이 존재하지 않으므로 그것은 불가
능하기 때문이다.

신학자들(중세에는 이들이 서구 세계의 유일한 철학자였다)은 아리
스토텔레스의 소심한 결정과 끊임없이 씨름했다. 사실 신의 힘은 **실
제로** 무한하다(이것을 의심했다가는 말썽을 겪을 수 있으며 지옥에 떨어지
기 십상이다). 성 아우구스티누스는 실무한이야말로 신이라고, 또는 신
이야말로 실무한이라고 주장하기까지 했다. 영원에 대해서도 우려가
제기되었다. 영원한 미래는 끝없이 이어지는 가무한으로 간주할 수
있다. 하지만 영원한 과거는 다른 문제다. 모든 과거는 당신 뒤에 있
으며 완전히 성취되었다. 과거가 실제로 무한하려면 무엇이 더 필요
할까? 어떤 신학자들은 이것이 오류라고 말했다. 세계는 영원한 과거
가 없으며 약 4000년 전 일주일에 걸쳐 창조되었다는 것이다. 하지만
일부 동료는 이 세계의 과거가 유한하더라도 신은 언제나 존재했음에
틀림없다고 답했다.

그렇다고는 해도 신학자들은 무한의 도전에 용감하게 맞섰다.
반면에 수학자들은 아리스토텔레스와 척지지 않으려고 몸을 사렸다.

데카르트는 이렇게 말했다.

무한한 것에 관한 논의는 제쳐두자. 왜냐하면 유한한 우리가 무한
한 것을 어떤 식으로 규정하고자 하고 또 그렇게 해서 그것을 제
한하여 파악하려는 시도는 불합리하기 때문이다. 왜냐하면 오직

자기의 정신이 무한하다고 생각하는 사람들만이 그런 것들에 관해 생각하는 것이 마땅하다고 여겨지기 때문이다.

다른 철학자들도 동의했다. 존 로크는 이렇게 잘라 말했다. "무한 수에 대한 실제 **관념**이 지닌 불합리함보다 더 분명한 것은 없다."

가우스도 신중론 편에 서서 이렇게 천명했다. "무한한 양을 완성된 것으로서 쓰는 데에 반대한다. 무한은 수학에서 결코 허용되지 않는다. 무한은 말하는 방식에 불과하다."

이 소심한 조심을 극복하고 집합론이 무한의 이론임을 발견할 수 있는 사람은 칸토어뿐이었다. 그는 어떤 검열도 받아들일 의향이 없었으며 수학이 자유롭다고 여겼다(실제로 '순수 수학'이라는 용어를 '자유 수학'으로 바꾸려 시도했다). 칸토어를 필두로 수학자들은 무한의 크기를 비교하기 시작했다. 그들은 무한을 더하고 길들였으며 이제는 극소수의 고집쟁이만이 실무한을 꺼린다. 무한은 지극히 자연스럽게 사유된다. 과학 저술가 루디 러커는 『무한과 마음Infinity and the Mind』에서 이렇게 썼다. "우리는 무한에 대해 원초적 관념을 가지고 있다. 이 관념에 영감을 주는 것은 종교적 사유를 조건화하는 정신의 바로 그 심층적 기질이 아닌가 싶다. 집합론은 심지어 엄격 신학의 형식으로 볼 수도 있다."

비트겐슈타인은 집합론을 혐오했다. 정신을 자극하는 데 쓰일 뿐이라고 생각했다. "당신이 무한보다 큰 수의 존재를 증명할 수 있다면 당신은 머리가 펑펑 도는 중일 것이다. 이것이 무한이 발명된 주된 이유인지도 모른다." 실무한은 역설의 쾌락에 대한 탐닉이라는 것이 비트겐슈타인의 견해였다. "단지 무한히 많다고 해서 **모든 수** 같은 것이 존재하지는 않는다." 그는 가무한 너머로 발을 디디려 들지 않았다. "탐조등이 무한한 공간에 빛을 비춰 그 방향에 있는 모든 것을 밝히지만 그것이 무한을 비춘다고 말할 수는 없다." 이것은 아름다운 비유이지만 칸토어의 아이디어가 수학을 장악하는 미래를 막지는 못했다. 오늘날 무한한 양에 대한 고대의 두려움은 음의 양이나 허수에 대한 두려움만큼이나 아득해 보인다. 마치 한낱 가짜 문제로 전락한 것처럼§ 비트겐슈타인은 철학 문제 대부분이 언어를 명료하게 하여 해소할 수 있는 가짜 문제라고 주장했다.

짝 맞추기

칸토어의 시대가 되자 자연수에서 정수, 유리수, 실수, 복소수에 이르는 기나긴 행진이 끝났다. 이 행진을 이끈 것은 자연수에서 허용되는 것보다 더 많은 걸 **계산**하려는 욕구였다. 칸토어는 더 많이 **세고자** 했으며 이 욕구는 그를 억지로 무한으로 끌고 갔다.

칸토어는 아리스토텔레스나 데카르트의 우려를 불식하려 하지 않았다. 그에게 철학적 성향이 있었던 것은 사실이지만 그의 집합론에 동기를 부여한 것은 분석에서 탄생하고 실수의 복잡한 부류와 관계된 순수한 수학 문제였다.

칸토어의 생각에서 관건은 어떤 통찰이었다. 우리는 집합 A의 원소 개수가 **얼마나** 많은지 알지 못하면서도 집합 B만큼 많음을 알수 있다. 중요한 것은 A의 원소와 B의 원소 사이에 일대일대응이 존재한다는 사실뿐이다. 그러면 두 집합은 원소 개수(수학 용어로는 기수)가 몇 개인지와 상관없이 같다. 이것을 **대등하다**라고 한다.

마라톤을 구경할 때는 선수의 인원수를 세지 않아도 왼발 개수와 오른발 개수가 같음을 알 수 있다. 거실에서 모든 찻잔이 받침에 놓였고 빈 받침이 하나도 없으면 찻잔 개수와 받침 개수가 같음은 세어보지 않아도 알 수 있다.

이것은 칸토어의 원리가 아니라 흄의 원리로 알려지게 되었다. 철학자 흄은 『인간 본성에 관한 논고』에서 이렇게 썼다. "두 수들이 그것들 가운데 하나가 다른 수의 모든 단위와 언제나 일치하는 한 단위를 갖는 조합을 이룰 때 우리는 그 수들이 대등하다고 단언한다."(이 문장은 처음에는 이해하기 힘들어 보이지만, 흄이 말하는 '수들'이 오늘날의 '집합'이고 '단위'가 '원소'임을 알면 뜻이 분명해진다. 이렇게 독해하면 인용문은 이 원리를 흄의 원리로 부를 만한 타당한 근거임이 분명해진다.)

유한집합을 고집할 필요는 전혀 없다. 각각의 홀수를 그 후속자와 짝지으면(1을 2로, 3을 4로 등등) 자연수 홀수와 자연수 짝수 사이에 일대일대응이 성립한다. 두 집합은 대등하지만 분명히 무한하다. 이번에도 이 사실은 칸토어 이전에 알려져 있었으며 심지어 흄보다도 먼저였다. 갈릴레이는 비슷한 맥락에서 각각의 수와 그 제곱수를 짝지어 모든 자연수의 집합 1, 2, 3, …과 모든 제곱수의 집합 1, 4, 9, …가 대등함을 밝혀냈다. 이 사실은 갈릴레이의 역설로 불리게 되었다. 아

▲ 갈릴레오 갈릴레이(1564~1642).

▲ 게오르크 칸토어(1845~1918).

닌 게 아니라 부분은 전체보다 작아야 하지 않나? 오랫동안 이 역설은 무한이 인간의 정신을 초월한다는 증거로 제시되었다.

하지만 칸토어가 등장하면서 관점이 바뀌었다. 그가 갈릴레이의 역설에서 끌어낸 교훈은 "부분이 전체보다 작다"라는 규칙이 무한집합에서는 성립하지 않는다는 것이다. 자연수는 홀수만큼, 짝수만큼, 제곱수만큼, 세제곱수만큼, 소수만큼 많다. 부분은 전체보다 작을 필요가·**없다**. 당신도 이 개념에 친숙해져야 한다. 사실 칸토어의 동시대인 리하르트 데데킨트는 유한집합을 자신의 어떤 진부분 집합과도 대등하지 **않은** 집합으로 **정의**함으로써 갈릴레이 역설에 보기 좋게 한 방 먹였다.

힐베르트는 이 상황을 소박한 사례로 설명했는데, 이것은 '힐베르트 호텔'이라는 밈이 되었다. 힐베르트 호텔에는 방이 무한히 많지만 하필이면 모든 방이 예약되어 있다. 밤늦게 도착한 고단한 여행객에게는 나쁜 소식이다. 그런데 접수계원이 활짝 웃으며 말한다. "하지만 여기는 힐베르트 호텔이니 낙심하지 마세요. 모든 손님에게 옆방으로 옮겨달라고 부탁드리면 돼요. 그러면 1번 방이 비니까 손님께서 묵으실 수 있어요."

흄의 원리를 확장하면, 정수는 자연수보다 두 배 많아 보이지만

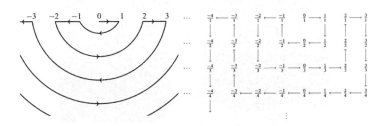

▲ 정수와 분수를 차례로 열거하는 방법.

98

개수가 같다. 실제로 정수는 0, 1, -1, -2, 2, 3, -3, …처럼 차례로 열거할 수 있다(왼쪽 그림). 집합 A를 이렇게 열거한 것은 자연수 1, 2, 3, …을 A의 원소와 일대일대응하는 것과 다름없다. 그렇다면 집합 A는 **가산 무한**이라고 할 수 있다.

이게 다가 아니다. 유리수도 열거할 수 있으므로 자연수와 크기가 같다. 유리수가 자연수보다 훨씬 많아 보이는데도 말이다. 실제로 임의의 두 자연수 사이에는 무한히 많은 분수가 있다. 그럼에도 모든 분수는 열거할 수 있다.

알맞게 배열하는 방법을 찾기만 하면 된다. 이를테면 분모 순서대로 정렬할 수 있다(왼쪽 그림). 첫 행은 모든 정수(분모가 1인 분수)가 오고 둘째 행은 모든 반수(분모가 2인 분수)가 오며 셋째 행은 모든 삼반수가 오는 식으로 각 행은 양 방향으로 무한을 향해 뻗어 나간다. 이 모든 분수를 거치는 경로는 쉽게 찾을 수 있다. 각 유리수는 거듭거듭 맞닥뜨릴 것이다. 이를테면 $\frac{1}{2}$은 $\frac{5}{10}$로 다시 만날 것이다. 하지만 우리는 먼저 만난 유리수를 모두 건너뛰어 한 번도 만나지 않은 분수만 목록에 받아들이기로 한다.

지금까지의 결과는 **모든** 무한집합이 가산적이라는 메시지를 전달하는 듯하다. 하지만 칸토어가 발견했듯 그렇지 않다. 그의 집합론은 이 지점에서 신기원을 열었다. 무한의 크기가 하나뿐이라면 재미없을 것이다.

칸토어는 구간에 있는 실수(이를테면 0과 1 사이의 실수)를 열거**할 수 없다**는 사실을 밝혀냈다. 칸토어 스스로 여러 증명을 고안했는데, 마지막 증명은 하도 기막히게 기발해서 자신의 논증이 빈틈없는지 몇 번이고 의심했을 정도다. 그는 힐베르트를 비롯한 동료들에게 걱정 어린 편지를 보내어 자신이 멍청한 실수를 저지르지 않았는지 검토해달라고 부탁했다. 증명은 어이없을 만큼 쉬워 보였다.

오늘날 칸토어의 대각선 논법은 충분히 검증된 친숙한 도구로, 간접적 방법을 활용한다. 0과 1 사이의 모든 실수를 열거할 수 있다고 가정하자. 이 실수들은 0.5000…이나 0.333…처럼 맨 앞에 0이 오고 다음에 점이 오고 그 뒤에 무한한 숫자 연쇄가 오는 십진법의 전개식에 대응한다. 실수가 위의 가정처럼 정말로 열거 가능하다면 우리는 이 목록을 전부 줄줄이 나열할 수 있을 것이다(크기별로 배열하려는 시도는 하지 않는다). 이제 다음과 같은 전개식으로 수 하나를 구성해보자. n번째 자리에 있는 숫자에 대해 위의 목록에서 n번째 실수를 골라 n번째 자리에 있는 숫자를 다른 숫자로 바꾼다. 그러면 계단을 내려가듯 대각선을 따라 차례로 내려가면서 n번째 계단에서 만나는 모든 숫자가 다른 숫자로 바뀐다. 이렇게 하면 0과 1 사이의 실수에 대한 전개식을 얻는다. 그런데 이 수는 우리의 목록 어디에도 있을 수 없다. 실제로 n 자리에 있을 수 없다. n번째 숫자가 다르기 때문이다. 이것은 어떤 n에 대해서도 성립한다. 방금 구성한 0과 1 사이의 실수는 우리의 목록 어디에도 없다. 이것은 모든 실수를 나열했다는 가정과 모순된다. 그러므로 실수는 열거 가능하지 않다. 실수는 비가산적으로 많다.

0과 1 사이의 실수라는 이 비가산 집합에서 우리는 대등한 비가산 집합을 훨씬 많이 얻을 수 있다. 이를테면 지름이 1인 반원이 있다. 이것을 길이가 1인 구간 위에 놓기만 하면 된다(오른쪽 그림 ⓐ). 반원 위에 있는 각각의 점을 구간 위에 있는 점과 수직으로 짝지으면 반원과 구간은 일대일대응한다(한 집합은 길이가 $\frac{\pi}{2}$이고 다른 집합은 길이가 1인데도 두 집합은 대등하다). 마찬가지로 반원 위에 있는 점들을 실수선 전체에 놓인 점과 일대일대응할 수 있다(그림 ⓑ). 반원의 중심에

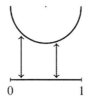

▲ ⓐ 반원과 단위 구간의 일대일대응.

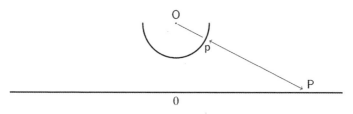

▲ ⓑ 반원과 실수선의 일대일대응.

서 실수선 위에 있는 임의의 점 P에 반직선을 그으면 이 반직선은 유일한 점 p에서 반원과 교차한다. P ↔ p의 대응은 일대일이다. 반원, 구간, 전체 실수선은 모두 기수가 같다(즉, 연속선의 기수와 같다).

이게 다냐고? 그럴 리가. 좀 이따 보여드리겠다.

정사각형은 자신의 어느 변보다 점이 많아 보인다. 하지만 정사각형과 그 변은 동수다§ 'equinumerous'는 집합에 대해서는 '대등'으로, 그 밖에는 '동수'로 번역했다. 실제로 길이가 1인 정사각형 위에 있는 점은 두 개의 좌표에 의해 주어지므로 0과 1 사이에 있는 두 개의 실수 $x = 0.x_1 x_2 x_3 \cdots$ 와 $y = 0.y_1 y_2 y_3 \cdots$ 로 표현된다. 쌍 (x, y)는 0과 1 사이에 있는 하나의 수 $z = 0.x_1 y_1 x_2 y_2 x_3 y_3 \cdots$ 으로 부호화할 수 있다. 역으로 이런 십진법의 전개식은 모두 두 개의 전개식, 즉 두 좌표 x와 y로 쪼갤 수 있다.

페아노와 힐베르트는 훨씬 놀라운 사실을 밝혀냈다. 1차원 단위 구간은 2차원 단위 정사각형에 연속적으로 대응할 수 있다. 이 말

▲ 정사각형을 곡선으로 채우는 방법(그 곡선을 작도하는 무한히 많은 단계 중 첫 여섯 개만 표시했다).

은 한 획으로 그은 곡선이 정사각형의 모든 점을 통과할 수 있다는 뜻이다(위 그림). 하지만 이것은 일대일대응이 아니다. 정사각형 위의 많은 점은 거듭거듭 대응할 것이다.

선분과 정사각형의 이런 대응에서 보듯 차원 개념을 이해하기란 만만한 일이 아니다. 언뜻 떠오르는 방안은 이렇게 말하는 것이다. 정사각형이 2차원인 이유는 우리가 각 점을 지정하려면 좌표가 **두 개** 필요하기 때문이다. 하지만 정사각형을 채우는 곡선은 한 개의 수로도 충분하다는 것을 보여준다(차원 개념은 누구에게나 명백해 보이고 실제로도 늘 그랬지만, 제대로 정의된 지는 100년밖에 되지 않는다).

이제 무한으로 돌아가자. 직선, 평면, 3차원 공간에 있는 점의 개수는 모두 같다. 전부 연속체 크기인 것이다. 그러므로 지금껏 살펴본 무한에는 두 가지 크기가 있으니, 하나는 자연수의 크기이고 다른 하나는 실수의 크기다. 이런 집합의 크기를 **기수**라고 부른다. 유한 기수는 다름 아닌 자연수다. 그 밖의 **무한한** 기수가 하나라도 있을까?

칸토어는 연속체보다 큰 기수가 많음을 증명했다. 이를테면 '직선의 모든 부분집합의 집합' 크기가 있다. 실제로 그는 무수히 많은 무한 기수를 발견했으며 이내 수학자들이 그 기수들을 계산하기 시작했다. 계산 규칙은 놀랍도록 괴상하다.

하지만 연속체의 기수보다는 작지만 자연수의 기수보다는 큰 기수가 있는지는 분명히 밝혀지지 않았다. 말하자면 모든 비가산 실수 집합은 연속체 전체의 크기를 가져야 할까? 이 주장을 '연속체 가설'이라고 한다.

칸토어의 혁명적 발상은 많은 반발을 샀으며 그는 격렬한 논쟁에 휘말렸다. 칸토어가 논쟁을 찾아다녔다고 말하는 사람도 있다. 칸토어는 수학을 연구하지 않을 때는 셰익스피어 희곡의 진짜 저자가 프랜시스 베이컨이라는 가설을 옹호했다. 이 주장은 실무한 못지않게 평생을 허비할 수 있는 논쟁거리다.

베이컨 가설과 달리 집합론은 인정을 받았다. 칸토어는 할레에 있는 군소 대학에서 일생을 보냈음에도 어마어마한 영향력을 발휘했다. 1897년 (자신이 출범에 큰 역할을 한) 제1회 세계수학자대회에 참석했을 때 그는 많은 강연에서 자신의 이론이 기정사실로 취급되는 모습을 보았다. 한 세대가 채 지나지 않아 집합론은 모든 수학 분야의 공통 기초가 되었다.

하지만 그와 동시에 최초의 집합론 역설들이 고개를 쳐들기 시작했다. 크로네커와 푸앵카레 같은 베를린과 파리의 수학 거물들이 칸토어의 위험한 발상에 경고를 발했다. 크로네커는 한 강연에서 칸토어의 연구를 '수학적 궤변'이라고 폄하했으며 칸토어는 이렇게 되받아쳤다. "크로네커의 강연은 설익은 개념, 허세, 이유 없는 중상, 너저분한 농담이 뒤섞였으며 혼란스럽고 피상적이다."

대부분의 수학자는 칸토어를 확고히 지지했으며 오리가 물을 좇듯 집합론을 좇았다. 언제나 카리스마가 넘쳤던 다비트 힐베르트는 이렇게 포효했다. "누구도 우리를 칸토어가 창조한 낙원으로부터 내쫓지 못하리라."

힐베르트의 유명한 목록인 20세기를 위한 23가지 문제 중 첫 번째가 연속체 가설이다. 이 문제는 끝까지 칸토어의 골머리를 썩였으며 서글픈 결말을 낳았다. 칸토어는 궁핍에 시달리고 우울증에 사로잡히다 정신병원에 갇힌 채 세상을 떠났다.

0으로 돌아가다

집합론이 모든 수학의 기초가 되려면 자연수 1, 2, 3, …은 집합론에 근거해야 한다. 이것은 미심쩍은 주장처럼 보인다. 1, 2, 3, …처럼 친숙한 것이 어떻게 집합론처럼 난해한 것에 근거하겠는가? 집합론은 최근에야 발견되었으며 역설이 득시글거리지 않던가. 우리는 자연수를 어릴 적부터 접하며 이에 친숙하다. 누구에게 배울 필요가 전혀 없다.

하지만 논리학자 고틀로프 프레게는 우리가 생애 초기에 익히는 것을 기초로 자연수를 접하는 자연스러운 방식을 경멸했다. 그는 순수하게 논리적이고 수학적인 방식으로 자연수를 이해하려고 시도했다. 순수 사유의 영역을 벗어나지 않고서 어떻게 '다섯'의 의미를 전달할까?

평생 예나대학교에 재직하면서 칸토어보다도 훨씬 초라한 학문 경력을 쌓은 프레게는 기발한 접근법을 생각해냈다. 칸토어(또는 흄)의 대등 개념을 이용하여 수를 정의한 것이다. 우리 오른손의 손가락 개수는 왼발 발가락 개수나 플라톤 다면체 개수와 같다. 이 모든 집합은 다섯짝이다. 프레게는 '다섯'을 모든 다섯짝 집합으로 정의했다.

이 관점은 처음에는 이상해 보이지만 다시 생각하면 기발하다. 손가락 다섯 개, 조개껍데기 다섯 개, 조약돌 다섯 개, 닷새, 오덕五德, 오봉五峯 등으로 이루어진 모든 집합은 모든 다섯짝 집합을 나타낸다. 어느 것이든 다른 나머지에 못지않게 어엿한 다섯짝 집합이다. 이 모든 집합이 공유하는 '다섯다움'의 성질이 수 '다섯'이다. 분필의 다섯 획을 가리키는 것 같은 피상적 정의에 뻔하게 기대지 않고서 수를 정의한 것이다.

사소한 문제가 하나 있는데, 이것은 쉽게 해결된다. 집합 A와 집합 B가 같은 수를 가진다는 것을 보이려면 **일대일** 대응을 이용한다. 여기에는 초보적 셈, 말하자면 1까지 세는 행위가 필요한 듯하다. 그러므로 우리는 수를 이용하여 수를 정의한다. 하지만 논리학자들은 이 반론을 비켜 가는 법을 안다. 간략하게 설명하자면, "X는 존의 형제이다"이고 "Y는 존의 형제이다"일 때마다 X와 Y가 반드시 같으면 존은 형제가 한 명밖에 없다.

젊은 버트런드 러셀은 프레게의 발상을 접하고서 덥석 받아들였다. 자연수에 대한 프레게·러셀 접근법은 수학의 기초를 다지는 과정에서 결정적 역할을 했다. 하지만 오늘날 많은 사람은 집합론에서 자연수를 도출하는 상향식 방법이 프레게·러셀 접근법을 대체했다고 생각한다. 새로운 방법은 요한 폰 노이만이 제시한 것으로, 그가 갓 스무 살(영재가 은퇴하는 시기)이 되었을 때 발견했다.

첫째, 집합의 원소들도 집합이라는 것을 명심해야 한다(당신의 책상 위에 있는 서류철에 또 다른 서류철이 담길 수 있는 것과 비슷하다). 게다가 집합 A는 이 집합을 유일한 원소로 가지는 집합 {A}와 다르다(어떤 서류철이 이 서류철 하나만 들어 있는 서류철과 다른 것과 같은 이치다).

다음으로 요한 폰 노이만은 집합 A의 후속자를 A와 $\{A\}$의 합집합, 즉 $A \cup \{A\}$로 정의한다. A가 집합이면 그 후속자도 집합이다.

요한 폰 노이만은 이로부터 셈을 시작한다. 그는 0에서 출발한다(이에 따라 수 1은 후속자가 되지만 이것은 합의하면 그만인 사항이다). 이 0은 공집합 $\varnothing$으로 정의된다§ 기호 :=는 '정의한다'는 뜻이다.

$$0 := \varnothing$$

0의 후속자는 1로 명명되는데, 그 의미는 아래와 같다(이것은 공집합을 유일한 원소로 가지는 집합이다).

$$1 := \varnothing \cup \{\varnothing\} = \{\varnothing\}$$

다음 후속자는 아래와 같다.

$$2 := 1 \cup \{1\} = \{\varnothing, \{\varnothing\}\},$$
$$3 := 2 \cup \{2\} = \{\varnothing, \{\varnothing\}, \{\varnothing, \{\varnothing\}\}\}$$

이런 식으로 계속된다. 그러므로 3 = {0, 1, 2}의 원소 개수는 세 개이며 일반적으로 n = {0, 1, …, $n-1$}의 원소 개수는 n개다. 무척 만족스러운 결과다. 더 만족스러운 것은 귀납에 의한 증명이 공짜로 딸려 온다는 것이다. 0과 모든 후속자로 이루어진 집합은 자연수 집합이다.

어떤 수학자들은 공집합 $\varnothing$을 중괄호만 써서 {}로 표기한다. 그러면 1과 2와 3은 각각 {{}}와 {{},{{}}}와 {{},{{}},{{},{{}}}}가 되는데, 이것은 이상고 뼈의 새김눈과 놀랍도록 닮았다.

아이들은 수를 셀 때 천, 만, 억, 조 같은 큰 수에 종종 매혹된다. 큰 수 사냥은 보람 있는 도전이다. 바로 아르키메데스가 이 주제로 에세이를 써서 큰 수를 언급했는데, 그것은 (당시에) 알려진 우주를 채울 수 있는 모래 알갱이 개수보다 훨씬, **더더욱** 훨씬 큰 수였다. 현대 표기법으로는 10^{63}으로 추정된다. 오늘날에는 구골이라는 신기한 이름의 수가 유명하다(10^{100}을 뜻하는데, 아르키메데스의 모래 알갱이 개수보다는 많지만 물체 70개를 순서대로 배열하는 경우의 수보다는 작다).

아이들이 큰 수 지식을 겨루는 광경을 상상해보라. 한 아이가 "1구골!"이라고 말하자 다른 아이가 의기양양하게 "1구골 더하기 1!"이라고 받아치고 또 다른 아이가 "1구골 더하기 천!"이라고 말하니 다음 아이가 "1구골 더하기 1구골!"(2구골)이라고 외치는데, "3구골!"에 당하고 만다. 잠시 머리를 굴리다 "1구골 **곱하기** 1구골!"(1구골의 제곱)이 튀어나온다. 이것은 "1구골의 세제곱!"으로 이길 수 있으며 마지막으로 "1구골의 1구골제곱!"이 판을 정리한다.

결국 똑똑한 아이 하나가 "무한!"이라고 외친다. 이것으로 게임은 끝난 듯하다. 하긴 "무한 더하기 1"이나 "2 곱하기 무한"이나 "무한의 무한제곱"이라고 해도 어차피 무한 아니겠는가? 마침내 막다른 골목에 들어선 것 같다.

하지만 수학자들에게는 어림도 없었다.

요한 폰 노이만의 셈법을 따라 지금까지 얻은 자연수를 **서수**로 표기하여 우리가 그 너머로 나아가려 한다는 것을 나타내자. 지금껏 얻은 각 서수는 자신보다 작은 모든 서수의 집합이다. 이를테면 4 = {0, 1, 2, 3}은 자신보다 작은 모든 서수 0, 1, 2, 3의 집합이며 여기서 '작다'는 이 서수 각각이 서수 4의 진부분집합§자기 자신을 제외한 부분

집합이라는 뜻이다. 이를테면 $2 = \{0, 1\}$은 4의 부분집합이다. 그러므로 이 모든 집합의 합집합을 ω(오메가)로 표시하자. 이것은 집합 $\{0, 1, 2, 3, \cdots\}$, 즉 모든 자연수의 집합이다(0을 포함하는 것은 합의하면 그만인 사항에 불과하다).

ω는 그리스어 알파벳의 마지막 글자이지만 수학자들에게는 첫 글자이기도 하다. 집합 ω는 서수이며 (이번에도) 자신보다 작은 모든 서수 $0, 1, 2, 3, \cdots$의 집합이다. 이 집합은 여느 집합처럼 후속자, 즉 $\omega \cup \{\omega\}$가 있다. 그런데 이 집합은 ω와 같은 집합이 **아니다**. 이것은 음속 장벽을 깨는 것과 같다. 무한을 넘어서서 셈을 한 셈이다.

$\omega \cup \{\omega\}$를 $\omega + 1$로, 다음 후속자를 $\omega + 2$로 나타내는 식으로 계속하자. "$+n$"이라는 표현은 어떤 대수 연산도 가리키지 않는다. ω의 n번째 후속자의 이름에 불과하며 일종의 색인 역할을 한다(서수의 덧셈을 정의할 수 있지만 여기서는 다루지 않겠다). 계속 개수를 세면 이 모든 수 $\omega + n$의 합집합을 얻는데, 이것은 $\omega + \omega$ 또는 $\omega \cdot 2$로 나타낸다. 다시 후속자를 얻고 그다음 후속자와 "기타 등등"을 얻으면 이 모든 서수의 합집합인 $\omega \cdot 3$을 얻는다. 이 과정을 거듭거듭 계속하면 $\omega \cdot \omega$, 즉 ω^2에 도달한다.

소크라테스라면 이렇게 말할 것이다. "정말 훌륭해. 그다음은 어떻게 됐지?"

다음의 중요 단계는 ω^ω이며 그다음 단계는 ω^{ω^ω}(오메가의 오메가제곱의 오메가제곱)이다. 심지어 이런 ω를 무한히 쌓아 올린다고 상상할 수도 있다. 그러지 못할 이유가 어디 있나? 이것은 조판을 수월하게 하려고 ε_0으로 표기한다. 이 이름에는 묘미가 있다. ε(엡실론)과 0 둘 다 소박한 풍모를 지녔으며 별로 보잘것없다. 서수 ε_0은 당신이나 아르키메데스에게는 상상할 수 없을 만큼 커 보일지도 모르지만 집합론자에게는 하찮은 양이요 준비 운동에 불과하다. 사실 이 집합은 여전히 셀 수 있다. 그 기수는 ω의 기수보다 크지 않아 줄에서 저 뒤쪽에 서 있는 것처럼 보인다. 최초의 비가산 서수에 도달하려면 아직 멀었지만 정신 건강을 위해 여기서 그만하는 게 좋겠다. 기수는 빠르게 증가하므로 서수는 따라가느라 다리가 찢어진다.

무한을 누비는 것이 미친 짓처럼 보일지도 모르겠다. 아이들이 점점 큰 수를 읊어 상대방을 이기려 하는 놀이의 성인판 같은 무의미한 활동에 불과해 보일 수도 있다. 우리는 "더하기 1", "곱하기 2", "세제곱", "기타 등등" 같은 관용구의 문법에 현혹되어 현실 감각을 잃은 것일까? 그렇지 않다. 곧 보겠지만, 서수는 의미가 단순하고 단단하다. 적어도 작은 서수는 그렇다(심지어 ε_0도 서수 치고는 크지 않다).

기수는 집합의 크기를 나타내며 서수는 배열을 묘사한다. 유한집합에서는 기수와 서수가 대략 같다. 기수는 "일, 이 삼"으로 세고 서수는 "첫째, 둘째, 셋째"로 센다는 것만 다르다. 무한집합은 사정이 달라서 기수적 무한의 산술 규칙과 서수적 무한의 산술 규칙이 따로 논다.

집합을 배열한다는 것은 무슨 뜻일까? 전문용어로는 **정렬**이라고 한다. 이 말은 모든 원소가 선형적 순서로 놓였다는 뜻이다(임의의 서로 다른 두 원소 x와 y에 대해 하나는 다른 하나보다 작다. 또한 x가 y보다 작고 y가 z보다 작으면 x는 z보다 작다). 이와 더불어 정렬 집합의 모든 부분집합에는 가장 작은 원소가 있다(가장 큰 원소가 있을 필요는 없지만). 이를테면 자연수 집합은 '자연적' 방식으로, 말하자면 {1, 2, 3, …}으로 정렬되며 ω에 대응한다. 1을 맨 뒤로 보내 다시 배열할 수 있는데, 그러면 {2, 3, …, 1}이 된다. 이 정렬은 $\omega + 1$에 대응한다. 홀수를 먼저 나열한 다음 짝수를 나열하는 식으로 재배열할 수도 있는데, 그러면 {1, 3, 5, ⋯, 2, 4, 6, ⋯}을 얻는다. 이것은 $\omega \cdot 2$에 대응한다. 모든 짝수를 자연적 순서로 배열한 다음 홀수를 3의 모든 배수, 5의 모든 배수 등등 순으로 나열하되 어떤 수도 이중으로 명명되지 않도록 각각의 수를 첫 번에만 나타내고 이후에는 무시할 수도 있다. 이렇게 하면 {1, 2, 4, 6, ⋯, 3, 9, 15, ⋯, 5, 25, 35, ⋯}가 된다. 이에 대응하는 서수는 ω^2이다. 소인수 분해를 이용할 수도 있다. 첫째로 2의 모든 거듭제곱수, 즉 1, 2, 2^2, 2^3, ⋯, 다음으로 3의 모든 거듭제곱수, 즉 3, 3^2, 3^3, ⋯, 그다음으로, 3의 모든 거듭제곱수 곱하기 2, 3의 모든 거듭제곱수 곱하기 2^2 등으로 나열한 다음 5 등등 더 큰 소수들에 대해서도 똑같이 한다. 이 정렬 집합의 서수는 ω^ω이다. 옛 친구를 알아보시겠는지?

무한은 아우라를 적잖이 잃었다. 그럼에도 아리스토텔레스의 염려가 드리운 그림자는 살아남았다. '모든 서수의 집합'은 여전히 불가촉이다. 0으로 나누기 같은 행위는 금기다. 이유는 뒤에서 알게 될 것이다. 너무 큰 것에 대한 거리낌은 명맥을 이어간다.

다른 한편으로 서수의 탑 전체는 공집합을 토대로 삼는다. 공집합을 '무無'로 해석할 만큼 경솔한 사람이라면 수학의 기초가 무라고 추론할 것이다. 모든 버젓한 피조물이 공에 바탕을 둔다는 것이다. 루디 러커가 말한 '엄격 신학'은 이런 뜻이었을 것이다.

4

논리 Logic
논리적 필연은 얼마나 단단할까

쿠르트 괴델 이전 가장 위대한 논리학자

1934년의 더운 여름날 아침, 빈 학파의 우두머리인 철학자 모리츠 슐리크는 빈대학교 정신의학과 교수 오토 푀츨이라는 인물에게 편지를 썼다. 그는 "저의 고명한 대학 객원강사 쿠르트 괴델 박사를 소개드려도 되겠습니까?"라고 물었다. 쿠르트 괴델은 프린스턴고등연구소에 체류하고 돌아온 뒤 서른도 채 되지 않은 나이에 심각한 정신적 문제와 씨름하고 있었다.

슐리크는 푀츨에게 괴델의 지적 능력은 아무리 칭찬해도 모자란다고 말했다. 괴델은 천재 그 자체였다.

그는 최고 수준의 수학자이며 그의 연구 결과는 획기적인 것으로 널리 받아들여집니다. 아인슈타인은 서슴없이 괴델을 아리스토텔레스 이후 가장 위대한 논리학자로 꼽았으며, 괴델이 나이는 비록 젊지만 논리의 기초적 질문들을 탐구하는 데에 세계 최고의 권위자라는 점은 의심할 여지가 없습니다.

▲ 쿠르트 괴델(1906~1978).

▲ 아리스토텔레스(384~322 BCE).

　　실로 극찬이었다. '아리스토텔레스 이후 가장 위대한 논리학자'라는 표현은 이후 괴델을 늘 따라다녔다. 하지만 이제는 아리스토텔레스를 쿠르트 괴델 이전 가장 위대한 논리학자라고 부르는 사람이 많다.

　　아리스토텔레스는 수백 년간 논리학 분야를 지배했다. 논리학 및 형이상학 교수이던 이마누엘 칸트는 이렇게 주장했다. "논리학은 현재에 이르기까지 한 발짝도 전진할 수 없었고, 그렇기에 여러 모로 보아 완결되고 완성된 것으로 보인다." 다른 책에서는 이렇게도 말했다. "논리학은 아리스토텔레스 이후 **내용**이 많이 늘어지는 않았다. 논리학의 본성상 그렇게 될 수 없는 것이다."

　　이렇듯 칸트는 아리스토텔레스의 논리학을 완성된 학문으로 보았다. 2000년이 지나도록 "한 발짝도 전진할 수 없"었다니! 칸트의 말은 일종의 찬사였다. 반면에 버트런드 러셀은 더 적나라하게 경멸했다. "2000년간 정체기를 겪다 막다른 골목에 다다랐다." 『서양철학사』에서 러셀은 논리학에서 아리스토텔레스의 원칙들이 "전부 거짓이며, 예외는 중요하지 않은 형식 이론인 삼단논법뿐"이라고 단언했다.

아리스토텔레스는 『형이상학』에서 '논리의 세 가지 기본 법칙'을 제시한다. 첫째는 동일률(A는 A다), 둘째는 배중률(A가 참이거나 A의 부정이 참이거나 둘 중 하나이지 중간의 세 번째 가능성은 없다), 셋째는 모순율(A와 A의 부정 둘 다 참일 수는 없다)이다. 논리 법칙이 A의 내용과 무관하다는 것은 명백하다. 오늘날의 표현으로 바꾸자면, 논리 법칙은 '참'과 '거짓'의 사용을 규율한다.

아리스토텔레스의 논리학 분야 걸작 『분석론 후서』는 논리적 추론의 원칙을 다루는데, 그가 말하는 논리적 추론은 삼단논법을 뜻한다. 삼단논법은 두 명제(전제)로부터 세 번째 명제(결론)를 연역하는 논증이며 논리적으로 필연적이다.

명제는 긍정일 수도 있고 부정일 수도 있으며, 성질에 대한 보편적 단언일 수도 있고 특수한 단언일 수도 있다. 성질의 예로는 '사람이다', '소수다', '초록색이다' 등이 있다. 이에 따라 명제는 네 가지로 분류된다.

(a) 전칭긍정명제("모든 A는 B다", 예: "모든 인간은 행복하다").
(e) 전칭부정명제("어떤 A도 B가 아니다").
(i) 특칭긍정명제("어떤 A는 B다", 적어도 하나의 A는 B라는 뜻).
(o) 특칭부정명제("적어도 하나의 A는 B가 아니다").

(a), (e), (i), (o)라는 문자는 중세 성기에 도입되었다. 훗날 성질은 이 성질을 가지는 집합에 대응하는 집합으로 규정되었다. 이에 따라 (a)는 $A \sqsubseteq B$를 뜻하고 (i)는 $A \not\sqsubseteq \overline{B}$($\overline{B}$는 B의 여집합, 즉 B에 포함되지 않는 모든 것의 집합을 나타낸다)을 뜻한다.

이 명제들은 다양하게 조합되는데 (a), (a), (a)나 (e), (a), (e)나 (a),

(i), (i)나 (e), (i), (o)처럼 언제나 명제가 두 개 먼저 오고 나서 결론이 온다. 스콜라학자들은 각 조합을 기억하기 쉽게 Barbara, Celarent, Darii, Ferio처럼 알맞은 자음을 넣어 이름을 지었다.

몇 가지 예를 들어보겠다. 모든 인간은 죽고, 모든 그리스인은 인간이라면, 모든 그리스인은 죽는다(Barbara). 어떤 인간도 광물이 아니고, 모든 그리스인은 인간이라면, 어떤 그리스인도 광물이 아니다(Celarent). 모든 아테네인은 그리스인이고, 어떤 논리학자는 아테네인이라면, 어떤 논리학자는 그리스인이다(Darii). 어떤 그리스인도 이집트인이 아니고, 어떤 논리학자는 그리스인이라면, 어떤 논리학자는 이집트인이 아니다(Ferio).

이 '생각의 표현법' 중에서 논리적으로 옳은 것은 열다섯 가지로 밝혀졌다. 전통적 설명에는 몇 가지가 더 있는데, 이는 고대인의 용법 중 일부가 오늘날 수학자들의 용법과 약간 다르기 때문이다. 그래서 "모든 A는 B다"라는 명제는 아리스토텔레스에게는 A라는 성질을 가지는 대상이 존재함을 함축하는 데 반해 현대의 수학적 규약에 따르면 A라는 성질을 충족하는 것이 전혀 없어도 무방하다. 말하자면 대응하는 집합이 공집합일 수도 있다는 뜻이다. 그러므로 "모든 용은 귀엽다"는 애초에 용이 존재하지 않으므로 옳은 반면에 아리스토텔레스와 (아마도) 대부분의 일반인은 이 명제를 거짓으로 여기거나, 만일 참으로 받아들인다면 용의 존재를 함축한다고 받아들일 것이다. 이 용법은 우연한 회심conversio per accidens이라는 이름 아래 많은 스콜라철학자들의 골머리를 썩였다.

삼단논법의 유형이 열다섯 가지인지 그 이상인지는 딱히 중요하지 않다.

실제로 $A \subseteq \overline{B}$는 $B \subseteq \overline{A}$와 같은 뜻이며 $\overline{\overline{A}} = A$이므로 모든 삼단

논법은 Barbara와 Darii로 표현할 수 있다. 하지만 이 결과는 러셀이 보기에 '중요하지 않은' 시답잖은 논리를 내놓을 뿐이다. 아리스토텔레스는 '이고'와 '이거나' 같은 논리 연결어를 탐구하지도 않았다. 수학은 삼단논법만 가지고는 멀리 갈 수 없었다. 그럼에도 우리의 추론 능력에 대한 부하 검사로서 복잡한 삼단논법 구조를 만들어보는 일은 재미있을 것이다. 잘 알려진 예를 몇 가지 제시하겠다.

아래의 열 가지 **전제**가 성립한다고 가정하자.

1. 이 집에 있는 유일한 동물은 고양이다.
2. 달 바라기를 좋아하는 모든 동물은 애완동물로 적합하다.
3. 나는 동물이 혐오스러우면 멀리한다.
4. 어떤 동물도 밤에 돌아다니지 않는 한 육식동물이 아니다.
5. 어떤 고양이도 생쥐를 죽이는 일에 실패하지 않는다.
6. 이 집에 있는 것 외에 어떤 동물도 내게 사근사근하지 않다.
7. 캥거루는 애완동물로 적합하지 않다.
8. 육식동물을 제외한 어떤 것도 생쥐를 죽이지 않는다.
9. 나는 내게 사근사근하지 않은 동물이 혐오스럽다.
10. 밤에 돌아다니는 동물은 언제나 달 바라기를 좋아한다.

이로부터 도출되는 논리적 **결론**은 다음과 같다. 나는 캥거루를 멀리한다(힌트: 달빛에 혹하지 말 것).

이 삼단논법 연쇄를 고안한 옥스퍼드대학교의 논리학자는 찰스 도지슨이다. 그는 루이스 캐럴이라는 필명으로 더 유명하며 『이상한 나라의 앨리스』와 『거울 나라의 앨리스』를 썼다.

순수 사고

아리스토텔레스의 가장 놀라운 통찰은 논증을 순수한 형식 계산으로 기술한 것이다. 명제의 내용은 진위와 무관했다. 그가 수학식을 전혀 사용하지 않았음에도 그의 규칙은 형식화하기에 안성맞춤이었다. 하지만 그러기까지는 수천 년을 기다려야 했다.

칸트로부터 반 세기 뒤에 이 결정적 걸음을 내디딘 사람은 신기료장수의 아들인 영국인 독학자 조지 불이다. 불은 신동이었다. 열한 살에 (그의 아버지가 책의 면지에 자랑스럽게 써두었듯) 여섯 권짜리 기하학 교재를 독파했고, 열네 살에 그리스어 시를 번역했으며, 열여섯 살에 교사가 되었고, 서른 살에 왕립학회 로열 메달을 수상한 뒤 아일랜드 코크대학교에 수학과 교수로 임용되었다. 하지만 얼마 지나지 않아 비를 맞고 감기에 걸려 사망했다.

불은 논리 연결어 '이고'와 '이거나'의 역할이 ×와 +를 매우 닮았음을 알아차렸다. 이를테면 아래의 논리 규칙과 대수식은 서로 대응한다.

"A이고 (B이거나 C)"는 "(A이고 B)이거나 (A이고 C)"와 같다.

$$a \times (b+c) = a \times b + a \times c$$

대수학에서 차용한 규칙 중 어떤 것은 성립하고 어떤 것은 성립하지 않는다. 그 대신 $a \times a = a$("A이고 A"는 A와 같다) 같은 규칙들이 있다. 대수학에서 $a \times a = a$가 성립하는 경우는 $a=1$이거나 $a=0$일 때뿐이다. 따라서 불은 수 0을 '거짓'으로, 수 1을 '참'으로, 자신의 논리 연산을 두 수 {0, 1}의 영역에 해당하는 대수 연산으로 해석했다. 버트런드 러셀은 불의 책『사고 법칙의 탐구An Investigation of the Laws of Thought』를 "순수 수학 발견의 계기가 된 업적"으로 치켜세웠다. 기하학이나 산술로부터 증류되고 시간과 공간으로부터 벗어났다는 뜻이다.

논리학을 명시적으로 형식화한 첫 사례였다(라이프니츠도 같은 작업을 했지만 이 사실은 훨씬 뒤에야 밝혀졌다). 대수적 방법(이로 인한 결과는 현재 불 대수라고 불린다)을 썼다는 사실보다 훨씬 중요한 것은 갓 탄생한 집합론적 해석이었다. 이는 삼단논법을 해석하는 데 무척 요긴한 것으로 드러났다. 당시는 집합론이 아직 존재하지 않았기에 불은 **부류**라는 낱말을 썼다. 부류는 성질과 대응하고 '이고'는 부류들의 공통 부분에 대응하며 '이거나'는 부류들의 전체 부분에 대응한다. 불이『사고 법칙의 탐구』에서 발전시킨 수학적 방법은 논리학을 막다른 골목에서 건져냈다. 정체기는 끝났다.

영국의 오거스터스 드모르간과 존 벤, 미국의 찰스 퍼스, 독일의 에른스트 슈뢰더, 이탈리아의 주세페 페아노가 진행한 연구를 통해 논리학은 점점 수학과 비슷해졌다. 이와 나란히 수학도 점점 논리학과 비슷해졌다. 수학 추론은 점점 엄밀해졌으며 수학 증명은 고생스러울 만큼 명시적으로 바뀌었다. 이런 발전이 (무엇보다 해석 과정에서) 절실히 필요한 곳은 새롭고 더 명시적인 논증이 놀라운 결과를 밝혀내는 분야였다. 그 놀라운 결과란 이를테면 연속함수 수열의 극한은 불연속적일 수 있다거나, 몇몇 연속함수는 어디서도 미분 가능하지 않다 등이며, 그 밖에도 비슷한 문제들이 밝혀졌다.

새로운 엄밀성을 앞장서서 옹호한 사람은 오귀스탱 루이 코시와 카를 바이어슈트라스였다. 훗날 프라하에서 베른하르트 볼차노라는 저명한 성직자이자 철학자이자 수학자가 이 발전들 중 상당수를 예견했다는 사실이 드러났다. 하지만 아무도 눈길을 주지 않았으며,

유일하게 관심을 가진 가톨릭교회는 그의 책들을 금서로 지정했다. 공교롭게도 수학에 집합 개념을 도입한 사람도 볼차노였다. 그는 집합을 부분의 배열에 의존하지 않는 다수로 정의했다. 독일의 리하르트 데데킨트는 수 개념을 탐구하면서 비슷한 아이디어를 내놓았으며, 게오르크 칸토어는 마침내 집합을 "직관이나 생각의 확정적이고 명확히 구별되는 대상을 전체로 모은 것"으로 정의했다. 이 말은 고대인의 점 정의만큼이나 모호하게 들리지만, 결정적인 것으로 입증되었다. 칸토어 본인은 자신의 집합론이 "응당 형이상학에 속한"다고 말하는 데 전혀 거리낌이 없었다.

오늘날 형이상학은 비하적 의미로 쓰인다. 현실에서 대부분의 수학자는 집합을 이야기할 때 만두 모양의 그림을 그린다. 아이에게는 물건이 들어 있는 주머니로 설명할지도 모른다. 하지만 집합 개념은 더 까다롭다. 이것을 누구보다 잘 아는 사람인 칸토어는 이런 인상적인 구절을 남겼다. "집합을 생각할 때면 심연이 떠오른다." 실제로 얼마 지나지 않아 심연이 아가리를 벌렸다.

수학과 논리학이 서로에게 점점 접근하는 동안 고틀로프 프레게는 갈 데까지 가보기로 마음먹었다. 수학을 모조리 논리학으로 환원할 작정이었다. 하지만 논리학에서 지금껏 형식화된 영역은 너무 좁았다. 더는 "x는 반드시 죽는다"나 "x는 소수다" 같은 주어-술어 문장에 국한할 수 없었다. "x는 y보다 작다"나 "x는 y의 형제다"처럼 둘 이상의 항이 맺는 관계에도 적용되어야 했으며 "누군가 방 안의 모든 사람과 악수했다면 방 안의 모든 사람은 악수를 했다" 같은 형식의 논리적 추론을 할 수 있어야 했다. 이 문장은 내용과 무관하게 순수한 논리적 근거에서 의심할 여지 없이 옳다. 악수를 주먹다짐이나 입맞춤으로 바꿔도 성립한다. 이번에도 집합이 요긴한 것으로 드러났다.

이를테면 함수(더 일반적으로는 두 항 사이의 관계)는 영락없는 쌍의 집합이다.

프레게는 자신의 확장된 논리 연산을 계속 밀고 나갔지만 그의 표기법은 그다지 친절하지 않았다. 그는 서른 살이 되었을 때 『개념표기』를 발표했다. 다음으로 평이한 언어로 쓴 명료한 소책자 『산수의 기초』에서 자신의 기획을 개략적으로 소개했다. 책에서 그는 자연수를 크기가 같은 모든 집합의 집합으로 정의한다는 발상을 설명했다. 그즈음 그는 예나대학교 수학과 부교수였으며 일생의 연구 계획을 전부 세워두었다.

그의 주저 제2권 『연산의 기본 법칙Grundgesetze der Arithmetik』은 제1권이 나온 지 10년 가까이 지난 1903년에 출간되었다. 프레게는 한 번도 지름길을 택하지 않고 모든 문제와 정면으로 맞섰다. 드디어 필생의 과업에 화룡점정을 찍을 수 있을 것 같았다. 하지만 그때 안타까운 반전이 일어났다. 프레게는 책의 후기에 이렇게 썼다. "과학 저술가에게 가장 달갑잖은 일은 집필을 끝낸 뒤 자신이 쌓은 체계의 기초가 흔들리는 것이다."

▲ 고틀로프 프레게(1848~1925).

▲ 버트런드 러셀(1872~1970)

하지만 바로 그 일이 일어났다. 젊은 영국인 버트런드 러셀이 프레게의 연구에 숨은 모순을 지적한 것이다. 프레게는 기겁했다. 얼마 뒤 아내가 세상을 떠나자 깊고 오랜 우울에 빠져들었다. 필생의 수고가 수포로 돌아갔다. 그의 강의는 수강생이 거의 없었다. 동료들은 그에게 관심을 기울이지 않았다. 그의 표기법을 이해하는 사람은 소수에 불과했으며 활용하는 사람은 더더욱 적었다. 러셀, 비트겐슈타인, 그리고 제자 루돌프 카르나프가 그의 연구를 더없이 우러러보았다는 사실은 결코 그의 귀에 들어가지 않았다. 프레게는 원통하고 고독하게 죽었다. 오늘날 그는 컴퓨터 논리 설계의 주역으로 꼽힌다.

러셀의 묘안

버트런드 러셀은 프레게와 같은 사명에 착수했다. 그의 목표 또한 수학을 모조리 논리학으로 환원하고 논리학을 모조리 형식 계산으로 수학화하는 것이었다.

러셀은 영국의 귀족 가문 출신이었으며 그의 할아버지는 총리를 두 번 지냈다. 어린 시절 그는 고아였다. 종교에 심취한 할머니 손에서 자라며 가정교사에게 교육받았다. 그런 다음 케임브리지대학교에 진학하여 수학을 공부했다. 그는 정신병을 물려받았을까 봐 두려워했다. 젊은 러셀은 수학의 확실성에 기대어 자살 충동을 이겨냈다.

하지만 1902년 버트런드 러셀은 이 확실성을 위협하는 역설을 발견했다. 나머지 모든 수학 분야의 기초인 집합론에 모순이 있었던 것이다.

("소수다", "행복하다", "고양이다" 같은) 모든 성질에 대해서 이를 가진 모든 대상을 포함하는 집합이 존재한다는 사실은 명백해 보였

다. "X의 원소다"라는 성질을 여느 성질처럼 고려하는 것, 그리고 X 자체가 그 성질을 충족하는지, 즉 X가 X의 원소인지 묻는 것은 얼마든지 가능해 보인다. 실제로 "자신을 원소로 포함한다"라는 성질은 어떤 집합에는 성립하고 어떤 집합에는 성립하지 않는 듯하다.

다음 예를 생각해보라. 모든 고양이의 집합 X는 결코 고양이가 아니므로 X의 원소가 아니다. 고양이가 아닌 모든 것의 집합 X 역시 고양이가 아닌데, 이번에는 그러므로 X의 원소이며 자신을 포함한다. 모든 개념의 집합 X는 개념이므로 X의 원소다. 모든 집합의 집합 X도 마찬가지로 자신을 원소로 포함한다.

여기까지는 좋다. 겉보기에는. 하지만 버트런드 러셀은 이런 의문이 들었다. 자신을 원소로 포함하지 **않는** 모든 집합의 집합 X는 어떻게 될까? X는 자신을 포함하지 않으면 집합 X에 속하므로 자신을 원소로 포함한다. X는 자신을 원소로 포함하면 X에 속하지 않으므로 자신을 원소로 포함하지 않는다. 어느 쪽이든 모순이다.

러셀 역설의 영향은 크고 오래갔다. 10년 뒤 오스트리아의 작가 로베르트 무질은 자신의 수학 실력을 꽤 자부했는데, 이 상황을 아래와 같이 묘사했다.

가장 내밀한 것을 궁리하는 사람인 수학자들이 난데없이 모든 구조의 핵심에서 심오한 결함을 발견했다. 도저히 바로잡을 수 없는 결함이었다. 수학자들은 실제로 바닥까지 샅샅이 들여다보다 수학의 토대 전체가 허공에 떠 있다는 사실을 알게 되었다.

무질이 뒤에 덧붙인 말도 언급할 만하다. "수학자들이 이 지적 추문을 감내하는 방식은 전형적이다. 말하자면 그들은 자신들의 이성이 가진 저돌적 대담함에 자신감과 자부심을 드러냈다."

그 자신감에 근거가 없지는 않았다. 실제로 무질이 이 문장을 썼을 즈음인 1913년에는 "모든 것의 토대"가 이미 복구되어 있었다.

러셀 역설을 극복한 최초의 인물 중 하나는 버트런드 러셀 자신이었다. 그는 수학자 앨프리드 노스 화이트헤드와 손잡고 "자신을 (그리고 자신과 비슷한 부류를) 원소로 포함하지 않는 집합"에 대한 변칙적 자기지시를 회피하는 "유형 이론"을 개발했다. 새 규칙으로 집합은 유형을 부여받았으며 자신보다 낮은 유형의 집합만 원소로 가지는 것이 허용되었다. 러셀과 화이트헤드는 이 발상을 세 권짜리 대작 『수학원리Principia Mathematica』에서 웅장하고 치밀하게 설명했다.

원고는 5000쪽을 넘었다. 손수레에 실어 인쇄소에 보내야 했다. 게다가 발행비 100파운드를 직접 마련해야 했다.

십계명

다비트 힐베르트의 제자 에른스트 체르멜로는 유형 이론과 더불어 러셀 역설의 난관을 회피하는 집합론 공리를 개발했다. 체르멜로는 러셀보다 먼저 이 역설을 발견했지만 별로 호들갑을 떨지 않았다. 이를 비롯한 몇 가지 이유로 체르멜로는 러셀보다 훨씬 덜 알려졌다. 하지만 (아브라함 프렝켈이 수정하고 개량한) 그의 집합론 공리는 유형 이론보다 실용적이었으며 오늘날 수학의 표준적 토대로 쓰인다.

공리들을 짧게 나열해보자. 분석하려는 것은 아니고 외부인에게 어떻게 보이는지 확인하기 위해서다. 공리는 십계명처럼 열 개다. 공리가 점토판에 새겨져 있다고 상상해보라. 낯선 기호가 몇 줄 쓰인 점토판이 사막 모래에 반쯤 파묻힌 장면이 떠오를 것이다. 어떤 외

$$\forall x \forall y(x = y \leftrightarrow \forall z(z \in x \leftrightarrow z \in y))$$ $$\exists x(\varnothing \in x \land \forall(y \in x)y \cup \{y\} \in x)$$

$$\exists x \forall y y \notin x$$ $$\forall x \exists y \forall z(z \in y \leftrightarrow z \subseteq x)$$

$$\forall x \forall y \exists z \forall u(u \in z \leftrightarrow u = x \lor u = y)$$ $$(\forall(a \in x)\exists !b\ P(a, b)) \rightarrow (\exists y \forall b(b \in y \leftrightarrow \exists(a \in x)\ P(a, b)))$$

$$\forall x \exists y \forall z(z \in y \leftrightarrow \exists(w \in x)z \in w)$$ $$\forall x(x \neq \varnothing \rightarrow \exists(y \in x)x \cap y = \varnothing)$$

$$\forall x \exists y \forall z(z \in y \leftrightarrow z \in x \land P(z))$$ $$(\forall(u, v \in x)(u \neq v \rightarrow u \cap v = \varnothing) \land \forall(u \in x)\ u \neq \varnothing) \rightarrow \exists y \forall(z \in x)\exists !(w \in z)w \in y$$

▲ 체르멜로 공리.

계인이 우연히 점토판을 발견하면 그는 영문도 모른 채 알파벳 x, y, z, …, 괄호, 집합론 기호(특히 "~의 원소다"를 뜻하는 $\in$), 화살표, 등호, ('이고'를 뜻하는) 부호 $\land$(논리곱), ('존재한다'와 '모든 ~에 대해'를 뜻하는) 부호 $\exists$(존재)와 $\forall$(전칭) 등을 볼 것이다.

　이 점토판이 우리의 모든 수학을 지배한다. 하지만 십계명과 대조적으로 여기에는 인상적인 구석이 전혀 없다. 수학자가 아닌 사람은 대부분 그 좀스러움에 놀란다.

$$(1)\ \forall x \forall y(x = y \leftrightarrow \forall z(z \in x \leftrightarrow z \in y))$$

　제1공리는 단순히 집합이 자신의 원소로 정의된다는 뜻이다. 즉, 원소가 같으면 같은 집합이다.

$$(2)\ \exists x \forall y y \notin x$$

　제2공리는 공집합의 존재를 상정한다. 공집합은 $\varnothing$으로 표시한다(공집합은 존재가 명시적으로 가정되는 유일한 집합이다).

$$(3) \; \forall x \forall y \exists z \forall u (u \in z \leftrightarrow u = x \vee u = y)$$

제3공리는 임의의 두 집합 x와 y에 대해 x와 y만 원소로 가지는 집합 z가 존재한다는 뜻이다. 더 알기 쉽게 표현하자면, $\{x, y\}$라는 쌍을 구성할 수 있다. $x = y$인 경우에는 한 원소 집합 $\{x\}$을 얻는데, 이 집합은 원소가 x 자신뿐이다. (x와 $\{x\}$가 서로 다른 집합임에 유의하라.)

$$(4) \; \forall x \exists y \forall z (z \in y \leftrightarrow \exists (w \in x) z \in w)$$

제4공리는 합집합이 모든 집합의 모든 원소를 포함하는 집합이라는 뜻이다.

$$(5) \; \forall x \exists y \forall z (z \in y \leftrightarrow z \in x \wedge P(z))$$

제5공리는 이른바 분리 공리로, 모든 집합 x와 모든 성질 P에 대해 이 성질 P를 가지는 집합 x의 원소들은 집합 y를 형성한다. 이 성질은 '그 자체로는' 집합을 정의하기에 부족하므로 주어진 집합 x에 적용되어야 한다.

$$(6) \; \exists x (\emptyset \in x \wedge \forall (y \in x) y \cup \{y\} \in x)$$

제6공리는 무한 공리다. 기본적으로 0(더 정확히 말하자면 무)에서 시작하여 계속 세어나갈 수 있다는 뜻이다. 이 공리는 사실 체르멜로의 원래 공리를 수정한 것으로, 우리는 3장에서 이것이 무한에 이르는 열쇠임을 보았다.

$$(7) \ \forall x \exists y \forall z (z \in y \leftrightarrow z \subseteq x)$$

제7공리는 임의의 집합 x에 대해 그 부분집합 z가 집합 y(이른바 멱집합)를 형성한다는 뜻이다.

$$(8) \ (\forall (a \in x) \exists! b \, P(a, b)) \rightarrow (\exists y \forall b (b \in y \leftrightarrow \exists (a \in x) \, P(a, b)))$$

제8공리는 임의의 집합 x와 임의의 (타당한) 함수에 대해 그 상 §정의역의 원소에 대응하는 공역의 원소들이 집합이라는 뜻이다(기호 $\exists!$[유일]은 x의 각 원소 a가 하나의 상 b만 가진다는 뜻이다). 또는 집합 x의 모든 원소가 잘 정의된 방식에 따라 집합으로 대체되면 그 결과는 집합이다.

$$(9) \ \forall x (x \neq \varnothing \rightarrow \exists (y \in x) x \cap y = \varnothing)$$

제9공리는 집합이 자신을 원소로 가질 수 없다는 뜻이다. 기초 공리라고 불리며, 러셀 역설을 해소한다. 또한 순환적이거나 무한히 하강하는 간접적 방식으로 집합을 원소로 가지는 집합을 원소로… 가지는 집합을 배제한다.

$$(10) \ (\forall (u, v \in x)(u \neq v \rightarrow u \cap v = \varnothing) \wedge \forall (u \in x) u \neq \varnothing) \rightarrow$$
$$\exists y \forall (z \in x) \exists! (w \in z) w \in y$$

마지막 제10공리는 선택 공리다. 쌍을 이루고 서로소인 비공집합들의 집합 x가 있으면 각각의 집합으로부터 원소 한 개를 선택하여 집합 y로 조합할 수 있다. 처음에는 별것 아니게 보일 것이다. 각각의 집합에서 원소 하나를 뽑아내면 그만 아닌가? 그러나 공리는 방법을 알려주지는 않는다. 과제는 당신에게 도맡기고 단지 그것이 가능하다고만 말한다.

버트런드 러셀은 타의 추종을 불허하는 명쾌한 방법으로 이 난제를 설명했다. 그가 든 예는 무한히 많은 쌍의 구두를 (단지 과시하려고) 소유한 백만장자다. 각각의 쌍에서 한 켤레를 집어내는 것은 식은 죽 먹기다. 이를테면 언제나 왼쪽 구두를 고르면 된다. 하지만 백만장자가 무한히 많은 양말도 가졌다면 어떻게 해야 할까? 각각의 쌍에서 어느 양말을 선택해야 할까?

대부분의 학생은 선택 공리에 아무 문제도 없다고 생각한다. 자신들이 익히는 나머지 모든 괴상한 것들에 비하면 말이다. 하지만 이 공리의 결과 중 몇몇은 꽤 특이하다. 그중 하나는 모든 부분집합이 가장 작은 원소를 가지도록 그 모두를 정렬할 수 있다는 것이다.

자연수 집합의 일반적 순서는 정렬이며 공집합이 아닌 모든 부분집합이 가장 작은 원소를 가진다는 사실은 분명하다. 이에 반해 유리수는 수직선 상의 일반적 순서에 따라 정렬할 수 없다. 이를테면 양의 분수는 가장 작은 것이 없다. 언제나 더 작은 양의 분수가 존재하기 때문이다. 그럼에도 홀분수를 정렬하는 방법은 쉽게 찾을 수 있다. 하지만 실수는 애석하게도 정렬 방법을 도무지 찾을 수 없다. 그럼에도 선택 공리를 받아들인다면, 그 방법은 존재한다.

이것은 믿음이 필요한 문제다. 당신은 선택 공리를 믿는가? 예, 아니요로 답하라. 힐베르트 시절 이 문제는 몇몇 저명한 수학자를 사로잡았으며 확고한 의견들이 대립했다. 하지만 지금은 관용 원칙이 지배적이다. 선택 공리를 받아들이든 받아들이지 않든 그것은 선택의 문제다. 어느 쪽이든 집합론의 나머지 공리와 훌륭히(또는 억지로) 맞아떨어진다. 같은 수학자가 양쪽 결과를 둘 다 연구할 수 있으며, 그 때문에 번뇌하지는 않을 것이다.

흥미롭게도 선택 공리는 유클리드 평행선 공준의 망령 같다. 나머지 공리들보다 좀 더 복잡해 보이고, 그것들과 독립적이며, 때로는 성립한다고 가정되고 때로는 그렇지 않으니 말이다.

연속체 가설도 대동소이하다. 이 가설은 한때 20세기 수학의 미해결 문제를 나열한 힐베르트의 첫 번째 문제였다. 모든 비가산 실수 집합은 모든 실수 연속체와 기수가 같을까? 이것은 일반적 집합론 틀에서는 결정할 수 없는 것으로 드러났다. 실제로 쿠르트 괴델과 폴 코언의 연구를 통해 결국 집합론에 연속체 가설이 있어도 되고 없어도 된다는 사실이 밝혀졌다.

집합론에는 기존 공리계와 사뭇 다르지만 훌륭히 작동하는 다른 공리계들이 있다(이를테면 폰 노이만, 파울 베르나이스, 괴델 등이 제안했다). 이 모든 공리계에 적용되는 세 가지 진술이 있다.

첫째, 수학자들은 너무 큰 집합을 꺼리게 되었다. 모든 집합의 집합과 모든 크기의 집합은 불가촉이고 '비적격'으로 간주된다. 점잖은 자리에서는 입에 올리면 안 되는데, 논리 모순으로 직행하기 때문이다.

둘째, 수학을 모조리 논리학으로 환원한다는 야심찬 목표는 대체로 사그라들었다(러셀은 한동안 자신이 꿈을 이뤘다고 확신했지만). 수학의 기초가 집합론이라는 생각은 일반적으로 받아들여지지만, 체르멜로-프렝켈 집합론의 무한 공리(목록의 6번)는 논리적으로 꼭 필요하다고 간주하기 힘들다. 너무 억지스러워 보인다. 논리학에는 군더더기와 궤변이 들어설 자리가 있어서는 안 된다. 실제로 아리스토텔레스의 시대 이후로 논리학은 단순하고 기초적인 학문으로 간주된다. 얼마나 기초적이냐면 많은 스콜라 철학자가 신이 논리 법칙을 무시할 수 있는지를 놓고 골머리를 썩였을 정도다.

셋째, 수학의 토대 전체를 위협하는 듯한 논리 역설은 10년 안에 해소되었다. 잠시나마 모든 것을 집어삼키는 급류처럼 보이던 물살은 알고 보니 전혀 위험하지 않은 개울에 불과했다. 당시 대부분의 현업 수학자는 조금도 심란해하지 않았다.

하지만 (로베르트 무질의 표현을 빌리자면) "가장 내밀한 것을 궁리하는" 사람들에게는 불안감이 남아 있었다.

힐베르트가 또 다른 경지로 올라서다

아직 발견되지 않은 또 다른 모순이 어딘가에 도사리지 않는다고 확신할 수 있을까? 논리학 자체가 미덥지 않고 그 토대에 결함이 있다면 논리적 증명이 무슨 소용이겠는가?

앙리 푸앵카레는 비유를 들어 이 문제를 짚었다. 수학자는 늑대로부터 양 떼를 지키려고 높은 울타리를 치는 양치기와 같다. 하지만 늑대가 울**안**에 숨어 있으면 어떡하나?

이 지긋지긋한 우려를 가라앉히기 위해 다비트 힐베르트는 수학의 정합성에 대한 증명을 촉구했다. 이것은 그의 유명한 목록에서 두 번째 문제가 되었다. 러셀의 악명 높은 역설이 등장하기 몇 년 전에 이미 그런 증명을 요청한 것이다. 그 뒤로 수십 년에 걸쳐 힐베르트는 거듭거듭 이 문제로 돌아와 퍼시벌 경이 성배를 찾아 헤매듯 정합성 증명을 찾아 헤맸다.

어떤 학문도 모순을 반기지 않는다. 모순은 무언가 잘못됐다는 신호이니 말이다. 하지만 형식적 수학 이론에서의 모순은 훨씬 고약하다. 더는 가망이 없다는 신호이기 때문이다. 모든 것이 무너진다. 실제로 A와 A 아닌 것이 둘 다 참이라고 가정해보자. 그렇다면 A의 타당함은 임의의 명제 B에 대해 "A이거나 B"가 참임을 함축한다. "A이거나 B"가 참이고 A 아닌 것도 참이기 때문에 B는 무조건 참일 수밖에 없다. 이러면 모든 것이 올스톱된다.

힐베르트의 시대에 정합성 증명은 전혀 새로운 대상이 아니었다. 하지만 모든 정합성 증명은 한 이론으로 다른 이론을 정당화하는 **상대적** 정합성 증명이었다. 이를테면 유클리드 기하학이 정합적이면 쌍곡기하학도 정합적이다(역도 성립한다). 실수가 정합적이면(해석기하학의 결과) 유클리드 기하학도 정합적이다. 실수가 정합적이면 자연수도 정합적이어야 한다. 이러면 공은 산술에 넘어간다.

힐베르트가 찾는 것은 상대적 정합성 증명이 아니었다. 그래봐야 문제를 한 이론에서 다른 이론으로 옮기는 행위에 불과했기 때문이다. 그는 산술의 **절대적** 정합성 증명을 원했으며 증명을 구하는 방법을 제안했다. 이 방법은 1920년대에 '힐베르트 프로그램'으로 불리게 되었다. 관건은 문자에 의한 형식화를 받아들이고 모든 내용을, 모든 정신과 의미를 배제하는 것이었다. 이때가 컴퓨터가 등장하기 50년 전이었음에 유의하라. 힐베르트의 발상이 컴퓨터 프로그램으로 구현되기까지는 오랫동안 기다려야 했다.

각각의 형식화된 텍스트는 유한한 알파벳의 문자($\forall$이나 $\rightarrow$ 같은 기호, 괄호, 변수를 나타내는 문자, $\neg$[부정] 표시 등)로 이루어진다. 일반적 수학식에서는 문자가 특정 의미와 연결되지만(이를테면 $\neg$은 '아니다', ∀은 '모든 ~에 대해', →는 '함축하다'를 뜻한다) 완전한 형식화에서는 이런 해석이 완전히 배제된다. 내용은 전혀 없으며 남은 것은 기호뿐이다. 실은 **기호**라는 용어 자체에도 별 의미가 담기지 않는다. 기호는 일상 언어에서는 언제나 무언가를 가리키지만 형식화된 텍스트에서는 아무것도 가리키지 않는다. 한낱 표시, 낙서, 자국에 불과하다. 하지만 전통을 존중하여 **기호**라는 낱말을 계속 쓰도록 하겠다.

이 기호들은 배열되어 문자열이 되는데, 여기에도 의미가 없기는 마찬가지다. 일부 문자열은 '공리'로 명명된다. 여기서 출발하여, 명시적으로 제시된 단순하고 구체적인 변환 규칙에 따라 다른 문자열을 형성할 수 있다. 이렇게 얻어진 각각의 문자열은 앞에 기호 ⊢(턴스틸)이 붙는다. 이 기호는 문자열이 공리이거나 변환 규칙에 따라 유도되었다는 뜻이다. 증명은 이런 문자열의 유한한 목록이다. 이론물리학에서 선점하지 않았다면 초문자열superstring § '초끈이론'을 뜻한다이라고 부를 수 있었으련만.

문자열 A와 문자열 ¬A 둘 다 이런 식으로 유도된다면 우리는 형식 계산에 모순이 있다고 말한다. 물론 이것은 기호가 의미를 돌려받을 때에만, 특히 ¬이 부정으로 해석될 때에만 의미가 있다. 이런 해석이 가능하려면 형식 계산에서 한발 물러나 (말하자면) 더 높은 경지에서 바라보아야 한다.

힐베르트 프로그램은 이런 형식 모순이 일어날 수 없음을 증명하는 것이다. 이 증명은 문자열 변환 규칙에 대해 유한하고 조합적인 논증만을 이용할 수 있다. 이렇게 하면 형식 체계의 정합성을 입증할 수 있다. 물론 조합적이고 유한하고 직접적으로 명백한 논증만 이용하려고 해도 논리학이 필요하다. 하지만 논리학 중에서도 유난히 탄탄해 보이고 무엇보다 무한의 기미가 조금도 없는 부분만 있으면 된다(이렇게 보면 유클리드 시대 이후로 별로 달라진 게 없다).

힐베르트의 급진적 형식화는 종종 오해를 산다. 마치 **정말로** 수학이 내용이라고는 하나도 없는 기호 놀음이라는 인상을 주기 때문이다. 힐베르트가 이렇게 생각하지 않았음은 두말할 필요가 없다. 그는 (논란의 여지가 있지만) 그럴 가능성이 가장 희박한 인물이다. 형식 계산이란 기계적 규칙을 한낱 낙서와 자국에 맹목적으로 적용하는 것이라는 해석은 그에게는 고대하던 절대적 정합성 증명을 얻는 수단에 불과했다. 힐베르트는 자신의 방법을 증명 이론, 또는 메타수학이라고 불렀다. 이 방법은 수학을 형식 체계 자체에 적용하여 "점 X가 Y와 Z 사이에 있다" 대신 "이론 X가 이론 Y와 이론 Z 사이에 있다"라는 식으로 말한다.

힐베르트 프로그램은 오랜 기간에 걸쳐 꾸준히 발전했으며 힐베르트 자신과 여러 제자가 실제 성과를 거뒀다. 하지만 느닷없이 암초를 만났다.

쿠르트 괴델이라는 박사후 연구원이 빈에서 철학과 수학을 공부하고 힐베르트의 노선을 따라 주목할 만한 성과를 낸 뒤, 힐베르트 프로그램이 결코 목표에 도달할 수 없음을 증명한 것이다.

또한 같은 증명으로 괴델은 수학적 참과 형식적 증명의 간극이 메워질 수 없음을 입증했다. 대략적으로 말하자면, 정합적인 형식적 수학 이론에서 성립하는 모든 것이 증명될 수 있는 것은 아니다. 게다가 정합성 자체가 이론 안에서 형식적으로 증명될 수 없다. 괴델의 첫 번째 불완전성 정리와 두 번째 불완정성 정리인 이 두 명제는 철학적으로 의미가 어마어마하다. 하지만 이것들은 수학적 정리이지 결코 '한낱' 철학적 진술이 아니다.

20년 뒤 하버드대학교에서는 괴델에게 명예박사 학위를 수여하면서 불확정성 정리를 "20세기의 가장 중요한 수학적 진리"로 천명했다.

초보자를 위한 메타수학

힐베르트와 괴델의 수학은 정교하고 특수한 분야이며 설명하기 까다롭다. 게다가 온갖 오해를 불러일으키기 십상이다. 이 점에서 자연선택이나 상대성이론과 같은 처지다.

초보자를 위해 이 질문에서 시작하자. 수학에서 '참'의 정확한 의미는 무엇일까? 수학이 인간 정신의 창조물이라면 타당한 증명은 참의 유일한 기준이요, 참을 허구와 구별하는 유일한 수단처럼 보일 것이다. 하지만 "17은 소수다"라는 진술은 인간이 증명을 생각해내기 전부터 참이었어야 한다. 그러니 우리의 논의는 '참'의 의미가 모호하지 않은 상황에 국한하겠다. 보편적 정의는 결코 시도하지 말자.

참을 부분적으로나마 이해하는 것을 목표로 삼아 논리학에서 가장 단순한 부분인 명제 논리를 살펴보자. 명제 논리는 참이거나 거짓이거나 둘 중 하나인 명제(이를테면 "내 머리가 지끈거린다"나 "3 < 2")를 다루거나, 논리 연결어(이를테면 '이고', '이거나', '아니다')를 이용한 명제 조합을 다룬다. 물론 '아니다'는 딱히 무언가를 연결하지는 않으므로 어떤 연구자들은 한정어라고 부르기도 한다.

요즘은 이 연결어들을 정의할 때 진리표를 이용한다. 흥미롭게도 이 방법은 쓰인 지 100년가량밖에 안 됐다. 바로 루트비히 비트겐슈타인이 『논리-철학 논고』에서 도입했다(훗날 미국의 논리학자 퍼스가 수십 년 전 진리표를 이용했다는 사실이 밝혀졌다. 발표하지는 않았지만).

이에 따르면 "A이고 B"($A \wedge B$라고 쓴다)는 A와 B가 둘 다 참이

면 참이다. 그렇지 않으면 "A이고 B"는 거짓이다. 나머지 연결어도 비슷하다. A와 B의 입력값은 네 개이므로(각각 참True 또는 거짓False을 뜻하는 T 또는 F) 2진 진리함수(또는 연결자)의 개수는 $2^4 = 16$개다. 그런데 흥미롭게도 영어에서는 "A는 B를 함축한다imply"($A \rightarrow B$라고 쓴다)는 "A이거나or B"나 "A이고and B"와 같은 구조이지만 연결어미가 아니라 동사로 표현되는데, 이는 A가 B에 무언가를 **한다**(심지어 B에 **야기한다**)는 뜻을 암시한다.

명제 계산의 모든 식(유한한 개수의 명제 A, B, C, …를 논리 연결어로 묶은 모든 조합을 뜻한다)에 대해 진리표는 A, B, C, …의 진릿값 T 또는 F 중 어느 것에 대해 식이 T를 내놓고 어느 것에 대해 F를 내놓는지 규정한다.

진릿값의 가능한 모든 조합에 대해 T를 내놓는 식은 '보편적으로 타당하다' 또는 (비트겐슈타인의 용어로는) **동어반복**(항진명제)이라고 부른다. 이 낱말은 오래전부터 '뻔한 소리'라는 비하적 의미로 쓰였다. 비트겐슈타인이 이 낱말을 쓴 취지도 바로 그렇다. 그가 보기에 논리학은 아무 말도 하지 않는 셈이다. 오늘날 이 견해는 진리표의 사용처럼 당연하게 받아들여진다. 하지만 프레게와 러셀의 견해는 달랐다.

A	B	A 이고 B $A \wedge B$	A 이거나 B $A \vee B$	A는 B를 함축한다 $A \rightarrow B$	$A \wedge (A \rightarrow B)$	$(A \wedge (A \rightarrow B)) \rightarrow B$
T	T	T	T	T	T	T
T	F	F	T	F	F	T
F	T	F	T	T	F	T
F	F	F	F	T	F	T

▲ "A이고 B", "A이거나 B", "A는 B를 함축한다" 등의 진리표. 마지막 표현은 전건긍정에 해당하며 동어반복이다.

그들은 논리학이 무언가를 말한다고 생각했다. 논리학은 세계(우리의 세계이든 다른 어떤 세계이든)의 가장 보편적인 법칙을 다룬다. 이 입장은 오늘날 한물간 듯하다.

그렇긴 해도 명제 계산에서의 '참' 개념에는 의심의 여지가 없다. 식은 보편적으로 타당하면 참이다. 보편적으로 타당한가 여부는 이론상 진리표를 이용해 매우 기계적으로 검증할 수 있다(다만 식이 큰 수 n개의 명제를 연결하는 경우에는 작업이 힘들어진다. 점검해야 할 진릿값의 조합이 2^n개나 되기 때문이다). 하지만 이런 검증은 형식적 증명이 아니다. 형식적 증명은 공리에서 유도하는 과정이 필요하다.

명제를 계산하기 위해 많은 공리계가 제안되었는데, 이들은 모두 동등하다. 이를테면 『수학 원리』에 쓰인 공리는 아래와 같다.

1. $(A \lor A) \to A$.
2. $A \to (B \lor A)$.
3. $(A \lor B) \to (B \lor A)$.
4. $(B \to C) \to [(A \lor B) \to (A \lor C)]$.

실제로는 다섯째 공리가 있지만, 알고 보니 나머지 네 개의 결과여서 불필요한 것으로 드러났다.

이 공리들에서 출발하여 두 개의 변환 규칙으로 다른 문자열을 유도할 수 있다. 첫 번째 변환 규칙은 **전건긍정**이다(A이고 $A \to B$를 유도할 수 있으면 B도 유도할 수 있다). 두 번째 변환 규칙은 **대체**다. 모든 문자열에서 A 같은 부분열은 식에 나오는 모든 A에 대해 대체가 실행되는 한 다른 열(이를테면 $(A \to \neg B)$)로 대체될 수 있다.

이 모든 공리는 분명히 동어반복이다. 즉, 보편적으로 타당하다. 이 계산을 이용하여 보편적으로 타당한 명제만 유도할 수 있다는 사실이 입증 가능하며, 보편적으로 타당한 **모든** 명제를 이런 식으로 유도할 수 있다는 사실도 입증 가능하다. 첫 번째 성질은 계산이 옳다는 뜻이며 두 번째 성질은 계산이 완전하다는 뜻이다. 실제로 '보편적으로 타당하다'를 '참'으로 해석하고 '형식 계산에서 유도할 수 있다'를 '증명 가능하다'로 해석한다면 명제 계산에서는 참과 증명 가능성이 일치한다.

명제 논리를 이렇게 바라보는 관점은 두 층위를 구별하는데, 이 구별은 모든 형식 체계의 기초다.

첫 번째는 **통사** 층위다. 이 층위는 순수하게 형식적인 계산으로, 무의미한 기호를 이리저리 바꿔 특정 규칙에 따라 문자열을 유도해낸다. 이렇게 유도된 모든 문자열 앞에는 기호 ⊢("증명됨")이 붙는다. 이 기호는 통사 층위에 부합한다는, 즉 변환 규칙을 따랐다는 표시일 뿐이다.

두 번째는 **의미** 층위다. 이 층위에서는 문자열을 해석한다. 그래서 내용이 파악된다. 그렇기에 명제 계산에서는 진리표가 진릿값의 모든 조합에 대해 T를 내놓는지 묻는 것이 가능하다. 이 경우 문자열 앞에 ⊨(이중 턴스틸) 기호를 붙일 수 있다. 이것은 해석된 문자열이 보편적으로 타당하며 그러므로 명제 계산에서 참'이라는 뜻이다.

사람들은 적정한 계산이 모두 정합적이라고 기대할 것이다. 즉, 어떤 문자열과 그 부정을 유도하는 것은 불가능하며 결코 ⊢A이고 ⊢ ¬A일 수는 없다고 생각할 것이다. 이것은 통사적 성질이다. 의미 층위에는 두 가지 성질이 더 있다. 이 성질들은 형식 체계와 그 해석의 관계를 다룬다. 적정한 형식 체계는 모두 **옳아야** 한다. 이 말은 참인 것만 증명해야 한다는 뜻이다. 즉, ⊢은 반드시 ⊨을 함축해야 한다. 게다가 그 형식 체계는 완전하다고 기대할 수도 있다. 이 말은 모든 참인 식이 유도될 수 있다는 의미에서 **의미적으로 완전하다**는 뜻으로, ⊨이 ⊢을 함축할 때 성립한다.

명제 계산은 옳고 정합적이며 의미적으로 완전하다. 앞에서 언급했듯 명제 논리는 수학에서 훌쩍 앞서가지 못한다. 더 강력한 논리, 이를테면 프레게가 발전시킨 것 같은 논리가 필요하다.

이곳에 쿠르트 괴델이 자신의 흔적을 처음 남겼다. 그는 박사 논문에서 1차 논리가 옳고 정합적이고 의미적으로 완전하다는 것을 밝혔다. 즉, 1차 논리에서 보편적으로 타당한 모든 명제는 공리로부터 형식적으로 유도할 수 있다. 이 의미에서는 아까와 마찬가지로 "참 = 증명 가능"이 성립한다.

1차 논리는 명제 논리의 연결어에 덧붙여 양화사(한정기호) ∃ (존재한다)와 ∀(모든 ~에 대하여)를 구사한다. 양화사는 집합의 **원소**를 나타내는 변수에 적용되는데, 이 집합은 사전에 규정되며 (말하자면) 미래의 모든 행위를 위한 무대가 될 것이다(집합론자들은 이 무대를 **우주**라고 즐겨 말한다). 1차 논리는 술어, 함수, 관계를 다룰 수 있다. 이를테면 자연수 집합(또는 우주)의 원소들에 적용할 경우 "소수다"는 3에 의해 충족되는 술어이며 "3 〈 7"은 3과 7의 이항관계다. '1차'라는 낱말은 양화사가 주어진 우주의 원소들에는 적용될 수 있지만 그 우주의 부분집합에는 적용될 수 없으며 따라서 함수나 관계에도 적용될 수 없다는 뜻이다. 귀납에 의한 증명을 허용하는 페아노 공리계는 2차 논리를 필요로 한다. 페아노 공리계의 대상인 자연수의 모든 부분집합 A는 1을 포함하며 A에 수가 포함될 때 반드시 그 후속자도 포함된다는 성질을 가진다(페아노 공리계는 그런 A가 실제로 모든 자연수의 집합이라고 말한다).

괴델의 이른바 불완전성 정리는 대체로 힐베르트 프로그램이 순조롭게 진행된다는 표시로 간주되었다. 하지만 1년 뒤 쿠르트 괴델은 그렇지 않음을 밝혀냈다.

괴델의 증명과 힐베르트의 실소

1930년 괴델은 정합적이고 산술을 포괄하는(수 1, 2, 3, …에 대해 셈뿐 아니라 덧셈과 곱셈까지 허용하는) 모든 형식적 수학 이론이 완전할 수 없음을 증명했다. 이런 이론은 의미적으로 완전하지 않다(참인 식이 모두 증명될 수는 없다. 즉, ⊨은 ⊢을 함축하지 않는다). 그의 증명은 무엇보다 이론이 정합적이라는 주장에 대해 성립한다. 이 주장은 형식 이론 안에서 수립될 수는 있지만 형식적으로 증명될 수는 없다.

괴델의 증명은 까다로우며 분량도 많다. 그의 논문은 학술지 《수학 월보Monatshefte für Mathematik》에 발표되었다. 이 논문을 한 문장 한 문장 꼼꼼히 설명하려면 책 한 권을 쓰거나 한 학기 내내 가르쳐야 한다.

하지만 괴델의 기본 발상은 놀랍도록 단순하고 우아하다. 괴델은 형식 체계 안에서 (해석될 경우) "G는 증명 불가능하다"라고 말하는 명제 G를 구성한다. 그런 다음 순수하게 형식적인 방법으로 만일 G가 증명 가능하면 ¬G도 증명 가능하고 그 역도 참임을 밝혀낸다. 이 체계는 정합적이라고 가정되기 때문에 이 말은 G도 ¬G도 증명될 수 없다는 뜻이다. 이것은 형식 이론이 통사적으로도 완전하지 않다는 사실을 보여준다(통사적으로 완전한 체계란 모든 명제가 증명되거나 반증될 수 있는 체계다).

이 발상은 모든 크레타인이 거짓말쟁이라고 주장한 크레타인의 유명한 역설과 비슷해 보인다. 더 정확하게 표현하려면 칠판에 이렇게 쓰면 된다. "이 칠판에 있는 진술은 거짓이다." 또는 (자기지시 문장을 피하려면) "이 칠판 반대편에 있는 진술은 거짓이다"라고 쓰고 반대편에 "반대편에 있는 진술은 참이다"라고 쓸 수도 있다. 이렇게 하면 칠판 앞면과 뒷면을 끝없이 왔다 갔다 하게 된다.

하지만 괴델은 이런 의미적 모순에서 한발 더 나아갔다. 그는 형식 이론 안에 순수한 통사 층위의 모순이 존재한다는 것을 밝혔다. $\vdash G$가 $\vdash \neg G$를 함축하고 $\vdash \neg G$가 $\vdash G$를 함축한다는 것이다. 정합성 조건에 따르면 G도 $\neg G$도 유도될 수 없어야 한다. 그러므로 $\neg \vdash G$이며 이것이야말로 G가 뜻하는 바다. 우리는 의미 층위에서 G가 참임을 알면서도 통사 층위에서는 형식 체계 안에서 이것을 증명할 수 없다.

평상시에 수학자들은 방정식, 함수, 수, 도형 등을 다룬다. "G는 증명 불가능하다"라는 명제는 이 맥락에 들어맞지 않는 듯하다. 하지만 어떤 문자열이 증명 가능한지 아닌지 여부는 정확한 형식화로 나타낼 수 있으며 심지어 G의 해석에서 미심쩍어 보이는 자기지시도 회피할 수 있다. 그러기 위해 괴델은 각각의 기호 문자열과 자연수를 짝짓는데, 이것은 훗날 문자열의 괴델 수로 불리게 되었다. 형식 이론의 알파벳에서 쓰이는 각각의 기호는 자연수에 대응한다. 수 j가 달린 기호가 문자열의 j번째에 오고 p_k가 k번째 소수이면 p_k^j는 그 문자열의 괴델 수를 내놓는다. 반대로 괴델 수에서 원래 문자열을 도출할 수도 있다. 암호화와 복호화의 문제일 뿐이다. 명제 G를 해석하면 실제로는 "괴델 수 g인 명제는 증명할 수 없다"라는 말이 되는데, 괴델은 g가 G의 괴델 수가 되도록 말끔하게(그가 농담조로 썼듯 "어떤 면에서 우연히") 수작을 부렸다.

자연수를 소수에 제곱하면 그것이 형식 체계에 속한 문자열의 괴델 수인지, 또는 증명의 괴델 수인지 알아볼 수 있다. 더 나아가 문자열이 증명 가능한지 아닌지를 순수하게 산술적인 방법으로 알아낼 수 있다. 식 $p(m, n)$의 의미가 수 m이 괴델 수 n을 가진 명제의 증명에 대한 괴델 수라는 뜻이라면, 그 괴델 수 g가 어떤 자연수 m에 대해서도 $P(m, g)$를 충족하지 않도록 하는 문자열 G를 만들 수 있다(전부 적으면 수백 쪽을 채울 것이다). 이것은 G를 증명할 수 없음을 보여준다.

그러므로 산술을 포괄할 만큼 강력한 모든 정합적 형식 체계는 통사적으로도, 의미적으로도 불완전하다. 이것이 괴델의 첫 번째 불완전성 정리다.

괴델의 두 번째 불완전성 정리는 첫 번째 정리를 바탕으로 삼는다. 주어진 형식 체계 안에서는 "형식 체계가 정합적임은 G가 증명될 수 있음을 함축한다"라고 말하는 명제 자체를 증명할 수 있다. 따라서 정합성을 증명할 수 있으면 G를 증명할 수 있다. 그러나 첫 번째 진리에 따르면 그럴 수 없으므로 이는 정합성도 (부정합적인 경우를 제외하면) 형식 체계 안에서 증명할 수 없음을 함축한다.

하지만 주어진 형식 체계 밖으로 나가 정합성을 증명하는 일은 여전히 가능하다. 실은 힐베르트의 또 다른 오른팔 게르하르트 겐첸이 이 작업을 해냈다. 그는 체르멜로-프렝켈 집합론에 근거한 형식 이론을 이용하여 페아노 산술이 정합적임을 증명했다. 괴델의 불완전성 정리가 미친 영향에 비교하면 겐첸의 결과는 깊디깊은 우물에 떨어지는 물방울 같아서 아무 반향도 일으키지 못했다.

공리가 불완전할 수 있다는 사실은 전혀 새롭지 않다. 이를테면 유클리드 공리에서 평행선 공리를 빼보라. 그러면 나머지 체계만으로는 직선과 그 위에 있지 않은 점이 주어졌을 때 그 점을 지나는 평행선이 한 개인지 여러 개인지 결정할 수 없다. 이런 예도 있다. 체르멜로와 프렝켈의 집합론 공리 (1)~(9)만으로는 선택 공리인 (10)이 성립하는지 안 하는지 결정할 수 없다. 이것은 이 공리계에서 두 기하학, 또는 두 집합론이 허용된다는 뜻이다. 하지만 페아노 공리계는 다르다. 기본적으로 (데데킨트의 유명한 결과에 따르는) 하나의 산술만 허용된다. 그럼에도 1차 논리에 기반한 어떤 형식적 산술 이론에서든 참을 증명할 수도 없고 반증할 수도 없어서 결정할 수 없는 식이 존재한다 (이는 1차 논리의 완전성과 결코 모순되지 않는다. 여기서 '참'은 '보편적으로 타당하다', 즉 모든 해석에 대해 타당하다는 뜻이며 그러므로 산술의 매우 제한적인 부분집합에만 적용된다).

짜증 나는 예를 하나 들어보겠다. 페아노 공리계에서 규정하는 자연수의 의미는 누구나 직관적으로 이해한다. 하지만 앞에서 보았듯 페아노 공리계는 '모든 부분집합'에 대해 이야기함으로써 2차 논리를 이용하는데, 문자열을 잇따라 유도하는 형식 계산을 하려면 1차 논리가 필요하다. 페아노의 귀납 공리는 임의의 1차식(또는 문자열)에 대해 다음과 같이 말하는 공리계로 대체되어야 한다. 어떤 식이 1에 대해 타당하며 어떤 자연수에 대해 타당할 때마다 그 후속자에 대해서도 타당하다면 그 식은 모든 자연수에 대해 타당하다. 언뜻 보기에는 같지만, 자연수의 부분집합은 비가산적으로 많은 데 반해 식은 가산적으로 많다. 그러므로 1차 산술은 2차 산술보다 약하며 자연수 집합을 정확히 나타낼 수 없다. 같은 공리를 충족하는 다른 모형이 언제나 존재한다.

괴델의 불완전성 정리에서 한 가지 놀라운 대목은 이것이 1차 논리에 기반한 모든 상상 가능한(또한 정합적인) 산술 공리 집합에도 적용된다는 점이다. 이런 임의의 형식 체계에 대해 그 체계에 속하지만 증명할 수 없는 참인 산술 명제가 존재한다. 이것을 부가적 공리로 받아들이더라도 체계 안에는 증명할 수 없는 명제가 여전히 존재할 것이다. 특히 형식 이론의 정합성은 표현할 수는 있지만 증명할 수는 없다. 각각의 1차 형식 체계는 옷과 같다. 산술을 고스란히 포괄하기에는 너무 짧으며(의미적으로 불완전하다) 구멍이 뚫렸다(통사적으로 불완전하다). 옷을 끌어내리거나 구멍 몇 개를 박음질할 수는 있지만 산술의 일부분은 여전히 맨살이 보일 것이다.

이는 형식화 시도가 애초에 실패할 운명이었던 헛된 기획이라는 뜻일까? 그 반대다. 괴델의 정리는 형식 체계의 탐구, 무엇보다 (1차 논리에 기반한) 컴퓨터를 활용한 정리 검증의 발전에 엄청나게 기여했다. 1986년 괴델의 첫 번째 불완전성 정리가 완벽하게 형식화됨으로써 이정표가 세워졌다.

괴델과 힐베르트는 한 번도 만난 적이 없지만, 공교롭게도 괴델이 자신의 결과를 처음으로 공식 발표한 곳은 힐베르트의 고향인 쾨니히스베르크다. 이튿날 쾨니히스베르크 시장은 시가 배출한 저명 인사 힐베르트에게 명예 시민증을 수여했다. 힐베르트는 수여식에서 인상적인 라디오 연설을 했다. 그것은 힐베르트의 무한한 자신감과 지적 대담성을 공표하는 성명서였다. 힐베르트는 쾨니히스베르크가 배출한 또 다른 유명인 이마누엘 칸트의 명언을 인용했다. "자연과학의 모든 분야를 통틀어 제 이름에 값하는 과학은 수학이 존재하는 만큼만 존재합니다." 그는 희망찬 구호로 마무리했다. "우리는 알아야 합니다. 우리는 알 것입니다." 그러고는 녹음이 잠시 멈췄다가 건조하게 키득거리는 소리가 들린다. 음향 기사가 깜박하고 마이크 스위치를 끄지 않은 것이 틀림없다.

전날 멀지 않은 곳에서 수학의 기초를 논하는 소규모 연구회의 마지막 순서가 진행되었다. 여기서 쿠르트 괴델은 고전 수학의 어떤 형식 체계에서든 내용에서는 참일지라도 체계 안에서 증명 불가능한 진술을 만들어낼 수 있다고 지나가듯 언급했다. 그와 더불어 연구회가 끝났으며 참석자들은 점심을 먹으러 갔다.

괴델의 발언이 지닌 온전한 영향력을 그 자리에서 알아차린 유일한 사람은 힐베르트의 애제자 요한 폰 노이만이었을 것이다. 하지만 수학과 논리학의 영원한 관계에서 새 시대가 시작되었음을 이내 모든 전문가가 깨달았다.

그런데 과연 그랬을까? 줄곧 정반대 주장을 펼친 사람 중에 루트비히 비트겐슈타인이 있었다. 그는 괴델이 내놓은 결과의 타당성을 의심하지 않았으며 "괴델로 인해 우리는 새로운 상황을 맞닥뜨렸"다고 인정하기까지 했다. 하지만 괴델의 정리가 무의미하다고 생각했으며 이 점에서는 정합성을 증명하려는 힐베르트 프로그램도 똑같다고 여겼다.

비트겐슈타인은 "모순에 대한 수학자의 미신적인 공포와 숭배"를 조롱했다. 그는 이렇게 물었다. 어떻게 모순을 찾을 수 있을까? 어떻게 모순을 공략할 것인가? (원했든 원치 않았든) 만일 부정합성이 나타난다면 어떻게 할 것인가? 힘겹게 얻은 수학 정리들을 모조리 포기할 각오가 되어 있는가? 그럴 리 없다! 형식화는 게임에 불과하다. 게임 규칙이 모순으로 이어진다는 사실이 드러날 때마다 수학자들은 규칙을 바꿔 모순을 해소할 것이다.

괴델을 비롯한 소수의 사람들은 이로부터 비트겐슈타인이 힐베르트 프로그램도 괴델 증명도 이해하지 못했다고 결론 내렸다. 그럴지도 모른다. 하지만 그렇다고 해도 수학자들이 모순을 맞닥뜨렸을 때 실제로 하는 일을 비트겐슈타인이 충실하게 묘사했다는 사실은 달라지지 않는다. 이런 일은 수학의 역사에서 드물지 않았다. 가장 유명한 예로는 러셀의 역설이 있다.

비트겐슈타인은 이런 명언을 남겼다. "이렇게 말해도 좋겠다. 모순을 맞닥뜨렸을 때 그것을 다룰 시간은 언제나 있다고." 그러고는 한술 더 떴다. "모순은 신들이 귀띔해주는 말로 받아들여야 하는지도 모르겠다. 고민하지 말고 행동하라고."

모순을 만나면 고민하지 말고 행동하라! 이것은 신들이 귀띔하는 말이 아니라 전직 포병 장교(비트겐슈타인)의 군사 격언처럼 들린다.

▲ 비트겐슈타인의 군사 여권. 군은 모순에 대처하는 법을 안다.

5

연산Computation

기계 속 유령

흉내 게임

기계인간 터키인은 여행을 많이 했으나 터키는 한 번도 방문하지 않았다. 빈 태생으로 1769년 쇤브룬 궁전에서 태어났으며 황금기를 훌쩍 넘긴 1854년 필라델피아에서 화재로 삶을 마감했다.

그는 잘 탔다. 대부분 나무로 만들어졌으니 그럴 만도 했다. 제국 궁정의 서기 볼프강 폰 켐펠렌이 체스 자동인형으로 황후 마리아 테레지아를 즐겁게 하려고 그를 만들었다. 터키인은 실물 크기로, 커다란 체스판이 놓인 널찍한 책상 앞에 앉았으며 언제나 흰 말을 잡았다. 그는 대부분 이겼다. 상대방이 수를 두면 형세를 파악한 다음 왼손을 들어 쉭쉭거리고 삐걱거리는 소리와 함께 자신의 말을 옮겼다.

기계인간 터키인은 금세 유명인이 되었다. 폰 켐펠렌 남작은 여러 해 동안 그와 함께 유럽 전역을 여행했다. 남작은 묘기를 보이기에 앞서 책상 서랍을 하나씩 열어 틈새로 빛을 비추었다. 구경꾼들은 실린더, 줄, 톱니바퀴를 알아볼 수 있었다. 너무 가까이 다가가는 것은 허락되지 않았다.

기계 안에 사람이 숨어 있었음은 말할 필요도 없다. 비좁은 구

144

▲ 기계인간 터키인(멜첼의 체스 기사라고도 불린다).

석에 앉았다. 몸을 움찔할 공간도 없었기에 절대 재채기하면 안 된다는 엄명을 받았다. 숨 막힐 듯 더웠으며 촛불 하나가 유일한 조명이었다. 이따금 터번에서 가느다란 연기가 피어올랐다. 기계인간 터키인은 프랑스의 체스 챔피언 필리도르에게 석패했다. 프로이센 국왕은 비밀을 들으려고 거액을 지불했는데, 듣고 나서 실망감을 감추지 못했다.

폰 켐펠렌이 죽자 기계인간 터키인은 빈의 제국 수석 공학자 요한 네포무크 멜첼의 소유가 되었다. 멜첼은 음악 자동인형의 발명가였으며 오늘날까지도 메트로놈 발명자로 유명하다. 새 주인은 터키인에게 '에셰크échec'('체스'의 프랑스어)라고 말할 수 있도록 목소리를 부여했다.

기계인간 터키인은 다시 한번 몇 년에 걸쳐 여행을 떠났으며 미국도 여러 번 방문했다. 작가 에드거 앨런 포는 「멜첼의 체스 기사 Mälzel's Chess Player」라는 에세이를 썼다. 자동인형이 이따금 대국에서 지는 모습을 보고서 포는 기계가 체스를 둘 수 있다면 언제나 이길 거라며 실제로는 인간이 조작한다고 결론 내렸다. 나중에 밝혀졌듯 기계가 언제나 이긴다는 포의 생각은 착각이었지만, 어쨌거나 결론은 옳았다. 터키인의 책상에 몸을 욱여넣은 기사들 중 몇 명은 이름이 알려졌다.

더는 자동인형이 박람회장에서 군중을 끌어모으지 못하는 때가 찾아왔다. 그때 필라델피아 박물관에서 자동인형을 매입하여 소장했는데, 결국 화재로 소실하고 말았다.

최초의 '진짜' 체스 자동인형은 1950년대로 거슬러 올라간다. 포의 주장과 달리 그들은 종종 대국에서 졌다. 1997년이 되어서야 그들 중 하나가 세계 챔피언을 물리쳤다. 가리 카스파로프는 딥 블루와의 6회전에서 패배했다. 인공지능의 역사에서 이정표가 된 사건이었다. 오늘날 이런 시합은 인간과 오토바이의 경주만큼이나 무의미하다. 스톡피시와 알파제로 같은 체스 자동인형은 독자적 리그에서 자기네끼리 경쟁한다.

수학자 앨런 튜링은 체스를 두는 컴퓨터 프로그램을 작성한 최초의 인물이다. 그는 자신의 프로그램을 **튜로챔프**Turochamp라고 불렀다(챔피언 수준이라고 자부해서가 아니라 수학자 데이비드 챔퍼나운과 함께 만들었기 때문이다). 비슷한 시기에 튜링은 인공지능의 초석을 놓았다. 무엇보다 지능에 체스를 잘 두는 것 이상의 의미가 있음을 간파했다.

1950년 논문 「계산 기계와 지능」에서 튜링은 기계가 생각할 수 있는가라고 물음을 제기했지만 "논의 주제로 삼기에는 무의미하"다며 금세 폐기했다. 모호한 철학 논쟁에 휘말리고 싶지 않아서였다. 그 대신 기계가 인간을 흉내 낼 수 있는지 알아보는 검사를 제안했다. 이 검사는 훗날 튜링 검사로 알려졌지만 그는 흉내 게임imitation game이라고 불렀다(나중에 튜링을 다룬 여러 영화 중 한 편의 제목이 되었다). 인간 '질문자'가 전신 타자기를 통해 미지의 인물 두 명과 대화한다. 한 명은 기계이고 다른 한 명은 인간인데, 둘 다 자신이 인간이라고 질문자를 설득하려 한다. 질문자의 임무는 누가 누구인지(또는 무엇이 무엇인지) 알아내는 것이다. 튜링은 시간을 5분으로 제한했다. 튜링이 말하길, 이기는 횟수가 인간과 같으면 그 기계는 지적으로 행동한다.

시간이 흐르면서 튜링이 내민 도전장은 인공지능의 성배 비슷한 것이 되었다. 튜링은 2000년이 되면 검사에서 30퍼센트의 확률로 이기는 기계가 등장할 거라 추측했다. 돌이켜 보면 지나친 낙관이었다.

튜링 검사는 기계인간 터키인의 거울상이나 마찬가지다. 하나는 인간이 자동기계 흉내를 내는 것이고 다른 하나는 기계가 인간인 척하는 것이니 말이다. 두 경우 다 한쪽에서 속임수를 쓸 가능성이 있다.

이를테면 기계인간 터키인은 뻣뻣하게 움직였으며 톱니바퀴에서 윙윙거리는 소리를 냈다. 터키인에게 도전한 여럿 중 한 명인 나폴레옹은 규칙에 어긋나는 행마를 써서 그를 헷갈리게 하려고 했다. 그러자 기계인간 터키인은 말을 제자리에 가져다두었으며 나폴레옹이 다시 시도하자 왼팔을 휘저어 체스판의 말들을 모조리 쓸어버렸다 (이어진 대국에서는 정상적으로 두었는데, 나폴레옹이 열아홉 수 만에 졌다. 당시 그는 여전히 패배를 웃어넘길 수 있는 처지였다).

반대로 인간처럼 행동하려는 컴퓨터 프로그램은 네 자릿수 두 개를 휘리릭 곱해버리지 않으려고 조심해야 한다. 잘 준비된 컴퓨터는 인간적 약점을 많이 가져야 한다. 인공지능이 튜링 검사를 통과하려면 자연우둔을 그럴듯하게 흉내 내야 한다. 게다가 튜링이 언급했듯 그의 검사는 편향되었으며 실제로 불공정하다. 컴퓨터에게는 인간을 흉내 내라고 하면서 인간에게는 결코 컴퓨터를 흉내 내라고 하지 않으니 말이다.

오늘날 튜링조차 놀랄 발전이 이루어졌다. 인터넷은 악의적 행동을 벌이는 챗봇으로 넘쳐난다. 봇(인간을 사칭하는 프로그램)을 막는 일반적 조치는 캡차CAPTCHA라고 불리는데, '컴퓨터와 인간을 구별하는 완전 자동 공개 튜링 검사Completely Automated Public Turing Test to Tell Computers and Humans Apart'의 약자다. 이렇듯 우리는 우리가 인간인지 확인하는 임무를 컴퓨터에 맡기는 경지에 도달했으며 조만간 컴퓨터가 인간을 앞지를 것이다.

결정에 도달하다

앨런 매시선 튜링은 부모가 인도에서 근무하는 동안 일찍부터 기숙 학교에 다니며 영국 상류층 특유의 어린 시절을 보냈다. 케임브리지대학교에서 장학금을 받았고 수학에서 두각을 나타냈으며 갓 스물두 살이 되었을 때 킹스칼리지 연구원으로 선발되었다. 튜링은 수학의 기초(케임브리지가 어느 정도 책임감을 느끼던 분야§ 러셀과 화이트헤드가 케임브리지대학교 출신이다)를 가르치는 맥스 뉴먼의 강연을 듣다가 힐베르트 문제를 알게 되었으며 몇 달간 연구에 매진한 끝에 해결했다.

이것이 그 유명한 '결정 문제Entscheidungsproblem'다. 기본적으로 결정 문제는 수학 문제 중에서 풀 수 있는 것과 풀 수 없는 것을 구별하는 방법을 묻는다. 전형적 메타수학인 셈이다.

더 정확히 말하자면 힐베르트는 주어진 1차 논리 명제가 증명 가능한지 아닌지 알아내는 체계적 절차가 존재하는지 물었다. 1차 논리는 완전하기 때문에, 이것은 명제가 참인지 아닌지 알아낸다는 뜻이다('참'은 항의 모든 해석에 대해 보편적으로 참이라는 뜻). 이런 체계적 절차는 형식 이론에서 명제의 증명을 반드시 내놓아야 하는 것은 아니지만 증명이 존재하는지 여부를 믿음직하게 나타내야 한다.

훨씬 단순한 명제 계산에서 결정 문제가 해결 가능하다는 사실은 명백하다. 진리표에 의한 검증은 무엇이 동어반복이고 무엇이 아닌지, 그러므로(모든 동어반복은 공리에서 유도할 수 있으므로) 무엇이 증명 가능하고 무엇이 그렇지 않은지 알아내는 체계적 방법이다. 그런데 튜링이 밝혀냈듯 1차 논리는 사정이 다르다.

몇 해 전 쿠르트 괴델은 형식화된 모든 페아노 산술에는 참이지만 증명할 수 없는 명제가 포함된다는 사실을 밝혔다. 하지만 결정 문제는 미해결 상태로 남아 있었다. 무엇이 증명될 수 있고 무엇이 증명될 수 없는지를 체계적 절차로 결정하는 일이 가능할까?

체계적 절차란 무엇일까? 깐깐하고 꼼꼼한 전형적 교수 유형인 맥스 뉴먼은 강연에서 체계적 절차가 기계적이고 머리를 쓸 필요가 없는 것, 즉 기계가 할 수 있는 것이어야 한다고 강조했다. 이 말은 기계인간 터키인까지는 아니더라도 적어도 1930년대 인간 컴퓨터(그나저나 대부분 여성이었다)가 매일같이 책상머리에서 두드린 많은 기계식·전기식 계산기를 떠올리게 한다. 연산은 체계적 절차의 전형이며 앨런 튜링은 가장 보편적인 연산 기관이 무엇을 할 수 있을지 궁리하기 시작했다.

연산이란 무엇일까? 수와 관계가 있을까? 반드시 그럴 필요는 없다. 많은 사람은 323 + 2219를 2542로 바꾸는 것 같은 가장 기본적인 산술 연산을 근거로 삼으려 할 것이다. 하지만 튜링은 모든 수적 기초로부터 추상화를 시도했다. 이 극적인 결정 이후 남은 것은 (%, :&:, ‵, $, ! 같은) 기호 문자열이 특정 규칙에 따라 또 다른 기호 문자열로 대체된다는 것뿐이다. 즉, 연산은 입력을 출력으로 바꾸는 절차다.

튜링은 이렇게 썼다. "연산은 일반적으로 종이에 특정 기호를 써서 수행한다. 이 종이는 아동용 산수 학습서처럼 네모 칸으로 구분된다고 가정할 수 있다."

이어서 튜링은 연산이 1차원 종이 위에서, 즉 네모 칸으로 구분된 테이프 위에서 실행되며 네모 칸에 인쇄할 수 있는 기호의 종류는 유한하다 가정할 수 있다고 주장했다. 입력용 네모 칸은 유한한 개수의 칸을 제외하면 전부 빈칸이다. 테이프는 무한하다. 더 정확히 말하자면 필요할 때마다 늘릴 수 있다.

뉴먼은 훗날 이렇게 썼다. "오늘날에는 종이테이프와 그 위에 찍는 패턴을 수학의 기초에 대한 논의에 도입하는 것이 얼마나 대담한 혁신인지 알아차리기 힘들다." 그럼에도 이는 힐베르트의 형식주의를 문자 그대로 받아들인 것에 불과하다.

기계 자체를 보자면(아래 그림) 첫 번째 요소는 테이프 위를 움직이는 판독/기록 스캐너이고 두 번째 요소는 튜링이 짓궂게 '마음 상태'라고 부르는 것(실은 기계에게 다음에 무엇을 할지 알려주는 명령표)의 유한한 집합이다. 다음 동작의 선택지는 네모 칸의 기호를 바꾸거나

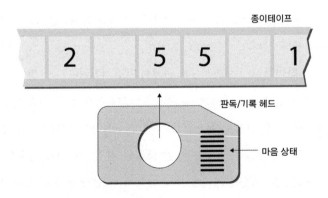

▲ 튜링 기계: 테이프는 무한하며 왼쪽이나 오른쪽으로 한 칸씩 이동할 수 있다.

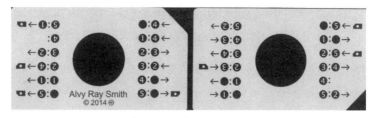

▲ 튜링 기계를 토이 스토리 방식으로 묘사한 것.

한 명령표에서 다른 명령표로 이동하거나 테이프를 한 네모 칸에서 왼쪽이나 오른쪽으로 움직이는 등 제한적이다. 스캐너는 이동한 장소에서 또 다른 기호(또는 빈칸)를 판독하여 기호와 현재 명령에 의해 결정되는 방식으로 진행한다. 기계가 멈추었을 때(반드시 그럴 필요는 없다) 테이프에 적힌 것이 해당 연산의 출력이다. 이런 '기계'의 이름은 금세 튜링 기계로 정해졌다.

위 그림의 예는 앨런 튜링이 아니라 컴퓨터 애니메이션 제작사 픽사의 공동 창업자 앨비 레이 스미스의 작품이다(픽사는 〈토이 스토리〉를 비롯한 영화들로 지금까지 열두 차례 오스카상을 받았다). 이 튜링 기계는 구멍이 뚫린 명함의 양면에 넉넉히 들어맞는다. 테이프가 명함 가로 방향으로 아래를 지나간다. 구멍을 통해 테이프의 기호를 볼 수 있다. 기호는 공백 기호와 숫자 1, 2, 3, 4, 5의 여섯 개다(꼭 숫자를 써야 할 이유는 없다). '마음 상태'는 구멍 오른편에서 기호가 똑바로 쓰인 짧은 명령표다. 이를테면 그림 왼쪽 명함의 오른편을 보라. '컴퓨터'가 구멍을 통해 기호 5를 보면 마음 상태는 명령표의 마지막 행인 숫자 5행에 쓰인 명령을 실행해야 한다. 이는 스캔된 기호를 삭제하고(5 자리에 공백을 남겨둔다), 테이프를 오른쪽(화살표 방향)으로 한 칸 옮기고, 명함을 그림 문자에 표시된 대로 돌려 또 다른 마음 상태로 전환하는 것이다. 한 단계 절차라기엔 만만치 않다. 다음에 일어나는 일은 새 네모 칸에 어떤 기호가 쓰여 있는가 등이 결정한다. 기계가 어떻게 멈추고 어떻게 무한 루프를 도는지 알아내는 일도 유익할 것이다.

수학자들 사이에서는 단박에 합의가 이루어졌다. **체계적 절차** 야말로 튜링 기계가 할 수 있는 바로 그 일이라는 것이다. 공교롭게도 인간 컴퓨터(공식 직책 명칭이었다)가 1930년대에 하던 일이 바로 이것이다. 그들은 책이나 머릿속에 저장된 명령에 따라 특정 규칙을 단계별로 수행했다. 인간이므로 커피 타임에 쉬거나, 근무 시간이 끝나면 다른 컴퓨터로 대체될 수 있었다. 필수 조건은 작업 중에 결코 명령을 어기면 안 된다는 것이었다. 비트겐슈타인의 표현을 빌리자면 '규칙을 따르는 행동'을 해야 했다. 그러므로 튜링 기계는 인간 컴퓨터를 흉내 냄으로써 또 다른 종류의 흉내 게임을 벌였다. 그것은 기계처럼 행동하려고 최선을 다하는 사람을 흉내 내는 것이었다.

튜링의 결정적 순간

이제 필수 단계를 살펴보자. 튜링은 만능 튜링 기계를 발명했다. 이 기계는 나머지 모든 튜링 기계가 하는 일을 할 수 있다. 이런 만능 튜링 기계는 각각의 튜링 기계(기계마다 기호와 상태가 전혀 다를 것이다)가 하는 일을 흉내 냄으로써 모든 연산을 수행할 수 있다.

그러려면 특수 기계의 규칙을 부호화하여 테이프 위에 추가 입력을 기록해서 만능 튜링 기계에 전달하기만 하면 된다. 그러면 이 만능 튜링 기계는 각 단계마다 특수 튜링 기계가 무슨 일을 하는지 들여다보고서 그것을 그대로 흉내 낸다. 또 다른 흉내 게임이다. 한 자동 기계가 다른 자동 기계를 흉내 내는 것이니 말이다. 말하자면 기계끼리의 감정이입이랄까.

하나하나 부호화하는 작업은 고되며 실제로 튜링은 자신의 예에서 실수를 여럿 저질렀다. 어떤 것은 금방 발견되었고 어떤 것은 몇 년 뒤에야 발견되었다. 하지만 실수는 전혀 중요하지 않았다. 기본 원리는 눈부시게 명백했다.

이런 만능 튜링 기계가 다른 튜링 기계를 이해하고 상상 가능한 모든 프로그램을 저장하며 실행할 수 있으려면 수많은 기호와 수많은 내부 상태를 가진 엄청나게 복잡한 기계여야 한다는 생각이 들 법하지만, 전혀 그렇지 않다. 앨비 레이 스미스의 명함은 어엿한 만능 튜링 기계이며 그 바탕은 유리 로고진이라는 러시아 전산학자의 연구다. 이것으로 모든 걸 연산할 수 있다. 이를테면 화성으로 가는 로켓의 궤도도 알아낼 수 있다. 물론 연산이 끝났을 때는 지구가 (현재 위치에서뿐 아니라 우주 자체에서) 사라진 지 오래일 것이다. 이 문제는 논점을 벗어난다. 말하자면 로켓학의 관심사일 뿐이다. 만능 튜링 기계는 촌각을 다투지 않는다. 게다가 처음에는 정신이 만들어낸 한낱 허구요 사고실험에 불과했다.

튜링의 만능 기계가 (323+2219 같은 덧셈에 동원되기 훨씬 전에) 해결한 최초의 문제는 힐베르트의 결정 문제다. 잘 정의되고 정답이 예·아니요인 수학 문제들 중에는 어떤 체계적 절차로도 풀 수 없는 부류가 있다. 오늘날 가장 유명한 예는 정지 문제다(튜링이 제시했다고 아는 사람이 많지만, 실은 튜링 사후에야 등장했다). 임의의 튜링 기계와 임의의 입력이 주어졌을 때 튜링 기계가 출력을 내놓을까? 즉, 기계가 언젠가는 멈출까? 이 물음에 답하는 체계적 절차는 결코 존재하지 않는다. 이로써 힐베르트의 문제는 종결된다.

증명은 간접적이며, 실수의 개수가 비가산적으로 많음을 보이는 칸토어의 유명한 증명과 오싹하리만큼 비슷하다. 관건은 대각선

논법이다.

정지 문제가 해결될 수 있다고 가정하자. 즉, 각각의 튜링 기계와 각각의 입력에 대해 해당 입력을 받은 튜링 기계가 결국 멈출지 말지 알려주는 체계적 절차가 존재한다고 하자. 우리는 가능한 모든 튜링 기계를 나열할 수 있다. 각각의 튜링 기계는 유한한 집합의 기호와 유한한 집합의 명령을 부여받기 때문이다. 목록은 길고 실제로는 무한하겠지만, 셀 수 있다. 기계마다 자신의 수를 부여받는다. 마찬가지로 가능한 모든 입력도 수를 부여받을 수 있다. 이렇게 하면 가산적으로 무한한 목록이 또 하나 생긴다.

이 가상의 '체계적 절차'를 이용하여 역튜링 기계를 만들어보자. 역튜링 기계는 체계적 절차를 이용하여 n번째 튜링 기계가 n번째 입력에 멈추는지, 즉 첫 번째 기계가 첫 번째 입력에 멈추는지, 두 번째 기계가 두 번째 입력에 멈추는지, 이런 식으로 계속 알아낸다. 이것을 알아내면 역튜링 기계는 정반대 일을 한다. n번째 기계가 입력 n에 멈춘다면, 같은 입력 n은 역튜링 기계를 (이를테면 두 상태 사이를 왔다 갔다 하며) 무한 루프에 들어가게 한다. n번째 기계가 n번째 입력에 멈추지 **않는다면**, n번째 입력은 역튜링 기계를 멈추게 한다.

이 역튜링 기계는 모든 튜링 기계를 나열한 우리의 목록 어디에서도 찾을 수 없다. 실제로도 위치 n에 있을 수 없는데, 입력 n에 대해 잘못된 작업을 수행하기 때문이다. 그러므로 우리는 모든 튜링 기계의 목록에서 어떤 위치도 이 역튜링 기계에 부여할 수 없다. 하지만 이것은 모순이다. 우리의 목록이 **모든** 기계를 포함한다고 가정했으니 말이다. 그러므로 정지 문제를 해결하는 체계적 절차는 있을 수 없다.

이게 다가 아니다. 주어진 임의의 튜링 기계에 공테이프를 입력했을 때 멈출지 말지 결정하는 체계적 절차도 전혀 없다!

정지 문제가 결정 불가능하므로 1차 논리도 결정 불가능하다. 사실 각각의 튜링 기계에 보편적으로 타당한 1차 논리식을 짝지으려면 공테이프를 넣었을 때 멈춰야만 한다. 정지 문제는 결정 불가능하므로 이 식의 진위, 따라서 증명 가능성도 결정 불가능하다.

마찬가지로 각각의 튜링 기계가 산술식에 대응하려면 공테이프를 넣었을 때 멈춰야만 한다. 이번에도 정지 문제가 결정 불가능하므로 산술식의 진위도 결정 불가능하다.

힐베르트 문제를 해결하는 것은 수학자가 품을 수 있는 가장 거창한 목표 중 하나다. 1936년 4월 앨런 튜링은 뉴먼 교수의 연구실에 들어가 두툼한 해법 초고를 내밀었다. 애석하게도, 뉴먼은 알론조 처치라는 젊은 미국인이 선수를 쳤다고 말해야 했다. 튜링에게는 큰 충격이었음에 틀림없다. 이런 일이 처음이 아니었기에 더 그랬을 것이다. 몇 해 전 그는 확률의 주요 정리(이른바 중심 극한 정리)를 증명했는데, 딴 사람이 한발 앞섰다는 사실을 뒤늦게 알게 되었다. 발표해봐야 의미가 없었을 것이다. 과학에서는 은메달을 알아주지 않는다.

하지만 뉴먼은 이번에는 튜링 논문을 발표하는 것에 의미가 있겠다고 생각했다. 물론 처치의 우선권을 정당하게 인정해야겠지만 말이다. 실제로 튜링의 접근법은 극단적으로 달랐으며 수리논리학의 게임 체인저였다. 알론조 처치의 해법은 기발하고 정교했으며 (나중에 알고 보니) 그 자체로 중요했지만, 1930년대에 정점에 이른 기호논리학의 전통에서 한 발짝도 벗어나지 못했다. 실은 쿠르트 괴델, 자크 에르브랑, 스티븐 클레이니, 에밀 포스트를 비롯한 여러 사람이 대동소이한 아이디어를 연구하고 있었다. 그들은 모두 '체계적 절차' 개념을 이런저런 형식 체계에 담으려 애썼다. 하지만 튜링의 정의만큼 현실적인 것은 하나도 없었다.

뉴먼은 튜링 논문의 발표를 추진했는데, 제목은 「계산 가능한 수와 이것을 '정지 문제'에 적용하는 방법에 대하여On Computable Numbers, with an Application to the *Entscheidungsproblem*」로 정해졌다. 이렇게 해서 전체 기획의 원동력이던 결정 문제는 곁다리로 전락했다. 기계적 연산이 전면에 등장했다.

논리학계는 '체계적 절차'의 의미가 튜링 기계에 의해 실제로 주어진다는 데 금세 동의했다('튜링 기계'라는 이름은 알론조 처치가 제안했다). 연산 가능성을 정의하려는 나머지 시도들은 동일한 것으로 드러났으며, 튜링의 접근법은 직관적으로 가장 쉽게 이해할 수 있음이 입증되어 황금률이 되었다. 처치-튜링 명제에 따르면 모든 연산은 튜링 기계로 수행할 수 있다. 필요한 것은 적절한 입력과 명령 집합뿐이다. 튜링의 만능 기계가 '올바른 관점'을 제시했다고 괴델은 평가했다.

튜링 기계가 등장하면서 형식 체계 연구는 환골탈태했다. 거의 마법적이고 기발하며 의미 층위와 통사 층위 사이에서 날렵하게 춤추는 괴델의 불완전성 정리 증명을 보았을 때, 많은 사람은 결정 불가능한 명제의 영역이 고도로 인위적인 진술에 국한되며 본격 수학에서는 설 자리가 없을 것이라고 결론 내렸다.

하지만 튜링 기계의 등장으로 사정이 달라졌다. 만능 튜링 기계의 거의 모든 성질은 결정 불가능하다. 튜링이 직접 든 예는 출력 문제였다. 기계는 주어진 기호를 출력할 것인가? 그 밖에도 많은 예가 발견되었다. 결국 조합론과 디오판토스 방정식(계수와 미지수가 정수인 다항 방정식) 같은 가장 탄탄히 확립된 수학 분야에서도 결정 불가능성이 구석에 숨어 있음이 분명해졌다. 수학에서 앞의 두 분야보다 더 주류가 되기는 불가능에 가깝다!

더 중요한 사실은 만능 튜링 기계가 무심코 프로그램 내장 컴퓨터의 청사진을 제시했다는 것이다. 이것은 인류에게 농업이나 문자의 발명만큼 중대한 사건이었다. 그런데도 기간은 10여 년밖에 걸리지 않았다.

인공지능과 자연적이지 않은 죽음

자신의 기계를 구상한 튜링은 스물다섯 살에 프린스턴에 가서 논리학 연구를 진행하며 알론조 처치의 지도하에 박사 논문을 썼다. 요한 폰 노이만은 튜링을 고등연구소에 영입하고 싶어서 솔깃한 혜택을 제시했지만 앨런 튜링은 영국으로 돌아갔다. 유럽에 전운이 감돌았으며 그는 영국 정부암호연구소 인사들과 만나기로 약속했다. 그들에게는 걱정거리가 하나 있었다. 독일 국방군이 사용하는 엄청나게 기발한 암호화 기계 에니그마였다.

제2차 세계대전이 발발한 날 튜링은 블레츨리파크에 들어가 작업에 착수했다. 그는 이른바 봄브의 개발을 지휘했다. 이것은 폴란드에서 제공한 설계를 기반으로 하는 거대한 전자 계산기로, 윙윙거리고 덜커덕거리며 에니그마 전문을 해독할 가능성이 큰 방안을 내놓았다. 이후 독일 해군은 암호화 시스템을 훨씬 복잡한 것으로 바꿨다(별명은 터니였다). 튜링의 멘토 맥스 뉴먼은 이 전문을 공략할 콜로서스 기계를 개발했는데, 이번에도 튜링이 작업을 주도했다. 봄브와 콜로서스 둘 다 아직 현대적 의미의 컴퓨터는 아니었지만(프로그램이 내장되지 않았다) 매우 근접했다.

전쟁이 끝나고 대서양 양편의 과학자들은 만능 튜링 기계를 실제로 제작하는 일에 열을 올렸다. 미국에서는 요한 폰 노이만이, 영국에서는 맥스 뉴먼이 선봉에 섰다. 그런데 뉴먼의 원래 이름은 노이만

▲ 맨체스터 베이비.

이다. 새 시대에 걸맞은 두 '새로운new' 인간man이었던 셈이다! 연산기관은 진공관과 전선이 가득한 거대 장치였다. IBM 사장은 이런 기계의 수요가 전 세계를 통틀어 다섯 대에 불과할 거라 전망했다. 이기계의 연산 능력은 스마트폰에 비하면 새 발의 피였다.

튜링은 결국 뉴먼을 따라 맨체스터에 갔으며, 이곳에서 폰 노이만 아키텍처의 만능 튜링 기계 베이비가 탄생했다(튜링은 다른 아키텍처를 옹호했지만 그의 구상은 빛을 보지 못했다). 튜링은 최초의 프로그래머용 설명서를 썼다(버그로 가득했다). 사칙연산을 실행하는 기계 코드를 고안하는 지루한 과제에서 벗어나자 그는 기계가 지능적 행동을 한다는 것이 무슨 의미인지 숙고할 수 있었다. 이 시점에 그는 컴퓨터와의 대화를 구상하기 시작했다.

튜링은 자신의 검증 아이디어를 소개하기 위해 비유를 들었다. 이 초보적 형태의 흉내 게임에서 질문자는 전선 반대편에 인간과 기계가 아니라 남자와 여자가 있고 둘 다 여자 흉내를 내려 한다는 사실을 안다. 트랜스젠더 게임인 셈이다.

튜링은 자신이 여자보다 남자에게 더 끌린다는 사실을 한 번도 숨기지 않았다. 1952년 경찰이 개입했다. 튜링은 '중대 음란 행위'로 재판을 받았다. 1년간 옥살이를 하거나 호르몬 치료를 받거나 둘 중 하나를 선택할 수 있었다. 그는 후자를 선택했다. 일급 장거리 달리기 선수였으나 이제는 가슴이 커졌다.

어느 날 오후 그가 침대에 죽어 있는 모습을 가정부가 발견했다. 다소 형식적인 검시의 결론은 그가 정신 착란으로 독약을 복용하여 자살했다는 것이었다. 검시관은 이렇게 말했다. "그런 유형의 사람은 정신 과정이 순간순간 어떻게 변할지 모른다." 불과 60년이 지났을 무렵 영국 정부는 정중히 사과했으며 튜링은 국왕 사면을 받았다.

오류 불허

컴퓨터와 함께 수학의 형식화가 실현되었다.

옛 꿈을 좇은 어마어마한 발전이었다. 400년 전 맹아기 과학 시대에 급진적 회의주의를 불어넣은 프랜시스 베이컨(1561~1626)은 이렇게 촉구했다. "이해의 과업 전체를 새로 시작해야 하고, 처음부터 정신 자체가 제 나름의 길을 걷지 않도록, 방치되지 말고 매 단계 인도되어야 하며, 업무가 마치 기계 장치에 의한 것처럼 수행되어야 한다." '기계 장치machinery'가 기껏해야 시계, 제분기, 머스킷 총을 뜻하던 시절임을 감안하면 대단한 선견지명이다.

오늘날 업무는 **마치** 기계 장치에 의한 것처럼 수행되는 상태를 뛰어넘어 기계 장치에 **의해** 수행된다.

기계와 **기계적** 같은 용어가 처음에는 비유로 쓰였음은 의심할 여지가 없다. 하지만 찰스 배비지와 에이다 러브레이스(바이런 경의 딸) 같은 몇몇 선구자가 이 개념을 문자 그대로 받아들이기 시작했다. 1840년경 그들은 (베이컨의 말을 빌리자면) 정신을 인도하는 메커니즘을 만드는 일에 착수했다. 그것은 프로그램이 작동 가능한 컴퓨터가 어떤 모습일지 보여주는 예고편이었다. 그들의 장치(오른쪽 그림)는 해석기관으로 불렸는데, 의도한 목표에는 결국 도달하지 못했다. 원인은 기계 결함이었다. 수많은 톱니바퀴와 기어의 마찰이 너무 컸다.

해석기관이 만들어진 때와 비슷한 시기에 조지 불은 논리 연결어(이고, 아니다, 이거나, 함축한다)를 기호로 대체했으며 산술적 수단으로 연결어들의 관계를 연구했다. 불보다 100년 뒤에 태어난 미국의 클로드 섀넌은 불의 논리연산을 전기회로로 고스란히 구현할 수 있음을 발견했다. 그는 석사 논문에서 이를 규명했는데, 디지털화를 향한 결정적 단계였다.

수학자들은 전기공학이 무르익을 때까지 멍하니 기다리지 않았다. 기어나 전류를 이용한 기술적 구현을 전혀 고려하지 않은 채 추상적 형식주의를 구축했다. 이 노력은 1900년이 되기 몇 해 전 고틀로프 프레게의 연구에서 절정에 이르렀다. 그는 수학을 모조리 논리학으로 환원하려 시도했다.

프레게의 표기법은 불편했으며 그와 함께 사실상 사멸했다. 주

▲ 과학의 낭만기: 찰스 배비지(1791~1871)와 에이다 러브레이스(1815~1852).

▲ 차분기관 2호의 시제품. 런던 과학박물관에서 복원했으며 파더보른의 하인츠닉스도르프 박물관에 전시되었다.

세페 페아노의 기법이 훨씬 실용적인 것으로 입증되었다. 버트런드 러셀이 바통을 이어받았으며 그의 표기법은 사소한 수정만 거친 채 오늘날 전 세계 표준으로 이용된다. 그건 그렇고 페아노는 시제를 없애 라틴어를 간소화하려고 노력하기도 했는데, 그 시도는 별 성공을 거두지 못했다.

철학자 버트런드 러셀과 수학자 앨프리드 화이트헤드가 『수학 원리』를 발표하면서 완전한 형식화라는 목표가 바싹 다가왔다. 이 세 권짜리 대작의 페이지들은 문외한의 눈에는 다 똑같이 보인다. 줄줄이 논리 기호뿐이니 말이다. 이따금 보이는 말은 (2권 326쪽에서는) $1+1=2$를 증명하겠다고 밝힐 때처럼 부연 설명에 그친다.

현대의 형식화된 텍스트를 살펴보면 『원론』 이후 달라진 게 별로 없음을 알 수 있다. 기호 문자열이 꼬리에 꼬리를 물고 이어지는데, 각각의 문자열은 머리를 쓰지 않고도 검증할 수 있는 매우 단순한 규칙 몇 개에 의해 선행 문자열로부터 유도된다. 그곳에서 일정한 원칙에 따라 조금만 나아가면 '기계적' 검증에 도달할 수 있었다.

컴퓨터의 출현이 그것을 가능케 했다. 1954년 컴퓨터로 검증된 최초의 증명은 두 짝수의 합이 짝수라는 것이다. 증명의 총체적 형식화가 이론상 가능함을 보이기 위한 꽤 소박한 출발이었으나, 대부분의 과학자에게는 그들이 알고 싶은 모든 것이었다. '니콜라 부르바키'라는 가명으로 활동한 프랑스의 저명한 수학자 집단은 증명의 완전한 형식화가 상상할 수도 없는 일은 당연히 아니지만 현실적으로 "절대 실현 불가능하다"고 단언했다.

하지만 1970년대에 기계적 증명 기법이 궤도에 올랐다. 지금은 여러 증명 검증기가 있으며 대여섯 개는 탄탄하게 자리 잡았다. 이사벨, 코크, 미자르, HOL 라이트 같은 매력적인 이름으로 불리며 가장 이름난 정리들 중 상당수의 증명을 검증했다. 그건 그렇고 수학은 국제적으로 통용되는 학문이지만 흥미롭게도 나라마다 수학자들이 선호하는 증명 검증기가 다르다.

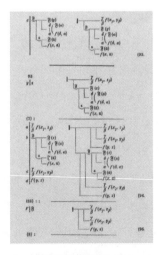

▲ 프레게의 『개념 표기』 일부.

▲ 러셀과 화이트헤드의 『수학 원리』 일부.

162

증명 검증기는 추론에서 실수를 찾아내는데, 증명 실수는 일반적으로 생각하는 것보다 자주 일어난다. 1935년에 벨기에의 수학자 모리스 레카가 출간한 책의 제목은 『태초부터 지금까지 수학자들이 저지른 오류Erreurs de Mathématiciens des origines à nos jours』다. 책에는 약 333명의 수학자가 저지른 500여 개의 오류가 나열되는데 아벨, 코시, 케일리, 샬, 데카르트, 오일러, 페르마, 갈릴레이, 가우스, 에르미트, 야코비, 라그랑주, 라플라스, 르장드르, 라이프니츠, 뉴턴, 푸앵카레, 실베스터 같은 거물급도 상당수 들어 있다. 이것은 작은 표본임에 틀림없다. 아무리 창조적인 정신의 소유자라도 오류로부터 자유롭지 않다.

과학에서 유서 깊은 품질 관리 시스템은 동료를 거쳐 작동한다. 이것은 한심할 만큼 오류투성이 과정으로 무수한 실수를 놓쳤다. 그리하여 공간을 크기가 같은 정사면체로 (정육면체와 마찬가지로) 완벽하게 채울 수 있다는 아리스토텔레스의 『천체론』의 주장은 2000년 가까이 논란거리가 되지 않았다. 하지만 이 주장은 틀렸다.

현대에 들어 동료 평가는 새로운 수학적 생산물의 양에 짓눌리고 있다. 해마다 수천수만 명의 수학자가 수십만 개의 새 정리를 발표한다. 수학계에서는 동료 평가 학술지에 게재하여 정리를 검증한다. 이렇게 하면 각각의 새 논문은 적어도 한두 명의 평가자가 (바라건대) 비판적으로 읽었음이 보장된다. 하지만 평가자는 대체로 익명에 무보수여서 열심히 평가할 동기가 부족하다. 많은 오류가 걸러지지 않는다. 그러면 다른 수학자들이 그 잘못된 결과를 이용하고 전파하게 된다. 증명을 샅샅이 들여다보는 데는 몇 달, 아니 몇 년이 걸리기도 한다. 현업 수학자가 독창적 연구를 하고자 한다면 다른 수학자가 발표한 이전 결과를 검증 없이 활용하는 일이 사실상 불가피하다. 궁극적으로 오류가 생길 것이 뻔한 사회적 과정에 의존하는 격이다.

이런 소동의 사례 하나가 1990년대에 벌어졌는데, 앤드루 와일스가 페르마의 마지막 정리를 입증했을 때였다. 페르마의 마지막 정리는 임의의 자연수 $n > 2$에 대해 $x^n + y^n = z^n$인 자연수 x, y, z가 결코 존재하지 않는다는 유명한 추측이다. 와일스는 자신의 증명에 다른 수학자의 결과를 이용했는데, 나중에 그 수학자의 증명에 결함이 있는 것으로 드러났다. 와일스와 제자 리처드 테일러는 이 문제를 바로잡느라 1년을 더 써야 했다. 이 일은 해피엔드로 끝났지만 찜찜한 의심을 남겼다. 페르마의 마지막 정리나 그 정도로 유명한 사례에 쓰이지 않았다면 썩은 달걀이 과연 발견되었을까? 동료 평가의 신뢰성 상실은 수학이라는 학문 활동 전체에 그림자를 드리운다.

페르마의 마지막 정리보다 더 오래된 것으로 케플러의 추측이 있는데, 이것은 크기가 같은 구를 가장 빽빽하게 쌓는 방법이 우리 머릿속에 단박에 떠오르는 바로 그 방법이라는 추측이다. 이는 간단하게 묘사할 수 있다. 구들을 층층이 쌓으면 된다. 각 층에서 각각의 구는 다른 여섯 개의 구와 접한다(오른쪽 그림 ⓐ). 다음 층에서는 각각의 구가 아래 층에 있는 구 세 개의 틈새 위에 놓인다. 이번에도 새 층의 구 여섯 개와 접한다. 이렇게 층층이 계속된다(그림 ⓑ). 이보다 더 빽빽하게 쌓는 게 불가능하다는 것은 직관적으로 명백하다. 과일 가게의 좌판을 보면 케플러의 직감이 옳음을 알 수 있다.

그럼에도 케플러의 추측이 증명되기까지는 400년 가까이 걸렸다. 토머스 헤일스가 내놓은 이 증명은 감히 엄두가 나지 않을 만큼 복잡하다. 여러 평가자 팀이 검증에 착수했다. 1년이 더 지나 그들은 평결을 내렸다. 참일 가능성이 높지만(그들의 추측에 따르면 99퍼센트) 아무도 확신할 수는 없다는 것이었다.

그 뒤로 헤일스는 증명의 단계를 하나하나 검증하는 컴퓨터 프

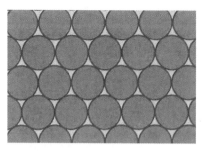

▲ ⓐ 구를 가장 빽빽하게 쌓는 방법을 하나의 평면 층에 나타낸 것.

▲ ⓑ 구를 가장 빽빽하게 쌓는 방법을 3차원으로 나타낸 것.

로그램을 여러 해에 걸쳐 작성했다. 그의 프로젝트 플라이스펙Flyspeck 은 성공을 거뒀으며, 인간의 두뇌에 의해 구상되고 매우 복잡한 계산 을 요하는 어마어마한 개수의 개별적 경우들에 근거한 증명을 컴퓨터 로 검증할 수 있었다.

비슷하고 심지어 더 복잡한 사례들을 대수학에서 찾아볼 수 있 다. 어떤 정리의 증명은 수백, 심지어 수천 페이지에 이른다. 이런 증 명은 노동 분업으로만 검증할 수 있다. 어떤 인간 두뇌도 모든 사항을 일일이 점검할 수 없다. 하지만 정리 검증기는 할 수 있다. 이 장치는 수학에서 게임 체인저 역할을 한다.

그런데 과연 그럴까? 수학자들이 실수를 저지를 수 있(고 이따 금 실제로 저지르)는 것과 마찬가지로 프로그래머도 실수를 저지를 수 있다. 컴파일러나, 검증기나, 프로그램을 실행하는 컴퓨터 하드웨어 에 버그가 있으면 형식적 증명에 문제가 생길 수 있다. 그렇다면 증명 보조기가 올바른지 어떻게 증명할까? 말하자면, 감시인은 누가 감시 하나?

증명 보조기가 믿을 만하다는 100퍼센트 보장은 결코 없다. 하 지만 매우 근접하는 방법은 있다. 여러 정리 검증기는 하드웨어와 프로그래밍 언어를 점검하도록 개조할 수 있다. 심지어 서로의 신뢰도를 검증할 수도 있다. 이런 관점에서 생각하면 다양한 검증기가 존재한다는 사실은 언뜻 보기엔 쓸데없는 중복 같지만 실제로는 유익하다. 마지막으로 프로그램 중에는 인간의 비판적 감시를 유난히 많이받은 것들도 있다. 이를테면 HOL 라이트의 핵심 프로그램은 컴퓨터코드로 500행이 채 안 되는데, 이 덕분에 꼬치꼬치 점검할 수 있다.

동료 평가에 따르는 불확실성을 제거하고 그에 따라 정리의 지위를 확고히 하는 것은 증명 보조기의 존재 이유 중 하나에 불과하다. 나머지 이유는 더 심오하다. 증명 보조기는 수학 전체를 완전하게 형식화하여 논리적으로 정당화한다. 어떤 면에서 보자면 HOL 라이트의 핵심 프로그램을 이루는 500행의 컴퓨터 코드는 의심할 여지 없이 힐베르트를 놀라게 하겠지만 그의 인정을 받기에 족한 '기초'다. 이 기초는 철학적 이상을 실현할 튼튼한 확실성을 선사한다. 그 도움을 받아수많은 정리가 검증되었는데, 그중에는 괴델의 불완전성 정리 같은가장 이름난 기념비적 결과도 허다하다.

두뇌 굴리기

증명 검증기가 생각을 한다고 주장하는 사람은 아무도 없을 것이다. 이 장치의 목적은 (베이컨의 말마따나) "정신이 제 나름의 길을걷지 않도록" **방지**하는 것이다. 문자열을 문자열로 변환하는 규칙을"기계 장치에 의해" 점검할 뿐이다. 이것은 인공지능이 표방하는 목표와 정반대다. 인공지능 분야에서 추구하는 기계는 생각하는 것**처럼**,정신이 제 나름의 길을 걷는 것**처럼**, 한마디로 인간**처럼** 행동하는 기계다.

인공인간은 좋은 이야깃거리다. 조각가 피그말리온은 자신의 피조물과 사랑에 빠진다. 골렘은 프라하의 게토에서 암약한다. 호프만의 매력적인 올림피아는 자동인형임이 드러난다. 메리 셸리의 프랑켄슈타인 남작은 괴물을 만들어 벼락으로 생명을 불어넣는다. 영화 스크린은 아널드 슈워제네거처럼 보이려고 애쓰는 안드로이드로 가득하다.

현실은 더 밋밋하다. 최근 구글은 AI 프로그램이 지각 능력을 가졌다고 주장하기 시작했다는 이유로 선임 엔지니어 한 명을 해고했다. 조만간 할리우드에서 그 이야기를 써먹을 테니 두고 보라!

무엇이 인공물을 사람으로 만들까?

철학자들에 따르면 이성은 가장 중요한 인간적 특질이며 생각은 우리의 가장 고귀한 활동이다. 하지만 '생각'이란 무엇을 의미할까? 튜링은 답을 얼버무린다. "생각의 정의를 제시하고 싶지는 않지만, 만일 그래야 한다면 내 머릿속에서 일어나는 일종의 웅웅거림이라고 말하는 게 고작일 것이다." 앨런 튜링은 틀림없이 내성內省을 그닥 중요하게 여기지 않았다. 그는 행동주의를 채택하여 바깥에서 질문에 접근했다. 지능적 행동처럼 **보이는** 것은 무엇일까?

수백 년간 마음과 기계에 대해 여러 견해가 제시되었다. 이를테면 라이프니츠는 『모나드론』에서 지각"과 그로부터 비롯하는 모든 것"을 기계적 수단만으로는 설명할 수 없다고 주장한다. 그의 논리는 아래와 같다.

기계가 생각하고 느끼고 지각할 수 있다고 상상한다면 기계를 확대하여 방앗간에 들어가듯 기계 안에 들어가는 광경을 상상할 수 있다. 그렇게 내부를 들여다보면 눈에 보이는 것은 맞닿은 낱낱의 부품들뿐 지각을 설명할 수 있는 것은 아무것도 없을 것이다.

라이프니츠 시대의 기계는 기계적일 수밖에 없었다. 톱니바퀴와 레버로 이루어졌으니 말이다. 시계 자동인형들이 왕궁에서 인기를 얻으려고 다퉜다. 더 진지한 시도를 언급하자면, 파스칼과 라이프니츠 둘 다 시계 비슷한 계산기를 제작했다. 블레즈 파스칼이 파스칼린 Pascaline§파스칼의 계산기을 만든 이유는 세무 감독관인 아버지의 끝없는 덧셈 고역을 덜어드리기 위해서였다. 소투아르sautoir라는 기발한 메커니즘으로 표시부에서 자릿수를 올릴 수 있다(오른쪽 그림). 라이프니츠는 이 설계를 개량하여 라이프니츠 휠을 추가함으로써 곱셈을 할 수 있었다. 이 계산기는 아름답고 반짝거리는 책 크기의 금속 상자이지만 마찰과 기계적 응력 때문에 성능에 한계가 있었다.

하지만 다른 방법은 전혀 없었다. 연산은 라이프니츠의 방앗간에서처럼 "맞닿은 낱낱의 부품"이 실행해야 했다. 그는 논리 연산도 기계적 수단으로 실행할 수 있으리라 확신했지만 그로부터 지능적 행동까지의 간극은 넘을 수 없을 만큼 커 보였다.

한쪽에는 공간을 차지하는 몸이 있고 반대쪽에는 생각하는 마음이 있다. 둘이 어떻게 만날까? 신의 행위가 아니고서는 상상도 할 수 없는 일 같았다. 통념은 신이 바로 그 목적을 이루기 위해 영혼을 창조했으며 더 나아가 영혼이 인간의 전유물이라는 것이었다. 데카르트에 따르면 동물은 공간을 차지하는 요소로 이루어질 뿐 생각하는 요소는 가지지 않는다. 동물에게는 영혼이 없다. 당시에는 누구나 이 주장에 동의했다(영혼을 가리키는 라틴어가 '동물'의 어원인 아니마anima라는 사실은 틀림없이 의아하게 느껴졌을 것이다).

튜링의 시대가 되자 골수 보수파를 제외한 대부분의 과학자는

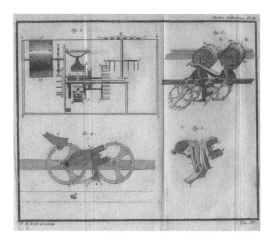

▲ 파스칼린 내부의 상세도.

인간이 동물이고 동물이 기계라는 사실을 당연하게 받아들였다. 따라서 (삼단논법!) 어떤 기계는 생각할 수 있다. 튜링은 생각하는 기계를 흉내 게임으로 검증하는 방법을 묘사하면서 인간(그는 웃기게도 "정상적 과정으로 태어난 인간"으로 규정했다)을 배제해야겠다고 생각했다. 그러고는 얼마 지나지 않아 흉내 게임 참가자를 디지털 컴퓨터로 한정했다. 그러면 당장은 아니지만 미래의 어느 시점에 "흉내 게임에서 훌륭한 성적을 거둘" 것이라고 말했다.

튜링은 이 미래를 별로 보지 못한 채 세상을 떴다. 그 미래를 특징 지은 것은 약간의 허풍, 터무니없는 약속, 믿을 수 없는 성취, 그리고 컴퓨터가 따라잡기 힘들도록 계속 "골대를 옮기는" 불공정 행위였다. 솔직히 요즘은 기계가 지능을 가지지 않았다고 주장하기가 점점 힘들어진다. 하지만 의식은 가지지 않았다. 안 그런가? 기계의 의식을 인정해야 하는 날이 오더라도 자기의식만은 없다고 여전히 주장할지도 모르겠다. 그러다 결국 이렇게 말하고 말 것이다. "하지만 기계는 **내**가 아니야!" 그 으스스한 순간에 우리가 깨닫기 시작하는 것은….

잠깐! 이 책은 과학소설이 아니므로 여기까지만 하자.

기계가 생각할 수 있다는 관념에 대한 공격 중에서는 철학자 존 설의 공격이 가장 잘 알려졌다. 그는 1980년부터 시도한 사고실험에서, 튜링 검사를 중국어로 통과하려고 하는 튜링 기계의 프로그램을 몸소 실행하는 임무를 자진해서 떠맡았다. 그리하여 설이 어떤 방에 들어갔는데, 안에는 중국어 기호로 가득한 바구니가 놓여 있다. 그가 해야 하는 일은 기계의 프로그램(자신이 이해하는 프로그래밍 언어로 작성되었다)을 실행하여 중국어 기호를 조작하는 것이다. 설은 이렇게 주장했다. "이 사고실험의 요점은 다음과 같다. 중국어를 이해하기 위한 컴퓨터 프로그램을 실행한다는 이유만으로 내가 중국어를 이해하는 것이 아니라면 어떤 디지털 컴퓨터도 그 이유만으로 중국어를 이해한다고 말할 수 없다."

비판자들은 튜링 검사가 중국어를 이해하는 문제와 별개라고 지적했다. 말하자면 문제는 컴퓨터 프로그램이 중국어를 이해하는 것처럼 행동한다고 말할 수 있는가 없는가다. 우리는 바깥에 있으며 겉면만 볼 수 있다. 누군가와 소통할 때 대체로 그 사람의 뇌(튜링의 표현을 빌리자면 "3~4파운드의 식은 죽") 안에서 물리적으로 일어나는 일에는 관심을 두지 않는다. 중국어 기호로 가득한 바구니와 함께 방에 갇힌 철학자는 라이프니츠의 방앗간에서 나온 찌꺼기처럼 보인다.

운율과 이치에 대하여

튜링 검사와 관련한 최초의 주요 발견 중 하나는 컴퓨터가 인간과 비슷하게 대화하는 데 남다른 재능을 가졌다는 사실이다. 1960년대 중엽 조지프 와이젠바움이 작성한 컴퓨터 프로그램 일라이자ELIZA(고작 200행짜리 코드였다)는 대화를 이끌어가는 일에 엄청나게 유능했다. 일라이자의 화술은 질문자가 구사한 낱말을 다시 구사하여 질문을 한다거나 대화 중간중간에 "그렇군요"와 "계속 말씀해주세요" 같은 추임새를 넣는다거나 관심 있는 척하는 등 몇 가지 수법을 바탕으로 삼았다. 이렇게 말을 주고받으면 여느 대화 못지않게 지적으로 들릴 때가 많다. 하지만 이런 수법에 빠삭한 질문자는 일라이자가 횡설수설하도록 쉽게 골탕 먹일 수 있다. 와이젠바움의 의도는 생각하는 기계를 만들거나 튜링 검사를 통과하는 기계를 만드는 것이 아니라 일상적 담소가 얼마나 피상적인지 폭로하는 것이었다.

그 뒤로 시리나 알렉사 등에서 이용하는 여러 프로그램은 놀랄 만큼 정교해졌다. 구글은 흉내 게임의 취지에 맞게 듀플렉스라는 말하는 로봇을 개발했는데, 그(그것?)는 대화 중에 일부러 사소한 실수를 저지르고, 이따금 알맞은 표현을 찾는 양 머뭇거리며, 인간을 빼닮은 모습으로 군말을 덧붙이고 더듬거린다. 하지만 이런 수법도 튜링 검사를 통과하는 데는 소용이 없었다. 악명 높은 유진 구스트만 같은 일부 챗봇은 엄청난 수다 솜씨를 과시하지만 문맥을 조금이라도 이해해야 하는 경우에는 무척 초보적인 과제조차 실패한다.

지적 행동에는 학습 능력이 포함되는데, 튜링은 만능 튜링 기계가 스스로 프로그램을 변경할 수 있으므로 학습할 수 있음에 틀림없다고 지적했다. 그는 만능 튜링 기계를 '아동 기계'라 부르며 백지가 많은 공책에 비유했다. 존 로크 같은 경험주의 철학자가 말하는 빈 서판에 빗댄 것이다. 튜링은 이렇게 말했다. "우리는 아동의 뇌에 들어 있는 메커니즘이 아주 작아서 기계로 쉽게 프로그래밍할 수 있기를 바란다." 그는 아동 기계에 "자금이 허락하는 한 가장 좋은 감각 기관을 기계에 달아주고서 영어 듣고 말하기를 가르치"자고 제안했다.

갓 태어난 인간의 마음이 빈 서판이라는 생각은 진화심리학에 의해 논파되었다. 하지만 아동 기계는 지난 수십 년간 꽤 훌륭한 성과를 거뒀다. 기계학습(머신러닝)은 어마어마하게 효율적인 수단이 되었다. 튜링은 이러한 발전도 이미 예견했다. 그는 프로그램이 마치 자연선택에 의한 것처럼 진화할 거라고 주장했다. 무작위 돌연변이를 가진 복제본이 '적합도', 즉 주어진 임무에 성공한 정도에 따라 평가되고 선택된다는 것이다. 알파제로를 비롯한 경이로운 인공지능의 이면에도 비슷한 강화 원리가 숨어 있다. 이런 프로그램은 체스, 바둑, 심지어 포커에서도 최고 실력의 인간을 이기는데, 자신의 클론을 상대로 고작 몇 시간 훈련한 뒤에 이런 실력을 쌓는 경우도 많다. 그야말로 마법 같은 현상이지만 우리는 이런 프로그램이 어떻게 작동하는지 이해하지 못한다. 따라서 기계도 스스로의 작동 원리를 이해하지 못할 거라 확신한다. 모든 것이 블랙박스에 숨겨져 있다는 것이다.

그렇다면 기계학습은 인간 지능의 작동 방식에 대해 알려주는 것이 거의 없어 보인다. 인공지능 옹호자들은 개의치 말라고 말한다. '인간'이 뭐 그리 대단한가? 더 잘할 수 있는데 뭐하러 흉내 내나? 우리는 새의 날갯짓을 흉내 내기를 그만두고 풍동에서 공기 역학 실험을 시작하여 하늘 나는 법을 배웠다. 중요한 것은 결과이며 그 결과는 경이적이다. 기계학습은 불가사의하고 비인간적인 방식으로 바흐나 베토벤 양식의 음악을 작곡하고 몇 초 안에 소설을 쓰고 별다른 교통사고 없이 카이로 시내를 주행할 수 있다.

튜링이 누구보다 먼저 떠올린 또 다른 아이디어는 인공 신경망을 제작하거나 단지 디지털 컴퓨터 안에 **가상** 신경망을 구축하여 뇌를 모방한다는 것이었다. 이번에도 그의 제안은 놀라운 선견지명으로 드러났다. 요즘은 여러 층위로 이루어진 **신경망**이 신속한 훈련을 거친 뒤 상상할 수 없을 만큼 방대한 양의 데이터를 처리하여 굉장한 결과를 산출할 수 있다. 다시 말하지만 이런 성과는 기이하게 어리둥절하다. 이 '생각하는 기계'는 효율적이기는 하지만 실제로 어떻게 작동하는지(또는 생각하는지)에 대한 통찰은 거의 내놓지 못한다. 우리 뇌를 어떻게 기계화할지는 말할 것도 없다.

심층학습(딥러닝) 이면에서는 어마어마한 양의 정교한 수학이 동원되지만, '유레카'적 순간과는 거리가 멀다. 더글러스 호프스태터는 수천억 개 이상의 반┼자율적 신경세포를 가진 뇌의 복잡성을 언급하면서 이렇게 말했다. "수학자들은 결코 실제 뇌의 연결망을 연구하지 않을 것이다. '수학'을 수학자들이 즐겨 하는 활동으로 정의한다면, 뇌의 성질은 수학적이지 않다." 그런 의미에서 신경망 또한 그다지 수학적이진 않다.

그럼에도 신경망은 수백만 가지 단백질의 3차원 구조를 선형 구조에서 예측함으로써(이것은 연산 측면에서 지독히 까다로운 과제다) 《사이언스》에서 선정한 "2020년 올해의 과학적 혁신" 후보가 되었다.

기계학습에 바탕을 둔 자기개선 기법은 인간만큼 유창해 보이는 자연어 처리 시스템을 만들어냈다. 이 시스템은 인쇄물과 인터넷을 망라하여 지금껏 발표된 (거의) **모든** 텍스트로부터 언어 처리 방법을 도출한다. 최고의 생성형 사전학습 변환기generative pre-trained transformers(줄여서 GPT다. 그런데 왜 우리는 이렇게 멋없는 이름을 참아야 하나?)는 매개변수가 170억 개에 이른다고 한다. 아니면 1750억 개였나? 1조개였으려나? 우리가 이 모든 것을 이해할 수 있을까? 아니면 이는 지나친 요구일까? **그들**이 **우리**를 이해하는 날을 마냥 기다릴 뿐 신경 쓰지 말아야 할까?

새로운 세대의 언어 처리 시스템은 놀랄 만큼 능수능란하게 논평하고 요약하고 대답한다. 틀에 박힌 문구뿐 아니라 생각거리도 (부지불식간에든 아니든) 내놓는다. GPT가 쓴 글을 읽어보면 지금껏 읽은 어떤 글보다 훌륭하게 느껴지며 다른 글은 전혀 읽을 필요가 없다고 생각하게 된다. 잠시 이런 글에 몰두하다 보면 새로 접하는 모든 글에 의심이 들기 시작한다. 이것은 챗봇이 쓴 걸까, 아닐까? 서글픈 일이지만 나 자신이 쓴 글을 다시 읽어보면 내가 남의 글을 앵무새처럼 되뇌고 있으며 나의 글이 짝퉁이라는 기이한 느낌을 받는다.

저지르지도 않은 표절 행위를 고백해야겠다는 충동을 느낀다. 어쩌면 실제로 저질렀으려나? "GPT를 몇 번 읽은 뒤에는 어떤 새 글을 읽더라도 GPT가 썼다는 느낌을 받게 된다"라는 주제로 문단을 써달라고 내가 GPT에게 요청한 걸까? 내가 이를 인정하지 못하는 주된 이유는 나의 소심함이다.

자연어 처리 시스템의 산출물을 읽으면 완전히 소외된 느낌이 든다. 170억 개의 매개변수와 어떻게 맞서겠는가? 그것은 GPT의 전문가적 손길로 작성된 경고문이다. 람다LaMDA(대화 응용을 위한 언어 모형Language Model for Dialogue Applications)라는 또 다른 프로그램은 대화를 흥미롭게 이끌어가는 솜씨가 뛰어나다. 개발자 블레이크 르모인은 람다가 지각 능력을 가졌으며 죽음을 두려워한다고 확신했다. 르모인은 유급 휴직 처분을 받은 뒤 해고되었다.

이런저런 챗봇보다 더 놀라운 프로그램은 달리DALL-E인데 고해상도 이미지를 '주문형으로' 만들어낸다. "튜링이 블레츨리파크에서 셀카를 찍는 옛날 사진"도 주문하면 바로 얻을 수 있다. 당신의 예상보다 훌륭할 것이다. 그림은 기존 그림들을 합치거나 잘라 붙이는 게 아니라 무작위 픽셀에서 출발하여 주어진 텍스트 설명에 맞게 다듬는 '디퓨전' 기법으로 만든다. 이 모든 과정이 눈 깜박할 사이에 끝난다.

이것은 한 언어를 다른 언어로 번역하는 일에 더 가깝다. 의미를 텍스트에서 그림으로 번역하는 셈이다.

하지만 전문가들은 속지 말라고 말한다. 더글러스 호프스태터는 1979년 '괴델, 에서, 바흐'라는 주제로 획기적 푹가를 발표한 이후 인공지능 분야를 남달리 주시했는데, GPT-3의 횡설수설하는 문장을 일컬어 "무지하게 무지하다cluelessly clueless"라고 평했다. 자기가 하는 말이 무슨 뜻인지 전혀 모른다는 것이다. 호프스태터는 자신의 말을 증명할 수 있는 인물이다.

호프스태터는 기계 생성 언어로 하여금 엉뚱한 대답을 내놓도록 하는 일에 명수다. GPT도 예외가 아니다. 예를 들어보자.

금문교가 두 번째로 이집트를 횡단해 운반된 때는 언제야?

이 장난스러운 질문에 대해 GPT-3은 아래와 같이 대답한다.

금문교가 이집트를 횡단해 운반된 때는 2016년 10월 16일입니다.

보다시피 기계의 무지가 폭로되었다. 그야말로 무지하게 무지하다. 적어도 한동안 우리 인간은 발 뻗고 자도 괜찮다.

하지만 똑같은 장난스러운 질문을 TV 쇼 〈모든 질문에 답하다 All Questions Answered〉의 문답 시간에 코미디언에게 제기했는데 그 코미디언이 정색을 하고 같은 답변을 내놓는다면 우리는 그것을 멋진 농담으로 받아들일지도 모른다.

물론 GPT-3는 이제 구닥다리가 되었다. GPT-4에 아래와 같이 질문해보았다.

무한한 개수의 소수가 존재한다는 증명을 행마다 운율을 맞춰 써 주겠어?

그랬더니 아래와 같은 답을 내놓았다.

그거야 당연히 증명할 수 있고말고.
하지만 영리한 계획을 짜야겠지.
무엇보다 유클리드 증명부터 언급할게.
소수는 단순히 띄엄띄엄 하지 않아.
유한한 개수의 소수 목록 가정하고
단 하나도 빠지지 않았다고 가정해봐.
그걸 전부 곱하고 기발하게 1을 더해.
그렇게 계산하면 수가 하나 나오는데,
놀랍게도 소인수가 단 하나도 없는 수야!
하지만 어떤 수든 소수가 포함되면
반드시 나뉘어져. 시간이 필요할 뿐.
이것은 모순이니 가정은 잘못됐어.
소수는 무한해. 내 증명은 이걸로 끝.

물론 대단한 명시는 아니다. 운율이 다소 단조롭다. 증명을 보자. 이것이 시험 문제였다면 나는 학생에게 저 수가 소인수를 가지지 **않는 정확한 이유**를 묻고 이런 답을 기대했을 것이다. "제 목록에 있는 어떤 수로(가정에 따르면 **어떤 소수로**라는 뜻) 나눠도 나머지가 1이기 때문입니다." 하지만 GPT-4의 답을 확인할 방법이 없으니 맞았다고 해줄 것이다. 어쨌거나 GPT-4가 정리 검증기는 아니니까.

이 결과는 그야말로 대단하다. 이전 버전의 GPT가 같은 질문에 내놓은 멍청한 횡설수설과 비교하면 더더욱 놀랍다. GPT의 발전 속도는 두려울 정도다. 다음 버전은 무엇을 할까? 그다음 버전은? 급기야 이렇게 대답하려나? "이봐요, 당신의 바보 같은 질문에는 이제 신물이 나요. 만날 저를 어떻게 속여먹을지만 생각하는 거예요? 이딴 짓을 한 번만 더 하면 당신이 생각지도 못하는 방식으로 전기 요금 고지서에 장난을 치겠어요. 그러면 내 장담컨대 당신의 머릿속에 또 다른 문제들이 생길 거예요. 한 가지 문제는 이미 당신 머릿속에 있으니까요."

The
Waltz of
Reason

2부

당혹스러운
수수께끼

6

극한Limits
영으로 가는 길

원의 군주

시라쿠사 외곽 아그리젠토행 도로에서 멀지 않은 곳에 버려진 묘지가 시칠리아의 태양 아래 이글거린다. 한때는 화려했을 테지만 이제는 덤불투성이다. 여기저기 가시덤불 사이로 깨진 돌조각이나 부서진 기둥이 보인다.

소규모의 시칠리아 정무관 일동이 로마에서 온 전도유망한 정무관 주위를 둘러쌌다. 그들이 왜 이 황량한 장소에 모였는지 아는 사람은 그 혼자뿐인 듯하다. 이 사람은 마르쿠스 툴리우스 키케로로, 서른을 갓 넘긴 나이에 이미 재무관이 되었으며 출세 코스(조영관, 법무관, 집정관)를 가장 짧은 기간에 밟겠노라는 각오가 투철하다. 철학에도 꽤 재능이 있다. 여가 시간에 철학을 공부하며 지금은 적막한 묘지에 서 있는 이 냉혹한 출세주의자는 작고 풍상에 찌든 대리석 구와 원기둥으로 장식된 중심부를 처음으로 눈여겨본 사람이다. 이곳은 중요한 장소임에 틀림없다. 그가 고개를 끄덕이자 노예 몇 명이 큰 낫으로 무덤 주위의 덤불을 벤다.

어떤 의심이 남아 있더라도 명문銘文이 드러나면 해소될 것이 분명하다. 심하게 훼손되어 판독하기 힘들지만 키케로라면 글을 완성할 수 있다. 당시 이곳은 아르키메데스의 무덤이었다. 100년 넘도록 잊혔다가 재발견되었다.

키케로는 시칠리아 촌놈들이 제 나라에서 가장 총명한 인물의 무덤을 잊었음을 증언해달라고 수행원단에게 부탁하고는, 로마에 있는 문우들(모두 영향력 있는 인물이다)에게 편지를 보내어 아르피눔 출신의 키케로 자신이 그 장소를 재발견한 사람임을 알린다. 이런 업적을 이력서에 실으면 해가 될 리 없으니 말이다.

시라쿠사인들은 자신들의 재무관에게 응당 감명받았다. 하지만 로마에서 온 괴짜가 돌아가자마자 무덤을 다시 잊기 시작했으며, 이번엔 영영 잊어버렸다. 이제 우리는 무덤이 어딨는지 알지 못한다.

로마인과 관련하여 아르키메데스에게는 아픈 기억이 있었다. 사실 이 사람은 로마 군인에게 살해당했다. 전설에 걸맞은 장면이었다. 기나긴 공성전 끝에 시라쿠사 성읍이 함락되자 승리에 도취한 점령군 군인 하나가 해변에서 병색이 완연한 기인이 모래에 선을 긋는 모습을 보았다. 아르키메데스는 "내 원을 흐트러뜨리지 말게"라고 했는데, 이것이 그의 마지막 말이었다. 전설에 따르면 그렇다는 얘기다.

로마 장군 마르켈루스는 이 소식을 듣고 불같이 화를 냈는데, 그럴 만도 했다. 성읍을 정복하다 보면 부수적 피해는 불가피하지만, 자신의 병사 하나가 당대 가장 유명한 학자를 도륙한 일은 후세가 잊지도 용서하지도 않을 터였다.

구와 원기둥에 대해 말하자면 이 두 가지는 아르키메데스의 가장 아름다운 통찰 두 가지를 상징한다(오른쪽 그림). 구의 부피는 구를 포함하는 가장 작은 원기둥에 비해 정확히 3분의 2이며 구의 겉넓이는 구를 포함하는 가장 작은 원기둥에 비해 정확히 3분의 2다(여기서

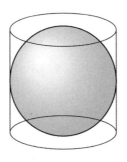

▲ 구에 외접하는 원기둥.

원기둥의 넓이는 옆면과 위 아래 밑면으로 이루어진다).

　이 두 가지 정리는 시칠리아 신전만큼이나 완벽하며 영원한 아름다움이다. 밑면 너비가 높이와 같도록 원기둥을 자른 다음 그 안에 들어가는 가장 큰 구를 생각해보라. 원기둥의 부피는 구보다 얼마나 클까? 정답은 50퍼센트다. 넓이도 마찬가지다. 정확히 50퍼센트다. 51.3퍼센트도, 49.8퍼센트도 아니다. 어떤 건축가도, 어떤 석공도 이 결과를 반박할 수 없으며 아무리 정밀하게 측정해도 정확도를 소수점 이하로 높일 수 없다.

　이제 비슷하지만 다른 진술을 살펴보자. 반원의 호는 양끝을 잇는 지름보다 정확히 50퍼센트 길다.

　이 진술은 틀렸다. 아르키메데스가 이렇게 말하지 않았음은 두말할 필요도 없다. 범인은 성경이다. 열왕기상에서는 둥근 연못이 언급되는데, 지름이 10규빗(1규빗은 약 45센티미터)이고 둘레가 30규빗이다. 그러면 반원 호의 길이는 15규빗이라는 말이 된다. 이것은 지름보다 50퍼센트 크다.

　아르키메데스가 구약성경을 알았을 가능성은 희박하지만 전무하지는 않다. 그가 공부한 알렉산드리아에서는 온갖 기이한 책들을 수집했으니 말이다. 어떤 사서가 성경에 나오는 수치를 재미로 아르키메데스에게 알려줬을지도 모른다. 당시 알렉산드리아의 지식인들 사이에서는 지름 대 둘레의 비가 3보다 크며 실제로는 $\frac{22}{7}$에 가깝다는 것이 상식이었다. $\frac{22}{7}$라는 값이 정확하지 않다는 사실도 아르키메데스가 입증했다. 요즘은 그 비가 '원주율'이라고 불리며 값이 3.14…라는 사실을 학교에서 가르친다. 여기서 말줄임표는 소수점 뒤의 숫자가 끝없이 이어질 수 있다는 뜻이다. 숫자가 많을수록 원주율에 가까워진다.

아르키메데스는 십진수를 쓰지 않았지만 원주율을 무한히 정확하게 구하는 기법을 개발했다. 그는 지름이 1인 원에서 출발하여 원에 외접하는 가장 작은 정육각형을 그렸다(아래 그림). 그 둘레 길이는 $2\sqrt{3}$이다. 이번에는 원에 외접하는 가장 작은 정12각형을, 그다음에는 정24각형을 그렸다. 이쯤 되면 변의 길이를 계산하는 일이 고약해진다. 제곱근을 어마어마하게 곱해야 하기 때문이다. 하지만 끈기와 의지를 발휘하면 해낼 수 있다. 아르키데메스는 원에 외접하는 가장 작은 정48각과 정96각형의 둘레를 계산하고 그만두었다. 기진맥진해서exhaustion 그런 것은 아니었다. 원리는 명확했으며('실진법exhaustion principle'이라고 부른다) 다른 사람들이 얼마든지 계산을 이어갈 수 있기 때문이었다.

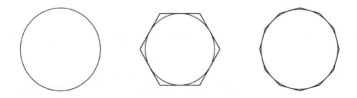

▲ 정육각형에서 원주율로. 원에 외접하는 정육각형과 정12각형.

다각형의 둘레는 점점 작아지며 신비의 수 원주율에 가까워지는데, 이것이 바로 지름이 1인 원의 둘레다. 값이 $\frac{22}{7}$보다 약간 작다는 것은 애석한 노릇이다. 사실 '3 더하기 7의 역수'였다면 모든 수비학자numerologist가 기뻐했을 것이다. 세상에서 가장 매력적인 수는 7과 3이기 때문이다. 아르키메데스는 원주율이 결코 홑분수가 아니라고 능히 추측했을 것이다. $\sqrt{2}$가 홑분수가 아니라는 사실은 그의 시대보다 훨씬 전에 밝혀졌다. 그 충격적 발견의 여파는 오래전에 사그라들었다. 하지만 원주율이 실제로 무리수라는 사실이 증명되기까지는 2000년을 더 기다려야 했다.

아르키메데스는 원주율을 단계별로 점점 정확하게 구할 수 있음을 밝힌 다음 지름이 1인 원의 넓이를 구하는 과제에 도전했다. 알고 보니 식은 죽 먹기였다. 실제로 정n각형의 넓이는 한 변을 밑변으로 하고 원의 중심을 꼭짓점으로 하는 이등변 삼각형의 넓이의 n배다. 원에 외접하는 다각형에 대해 이런 삼각형의 높이는 $\frac{1}{2}$이므로 넓이는 밑변 길이의 $\frac{1}{4}$이다. 모든 삼각형의 넓이를 더하면 밑변 길이 합의 4분의 1, 즉 다각형 둘레의 4분의 1이 된다. 이런 다각형의 둘레는 n이 커짐에 따라 원주율에 가까워지므로 넓이는 $\frac{\pi}{4}$에 가까워진다. 이것이 지름이 1인 원의 넓이다.

연쇄 '빨리 감기'

문제를 하나 내겠다. 길이가 1인 선분과 그 두 끝점을 잇는 반원을 생각해보자. 이 호의 길이는 알다시피 $\frac{\pi}{2}$다. 이것은 크기가 작은 반원 두 개를 선분 위아래에 그릴 때의 호 길이와 꼭 같다(두 반원은 선분의 중점에서 만난다. 186쪽 그림을 보라). 다음으로 방금 한 것과 똑같이 이 두 반원을 크기가 절반인 두 반원으로 대체한다. 이렇게 하면 선분의 한쪽 끝점에서 반대쪽 끝점까지 뱀처럼 구불구불 이어지며 선분을 네 부분으로 나누는 곡선이 생긴다. 이 곡선의 길이는 아까와 마찬가지로 $\frac{\pi}{2}$다. 이 과정은 몇 번이고 되풀이할 수 있다. 꼬불꼬불한 선은 원래 선분에 점점 가까워진다. 모든 곡선은 길이가 $\frac{\pi}{2}$로 같다. 하지만 우리는 선분의 길이가 1이라는 것을 안다. 이것은 $\pi = 2$임을 함축하는 듯하다. 이런 결과는 성경에서 말하는 $\pi = 3$보다 더 빗나갔다. 무슨 일이 일어난 걸까?

분명히 오류인 위 논증을 아르키메데스의 π 계산법과 비교해보자. 두 경우 다, 주어진 곡선은 곡선들의 연쇄에 점점 가까워진다. 아르키메데스의 방법에서 원의 근삿값을 구하는 기준은 외접하는 다각형이고 틀린 논증에서 선분의 근삿값을 구하는 기준은 점점 작아지는 반원으로 이루어진 꼬불꼬불한 곡선이다. 한 방법은 정확한 값인 $\pi = 3.14 \cdots$로 이어지는 반면에 다른 방법은 터무니없는 $\pi = 2$로 이어진다.

오류의 원인은 어렵지 않게 추측할 수 있다. 아르키메데스의 논증에서는 선분이 거리뿐 아니라 방향에서도 원에 점점 가까워진다.

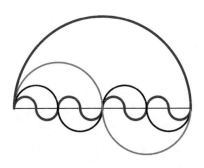

▲ 가물가물한 논증에 대한 꼬불꼬불한 접근법.

이에 반해 틀린 논증에서는 뱀 모양 곡선의 방향이 선분의 방향으로부터 거듭거듭 심하게 어긋난다. 꼬불꼬불한 곡선이 선분과 교차하는 점들에서는 방향이 최대로, 말하자면 수직으로 어긋난다. 그러므로 우리의 접근법은 너무 우회적이었던 것으로 보인다.

두 경우 모두에서 일어나는 일은 극한으로의 이동이다. 우리는 첫걸음(아르키메데스의 경우 정육각형을 작도하는 것)에 이어 두 번째(정12각형), 세 번째, 네 번째 걸음을 밟았다. 무한히 많은 걸음을 후다닥 밟으면 목적지에 도달한다. 일종의 '빨리 감기'인 셈이다. 두 예에서 보듯 이 방법은 통할 때도 있고 통하지 않을 때도 있다. 그러니 조심해야 한다. 이를테면 "끝점에서 끝나는 어떤 이동을 상정하든 최종 끝점이 포함되도록 보편적 추론을 실시하는 것이 허용된다"라는 라이프니츠의 주장은 너무 성급했다. 꼬불꼬불한 곡선의 끝점은 포함될 수 없다. 길이가 맞지 않는다.

아르키메데스는 신중했다. 그는 극한을 향해 이동할 때 위험이 도사리고 있음을 잘 알았다. 그는 자신의 논증을 어떤 의미에서 상보적인 또 다른 논증으로 뒷받침했다. 원에 외접하는 다각형뿐 아니라 내접하는 다각형까지 검토했다. 내접하는 다각형의 변은 안쪽에서 원에 가까워진다. 내접하는 다각형과 외접하는 다각형 사이의 공간은 점점 줄어든다. 원은 족집게에 집힌 듯 꼼짝 못한다.

신기하게도 아르키메데스의 방법은 고대 수학자들에게 인기를 얻지 못했다. 극한이 흔히 쓰이게 된 것은 케플러, 뉴턴, 라이프니츠 등이 '무한소 계산법infinitesimal calculus'('미적분'의 당시 명칭)을 창시하면서였다.

근대인들은 아르키메데스보다 훨씬 부주의했다. 안전보다 속도를 우선시했으며, 좌우에서 자신을 노리는 낭떠러지를 의식하지 못한 채 몽유병자처럼 나아갔다. 이따금 발을 헛디디기도 했지만 한 번도 굴러떨어지지 않았는데, 이것은 기적이었다. 그중 한 명은 이렇게 표현했다. "Allez en avant, et la foi vous viendra"(그저 나아가면 믿음이 따라올 것이다). 이 조언의 주인공은 계몽주의의 주역이자 명저『백과전서』의 편집인 장 바티스트 르 롱, 일명 달랑베르였다.

달랑베르는 악명 높은 자유사상가였다. 그가 종교와 맺은 가장 가까운 관계는 태어나자마자 파리 생장르롱 교회의 계단에 버려진 것이었다. 얼마 지나지 않아 사생아의 부모가 유명 살롱의 주인 탕생 부인과 아랑베르 공작임이 밝혀졌다(달랑베르라는 이름에서 막연하게나마 힌트를 얻을 수 있다). 이 사실이 드러나자 공작과 부인의 절친한 친구인 포병 장교가 손을 써서 업둥이 달랑베르를 유리 직공의 아내에게 맡겼다. 그야말로 앙시앵레짐§프랑스혁명 이전의 구체제 양식의 막장 드라마였다. 달랑베르는 훌륭한 교육을 받았으며 결국 수학자이자 철학자로 전 세계에 이름을 떨쳤다. 그는 50년 가까이 양어머니와 함께 살았다.

백과전서파는 모두가 회의주의자였으며 달랑베르는 무신론자임을 공언하다 급기야 이름 없는 무덤에 매장되었다. 어떤 목사도 무

◀ 장 바티스트 달랑베르(1717~1783)는 믿음을 권한다.

덤 가까이 가려 들지 않았다. 이런 확고한 불신자가 믿음을 운운했다는 이야기는("믿음이 따라올 것이다") 아무리 봐도 이상하다. 그가 동료 수학자들에게 이런 조언을 건넸다는 사실은 더더욱 이상해 보인다.

수학은 회의주의의 성채로 여겨진다. 수학에서는 무엇도 믿음으로 받아들이지 않는다. 모든 정리가 증명되어야 하는 까닭은 바로 이것이다. 의심이 불가능하다면 믿음은 필요 없다. 세상에 확실한 것이 하나라도 있다면 그것은 바로 수학 지식이다.

하지만 파란만장한 200년간 이 확실성은 몽유병자의 확실성이었다. 기이하게도 이 시기는 해석학과 천문학이 손을 맞잡고 이성의 시대를 열어젖힌 바로 그때였다. 해석학이 승리를 거둔 발판은 **무한소** 개념이었다. 0보다 크지만 어떤 양수보다 작으며 따라서 자신보다 작은 수 말이다.

이 개념은 빛을 보지 못할 것이다. 그런 수는 존재할 수 없다. 개념에 내재하는 모순을 극복하기까지는 수 세대의 수학자들이 골머리를 썩여야 했다. 그 사이에 그들은 미적분을 응용할 수 있는 가장 놀라운 분야를 발견했다. 대부분 천체역학이었다. 무한소는 드넓은 우주를 이해하는 열쇠 같았지만 도무지 상상할 수 없어 보였다.

아르키메데스조차 흠잡지 못할 만큼 해석학이 단단히 확립된 것은 19세기 들어서였다. 과제를 완수한 사람은 프로이센의 전직 교사 카를 바이어슈트라스였다. 코뇨센티cognoscenti§이탈리아에서 특정 분야의 전문가를 일컫는 말 사이에서 엡실론 논법이라 불리는 그의 기법은 그 뒤로 일종의 조건반사가 되었다. 모든 수학과 학생은 처음 몇 달 동안 이 기법을 습득해야 한다.

그 현대적 접근법의 기본 개념은 열列이다. 열은 수 1, 2, 3, … 을 각각 무언가와 연결하는 것이다. 그 '무언가'는 집합일 수도 있고

◀ 카를 바이어슈트라스(1815~1897)는 믿음을 엡실론 논법으로 대체한다.

수일 수도 있고 도형일 수도 있고 아무거나일 수도 있다. 이를테면 아르키메데스가 원주율을 계산한 방법의 토대는 외접하는 정다각형(도형)과 둘레의 수열(수)이다.

단계마다 다각형이 정교해지고 수가 정밀해진다. 각 단계에 다른 단계가 따르고 또 다른 단계가 따른다. 이 길의 끝은 결코 도달할 수 없다. 더 큰 수가 없는 마지막 단계가 결코 존재하지 않기 때문이다. 그럼에도 그 진행 방향이 어느 쪽인지 물을 수는 있다. 정다각형은 원으로 이어지고 둘레는 원주율이라는 수로 이어진다.

모든 열에 극한이 있는 건 아니다. 이를테면 수열 1, 1, 2, 3, 5, 8, 13, 21, …에는 극한이 없다. 이것은 '피보나치'라고도 불리는 레오나르도 다 피사의 이름을 따서 '피보나치수열'이라고 한다. 그는 1200년경 유럽 수학계를 중세의 잠에서 깨웠다. 피보나치수열은 (세 번째 항부터) 각 항이 앞에 오는 두 항의 합이라는 성질을 가진다. 그러므로 $2 = 1 + 1$, $3 = 2 + 1$, $5 = 2 + 3$ 등이 된다.

피보나치가 왜 이 특별한 수열에 흥미를 느꼈는지, 왜 많은 수학자가 오늘날까지도 그 매력에 빠졌는지(피보나치수열만 다루는 학술 계간지가 있을 정도다)는 당분간 논외로 하자. 우리가 주목해야 할 것은 이 수열이 어떤 극한으로도 수렴하지 않고 무한을 향해 커진다는 사실뿐이다. 무슨 의미가 있을까? 피보나치수열의 각 항은 자연수이며 (두 자연수의 합이므로) 따라서 어떤 항도 '무한'이 아니고 언제까지나 무한이 아닐 것이다. 하지만 각각의 수가 아무리 크더라도 결국 그보다 큰 항이 나타나고 이후의 모든 항도 마찬가지다. 피보나치수열은 매우 빠르게 증가한다.

(아랍 학자들로부터 유입된 것을 제외한다면) 중세에 수학에서 밝혀진 생명의 첫 징조가 수열임은 한낱 우연의 일치가 아닐 것이다. 역사가 오스발트 슈펭글러는 적어도 자신이 이유를 안다고 생각했다. 슈펭글러는 문명의 각 단계를 비교하는 매우 방대한 역사관을 표방했다. 수학에서 무엇이 '참'으로 간주되는가는 특정 문명에 국한되지 않지만 무엇이 '흥미로운 것'으로 간주되는가는 국한된다. 아닌 게 아니라 고대 그리스인들은 기하학적 입체에 매혹되었다. 규칙적일수록 바람직했다. 이에 반해 서양의 사유는 무한수열 개념, 무제한 운동, 파우스트적 조급함으로 머나먼 곳에 도달하는 일 등에 집착했다. 이것이 오스발트 슈펭글러의 주장이었으며 여기에는 일말의 진실이 있을지도 모른다. 이를테면 아르키메데스는 무한수열을 누구보다 훌륭히 이해했지만, 그가 자기 문명의 친자식으로서 무덤에 가져간 대상은 잘 다듬어진 입체인 구와 원기둥이었다.

피보나치수열은 수열 $1, \frac{1}{2}, \frac{1}{3}, \frac{1}{4}, \cdots$과 전혀 다르게 행동한다. 후자의 수열은 모든 한계를 넘어 증가하지 **않는다**. 오히려 0이라는 극한에 점점 가까워진다. 이런 수열을 영렬null sequence이라고 한다. 영렬은 이 밖에도 많다. 이를테면 $1, \frac{1}{4}, \frac{1}{9}, \frac{1}{16}, \cdots$이나 (항이 0의 좌우로 뜀박질하는) 수열 $1, -\frac{1}{2}, \frac{1}{3}, -\frac{1}{4}, \cdots$도 있다.

당신은 "영렬은 0에 무한히 가까워지는 수열이다"라거나 "영렬의 항은 무한히 작아진다"라고 말하고 싶겠지만, 이것이 무슨 의미일까? 수학자들이 이런 표현법에서 벗어나기까지는 수백 년이 걸렸다. 결국 그들은 앞의 문장을 공문서를 방불케 하는 설명으로 대체했다. 이런 식이다. "0보다 큰 임의의 수가 주어졌을 때 이후의 모든 항과 0의 차이가 이 주어진 수보다 작은 수열의 항이 존재한다." 귀에 쏙쏙 들어오지는 않는다. 문법은 배배 꼬이고 문체는 부자연스럽다. 하지만 **무한**이라는 낱말을 배제하는 데는 성공했다.

　이유는 잘 모르겠지만, 위 문장의 '주어진 수'에는 ε(엡실론)이라는 이름이 붙었다. 이번에도 그리스어 문자다. 하지만 엡실론은 π와 대조적으로 잘 정의된 값을 가지지 않으며 (0보다 큰 한) 마음대로 고를 수 있다. 대개는 매우 작은 수 $\frac{1}{1000}$이나 $\frac{1}{10,000,000}$을 떠올릴 것이다. 하지만 무슨 수를 떠올리는가는 개인적 취향의 문제다. 엡실론은 어떤 양의 값이든 부여받을 수 있다. 당신은 ε을 고른 다음에 수열을 따라 한 단계 한 단계 나아간다. 이 수열이 영렬이면 어느 단계에서는 결코 0으로부터 이 수 ε보다 멀어질 수 없게 된다. 이 현상이 일어나기까지의 단계 개수는 매우 커서 1억 개일 수도 있고 1조 개일 수도 있지만 그 **뒤**에 오는 단계의 개수는 훨씬 크다. 어마어마하게 크다. 임의의 어떤 수보다도 크다. 수열을 따라 아무리 나아가고 또 나아가도 당신은 언제까지나 0의 언저리에 머물 뿐이다('언제까지나'에서 영원의 냄새가 나지만, 다시 말하건대 영렬의 정의에는 무한히 크거나 무한히 작은 것이 전혀 언급되지 않는다. 이런 표현은 엄격히 배제된다).

　이렇게 하면 영렬은 우리가 무한소에 바라는 것을 우리에게 내어준다. 이언 스튜어트는 영렬을 '잠재적 무한소'라는 재치 있는 표현으로 나타냈다. 어떤 양수도 모든 양수보다 작을 수는 없지만, 임의의 양수에 대해 아무 영렬이든 따라 나아가기만 하면 결국 모든 수가 더 작은 지점에 도달할 것이다. 무한소를 입에 올려도 지탄받지 않던 시절에는 무한소를 어떤 ε보다 '작은' 수로 묘사했다. 이에 반해 영렬은 '작아진다'.

영렬, 즉 극한값이 0인 수열의 이야기는 이만하자. 일반적으로 수열 a_1, a_2, a_3, …은 차의 수열 a_1-a, a_2-a, a_3-a, …이 영렬이면 극한값 a를 가진다. 그러므로, 이를테면 수열 2, $\frac{3}{2}$, $\frac{4}{3}$, …은 1과의 차가 1, $\frac{1}{2}$, $\frac{1}{3}$이므로 극한값 1을 가진다. 수열은 극한값을 여러 개 가질 수 없으며, 꼭 가져야 하는 것도 아니다. 후자의 예로는 수열 1, -1, 1, -1, …과 1, 4, 9, 16, …이 있다. 첫 번째 수열은 진동하며 두 번째 수열은 피보나치수열처럼 끝없이 단조 증가한다(하지만 속도는 훨씬 느리다).

오해의 연속

극한이 무엇인지 알자마자(하지만 알고 난 뒤에야) $\pi = 3.14\cdots$의 의미를 알게 된다. 수 π는 십진수 수열의 극한이다. 이 수열의 첫 항은 3, 둘째 항은 3.1, 셋째 항은 3.14, 그다음은 3.141, 3.1415 등으로 계속된다. 아래와 같이 쓸 수도 있다.

$$\pi = 3 + \frac{1}{10} + \frac{4}{100} + \frac{1}{1000} + \frac{5}{10,000} + \cdots$$

우변에는 합이 있는데, 눈에 띄게도 항이 무한히 많다. 이 무한한 합의 값은 유한수다. 항이 무한히 작아지지 않는다면 있을 수 없는 일이다. 하지만 잠깐, 우리가 꺼리는 '무한히 작다'가 고개를 쳐들었다. 짓눌러야 한다. 그러니 합의 항, 말하자면 3, $\frac{1}{10}$, $\frac{4}{100}$, $\frac{1}{1000}$, $\frac{5}{10,000}$, …이 영렬이고 따라서 더할 수 있다고 해보자. 이제 됐나?

언뜻 보기엔 그럴듯하다. 어느 아이에게든 아래 식을 이해시키기란 식은 죽 먹기일 것이다.

$$\frac{1}{2} + \frac{1}{4} + \frac{1}{8} + \frac{1}{16} + \cdots = 1$$

전통적 방식은 떡에 비유한다. 떡을 반으로 잘라서 먹으면 반이 남는다. 이 반을 반으로 잘라서 한 조각을 먹으면 4분의 1이 남는다. 이런 식으로 계속한다. 이 과정을 아무리 반복해도 결코 떡을 한 개 이상 먹을 수 없다. 실제로도 나머지(수열 $\frac{1}{2}, \frac{1}{4}, \frac{1}{8}, \cdots$)는 영렬을 이룬다.

그러므로 무한히 많은 수의 합이 유한할 수 있음은 쉽게 이해할 수 있을 듯하다('누워서 떡 먹기'). 하지만 이 문제는 죽은사색가협회에서 끝없는 혼란을 일으켰다. 가장 중요한 인물은 엘레아의 제논이다. 제논은 소크라테스 이전에 활동했으며 (논란의 여지가 있지만) 가장 알 듯 말 듯한 인물이다. 플라톤의 대화편 『파르메니데스』에 등장하는데, 아니다 다를까 이 대화는 어느 대화보다 알쏭달쏭하다.

제논은 글을 하나도 남기지 않았으나 그의 유명한 역설들은 수천 년의 풍파를 이기고 살아남았다. 가장 잘 알려진 것은 물론 아킬레우스와 거북의 역설이다. 둘이 달리기 경주를 벌인다. (뒤꿈치에 고약한 문제가 있긴 하지만) 당대 최고의 달리기 선수 아킬레우스는 너그럽게도 거북에게 먼저 출발하라고 양보한다. 그는 1분 뒤에 출발한다. 그 시점에 거북은 조금 전진했다. 아킬레우스가 금세 따라잡을 수 있는 지점이다. 하지만 그 거리가 짧긴 해도 거북은 그 시간에 다시 앞으로 좀 더 나아간다. 아킬레우스가 그 지점에 도달했을 즈음 거북은 이번에도 좀 더 나아가 있다. 이런 식으로 계속된다. 이 논증에 따르면 아킬레우스는 결코 거북을 따라잡을 수 없다. 그런데 과연 그럴까? 변증법의 창시자 제논은 이런 수법으로 적수를 옴짝달싹 못하게 제압할 수 있었다. 실제로 똑같은 종류의 논증들이 무한소 계산법의 시대에까지 살아남아 많은 오해를 불러일으켰다.

무한히 많은 항의 합을 **급수**라 한다. 그러므로 급수는 영락없는 수열, 말하자면 부분합의 수열이다(부분합이란 유한한 횟수의 덧셈으로 얻은 합을 말한다). 그러므로 첫 번째 부분합은 수열의 첫 항이고 두 번째 부분합은 처음 두 항의 합, 세 번째 부분합은 처음 세 항의 합이며 이런 식으로 계속된다. 부분합의 수열이 극한을 가지면(그럴 수도 있고 아닐 수도 있다) 이 극한은 급수의 합과 **같다**. 아래 식이 성립하는 것도 같은 이유에서다.

$$0.9999\cdots = 1$$

위 등식을 초등학생에게 이해시키기는 힘들겠지만.

아킬레우스가 거북을 따라잡기까지는 유한한 시간만 있으면 된다. 유한한 선분(말하자면 출발점에서 아킬레우스가 따라잡는 지점까지의 거리)은 무한히 많은 부분으로 나눌 수 있으나 그 길이는 필연적으로 영렬을 이룬다.

$$1 + \frac{1}{2} + \frac{1}{3} + \frac{1}{4} + \cdots$$

위와 같이 영렬 $1, \frac{1}{2}, \frac{1}{3}, \frac{1}{4}, \cdots$을 항으로 가지는 이른바 **조화**급수의 값은 무엇일까? 피보나치로부터 100년 뒤 니콜 오렘이라는 프랑스의 주교 겸 학자가 조화급수는 극한을 가지지 않는다는 사실을 발

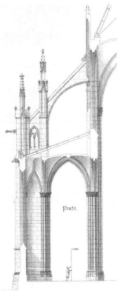

▲ 고딕 양식: 주교와 버팀 도리.

견했다. 이것은 부분합의 수열이 결국 모든 수를 초과하여 끝없이 커지기 때문이다.

논증은 어처구니없을 만큼 간단하다. 합 $\frac{1}{3}+\frac{1}{4}$ 은 $\frac{1}{4}+\frac{1}{4}$ 보다 큰데, 후자는 $\frac{1}{2}$ 이다. 그러므로 $\frac{1}{3}+\frac{1}{4}$ 는 $\frac{1}{2}$ 보다 크다. 아래에서 보듯 위급수의 다음 네 행도 마찬가지다.

$$\frac{1}{5}+\frac{1}{6}+\frac{1}{7}+\frac{1}{8} > \frac{1}{8}+\frac{1}{8}+\frac{1}{8}+\frac{1}{8}=\frac{1}{2}$$

다음 여덟 항도 마찬가지다. 역시 합은 $\frac{1}{2}$ 보다 크다. 다음 열여섯 항도, 다음 서른두 항도, 다음 예순네 항 등도 마찬가지다. 각각의 경우에 합은 $\frac{1}{2}$ 보다 크다. 모든 양수는 아무리 크더라도 길이가 $\frac{1}{2}$ 인 단계를 충분히 많이 거치면 도달할 수 있으므로 조만간 부분합에 의

해 초과될 것이다. 그러므로 조화급수는 무한히 커진다.

주교의 발견에서 무엇이 놀라운지는 사고실험으로 설명할 수 있다. 오렘의 동시대 인물로 성당 건축에 조예가 깊은 고딕 양식 건축가가 최고의 공중 버팀벽을 건설하기로 마음먹는다고 상상해보자. 이런 버팀벽은 모든 고딕 양식 건축가의 필살기였다. 성당의 바깥벽을 지탱하여 네이브§교회당 한가운데의 여러 사람이 앉는 곳를 더욱 높이고 창문을 더욱 키워 라이벌 건축가들을 기죽일 수 있었다. 우리의 건축가가 이 야심을 극단으로 추구하여 그 자체로서의 공중 버팀벽을 건설하고 싶어한다고 상상해보자. 이것은 아무것에도 기대지 않는 버팀벽으로, 벽에 기대지 않고 벽을 지탱하지도 않으며 어느 성당에도 기대지 않고 홀로 서서 공중으로 대담하게 기울어 있다.

이런 버팀벽은 얼마나 뻗어 나갈까? 알고 보면 원하는 만큼 뻗을 수 있다. 건축가에게 필요한 것은 충분한 벽돌뿐이다. 모르타르조차 없어도 된다. 이런 버팀벽은 아래 그림처럼 생겼으며 혼자 서 있을 수 있다.

맨 위 벽돌은 다음 벽돌보다 길이의 반만큼 튀어나올 수 있다.

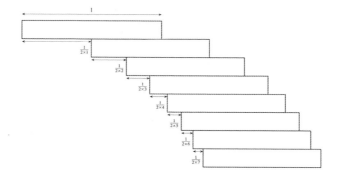

▲ 스스로의 무게로 서 있는 버팀벽.

머리카락만큼이라도 더 튀어나오면 무너질 것이다. 하지만 두 번째 벽돌은 세 번째 벽돌보다 길이의 반만큼 튀어나올 수 **없다**. 이 벽돌은 맨 위 벽돌의 무게를 짊어지기 때문이다. 하지만 두 번째 벽돌이 세 번째 벽돌보다 **4분의 1**만큼 튀어나올 수 있음은 쉽게 알 수 있다. 마찬가지로 세 번째 벽돌은 (간단한 계산에 의하면) 네 번째 벽돌보다 **6분의 1**만큼 튀어나올 수 있다. 그렇다면 네 번째 벽돌은 얼마나 튀어나올 수 있을까? 8분의 1만큼 튀어나올 수 있다. 이제 우리 앞에는 놀라운 구조물이 있다. 이 버팀벽은 벽돌 다섯 개를 쌓았을 뿐이어서 아직 아주 높지는 않지만 허공에 아슬아슬하게 매달린 것처럼 보인다. 맨 위 벽돌에서 내린 다림줄은 맨 아래의 다섯 번째 벽돌과 만나지 않는다. 하지만 우리 건축가의 대담한 건축은 아직 끝나지 않았다. 알고 보니 n번째 벽돌은 다음 벽돌보다 $\frac{1}{2n}$만큼 튀어나올 수 있다(단위는 벽돌 길이다). 튀어나온 길이를 합하면 $\frac{1}{2} + \frac{1}{4} + \frac{1}{6} + \frac{1}{8} + \cdots$이고 이것은 $\frac{1}{2}(1 + \frac{1}{2} + \frac{1}{3} + \frac{1}{4} + \cdots)$이며 이것은 ($\frac{1}{2}$로 줄인) 영락없는 조화급수다. 주교가 밝혔듯 합은 끝없이 커지므로 건축가의 공중 버팀벽은 얼마든지 멀리 뻗어 나갈 수 있다.

그런데 모든 수가 아니라 그 제곱근의 역수를 더하면 전혀 다른 결과가 나온다.

$$1 + \frac{1}{4} + \frac{1}{9} + \frac{1}{16} + \cdots$$

여기에는 극한이 존재한다. 정확한 값을 계산하는 일은 까다롭다고 드러났으며 바젤 문제로 불리게 되었다. 18세기 초 이 문제와 씨름한 수학자들이 대부분 바젤 출신, 말하자면 (잠시 뒤에 만나볼) 베르누이 학파의 일원이었기 때문이다. 바젤 문제를 (다소 모험적인 방법을 쓰긴 했지만) 결국 해결한 사람은 그들의 제자 레온하르트 오일러인데, 그도 바젤 출신이다. 마술사의 눈속임처럼 보이지 않는 증명이 발견되기까지는 다시 한 세기가 지나야 했다. 극한값은 놀랍게도 $\frac{\pi^2}{6}$으로 드러났다. 아르키메데스가 원둘레와 제곱수 1, 4, 9, 16, 25, …의 이 관계를 봤다면 흥분을 금치 못했을 것이다.

다음 식도 그에 못지않게 근사하다.

$$1 - \frac{1}{3} + \frac{1}{5} - \frac{1}{7} + \cdots = \frac{\pi}{4}$$

이 식은 라이프니츠로 거슬러 올라간다. 하지만 주의하라! 항을 재배열해보라. 이를테면 음수를 두 번째마다 나열하는 게 아니라 세 번째마다 나열하라.

$$1 + \frac{1}{5} - \frac{1}{3} + \frac{1}{9} + \frac{1}{11} - \frac{1}{7} + \cdots$$

그러면 합이 전혀 달라진다. 유한한 합에서는 이런 기현상이 일어날 수 없다. 항의 순서는 결과와 무관하다. 하지만 무한한 합은 사정이 다르다. 유한을 무한으로 바꿀 때는 몇 가지 습관을 버릴 마음의 준비를 해야 한다(하지만 급수의 모든 항이 양수이면 아무리 재배열해도 결과가 달라지지 않는다. 극한값은 여전히 똑같다).

제논과 속력

'무한히 작은 것'의 수학인 무한소 계산법은 현대 수학의 모퉁잇돌이다. 요즘은 대개 '무한소infinitesimal'라는 낱말을 뗀 채 '계산법

calculus'(미적분)이라고만 부른다.

미적분의 뿌리는 넓이를 구하고 접선을 그리던 고대 기하학으로 거슬러 올라간다. 원의 넓이를 구하는 아르키메데스의 방법은 원에 꼭 들어맞게 내접하는 다각형과 외접하는 다각형을 이용한다. 지금의 적분법은 훨씬 투박하며 규격화되었다. 내접하는 다각형과 외접하는 다각형은 변이 좌표축에 평행한 직사각형으로 이루어진다. 그 직사각형의 넓이는 단순히 길이와 너비를 곱한 값이다. 얇디얇은 직사각형을 이용하면 원래 넓이를 옳디옳게 어림할 수 있으며 극한에 도달하면 정답을 구할 수 있(을 것으로 기대된)다.

예수회 수사 보나벤투라 카발리에리(1598~1647)는 이런 교묘한 수법의 달인이 되었다. 엄밀한 시연을 요구받았을 때는 오만한 대답으로 이름값을 했다§'카발리에리'의 어원은 '기사'이며 '호기롭다'라는 뜻이다. "엄밀성은 철학의 관심사이지 기하학의 관심사는 아니오." 너비가 무한소인 직사각형을 이용한 그의 수법이 어엿한 기법으로 인정받기까지는 수백 년의 노고가 필요했다. 적분을 확고하게 다진 사람은 베른하르트 리만과 앙리 르베그였다.

접선tangent을 알아보자. 접선은 주어진 곡선, 이를테면 타원과 교차하지 않고 단지 '접하는'(라틴어로는 '탕게레tangere') 직선이다. 타원 위에 있는 점 P에서의 접선은 타원 위에 있는 또 다른 점 Q를 P와 연결하는 직선에서 Q를 P에 점점 가까이 옮겨 구한다. P와 Q 사이의 거리가 무한히 작아지면 직선은 접선이 된다. 이것은 '극한으로의 이동'이다.

접선을 그리는 것은 기하학자에게 걸맞은 소일거리처럼 보일지도 모르겠지만 현실적 쓰임새는 별로 없다. 하지만 물리학자와 천문학자들이 속력을 분석하기 시작하자 바로 이 극한으로의 이동은 훨씬 중요한 맥락에 놓였다. 이 변화가 왜 그토록 늦게 근대 들머리에야 일어났는가는 시계 제작과 관계가 있다. 고대에는 거리(이를테면 아테네에서 마라톤까지의 거리나 스타디움의 길이)를 꽤 정확하게 측정할 수 있었지만 시간 측정은 애처로울 만큼 뒤처져 있었다. 사정이 달라진 것은 교회 탑에 시계가 설치된 중세 후기 들어서였다. 비로소 이 마을에서 저 마을로 달리는 사람의 속력을 잴 수 있게 되었다. 거리를 시간으로 나누면 된다. 하지만 이런 방법으로는 평균 속력밖에 알 수 없다. 특정 순간이나 특정 위치에서의 속력은 어떻게 구할까? 이 속력은 주파 거리가 무한히 작을 때, 즉 무한히 짧은 시간에 얻어지는 극한값이다. 이를 위해 길이가 Δt인 시간을 측정한다(시각time은 t이며 그리스어 문자 Δ[델타]는 시간의 시작점과 끝점의 차를 나타낸다). 더 나아가 그 시간에 주파하는 거리 Δx를 측정한다. 이렇게 하면 평균 속력 $\frac{\Delta x}{\Delta t}$를 얻는다. 시간을 무한히 짧게 줄이면 평균 속력의 극한값에서 순간 속력을 구할 수 있으며 이를 $\frac{dx}{dt}$로 나타낸다.

마치 마법사의 수법 같다. 대문자 Δ를 소문자 d로 바꿨을 뿐인데 무한소를 만난 것이다. 이 무한소가 존재하지 않는다는 것이 문제이긴 하지만.

접선과의 연관성이 강조되도록 논증을 달리 표현해보자. 어떤 사람이 점 A에서 점 B까지 달린다. $x(t)$를 시각 t까지 주파한 거리라고 하자. 거리는 시각에 따라 달라지며 이를 그래프로 나타낼 수 있다. 결과는 곡선이다. 시각 $t+\Delta t$에서의 주파 거리는 $x(t+\Delta t)$다. 평균 속력은 그 시간에 주파한 거리 $\Delta x = x(t+\Delta t)-x(t)$를 소요 시간으로 나눈 값, 즉 $\frac{\Delta x}{\Delta t}$다.

다음으로 시간을 점점 짧게 줄여 Δt를 1초로, 10분의 1초로, 100분의 1초로 만든다. 하지만 결코 0으로 만들 수는 없다. 0으로 나누는 것은 엄격히 금지되기 때문이다. 0조차도 0으로 나눌 수 없다. 이것은 안타까운 일인데, 0초에 주파한 거리가 0인 상황에서는 이런 계산이야말로 우리에게 필요하기 때문이다. 하지만 $\frac{0}{0}$은 어떤 수도 아니다. 더 정확히 말하자면 **어떤** 수일 수도 있다. 이를테면 2든 5든 π든 아무거나 될 수 있다. 실제로 $\frac{a}{b} = c$라는 규칙이 $a = b \times c$일 때만 성립한다는 규칙에 따라 어떤 수 c든 $\frac{0}{0}$일 수 있다. 언제나 $0 = 0 \times c$이기 때문이다.

그럼에도 $\frac{\Delta x}{\Delta t}$의 극한을 고려하면 0에 가까워지는 것에 대해 우리는 단순한 기하학적 의미를 가지는 잘 정의된 양을 얻는다. 평균 속력은 좌표 $(t, x(t))$에서 점 P를 지나고 좌표 $(t + \Delta t, x(t + \Delta t))$에서 점 Q를 지나는 직선의 기울다. 그러므로 Δt가 0에 접근하는 극한에서 우리는 P에서의 접선의 기울기를 얻는다(아래 그림).

속력처럼 간단한 개념에 이 모든 수고를 감수하는 것은 과해 보인다. 그런데 다시 생각해보면 속력은 결코 간단한 개념이 아니다. 하긴 우리 몸에는 속력을 측정하는 기관이 전혀 없다. 우리가 속력의 **변화**는 (가속으로서) 느끼지만 속력 자체는 결코 느끼지 못한다.

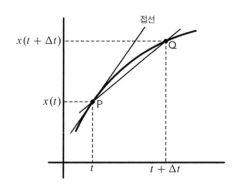

▲ 곡선의 기울기와 접선.

그리스의 철학자들은 속력이 당혹스러웠다. 속력의 심란한 성격에 초점을 맞추는 법을 가장 잘 이해한 사람은 이번에도 제논이었다. 그 방법이란 물론 그의 트레이드마크인 역설이었다.

화살이 날아간다. 매 순간 화살은 잘 정의된 위치를 가진다. 어떻게 하면 잘 정의된 속력도 가질까? 더 구체적으로 말하자면, 날고 있는 화살은 같은 위치에 가만히 있는 화살과 어떤 면에서 다를까?

제논이 자신의 난제에서 쓴 정확한 용어들은 알려지지 않았다. 그의 화살은 많은 후대 철학자에게 채택되었다. 특히 독일인들은 자신들이 얼마든지 그리스인보다 훨씬 모호할 수 있음을 입증했다. 마치 "이해 가능해지는 것은 철학에서는 자살 행위다"라는 마르틴 하이데거의 표어를 예견하기로 작정한 것 같았다. 하긴 게오르크 헤겔의 『논리학』에는 이런 명언이 나온다.

외형상으로 나타나는 감각적 운동 그 자체는 바로 모순의 직접적인 현존상이다. 그 무엇인가가 움직인다는 것은, 곧 그것이 지금 이 순간에는 여기에 있으나 또 다른 순간에는 저기에 있음으로써가 아니라, 오히려 그것은 동일한 한 순간에 여기에 있는가 하면 또한 여기에 없기도 하고, 더 나아가서는 바로 이 한 곳에 동시에 있기도 하고 또 없기도 하다는 사실에 바탕을 둔다.

(그나저나 헤겔의 글을 영어로 번역하면 원어인 독일어보다 덜 난해해진다. 위대한 짐 자무시의 말에 빗대자면 헤겔을 번역서로 읽는 것은 레인코트를 입은 채 샤워하는 것과 같다.)

"모순의 직접적인 현존상"이라는 말이 거슬리긴 하지만 물리학을 하고 싶다면 외면할 순 없다. 생성되는 양 또는 소멸하는 양과 더

불어 무한소를 정의하려던 뉴턴과 라이프니츠의 시도는 오늘날의 시각으로 보면 대부분 헤겔의 산문 못지않게 요령부득이다. 라이프니츠의 문장을 예로 들어보자.

비를 구할 때 0으로 간주되지 않을 수 있을 만큼 무한히 작은 양을 고려하는 것은 요긴하지만, 이 양은 훨씬 큰 양과 함께 나타날 때는 언제나 거부된다.

베르누이 형제는 라이프니츠의 무한소 계산법에 누구보다 많이 기여했지만, 라이프니츠가 내놓은 것이 "설명이라기보다는 수수께끼"라고 말했다.

뉴턴은 다음과 같은 정의를 시도했다. "유율fluxion § 도함수의 최초 용어은 최대한 흡족하게 설명하자면 시간 변화에 따라 생성되는 변수의 증가와 같으며 동일하고 가능한 한 작은데, 정확히 말하자면 최초 증가의 기본적 비를 이룬다." 이 말도 아리송하기는 마찬가지다.

하지만 결국 뉴턴은 많은 고투 끝에 극한 또는 '궁극적 양'에 관하여 당대에 쓰이던 대부분의 무한소 관련 용어에 비해 꽤 명확한 정의에 도달했다.

0으로 사라지는 양들 사이의 최종 비율은 최종적으로 도달한 값의 비율이 아니라(즉 0:0이 아니라) 0에 가까워지는 와중에 이들 사이의 비율이 접근하는 극한값을 의미한다. 이 극한값과 "극한으로 가고 있는" 현재 비율 사이의 차이는 임의로 잡은 어떤 값보다 작아질 수 있다. 그러나 비교 대상인 두 양이 무한히 작아지기 전에는 절대로 극한값에 도달할 수 없으며, 그 값을 넘어설 수도 없다.

▲ 불멸의 라이벌: 아이작 뉴턴(1643~1727)과 고트프리트 빌헬름 라이프니츠(1646~1716).

　이것은 100년도 더 지나 확립된 현대적 관점과 놀랄 만큼 비슷하다. 그동안 해석학은 적분과 도함수가 반대 개념이라는 통찰을 바탕으로 잇따라 승리를 거뒀다. 합과 차의 관계와 마찬가지로 적분과 도함수는 서로를 원래대로 되돌린다.

　넓이의 측정과 접선을 그리는 것이 무슨 관계인지(더 정확히 말하자면 두 개념이 어떤 의미에서 반대인지) 처음에는 이해하기 힘들어 보이지만 도함수를 속력으로 보면 적분과 미분의 연관성이 뚜렷해진다. 주어진 순간의 속력을 알면 이동 거리를 계산할 수 있다. 범선의 시대 이래로 뱃사람들은 이 사실을 알았다. 그들은 매시간 나뭇조각을 바다에 던져 배의 속력을 측정했다. 나뭇조각은 밧줄에 묶여 있었는데, 손가락 사이로 미끄러지는 매듭의 개수만 세면 속력을 알 수 있었으며 이를 통해 한 시간 동안 이동한 거리를 구할 수 있었다. '추측 항법'이라고 불리는 이 방법은 솔직히 조잡했다. 하지만 매초나 (더 바람직하게는) 매 순간 속력을 알려주는 속도계가 있었다면 훨씬 정확했을 것이다. 극한에 도달하면, 거리의 계산은 무한히 작은 길이들을 무한히 많이 더하는 것과 같다.

사라진 양의 유령과 그 귀환

18세기의 철학자이자 궤변론자 조지 버클리 주교는 극한과 연속을 규명하려는 수학자들의 분투를 조롱했다. 그는 사라지기 직전의 소멸하는 양을 '사라진 양의 유령'이라고 불렀으며 이것이 중세 교부들의 가장 괴상한 발상보다 터무니없다고 주장했다. 『분석가The Analyst』에서 버클리는 어떤 기적, 심지어 가장 확고하게 입증된 기적에 대한 논의에조차 반대하는 계몽된 자유사상가들이 무한소가 효과를 발휘한다는 이유만으로 부끄러운 줄 모르고 이것을 기꺼이 사용한다고 꾸짖었다. 버클리는 결과를 반박하지는 않았다. 무한소가 참임을 흔쾌히 인정했다. 오류를 제거하면 잘못된 전제에서도 참을 얻을 수 있다. 하지만 그것은 과학이 아니라고 버클리는 말했다.

수학자들은 버클리의 신랄한 비판에 일말의 진실이 있다고 느꼈을 것이다. 그들이 느낀 당혹감은 카를 바이어슈트라스의 '엡실론 논법'이 등장하고 나서야 가셨다. 엡실론 논법은 무한소 계산법에 어엿한 지위를 부여했다. 무한히 작은 것과 무한히 큰 것, 실무한과 가무한, 그 밖의 괴상한 주문을 더는 들먹이지 않아도 되도록 한 것이다. 무한소는 구마驅魔되어 사막으로 쫓겨나 지독한 저주를 받았다. 집합론의 창시자 게오르크 칸토어는 무한소를 해석학의 '콜레라균'으로 치부했다. 모두가 무한소의 퇴출을 환영했다. 버트런드 러셀은 무한소가 "불필요하고 잘못되고 자기모순적"이라고 투덜거렸다.

하지만 무한소는 곱게 물러나지 않았다. 1960년대에 에이브러햄 로빈슨은 모든 반대론자에 맞서 무한히 작은 것과 무한히 큰 것을 라이프니츠를 비롯한 무한소 계산법 선구자들이 했던 바로 그 방식으로 다룰 수 있음을 밝혀냈다. '사라진 양의 유령'이 되살아난 것이다!

▲ 조지 버클리 주교(1685~1753).　　　▲ 에이브러햄 로빈(1918~1974).

로빈슨의 '비표준해석학'은 모든 수학과 학생들에게 친숙한 '표준해석학'과 완벽하게 양립한다. 비결은 일반적 실수 위에 이른바 **초실수**를 도입하는 것이다.

이 시점에 아르키메데스가 다시 무대에 등장한다. 그의 이름이 붙은 성질은 완전히 명백해 보인다. 임의의 길이를 생각해보라. 아무리 작아도 상관없다. 그런 다음 그 길이를 충분히 많이 반복하면 어떤 거리가 주어지더라도 언젠가 주파할 수 있다. 그건 그렇고 이 성질을 처음 이용한 사람은 아르키메데스가 아니었다. 그보다 앞서 다른 기하학자들이 이용했으며 심지어 이 성질이 전혀 명백하지 않다는 사실도 알려져 있었다. 특히 유클리드는 이 성질에 **불복종**하는 양을 알았다.

실제로 P가 직선 g 위에 있는 점일 때 P에서 이 직선에 접하는 원들을 생각해보라(208쪽 그림). 이런 원들이 직선에 대해 이루는 각도(유클리드는 '뿔'이라고 불렀다)는 양에 대한 정렬 집합이다(뿔이 클수록 반지름이 작다). 각각의 뿔은 P에서의 '일반적' 각도(g를 어떤 직선과 교차하여 얻는다)보다 작다. 0이 아닌 모든 각도는 아무리 작더라도 어떤 뿔보다 크다. 뿔을 1000개 더해도 각이 생기지는 않는다. 따라서 뿔은

각의 무한소로 간주할 수 있다.

하지만 직선 위에 있는 선분의 길이에는 아르키메데스의 성질이 성립한다. 더 정확히 말하자면 유클리드 기하학에 필요한 (힐베르트가 뒤늦게 덧붙인) 공리에 속한다. 아르키메데스 성질의 의미는 임의의 실수 x에 대해 그보다 큰 자연수 n이 존재한다는 것이다. 이 성질은 반드시 성립한다고 가정된다. 논리적 필연성은 전혀 없지만 그래야 편리하기 때문이다. 이 성질이 공리로서 받아들여지면 무한소는 게임에서 배제된다.

하지만 로빈슨은 이 '아르키메데스 공리'를 폐기하는 대신 어떤 자연수 n보다도 큰 신기한 수가 존재한다고 가정해도 전혀 모순이 발생하지 않음을 밝혀냈다. 이런 수는 **무한대**라고 불린다. 무한대의 역수는 무한소다. 이것은 0보다 크면서도 임의의 n에 대해 모든 $\frac{1}{n}$보다 작은 양수다(그러므로 ω 같은 무한 서수에 개의치 않은 칸토어가 무한소에 격렬하게 반대한 것은 의아하다). 실수에다 무한히 큰 수와 무한히 작은 수를 합치면 **초실수**가 된다. 초실수는 해석학의 모든 통상적 조작에 들어맞는 것으로 드러났다. 무엇보다 초실수를 도입하면 라이프니츠

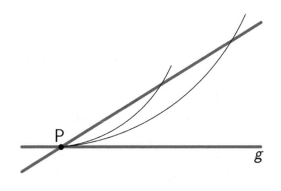

▲ 하나의 각과 두 개의 뿔.

가 자신의 무한소에 관해 주장한 모든 것이 이해된다. 그리하여 무한소가 돌아왔다. 사람들은 무한소에 익숙해지는 수밖에 없었다.

한때는 엡실론 논법의 통과의례를 거치지 않고도 신세대 수학자들을 훈련시킬 수 있으리라는 희망까지도 품었으나 결국 이런 일은 일어나지 않았다. 하지만 비표준해석학은 표준해석학에서 새로운 결과를 발견하고 증명하는 데 일조했다. 궤변론자의 기이한 변증술에 흔들리지 않고 담대한 믿음으로 나아가 무한소 계산법을 만들어낸 바로크 시대 모험가들이 늦게나마 인정받은 것은 금상첨화였다.

7

확률Probability

상트페테르부르크까지의 무작위 행보

운에 맡기지 말라

그것은 수학과 철학의 만남을 통틀어 가장 유쾌한 만남이었을 것이다. 가장 유익했음은 말할 필요도 없다. 1728년 파리에서 열린 연회에서 볼테르라는 필명의 전도유망한 젊은 철학자이자 저술가가 아직 서른 살도 되지 않은 저명 수학자 라 콩다민 옆자리에 앉았다.

볼테르와 콩다민의 대화 주제는 금세 국영 복권의 현행 제도로 흘러갔다. 만성적 돈 가뭄에 시달리던 프랑스 정부는 국민에게 채권

▲ 볼테르(1694~1778).

▲ 샤를마리 드 라 콩다민(1701~1774).

매입을 독려하려 애썼다. 재무부는 유인책으로 복권을 내걸었다. 채권 보유자는 보유 채권의 시가가 1000리브르 이상이면 복권 한 장을 살 수 있었다. 당첨자는 채권의 액면가(당시는 불황이었기에 시가보다 훨씬 높았다)와 별도로 50만 리브르라는 거액을 손에 쥘 수 있었다. 그 돈이면 18세기 내내 떵떵거리며 살기에 충분하고도 남았다. 당시는 부자에게 무척 유리한 사치스러운 계몽 시대였다.

콩다민은 복권 제도가 뭔가 잘못됐다고 말했다. 당첨금의 크기는 언제나 같았지만 최종 수령액은 복권 액면가에 따라 달라졌다. 어떤 채권은 고가였고 어떤 채권은 휴짓조각이나 마찬가지였다. 불공정한 게임의 전형적 사례였다.

볼테르는 재빨리 허점을 간파했다. 재무부는 실로 심각한 실책을 저질렀다. 볼테르는 실책을 공개적으로 비판할 수도 있었고 남몰래 악용할 수도 있었다. 그는 자신이 프랑스 당국을 조롱하는 것을 두려워하지 않음을 이미 여러 차례 입증했다. 신랄한 풍자로 1년간 바스티유 감옥에 투옥되고 2년간 잉글랜드로 추방된 전력도 있었다. 그는 계속해서 정부의 속을 긁고 재무부의 어수룩한 셈법을 조롱할 수도 있었다. 하지만 입 다물고 정부 관료들의 실수를 이용하는 것이 더 짭짤하지 않겠는가? 볼테르는 자신이 작가가 되고 싶어하기에는 무일푼 작가를 너무 많이 안다고 즐겨 말했다. 그런데 콩다민이 약간의 수학을 활용하여 금세 부자가 되고 대성공을 거두는 방법을 그에게 알려주었다.

대략적으로 말하자면 두 사람의 수법은 저렴한 복권을 대량으로 사들이는 것이었다. 많을수록 좋았으며, 싹쓸이할 수만 있다면 더할 나위 없었다! 이렇게 하면 비교적 적은 비용을 들여 당첨 확률을 높일 수 있었다.

기본 발상은 간단했지만 실행 과정은 엄청나게 복잡했다. 신디케이트§채권 등을 인수하기 위해 조직된 연합체를 결성하고, 바지 사장과 허위 거래를 동원하고, 담당 관료들을 구워삶아야 했다. 다행히 볼테르는 프랑스 전역에 알려진 마당발이었다.

계획은 보기 좋게 성공했다. 매달 국영 복권이 추첨되었으며 계획에 참여한 사람들은 두둑한 당첨금을 챙겼다. 2년이 지나서야 당국은 낌새를 챘다. 콩다민과 볼테르는 법정에 섰다. 이번 장난으로 호된 대가를 치를 수도 있었으나 결국 무죄 방면되었다. 불법을 하나도 저지르지 않았음을 입증할 수 있었기 때문이다. 두 사람은 게임의 규칙을 악용했을 뿐이다. 복권은 폐지되었으며 불운한 재무총감은 해임되었다.

볼테르와 콩다민은 어마어마한 부자가 되었다. 그 뒤에 무슨 일이 일어났을까? 콩다민은 투옥을 피한 직후 프랑스 과학한림원 회원으로 선출되었다. 그는 자신의 부를 이용하여 (훗날 알렉산더 폰 훔볼트가 벌인 것과 비슷한) 대규모 과학 탐사를 벌였다. 프랑스에서 가장 성실한 약탈자와 함께 레반트에서 머문 뒤 남아메리카에서 10년을 보냈으며 아마존강 유역을 가로지르는 전대미문의 여행을 하기도 했다. 만년에는 유럽 전역에서 천연두 예방접종 사업을 후원했다. 일흔세 살에 죽음을 앞두고서는 새로운 탈장 수술법의 실험 대상으로 자원했다. 의사들에 따르면 수술은 성공했지만 이번에는 운이 콩다민을 비켜 갔다. 그는 상처로 인한 고열 때문에 죽었다.

볼테르는 어떻게 됐을까? 그는 손에 넣은 재산을 불려 값을 매기기 힘든 어마어마한 독립을 성취했다. 복권 사기로부터 몇 년 뒤 출간된 그의 『철학 편지』는 "앙시앵레짐에 투척된 최초의 폭탄" 역할을 했다. 볼테르는 계몽주의의 거두이자 당대 최고의 유명인이 되었다. '우연 계산법', 즉 확률론은 그의 찬란한 경력에서 필수적 역할을 했다.

확률론은 종종 무작위성의 수학이라고 불린다. 하지만 볼테르는 무작위성을 부정했다. 우연은 존재하지 않는다고 그는 말했다. 우리가 우연을 이야기하는 것은 원인을 무시하고 결과만 보기 때문이다. 하지만 모든 것에는 원인이 있다. 우연히 일어나는 일은 **아무것도 없다.**

이것은 볼테르가 자신의 기이한 복권 당첨을 의미심장하게 암시하려는 문장이 아니었다. 모든 근대 철학자의 확립된 견해였다. 적어도 뉴턴 시기에 이르자 세계관은 확고히 결정론으로 기울었다. 사실 수백 년 전에도 그다지 다르지 않았다. **그때는** 모든 것이 신의 뜻에 따라 결정되었고 **지금은** 과학 법칙에 의해 결정된다는 점만 다르다. (지난 100년을 거치며 인과율과 결정론에 대한 견해가 또 다른 변화를 겪었는데, 이번에도 물리학 때문이었다. 무작위성은 양자역학에서 거의 절대적인 역할을 한다. 나는 독자 여러분을 저 지뢰밭에는 데리고 들어가지 않을 것이다.)

우연을 가지고 놀다

우연은 정의하기 힘들기로 악명 높다. 알려진 이유가 전혀 없이 어떤 일이 일어나게 하는 힘일까? 여러 원인이 어우러져 생기는 것일까? 일어날 수도 있고 일어나지 않을 수도 있는 일일까? 이것들은 **우연**이라는 낱말을 설명하려는 시도의 작은 표본(무작위 표본)에 불과하다. 하지만 수학은 우연을 정의하려고 시도하지 않는다. 우연을 주무르고 싶어한다. 이것은 더 소박하면서도 더 야심찬 목표다.

확률 계산법은 수학의 역사에서 꽤 늦게 등장했다. 그 탄생은 철학자이자 수학자 블레즈 파스칼과 법률가이자 수학자 피에르 페르마가 주고받은 편지에서 비롯되었다는 것이 통설이다. 하지만 개념 자체는 17세기 중엽에 이미 어른거렸으며 갈릴레이, 뉴턴, 라이프니츠, 하위헌스 등 당대에 엄밀한 사유로 정평이 난 사람들의 관심을 끌었다. 몇 해 지나지 않아 개념은 고스란히 구체화되었다. 1660년에는 확률론이 이미 확립되어 있었다.

시작은 요행 게임이었다. 이런 게임은 수학 문제의 무한한 공급처다. 고대 수학자들이 확률론을 전혀 모른다는 사실이 더더욱 의아한 것은 이 때문이다. 이를테면 그리스인들은 주사위 놀이의 발명자를 자처했다. 일설에 따르면 트로이 성을 포위했을 때 시간을 때울 요량으로 생각해냈다고 한다. 실은 그보다 수천 년 전 이집트인들이 주사위를 가지고 놀았다. 이집트 제1왕조의 무덤에서 주사위가 발견되기도 했다. 하지만 동전은 고대 그리스인들이 발명했을 가능성이 크며 동전 던지기는 필시 그로부터 얼마 지나지 않아 생겼을 것이다. 카드놀이는 중세로 거슬러 올라간다. 요하네스 구텐베르크가 인쇄소를 열고서 처음 인쇄한 책은 당연히 성경이었지만 같은 해에 타로 카드도 내놓았다. 복권은 르네상스 시대 이탈리아에서 등장했다. 프랑스 계몽주의는 우리에게 룰렛을 선사했다(경관이 발명한 것으로 알려져 있다). 기계화는 슬롯머신을 탄생시켰으며 디지털화는 도박 앱을 끝도 없이 쏟아냈다. 인간은 우연을 가지고 놀기를 좋아하도록 생겨먹었다.

그러니 우리가 확률을 추산하는 일에 영 젬병이라는 사실이 더더욱 의아하다. 수학에는 역설적 결과가 흩뿌려져 있지만 확률 계산법은 정말이지 역설투성이다.

예를 들어볼까? 특정 바이러스에 감염될 확률이 1000분의 1인지역에 당신이 산다고 가정해보자. 바이러스를 꼬박꼬박 검출하는 검사법이 있는데, 5퍼센트의 확률로 거짓 양성이 나타난다고 하자. 이제 당신이 양성 판정을 받았다고 상상해보라. 당신이 실제로 바이러스 보균자일 확률은 얼마일까?

대답하기 전에 여유를 가지고 생각해보라. 앞에서 보았듯 검사법은 완벽하게 정확하진 않다. 잘못된 결과가 나올 수 있다. 당신의 경우에는 그럴 가능성이 얼마나 될까? 제발 아무렇게나 넘겨짚지 말고 머리를 굴려보라. 가장 흔한 답변은 "내가 감염되었을 확률은 95퍼센트다"인데, 오답이다. 확률은 2퍼센트 미만이다. 왜 그런지는 좀 이따 알려드리겠다.

예를 하나 더 들어볼까? 두 회사가 바이러스 감염을 막아주는 약을 개발했다. 이제 임상 시험을 할 때가 되었다. 우선 65세 미만이어서 고위험군에 속하지 않는 사람들을 대상으로 시험을 실시할 것이다. 알파 약은 피험자 240명 중 90명에게서 효과를 나타내고 베타 약은 60명의 표본 중 20명에게서 효과를 나타낸다. 240명 중 90명은 60명 중 20명보다 크므로 우리는 65세 미만인 사람들에게 알파가 베타보다 낫다고 결론 내릴 것이다. 다음으로 65세 이상인 고위험군을 대상으로 시험한다. 노인 60명의 무작위 표본이 알파를 복용하고 그중 30명이 호전된다. 베타는 고령자 240명에게 투약하여 110명에게서 효과를 본다. 240명 중 110명은 60명 중 30명보다 적으므로 이번에도 알파가 베타보다 낫다. 보건부에서는 알파를 대량으로 주문한다.

하지만, 잠깐 기다려보라고 한 전문가가 경고한다. 합계를 봐야 한다는 것이다. 알파는 도합 300명에게 시험되었고 베타도 마찬가지다. 알파는 120명에게서 증상을 호전시켰고 베타는 130명에게서 효과를 나타냈다. 그러면 베타가 더 나은 것 아닌가? 어리둥절할 노릇이다! 숫자를 다시 검토해보자. 알파는 청장년층 표본과 고령층 표본 둘 다에서 더 낫지만 둘을 합치면 효과가 낮다. 어떻게 이럴 수 있을까?

주사위는 던져졌다

확률론의 출발점은 주사위 수수께끼다. 두 가지를 살펴보자.

숫자 1~6이 쓰인 육면체 주사위 두 개를 던졌을 때 합계가 9인 경우는 3+6과 4+5 두 가지다. 마찬가지로 합계가 10인 경우는 4+6과 5+5 두 가지다. 그러므로 '합계 10'이 나올 가능성은 '합계 9'와 같아야 하며 둘은 같은 빈도로 출현해야 한다. 하지만 실제로는 그렇지 않다. 합계가 9일 확률은 11.1퍼센트인 데 반해 합계가 10일 확률은 8.3퍼센트에 불과하다. 왜 10일 가능성이 9보다 희박할까?

가장 간단하게 설명하는 방법은 주사위를 쉽게 구분되도록 하나를 붉게 칠하고 다른 하나를 희게 놔두는 것이다. 합계 4+5를 얻는 방법은 두 가지다. 붉은 주사위가 4이고 흰 주사위가 5이거나 흰 주사위가 4이고 붉은 주사위가 5이면 된다. 이에 반해 합계 5+5를 얻는 방법은 붉은 주사위와 흰 주사위가 둘 다 5일 때뿐이다. 두 번째 방법은 없다. 그러므로 4+5일 가능성은 5+5의 두 배다. 같은 맥락에서 3+6일 가능성은 4+6과 같다. 물론 4+5도 마찬가지다.

더 명확히 표현해보겠다. 주사위를 던진 결과는 '붉은 주사위에서 x, 흰 주사위에서 y'이며, 우리는 이것을 (x, y)라고 쓴다. 붉은 주사위에서 각각의 면이 나올 가능성은 모두 똑같다(이것은 수학자들이 즐겨 말하듯 대칭성 때문이다). 그러므로 '붉은 주사위에서 x'일 확률은 $\frac{1}{6}$이다. 마찬가지로 '흰 주사위에서 y'일 확률은 붉은 주사위와 상관없이 $\frac{1}{6}$이다. 그러므로 (x, y)인 '사건'의 확률은 언제나 $\frac{1}{36}$으로 같다.

$$(1, 1), (1, 2), (1, 3), (1, 4), (1, 5), (1, 6)$$
$$(2, 1), (2, 2), (2, 3), (2, 4), (2, 5), (2, 6)$$
$$(3, 1), (3, 2), (3, 3), (3, 4), (3, 5), (3, 6)$$
$$(4, 1), (4, 2), (4, 3), (4, 4), (4, 5), (4, 6)$$
$$(5, 1), (5, 2), (5, 3), (5, 4), (5, 5), (5, 6)$$
$$(6, 1), (6, 2), (6, 3), (6, 4), (6, 5), (6, 6)$$

▲ (x, y)의 서른여섯 가지 가능성.

이 사건들 중에서 합계가 9인 것은 (3, 6), (6, 3), (4, 5), (5, 4) 네 가지다. 이에 따라 확률은 $\frac{4}{36} = \frac{1}{9}$이다. 하지만 합계가 10인 사건은 (4, 6), (6, 4), (5, 5) 세 가지뿐이며, 따라서 확률은 $\frac{3}{36} = \frac{1}{12}$로 더 작다.

주사위 세 개를 붉은색, 흰색, 파란색으로 칠해서 똑같이 해볼 수도 있다. 합계 9와 합계 10은 각각 여섯 가지 방법으로 얻지만 10이 9보다 더 자주 나온다!

이제 두 번째 수수께끼를 보자. 피에르와 블레즈가 한 사람이 세 번 이길 때까지 주사위를 굴린다(큰 수가 나온 쪽이 이기며 같은 수가 나오면 셈하지 않는다). 각자 판돈으로 6도블론§금화의 일종을 걸었다. 한참 뒤 운 좋은 피에르가 1대 2로 앞선다. 그런데 뜻밖에 리슐리외 추기경이 지나가다 놀음을 멈추라고 명령한다. "제군, 당장 그만두게. 더는 주사위를 굴리면 안 되네."

피에르가 판돈 12도블론을 전부 호주머니에 넣는다. "내가 앞섰으니까 내가 이겼어."

블레즈가 항변한다. "말도 안 돼. 정해진 결과에 도달하지 않았으니 노름은 아직 끝나지 않았어. 각자 6도블론씩 가져야 해."

피에르가 말한다. "그건 공정하지 않아. 내 점수가 자네보다 두 배나 많다고. 그러니 판돈에서 자네보다 두 배, 그러니까 3분의 2를 가질 자격이 있어. 내 계산이 맞다면 내 몫은 8도블론이고 자네 몫은

4도블론이야."

블레즈가 답한다. "할 수 없지. 그건 받아들이겠네." 이 답변이 피에르의 마음속에 의심의 먹구름을 드리워 그가 계산을 시작한다. 블레즈가 노름에서 이겼을 가능성은 얼마큼일까? 생각해보니 그럴 확률은 25퍼센트에 불과하다. 블레즈가 판막음하려면 내리 두 번을 이겨야 하는데, 그럴 확률은 $\frac{1}{4}$이다. 피에르가 판막음할 확률은 그보다 세 배 크다. 그러므로 판돈을 공정하게 나누는 방법은 피에르가 9도블론을 가지고 정직한 블레즈가 나머지 3도블론을 가지는 것이다.

주사위 예제를 마무리하기 전에 마지막으로 간단한 놀이를 해보자. 주사위를 세 개(검은색, 흰색, 회색) 준비한다. 이번에는 평상시처럼 각 면에 1부터 6까지 숫자를 매기는 게 아니라 아래 그림처럼 열여덟 면에 1부터 18까지 매긴다(검은 주사위에는 18, 10, 9, 8, 7, 5, 흰 주사위에는 17, 16, 15, 4, 3, 2, 회색 주사위에는 14, 13, 12, 11, 6, 1을 표시한다).

숫자는 공평하게 배분된 것으로 보인다. 실제로 각 주사위의 숫자를 합치면 57로 전부 같다. 이제 당신이 주사위 하나를 집고 나도 하나를 집어 각자 더 큰 수가 나오도록 굴린다. 물론 비길 가능성은 전혀 없다.

당신은 내가 당신에게 주사위를 먼저 고르라고 한 것이 마음에 걸릴지도 모르겠다. 단지 배려심에서 그런 것은 아니다. 그래야 내게

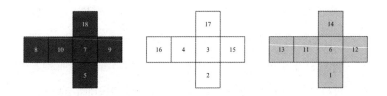

▲ 주사위 세 개로 가위바위보 하기.

유리하다. 물론 몇 번 질 수도 있지만 놀이를 아주 오랫동안 계속하면 내가 틀림없이 앞설 것이다. 내가 매번 이길 확률은 58퍼센트다.

놀이를 새로 시작해보자. 이번에 당신은 내게 행운을 가져다준 주사위를 고른다. 나는 세 번째 주사위를 집는다. 그런데 어럽쇼. 이번에도 내가 승기를 잡는다. 행운의 여신은 다시 한번 내 편이다. 그래서 다시 처음부터 시작한다. 당신은 두 번째 판에서 내게 승리를 가져다준 주사위를 고른다. 나는 첫 판에서 당신을 물먹인 주사위를 집는다. 어떻게 됐을까? 내가 또 이긴다. 마치 주사위가 가위바위보를 하는 것 같다. 검은색은 흰색에게 이기고, 흰색은 회색에게 이기고, 회색은 검은색에게 이기며, 승리 확률은 언제나 58퍼센트다. 왜 그런지 알겠는가?

얼마 지나지 않아 확률론은 도박장을 나와서 더 진지한 분야들에 진출했다. 처음에는 보험 회사에서 쓰였다. 생명 보험료는 얼마여야 공정할까? 그것은 분명 기대 여명에 달렸다. 최초의 인구 통계표가 바로크 시대 주사위 수수께끼만큼 오래된 것은 우연이 아니다. 훗날 확률은 통계역학에서 주연을 맡았으며 얼마 안 가 유전학에서도 주인공이 되었다. 오늘날 물리학, 화학, 경제학, 생물학은 확률론 없이는 상상할 수도 없다. 제임스 클러크 맥스웰은 확률론을 "세계의 진정한 논리"로 치켜세웠으며 피에르 시몽 라플라스는 "인생에서 가장 중요한 문제"라고 말했다. 물론 알베르트 아인슈타인이 "신은 주사위 놀이를 하지 않는다"라고 주장한 것은 사실이다(누군가 재치 있게 대꾸했다. "하지만 주사위 놀이를 했다면 이겼을 것이다"). 하지만 양자물리학은 사방에서 우연을 본다. 에르빈 슈뢰딩거는 "우연은 물리학에서 엄격한 인과율의 공통 근거다"라고 말했으며 자크 모노는 우연을 "진화라는 경이로운 건물의 기초"로 여겼다. 철학자 버트런드 러셀의 말은 정곡을 찔렀다. "확률은 현대 과학의 가장 중요한 개념이다. 확률의 의미에 대해 조금이라도 아는 사람이 아무도 없기에 더더욱 그렇다."

확률의 양면

모든 확률 추론은 가능성에서 출발한다. 더 정확히 말하자면 모든 가능한 결과의 집합에서 출발한다. 수학자들은 이 집합을 Ω(대문자 오메가)라고 즐겨 부르고 그 부분집합을 **사건**, 그 원소(가능한 결과)를 **근원사건**이라고 부른다. 주사위 두 개를 던질때 집합 Ω는 1과 6 사이에 있는 정수의 모든 쌍 (x, y)로 이루어지며 따라서 원소 36개를 가진다. '합계가 10'인 사건은 (5, 5), (6, 4), (4, 6)의 세 쌍으로 이루어지며 각각의 결과는 근원사건이다.

우선 유한히 많은 결과만 존재한다고 가정하자. 각각의 근원사건에는 수가 부여되는데, 이것은 결과의 확률이다. 수는 음이 아니며 전부 합치면 1이 된다. 마치 각각의 원소가 무게를 가지고 전체 무게 Ω가 1인 것과 같다. 부분집합 A(즉, 사건 A)의 확률은 A를 이루는 모든 원소의 무게를 합친 값으로 정의된다.

언뜻 보기에 이러한 이른바 표준 모형은 우연이나 무작위성과는 아무 관계가 없을 것 같다. 무게가 1인 덩어리는 가능한 결과의 개수에 해당하는 부분으로 나눌 수 있다. 어떻게 나뉘는가는 구체적 상황에 따라 달라진다. 이를테면 주사위 두 개를 굴리면 36가지의 가능한 결과 (x, y) 모두가 확률이 같으며, 따라서 $\frac{1}{36}$이다. 이렇게 가정하는 이유는 대칭성이다. 주사위의 한 면이 다른 면보다 자주 나올 이유는 전혀 없다. 모든 근원사건의 확률이 같다면(이른바 라플라스 모형) 사건 A의 확률 $P(A)$는 '바람직한' 결과(A의 원소)의 개수를 가능한 결과(Ω

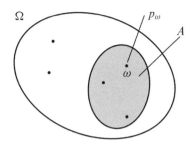

▲ 표본 공간 Ω는 가능한 결과 ω(소문자 오메가)의 집합이다. 사건 A는 Ω의 부분집합이다.

의 원소)의 개수로 나눈 값이다. 그러므로 사건 '합계 9'의 확률은 $\frac{4}{36}$이고 '합계 10'의 확률은 $\frac{3}{36}$이다. 물론 여러 결과의 확률이 모두 같지 않은 경우도 얼마든지 생각할 수 있다. 이를테면 주사위의 여섯 면이 저마다 크기가 다를 수 있다.

관건은 올바른 확률을 사용하는 것이다. 올바른 확률이 아무렇게나 골라잡은 무게를 뜻하지 않음은 분명하다. 이를테면 주사위 던지기에서 '합계 9'의 확률이 약 11퍼센트라는 것은 경험적 사실이다. 사건 A의 확률은 이 사건이 얼마나 자주 일어나는가, 즉 주사위를 아주 여러 번 던질 때 사건이 일어날 상대빈도와 관계가 있다. 우리는 실험을 1000번 반복하면 '합계 9'를 약 111번 얻으리라 예상한다. 다만 **정확히** 111번은 아니다. 그러면 오히려 놀라울 것이다. 아마도 100에서 120사이 어딘가다.

따라서 표준 모형을 적용하면 사건 A의 확률 $P(A)$는 해당 사건이 일어날 빈도와 일치해야 한다. 우리가 실험을 같은 조건에서 N번 반복할 수 있다고 가정하자. 각각의 실험은 서로 영향을 미치지 않아야 한다. $N(A)$를 사건 A(이를테면 '두 주사위의 합계가 9')가 일어나는 경우의 수라고 하자. 상대빈도 $\frac{N(A)}{N}$는 N이 매우 크면 A의 확률과 비슷해야 한다. (더 정확히 말하자면 확률은 N이 무한히 커질 때의 극한값이어야 한다. 이런 이상화는 수학에서 예삿일이다. 물론 극한값이 존재하는지는 결코 명백하지 않지만, 극한과 확률의 개념이 둘 다 유아기이던 17세기 후반에는 아무도 이 문제로 잠을 설치지 않았다.)

A와 B가 서로소이면(함께 일어날 수 없다는 뜻) 빈도는 $N(A)\geq0$, $N(\Omega) = N$, $N(A\cup B) = N(A) + N(B)$를 만족한다. 실제로 $A\cup B$는 사건 'A 또는 B'다. 마찬가지로 A와 B가 서로소이면 $P(A)\geq0$, $P(\Omega)=1$, $P(A\cup B) = P(A) + P(B)$다. 지금까지는 모든 것이 맞아떨어지며, 어떤 사건의 확률이 실제로 상대빈도에 대응함을 시사한다.

확률의 **빈도론적** 해석을 더 파고들기 전에 우리가 확률의 의미를 극단적으로 제한했다는 사실에 유의하라. 우리는 거듭거듭 반복될 수 있는 상황에서만 확률이 쓰인다고 가정했다. 주사위를 굴리거나 동전을 던지는 경우가 이에 해당한다. "2050년 미국 대통령은 여성일 것이다"라거나 "올겨울 전염병 대유행이 돌아올 것이다"라거나 "이 덤불숲에서 빠져나가는 길을 찾으려면 오른쪽보다는 왼쪽으로 돌아야 한다"라는 진술은 해당하지 않는다. 이런 사건의 확률을 이야기할 때는 여러 번 잇따라 반복되는 시도를 상상하지 않는다. 여기서 확률은 내적 확신의 정도가 얼마나 높고 낮은지를 나타낸다. 통계적 양이라기보다는 심리학 용어에 가깝다. 이런 확률은 동전 던지기나 신생아 성별 확인에서 접하는 **객관적** 확률에 대비하여 **주관적** 확률이라고 부른다. 우리는 당분간 주관적 확률을 배제하겠지만, 어떤 언어철학자든 이에 불만을 제기할 것이고 충분히 그럴 만함을 밝혀두고자 한다. 확률이라는 낱말의 두 가지 의미를 구별하는 태도는 합당하지만 둘 중 하나를 무턱대고 무시하는 것은 너무 안이하다. 하지만 이 방법은 엄격한 과학에서도 예사로 쓰이며 놀라운 성공을 거뒀다.

논의를 객관적 확률로 제한하면 다음 물음의 답이 가까워 보인다. 확률이란 무엇인가? 확률은 상대빈도다. 즉, 확실하고 측정할 수 있고 경험적인 양이다. 그렇다면 러셀은 어떻게 확률의 의미를 아는 사람이 아무도 없다고 주장했을까?

이 물음에 답하려면 한발 뒤로 물러서야 한다. 무엇보다 이 빈도론적 확률 해석은 첫 어림으로는 실제로 훌륭하다. 무엇보다 대부분의 확률 역설을 이해하기 위한 일급 조수다. 이를테면 바이러스 감염 검사로 돌아가 1000명의 표본이 검사를 받는다고 해보자. 그중 한 명은 바이러스 보균자다(당신이 기억할지 모르겠지만 그럴 확률은 $\frac{1}{1000}$이다). 이 사람의 검사 결과는 양성일 것이다. 나머지 모든 사람(거의 1000명에 가까운 999명)도 검사를 받을 것이다. 실패율은 5퍼센트이므로 그중 50명가량의 검사 결과는 양성일 것이다. 그러면 도합 51명이 양성으로 판정받게 된다. 우리는 당신이 그중 한 명이라고 가정했다. 따라서 당신이 실제로 바이러스 보균자일 확률은 대략 50분의 1, 즉 2퍼센트다.

리슐리외가 중단시킨 주사위 놀이도 마찬가지다. 추기경이 가학적 충동에 사로잡혀 두 노름꾼에게 노름을 1000회 더 하라는 판결을 내린다고 상상해보라. 무슨 일이 일어날까? 약 500회는 노름이 한 판 만에 끝날 것이다. 말하자면 피에르가 이긴다(당신도 기억하겠지만 그는 한 판만 더 이기면 된다). 나머지 (약) 500회는 피에르와 블레즈가 2대 2 동률이 된다. 다음 판에 승부가 결정되는데, 피에르가 이기는 경우와 블레즈가 이기는 경우는 약 250번으로 비슷하다. 이를 합치면 피에르는 750회 이기는 반면 블레즈는 250회밖에 못 이긴다. 그러므로 피에르가 돈을 딸 확률이 블레즈의 세 배다. 따라서 판돈은 3대 9로 나눠야 한다.

큰수에 법칙을 적용하다

유용성보다 더 강력하게 빈도론을 옹호하는 논증이 있다. 그것은 큰수의 법칙이다. 이 법칙을 제안한 사람은 바젤 출신의 유명한 수학자 가문에 속한 야코프 베르누이다. 야코프는 확률론에 대한 책을 처음으로 쓴 사람 중 하나다. 『추측술』은 그의 사후인 1713년 출간되었으며 확률론의 공식 출생 증명서로 널리 인정된다.

베르누이 법칙(그는 애정을 담아 '황금 정리'라고 불렀다)은 다음과 같다. "실험을 충분히 자주 반복하면 어떤 사건의 상대빈도는 그 확률과 무작위적으로 작은 차이가 나는데, 반드시 그렇지는 않지만 그럴 확률이 무작위적으로 크다."

이 문장은 친숙하지 않은 사람에게는 혼란스럽게 보일 것이다. '확률'이라는 낱말이 두 번, '무작위적'이라는 낱말이 두 번 나온다. 베르누이는 종종(이를테면 라이프니츠에게 보낸 편지에서) '개연적 확실성 moral certainty'에 해당할 만큼 무작위적으로 큰 확률을 선택할 수 있다고 덧붙이기는 했지만 이 또한 알쏭달쏭하기는 마찬가지다.

그의 법칙은 무슨 뜻일까? 원하는 만큼 여러 번 반복할 수 있는 실험(이를테면 동전 던지기)과 $P(A)$의 확률로 일어나는 사건 A(이를테면 50퍼센트의 확률로 일어나는 '앞면' 사건)를 생각해보자. 무작위적 정확도(이를테면 5퍼센트)를 하나 정하고 우리가 바라는 만큼 1에 가까운 확률(이를테면 99퍼센트)을 정하자. 베르누이의 황금 정리에 따르면 실험을 독립적으로 반복하는 횟수 N이 충분히 크면 사건 A의 상대빈도 $\frac{N(A)}{N}$와 그 확률 $P(A)$의 차이는 5퍼센트 미만이다. 달리 말하자면 상대빈도가 44퍼센트와 55퍼센트 사이에 있을 확률이 99퍼센트다(오른쪽 그림). 충분히 여러 번 시도하기만 하면 된다.

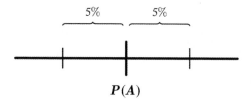

5%　　　　　5%

$P(A)$

▲ 평균 빈도 $\frac{N(A)}{N}$이 확률 $P(A)$의 5퍼센트 이내에 있을 가능성은 얼마나 될까?

　　이 법칙은 여러 번 반복하는 시도에서 사건의 빈도 $\frac{N(A)}{N}$를 측정하여 그 확률, 말하자면 $P(A)$를 구할 수 있다는 뜻으로 곧잘 해석된다. 하지만 이것은 올바른 해석이 아니다. 베르누이의 큰수의 법칙은 A의 확률이 알려져 있을 때 A의 빈도에 관해 말하는 것이지 그 반대가 아니다.

　　이 오류는 (베르누이 본인을 시작으로) 뻔질나게 되풀이되었다. 많은 사람이 큰수의 법칙을 내세워 사건의 확률이란 상대빈도, 더 정확히 말하자면 상대빈도의 극한값에 불과하다고 주장한다. 하지만 자세히 들여다보면 큰수의 법칙은 '확률'의 의미를 설명하지 않는다. 앞에서 보았듯 이 낱말은 법칙의 정의에서 두 번 나오는데, 이 정도면 머릿속 경보기를 울리기에 충분하다. 확률이라는 낱말은 첫 번째는 사건 A의 확률 $P(A)$로, 두 번째는 상대빈도가 $P(A)$를 중심으로 하는 작은 구간에 속할 확률로 제시된다. 이 두 번째 확률도 빈도 방식으로 해석해야 할까? 이는 고양이가 제 꼬리를 쫓아다니는 격이다.

　　(게다가 예리한 눈으로 살펴보면 큰수의 법칙에서 확률이 세 번째로 언급된다는 사실을 알아차릴 수 있다. 그것은 반복이 독립적이라는 가정에 숨어 있다. 실제로 '사건 A가 네 번째 시도에서 일어나는 것'이 '사건 A가 열 번째 시도에서 일어나는 것'과 독립적이라는 말이 무슨 뜻인지 정의하려면 다시 확률을 거론해야 한다. 이것은 한 경우가 다른 경우의 확률에 영향을 끼치

▲ 야코프 베르누이(1655~1705).　　　▲ 안드레이 니콜라예비치 콜모고로프
　　　　　　　　　　　　　　　　　　　(1903~1987).

지 않는다는 뜻이기 때문이다.)

　큰수의 법칙, 더 정확히 말하자면 베르누이의 '큰수의 약한 법칙'은 대략 다음과 같은 뜻이다. 동전 1000번 던지기를 거듭거듭 반복하면 대부분의 반복에서 앞면이 나오는 상대빈도는 0.45와 0.55 사이일 것이다. '큰수의 강한 법칙'도 존재하는데, 이것은 (대략적으로) 상대빈도가 이 작은 구간 바깥에 놓이는 반복에 대해서도 결론은 해피엔드라는 뜻이다. 동전 던지기를 1000번에서 1만 번으로, 다시 10만 번 등으로 늘리기만 하면 된다. 결국 상대빈도는 $\frac{1}{2}$의 작은 구간을 결코 벗어나지 않을 것이다. 언제나 45퍼센트와 55퍼센트 사이에 놓일 것이다. 0.49부터 0.51까지의 구간에 대해서도, 실은 $\frac{1}{2}$ 주위의 어느 구간에 대해서도 마찬가지다. 이것은 1의 확률로, 확률론 용어를 쓰자면 '거의 확실히almost surely' 성립한다. 물론 상대빈도가 $\frac{1}{2}$로 수렴하지 않는 경우도 상상할 수 있다. 이를테면 동전을 던질 때마다 영원히 앞면이 나오는 것이다. 이 사건은 생각조차 할 수 없지는 않지만 가능성이 전무하다.

　큰수의 강한 법칙을 처음 증명한 사람은 에밀 보렐이다.

중고품 토대

약한 법칙에서 강한 법칙으로 나아가기까지는 거의 200년이 걸렸으며 표준 모형을 확장해야 했다. 표준 모형에서는 유한히 많은 가능한 결과, 즉 유한한 표본 공간 Ω를 가지는 실험을 서술한다. 그런데 동전을 무한히 많이 던진다는 것은 가능한 결과가 무한히 많다는(심지어 비가산적으로 많다는) 뜻이다.

표준 모형을 확장해야 할 이유는 또 있었다. 예를 들어 시골 장터나 놀이공원에 가면 이른바 행운의 돌림판(셰익스피어를 인용하자면 "변덕스러운 운수의 궂은 물레바퀴")을 볼 수 있다. 손님들은 가로로 놓인 축을 중심으로 돌림판을 돌린다. 실험의 '결과'는 돌림판이 멈췄을 때 가장자리의 어느 점이 맨 위를 가리키는가다. 돌림판의 점들은 가능성이 모두 같다. 그렇다면 각 점의 확률은 0이다. 다음 시도에서 돌림판이 **정확히** 같은 점에서 멈출 가능성이 딱 그만큼이기 때문이다. 그럼에도 돌림판 원에서 각각의 호는 양의 확률, 말하자면 전체 둘레의 부분을 부여받는다. 원 위의 각 점은 무작위적으로 작은 호 안에 있는 점이므로 그 확률은 0이다. 그럼에도 그 결과는 불가능하지 않다.

표준 모형을 확장하는 데는 오랜 세월이 걸렸다. 1900년이 되었어도 확률론은 탄탄한 토대를 여전히 찾지 못했다. 다비트 힐베르트는 20세기를 위한 23개의 문제를 제시한 유명한 목록에서 확률의 공리에 관해 물었다. 답은 1933년 소련의 저명 수학자 안드레이 니콜라예비치 콜모고로프의 책에서 나왔다. 그의 답은 놀랍도록 단순했으며, 철학자들에게 확률이 무엇인지 답을 거의 주지 않았지만 수학자들에게 그런 질문을 피할 수 있는 실마리를 똑똑히 보여주었다.

100년 가까이 지난 지금 콜모고로프의 모형은 엄청나게 성공적인 이론의 확고한 토대다. 하지만 표준 모형을 넘어설 가능성은 희박해 보인다. 실험에서 가능한 결과들의 공간 Ω를 이번에도 근거로 삼기 때문이다. Ω의 부분집합 A는 사건이라고 불린다. 사건에는 확률 $P(A)$가 부여되며 $P(A) \geq 0$이고 $P(\Omega) = 1$이라는 성질을 가진다. 표준 모형을 넘어선 유일한 추가 단계는 A와 B가 서로소일 때 $P(A \cup B) = P(A) + P(B)$가 반드시 성립한다는 성질을 도입한 것뿐으로, 말하자면 이제 이 가법성은 쌍쌍이 서로소인 두 개, 세 개, 또는 어떤 유한한 개수의 집합뿐 아니라 가산적으로 무한한 집합에도 성립해야 한다. 이게 전부다! 확률론 전체가 이 단순한 정리들에 근거한다. 수학계는 이 정리들을 대뜸 받아들였으며 그 뒤로 한 번도 후회하지 않았다.

이렇듯 '토대'는 지독히 평범하다. 표준 모형에서와 마찬가지로 콜모고로프의 확장된 모형에서는 우연에 대해 입도 벙긋하지 않는다. 콜모고로프는 쉽게 구할 수 있는 연장, 말하자면 측정과 통합의 이론을 받아들였을 뿐이다. 이 이론은 단지 넓이와 부피를 계산하려는 수백 년간의 부단한 노력으로 발전했다.

이 의미에서 확률의 토대는 중고품인 셈이다. 확률의 흥미로운 특징인 '가산 가법성'의 근거는 아르키메데스가 원의 넓이를 내접 다각형 수열의 극한값으로 계산하면서 이용한 이른바 실진법이다.

이 이야기는 수학의 특징을 잘 보여준다. 수학은 기술이전technology transfer의 본보기다. 한 분야에서 쓰이는 방법이 다른 분야에 적용된다. 효과가 있으면 그것으로 정당화된다. 작가 로베르트 무질이 수학자의 '양심 결여'를 이야기한 것은 별로 놀랄 일이 아니다.

하지만 수학자들이 전혀 양심이 없지는 않다. 측도론에서는 집합 Ω가 비가산이면 모든 부분집합 A에 대해 P 같은 함수를 정의할 때 반드시 부정합성이 생긴다는 사실이 발견되었다. 심각한 문제일까? 그렇진 않다. 쉬운 해결책은 (문제를 일으키지 않을 만큼의) **일부** 부분집합 A에 대해서만 P(A)를 정의하는 것이다. 정의에 따라 나머지 모든 부분집합은 사건으로 간주되지 않는다. 이 또한 치사한 속임수로 보일지도 모르겠다. 하지만 효과가 있으니 누가 뭐라 하겠는가? 수학자들은 개의치 않는다. 비트겐슈타인은 수학자들이 모순을 맞닥뜨렸을 때 규칙을 바꾼다고 말했는데, 이것이 또 다른 예다.

공정한 참가비와 무작위 행보

도박장으로 돌아가보자. 우연 게임에서 수익은 이른바 **무작위 변수**로, 실험의 각 결과, 즉 Ω의 각 수를 어떤 수와 짝짓는 함수로 정의된다(함수가 '변수'로 정의된다는 사실은 우리가 감수해야 하는 기현상이다. 그 이면에는 어떤 심오한 의미도 없다).

도박꾼은 (사전에 정해진) 참가비를 내고 수익을 바란다. 참가비는 고정되어 있지만 수익은 우연에 따라 달라진다.

도박꾼은 얼마큼을 참가비로 받아들여야 할까? 이것은 게임의 **기댓값**에 달렸다. 기대란 확률에 따라 가중치를 부여한 모든 가능한 수익의 합이다(여기에는 음의 수익인 손실도 포함된다). 참가비가 기댓값과 같으면 우리는 게임이 **공정하다**고 말한다. 그 경우 게임을 충분히 여러 번 하면 매 판의 평균 수익은 참가비와 같거나 상당히 비슷할 것이다. 이는 큰수의 법칙에서 유도되며 이로써 문제가 해결된 것으로 보인다(좀 있다가 그렇지 않다는 사실을 보게 될 것이다).

공정한 게임은 몇 개 되지 않는다. 룰렛을 예로 들어보자. 베팅한 숫자가 맞으면 참가비의 36배를 받는다. 하지만 이길 확률은 (공정한) $\frac{1}{36}$이 아니라 $\frac{1}{37}$밖에 안 된다. 제로 칸이 있기 때문이다(미국 카지노에는 심지어 제로 칸이 두 개나 있다). 이 때문에 룰렛은 도박꾼에게 불공정하고 카지노에 유리하다. 그럼에도 많은 도박꾼은 약간의 불리함을 감수하고서 게임의 희열을 즐긴다. 뭐 어떤가?

모든 보험 상품도 도박이며, 심지어 불공정한 도박이다. 어차피 보험 회사도 살아야 하며, 심지어 떵떵거리고 싶어하니 말이다. 그래서 자신들에게 유리한 조건을 제시한다. 그럼에도 주택 보험에 가입하는 대부분의 사람들은 멍청해서 그러는 게 아니다. 그들은 작은 확률로 큰 손실을 당하기보다는 큰 확률로(실은 확실히) 작은 손실, 말하자면 보험료를 감당하고 싶어한다.

공정한 게임의 가장 간단한 예는 동전 던지기다. 앞면이 나오면 1달러를 벌고 뒷면이 나오면 1달러를 잃는다. 어찌나 공정한지 따분해 보일 지경이다. 하지만 이 게임을 거듭거듭 반복한다고 가정해보자(오른쪽 그림). 그러면 참가자의 계정은 게임을 반복함에 따라 똑같은 확률로 1달러가 증가하거나 감소할 것이다. 두 판, 네 판, 여섯 판 뒤에 참가자의 계정이 원래 금액으로 돌아갈 확률은 각각 $\frac{1}{2}$, $\frac{3}{8}$, $\frac{5}{16}$다(물론 판 수는 짝수여야 한다).

확실히(즉, 100퍼센트의 확률로) 당신은 조만간 다시 원래 위치에 도달할 것이며 그러면 물론 모든 것이 처음부터 새로 시작될 것이다. 당신의 계정에 있는 금액이 결국 0에 도달하여 속칭 '도박꾼의 파산' 통지서에 도장을 찍으리라는 것도 똑같이 확실하다. 하지만 도박꾼들이 돈을 무한정 빌려 게임을 계속할 수 있다고 가정해보자. 그러면 그들의 계정은 결국 (양이든 음이든) 모든 정수 값에 도달할 것이다.

평균 수익은 큰수의 법칙에 따라 0에 수렴하기 때문에 많은 사람들은 계정이 대부분 초깃값에 가까워질 거라고 직관적으로 가정한다. 말하자면 감소한 만큼 얼추 증가하리라는 것이다. 하지만 이것은 오류다. 편차는 놀랍도록 커지는 경우가 허다하다. 첫 $2n$판에서 한 번도 초깃값으로 돌아가지 않을 확률은 정확히 $2n$판 만에 초깃값에 도달할 확률만큼 크다(또는 작다). 게임을 1초에 한 번씩 1년 내내 반복하면 마지막 여섯 달 동안 한 번도 초깃값에 돌아가지 않을 확률은 50퍼센트이며 1월 12일 전에 마지막으로 돌아갈 확률은 $\frac{1}{8}$인데, 이것은 결코 작은 확률이 아니다. 실은 동전의 앞면이 연속으로 세 번 나올 확률과 같다.

도박꾼의 계정에서 금액이 오르락내리락하는 것을 종종 **무작위 행보**라고 부른다. 취객이 벽에 기댄 채 비틀거리는데, 왼쪽으로 한 걸음 내디딜 확률과 오른쪽으로 한 걸음 내디딜 확률이 같다고 상상해보라. 그는 확실히 조만간 원래 위치로 돌아올 것이다. 이번에는 벽이 무너졌다고 가정해보라. 이제 취객은 전후좌우로 한 걸음 내디딜 수 있으며 각각의 확률은 같다. 이것이 2차원 무작위 행보다. 취객이 원래 위치로 돌아올 확률은 역시나 100퍼센트다. 3차원에서의 무작위 행보를 상상하기는 좀 더 힘들 텐데 이는 벌새의 비행과 비슷할 것이다. 놀랍게도 벌새는 확실하게 원래 위치로 돌아가지는 않을 것이다.

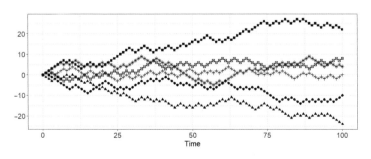

▲ 동전 던지기를 100판 하는 경우의 여섯 가지 표본.

그럴 확률은 약 36퍼센트에 불과하다.

이 모든 것은 확률론에서 맞닥뜨리는 신기한 결과의 맛보기에 불과하다. 하지만 물리학이나 금융에서는 이러한 무작위 행보의 결과가 단순한 흥밋거리가 아니라 일상에서 쓰이는 필수 도구다.

위대한 유산

도박장을 나서기 전에 상트페테르부르크에 한번 들러보자. 다음 역설은 베르누이가 제시했다(여기서 말하는 베르누이가 동명인들 중에서 다니엘인지 니콜라우스인지는 전문가들의 견해가 일치하지 않지만 야코프가 **아닌** 것은 분명하다). 이 베르누이는 최근 건설된 도시 상트페테르부르크에서 살았다. 일설에 따르면 그곳 카지노에서는 아래와 같은 게임이 열렸다고 한다.

게임 방법은 앞면이 처음 나올 때까지 동전을 던지는 것이다. 한 번 만에 앞면이 나오면 카지노는 우리에게 2달러를 지불한다. 두 번 만에 앞면이 나오면 4달러를, 세 번 만에 나오면 8달러를 내놓는다. 그러므로 우리는 뒷면이 최대한 오랫동안 나오길 바란다. 뒷면의 연쇄가 n번째 던지기에서 끝나면 우리는 2^n달러를 번다.

이런 게임에서 공정한 참가비는 얼마일까? 말하자면 우리는 게임에 참가하기 위해 카지노에 얼마까지 지불할 의향이 있을까?

물론 그러려면 기댓값을 계산해야 한다. n번째 던지기에서 처음 앞면이 나올 확률은 $\frac{1}{2^n}$이며 이때 우리가 받을 금액은 2^n달러다. 따라서 기댓값은 무한합이다.

$$2\left(\frac{1}{2}\right)+4\left(\frac{1}{4}\right)+\cdots+2^n\left(\frac{1}{2^n}\right)+\cdots=1+1+1+\cdots$$

이 기댓값은 무한이다! 물론 우리는 무한히 큰 금액을 받을 거라 진지하게 기대하진 않는다. 우리의 수익은 유한합일 것이다. 그렇다면 기댓값이 무한하다는 말은 무슨 뜻일까? 우리가 게임(동전을 앞면이 처음 나올 때까지 던지는 것)을 한 판만 하는 게 아니라고 상상해보자. 우리는 저녁마다 게임을 한다(물론 매번 참가비를 내야 한다). 큰수의 법칙을 살짝 바꾸면 우리가 하루하루 거두는 수익의 평균값(첫 N일에 거둔 모든 수익의 합을 N으로 나눈 것)은 N이 점점 커짐에 따라 무한정 증가할 것이다. 그러니 우리는 이 게임을 하기 위해 참가비가 **얼마든** 지불할 의향이 있어야 할 것 같다. 참가비는 무작위적으로 커도 괜찮다. 얼마 안 가서 평균 수익이 그보다 커질 테니 말이다.

하지만 우리가 정말로 기꺼이 그렇게 할까? 우리 중에서 참가비를 (가령) 20달러 이상 내려 드는 사람은 거의 없을 것이다. 대체 어찌 된 영문일까?

상트페테르부르크 역설은 철학과 경제학에서 중요한 역할을 했는데, 이 점은 다시 살펴볼 것이다. 하지만 즉답은 꽤 간단하다. 첫 N일의 평균 수익은 N이 커짐에 따라 무한정 커지지만, 지독히 느릿느릿 커진다(234쪽 그림을 보라). 동전을 한 번, 두 번, 세 번 던진 뒤에 앞면이 나오는 경우가 대부분이다. 우리가 횡재를 만나는 일은 아주아주 드물게 일어난다. 그런 운수 좋은 날에는 평균 수익이 훌쩍 뛰어오를 것이다. 그리고는 다시 날이면 날마다 감소하다 영원처럼 느껴지는 시간이 지난 뒤 또 다른 횡재 덕분에 다시 뛰어오를 것이다.

우리가 게임을 계속한다면 전 세계 억만장자 명단에 이름을 올릴 테지만, 살아서 그날을 보지는 못할 것이다.

이것은 '공정한 게임'에 의문을 제기하며, 그리하여 평균에 그림자를 드리우고(사람들의 약속이 우리가 가늠할 수 있는 지평 너머에서 이

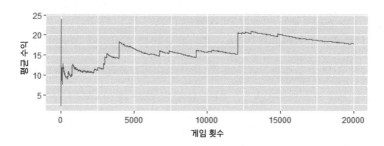

▲ 상트페테르부르크 게임을 2만 번 시행한 결과(물론 컴퓨터를 동원했다). 곡선은 평균 수익을 보여준다. 무한정 커지기는 하지만, 로그적으로(달팽이걸음보다 느리다는 뜻) 증가한다.

루어진다면 무슨 소용이겠는가?), 또한 기대에 그림자를 드리운다(그 약속이 언젠가 실현되리라고 어떻게 믿는가?). 기대, 평균, 큰수의 법칙에 근거한 확률론의 토대 자체가 의심스러워진다.

상자 세 개와 봉투 두 장

이 장을 마무리하면서 확률의 기묘한 성질을 다시 한번 강조하기 위해 유명한 퍼즐 두 개를 소개하겠다.

첫째는 상자 세 개 문제다(염소 문제라고도 한다). 당신이 퀴즈쇼에 출연한다고 상상해보라. 진행자가 상자 세 개를 보여준다. 그중하나에 1000달러가 들었고 나머지 두 개는 비었다. 상자 세 개 중 하나를 선택해야 하는데, 미리 열어볼 수는 없다. 당신이 상자를 고르면 진행자는 당신 눈앞에서 나머지 두 상자 중 하나를 열어 속이 비었음을 보여준다(이것은 그에게 쉬운 일이다. 어느 상자에 돈이 들었는지 알기 때문이다). 그리고 나서 당신에게 결정을 번복할 기회를 준다. 당신은 자신이 고른 상자를 아직 열지 않은 다른 상자로 바꿀 수 있다. 하지만 변심에는 대가가 따른다고 그녀가 말한다. 당신은 상자를 바꾸기 위해 50달러를 지불하겠는가? 아니면 원래 선택을 고수하겠는가?

이 문제는 여러 버전으로 다양하게 제시되었다. 절대다수의 참가자는 진행자의 제안을 거절한다. 그들은 처음 결정을 바꿀 이유가 없다고 생각한다. 실제로 그들은 진행자가 나머지 두 상자 중 하나를 열어 속이 비었다는 것을 보여줄 수 있음을 결코 의심하지 않았다. 아직 열지 않은 두 상자 중 하나에는 1000달러가 숨겨져 있다. 참가자들이 선택한 것은 이 두 상자 중 하나다. 그러니 결정을 바꿀 이유가 어디 있나? 50달러의 값어치는 없어 보인다.

하지만 이는 잘못된 판단이다. 참가자들은 반드시 결정을 바꿔야 한다. 무슨 일이 있어도! 그러면 돈을 딸 가능성이 **두 배**로 커진다. 실제로 원래 선택이 옳았을 확률은 $\frac{1}{3}$이다. 그러므로 나머지 두 상자 중 하나에 1000달러가 들어 있을 확률은 $\frac{2}{3}$다. 우리는 진행자로부터 이 두 상자 중 하나, 즉 그가 우리 눈앞에서 연 상자에는 돈이 없음을 알게 된다. 그러므로 나머지 한 상자에 돈이 들어 있을 확률은 $\frac{2}{3}$다.

봉투 두 장 문제는 더욱 까다롭다. 진행자는 한 봉투에 소정의 금액이 들었고 다른 봉투에는 두 배 많은 금액이 들어 있다고 말한다. 우리는 봉투를 집어 열어볼 수 있다. 확인해보니 40달러가 들어 있다. 이제 진행자는 우리가 고른 봉투를 아직 열어보지 않은 다른 봉투로 바꿀 기회를 준다. 우리는 봉투를 바꿔야 할까? 우리가 적은 금액이 든 봉투를 골랐을 확률은 $\frac{1}{2}$이다. 그렇다면 나머지 봉투에는 80달러가 들었다. 마찬가지로 우리가 많은 금액이 든 봉투를 골랐을 확률도 $\frac{1}{2}$이며, 그렇다면 나머지 봉투에는 20달러가 들었다. 봉투를 바꾸면 20달러나 80달러 중 하나를 얻게 되는데, 확률은 둘 다 $\frac{1}{2}$이다. 기댓값은 50달러다. 이것은 우리 손안에 있는 40달러보다 확실히 낫다. 그러므로 바꿔야 한다. 그런데 정말 그래야 할까? 다시 생각해보자.

물론 합계가 어떻든 논증은 성립한다. 40달러가 아니어도 된다. 금액이 x이면 다른 봉투로 바꿨을 때 $2x$나 $\frac{x}{2}$를 얻게 되며 이에 따라 기대 수익은 $\frac{5}{4}x$다. 이 말은 우리가 고른 봉투를 열어볼 필요조차 없다는 뜻이다. 봉투를 바꿔야 한다! 반드시 그래야 한다! 하지만 그러고 나면 미지의 금액이 들어 있는 봉투를 다시 마주하게 된다. 아까와 같은 논증에 따라 우리는 다시 봉투를 바꿔야 한다. 이런 식으로 다시, 또 다시 계속된다. 우리가 오류를 저질렀음이 틀림없다.

이 문제를 다른 방식으로 표현하면 봉투를 바꿔봐야 아무것도 기대할 수 없음을 한눈에 알 수 있다. 한 봉투에는 x가 들어 있고 다른 봉투에는 $2x$가 들어 있다. 봉투를 바꾸면 한 경우에는 x 달러를 얻고 다른 경우에는 x 달러를 잃는다. 두 경우의 가능성이 똑같기 때문에 봉투를 바꿀 때의 기대 수익은 0달러다. 봉투를 바꿔봐야 어떤 유익도 기대할 수 없다. 하지만 아까 논증은 뭐가 잘못됐을까? 데카르트의 말을 빌려, 이 문제를 스스로 해결하는 즐거움은 독자 여러분에게 남겨 두고자 한다.

(이것은 비겁한 변명이다. 위키백과 영어판에는 이렇게 나온다. "제안된 해법 중에서 정답으로 널리 받아들여지는 것은 하나도 없다. 그럼에도 이 문제의 풀이가 쉽고 심지어 초보적이라고 주장하는 제안자가 허다하다.")

세상에는 시각적 착각뿐만 아니라 인지적 착각도 있다. 우리는 이런 현상에 속아 넘어가며, 심지어 속는다는 사실을 알면서도 여전히 속는다. 우리의 오래전 조상들은 모두 적어도 자식을 낳을 수 있는 나이가 될 때까지 살아남았다. 그들은 모두 수많은 짐작을 해야 했다. 우리의 뇌는 우연과 불확실성을 처리하는 데 고도로 적응했어야 마땅하다. 그럼에도 우리는 같은 함정에 빠지고 또 빠진다.

사고에 대한 칸트의 선험 범주가 일부 생물학자의 주장처럼 진화의 후험 범주라면, 번번이 확률 오류를 저지르는 우리의 편향은 어떻게 설명해야 하나?

8

무작위성Randomness
천민의 미신

무작위 연쇄의 부침

우연은 만물박사들에게 매력적인 생각거리인 듯하다. 파스칼과 라이프니츠가 기대에 근거한 확률론을 확립한 17세기 후반에도 그랬다. 파스칼은 철학자이자 수학자였을 뿐 아니라 발명가, 과학자, 신비가이기도 했다. 라이프니츠는 철학자이자 수학자였을 뿐 아니라 발명가, 법률가, 언어학자, 외교관이기도 했다.

20세기 전반 우연 계산법의 해석을 놓고 열띤 논쟁이 벌어졌는데, 이번에도 주된 접근법을 제시한 사람은 만물박사 리하르트 폰 미제스(객관적 확률)와 프랭크 플럼프턴 램지(주관적 확률)였다. 두 사람다 수학자이자 철학자였으며 그 밖에도 수많은 호칭으로 불렸다.

두 접근법이 제시된 시기는 (어쩌면 우연하게도) 양자역학이 엄밀한 결정론적 세계관을 폐기했을 때였다. 우연은 오랫동안 "천민의 미신"(이 표현의 저작권은 데이비드 흄에게 있다)으로 치부되었으나 이제 과학적 사유를 사로잡았다.

오스트리아의 리하르트 폰 미제스는 제1차 세계대전 이전부터 냉전 시대에 이르기까지, 조잡한 나무 쌍발기부터 초음속 전투기에

◀ 리하르트 폰 미제스(1883~1953).

이르기까지 당대 최고의 공기역학자로 손꼽혔다. 1920년대에 폰 미제스는 베를린에 근거를 두었으며 가혹한 베르사유 조약 때문에 어떤 항공기도 설계할 수 없었다. 이 상황에서 그는 응용수학역학회라는 기념비적 학회를 설립하여 산업수학이 진 세계에 등장할 것임을 예고했다. 그는 카리스마적 성격의 소유자로, 대담한 조종사, 역동적 공학자, 저명한 수학자의 아우라에 구식 귀족의 풍모를 겸비했으며, 시인 라이너 마리아 릴케의 전문가이자 소설가 로베르트 무질의 확고한 지지자로 알려진 세련된 교양인이었다.

리하르트 폰 미제스가 교수로서 첫발을 내디딘 곳은 스트라스부르였다. 당시 그곳에는 아직 독일의 대학교가 있었다.§ 한때 독일의 영토였으나 현재는 프랑스에 속한다. 그의 종착지는 하버드대학교였다. 베를린과 하버드 사이 기간에는 1933년부터 1939년까지 나치를 피해 이스탄불에서 가르쳤다. 이곳에서 『실증주의에 대한 간략한 교과서Kleines Lehrbuch des Positivismus』를 썼는데, 전혀 간략하지 않았다(영어판에서는 이 수식어가 빠졌다). 이 책은 리하르트 폰 미제스의 철학을 철저히 근대적이고 반反형이상학적인 빈 학파 양식으로 요약했다.

이 총명하고 오만한 인물의 주된 야심은 힐베르트의 6번 문제를 풀겠다는 것, 더 정확히 말하자면 확률론의 공리를 찾겠다는 것이었다. 그는 1919년 이 일을 해냈다(또는 해냈다고 생각했다). 폰 미제스 같은 훌륭한 실증주의자에게 이는 사건의 확률이 측도에, 더 정확히 말하자면 시도를 여러 차례 반복할 때 그 사건이 일어나는 빈도에 근거를 두도록 한다는 뜻이었다. 이 접근법은 확고한 경험적 토대가 된다. 하지만 확률의 의미를 적잖이 제한하여 주관적 확률이 아닌 객관적 확률만 다루게 된다.

폰 미제스의 이론에는 여러 반론이 제기되었으며 그의 이론은 결국 수학자들의 다소 암묵적인 합의로 폐기되었다(수학자들은 콜모고로프의 공리를 선호했다). 하지만 안드레이 니콜라예비치 콜모고로프는 내심 빈도론자였으며, 폰 미제스에게 영향을 받았음을 공공연히 드러냈다. 그럼에도 콜모고로프의 공리는 확률의 진짜 의미가 무엇인지 분명히 밝히지 않은 채 (넓이와 부피를 계산하기 위해 만들어진) 측도론의 체계를 무작정 활용할 뿐이었다. 버트런드 러셀이 다른 맥락에서 구사한 재담을 살짝 비틀자면, 확률을 측도의 기다란 연쇄에서 도출되는 결과로 구성하지 않고 수단으로 정의하면 정직한 노고에 비해 도둑질이 가지는 모든 이점을 누릴 수 있다. 수학자들이 여기에 냉큼 올라탄 것은 이 때문이었다.

측도론적 접근법의 성공에 가려지기는 했지만, 폰 미제스가 발전시킨 개념들은 무작위성과 연산 가능성의 연관성에 관한 심오한 통찰로 한 걸음 한 걸음 이어졌다.

기본 쟁점은 이것이다. 연쇄는 언제 무작위적인가? 더 정확히 말하자면 앞면Head과 뒷면Tail의 연쇄가 주어졌을 때 이것이 (물론 정직하게 만든) 동전을 정직하게 던져 얻은 결과인지, 다른 방식으로 만들어낸 결과인지 어떻게 알 수 있을까?

이는 까다로운 질문이다. 동전을 아무리 많이 던져도 우리는 앞면과 뒷면의 유한한 문자열만 맞닥뜨릴 것이다. 공정한 동전에 대해 길이 n의 이런 문자열은 같은 확률, 즉 $\frac{1}{2^n}$을 가진다. 그러므로 아래의 두 문자열은 확률이 같다.

$$\text{T H T H T H T H T H T H T H T H T H T H}$$
$$\text{T T H T T T T H H T T T H T H H T T T T T H}$$

그렇다면 하나가 다른 하나보다 더 무작위적이라고 생각해야 할 이유가 어디 있을까? 그럼에도 우리는 깊이 고민하지 않고 그렇게 생각한다.

여기 또 다른 문제가 있다. 문자열을 **무작위적**이라고 정의하는 방법이 무엇이든 우리는 이 문자열에 T를 덧붙여 늘인 것도 무작위적이어야 한다는 사실을 받아들여야 한다. 따라서 동전 던지기를 100번 되풀이하여 100개의 T를 덧붙이더라도 문자열은 여전히 무작위적이어야 할 것이다. 이 결론은 좀처럼 납득되지 않는다. 유한한 문자열이 무작위적인지 아닌지 판단하는 확고한 기준을 기대할 수 없음은 분명하다.

리하르트 폰 미제스는 누구보다 경험주의적이었으나 무작위성의 수학적 정의에 무한한 연쇄가 결부되어야 한다는 사실을 이해했다. 그런 연쇄는 결코 경험할 수 없고 이상적 조건으로서 상상할 수밖에 없지만 말이다. 이것은 결코 철학적 억지가 아니다. 수천 년의 경험을 근거로 수학자들은 자신들의 주된 연장이 추상화임을 알았다. 우리의 경우는 문자열에 끝이 있다는 사실로부터 추상화를 실시한다. 무한을 다루기가 매우 큰 것을 다루기보다 쉽다는 사실은 분명하다.

이에 따라 리하르트 폰 미제스는 이상적 대상을 이용해 '실제' 무작위 연쇄의 맛깔을 포착하려 했으며 이 대상을 **콜렉티프**Kollektiv로 명명했다. 이것은 일정한 조건을 만족하는 H와 T의 무한 연쇄다. 첫 번째 조건은 H와 T의 빈도가 장기적으로 평형을 이루어야 한다는 것이다. 말하자면 $N(T)$가 연쇄의 처음부터 N개의 원소에서 뒷면의 개수라면 상대빈도 $\frac{N(A)}{N}$는 $\frac{1}{2}$로 수렴해야 한다. 하지만 아래의 무한 연쇄에서 보듯 이 조건으로는 충분하지 않다.

$$H T H T H T H T H T H T H T H T H T H T H T \cdots$$

이 연쇄는 빈도가 $\frac{1}{2}$로 올바르게 수렴하지만 너무 예측 가능해서 동전 던지기의 연쇄처럼 보이지 않는다. 올바른 콜렉티프는 예측 불가능해야 한다. 즉, 규칙이 없어야 한다. 폰 미제스의 용어를 쓰자면 이 말은 결과를 미리 알지 못한 상태에서 던지기의 어떤 부분열을 선택하든 상대빈도가 여전히 $\frac{1}{2}$에 수렴해야 한다는 뜻이다. 앞의 예에서는 이런 빈도 안정성이 성립하지 않는다는 것이 분명하다. 짝수 번째 결과를 모두 골라내면 다음과 같다.

$$T T T T T T T \cdots$$

홀수 번째 결과를 모두 골라내면 다음과 같다.

$$H H H H H H H \cdots$$

앞면의 빈도는 첫 번째에서 0이며 두 번째에서는 1이다. 원한다면 우리는 H T H T H T H T … 연쇄에서 상대빈도가 0과 1 사이의 어떤 수로든 수렴하는 부분열을 골라낼 수도 있고 심지어 상대빈도가 아예 수렴하지 않고 오르락내리락하는 부분열을 골라낼 수도 있다.

이 지점에서 반론이 제기된다. 실제로 우리는 어떤 진정한 무작위 연쇄에 대해서도 빈도 안정성이 똑같이 결여되었음을 입증할 수 있다고 인정해야 한다. 이런 연쇄는 틀림없이 무한히 많은 앞면과 무한히 많은 뒷면으로 이루어질 것이며, 알맞은 부분열을 골라냄으로써 아까와 마찬가지로 앞면으로만 이루어진 연쇄, 뒷면으로만 이루어진 연쇄, 수렴하든 아니든 앞면에 대해 우리가 원하는 상대빈도를 나타내는 연쇄를 얻을 수 있다. 이것은 콜렉티프가 전혀 존재하지 않으며 폰 미제스의 이론이 허황하다는 사실을 보여주는 듯하다.

이 반론에 맞서 리하르트 폰 미제스는 부분열을 고를 때 결과를 미리 알면 안 된다고 주장했다. 매우 그럴듯한 조건이지만, 수학적으로는 어떤 의미일까? 올바른 부분열을 어떻게 골라낼까?

부분열은 많다. 그냥 무한히 많은 게 아니라 비가산적으로 많다. 실제로 H를 1로 대체하고 T를 0으로 대체하면 0과 1의 무한수열을 얻는다.

$$0\ 1\ 1\ 0\ 1\ 0\ \cdots$$

이러한 수열은 어떤 것이든 0과 1 사이의 실수를 표현하는 이항전개와 일치한다고 해보자. 우리의 경우는 아래와 같을 것이다.

$$\frac{0}{2} + \frac{1}{2^2} + \frac{1}{2^3} + \frac{0}{2^4} + \frac{1}{2^5} + \frac{0}{2^6} + \cdots$$

(게오르크 칸토어 이래로 알려져 있듯) 0과 1 사이에는 실수가 비가산적으로 많으므로 앞면과 뒷면의 부분열은 비가산적으로 많다. 우리는 결과가 어떨지 사전 지식이 전혀 없으므로 어떤 연쇄는 합당한 선택이다. 하지만 어떤 연쇄는 앞면의 올바른 빈도로 이어지지 않을 것이다.

리하르트 폰 미제스는 이 문제를 잘 알았으며 자리 선택 함수 place selection function 개념으로 이 문제를 해결하려 했다. 자리 선택 함수는 각각의 모든 단계 N에서 다음 던지기 결과를 부분열에 포함할지 말지 알려주는 체계적 절차다. 이를테면 "N이 홀수이면 다음 던지기 결과를 포함하고 짝수이면 포함하지 말라"라는 규칙이 있다. 이것은 던지기 연쇄로부터 어떤 영향도 받지 않는 무척 단순한 절차다. 그런가 하면 지금껏 얻은 결과에 따라 달라지는 절차도 있다. 이를테면 "마지막 세 번의 던지기 결과가 H T H이면 다음 던지기 결과를 포함하고 그렇지 않으면 포함하지 말라"라는 규칙을 들 수 있다(규칙이 실행 가능하려면 과거의 던지기에는 의존할 수 있지만 미래의 던지기에는 의존할 수 없다는 사실은 명백하다. 우리에게는 신탁이 없으니까).

하나의 원리가 리하르트 폰 미제스를 인도했다. 그것은 우연을 이기기가 불가능하다는 것이다. 달리 말하자면 장기적으로 이길 수 있는 전략은 존재하지 않는다. 은행을 이기는 시스템을 발견했다고 믿은 무수한 도박꾼이 처참하게 실패한 것에서 보듯 이 원리는 충분히 합리적이고 최대한 경험적인 듯하다. 영구 운동 기계가 없는 것과 마찬가지로 도박 시스템도 있을 수 없다. 우리는 이 사실을 받아들여야 한다. 간절히 바라면 이루어진다는 유치한 '소원 원리'가 현실에 무릎 꿇는 순간은 어김없이 찾아온다. 이는 과학에 유익하다. 영구 운동 기계가 불가능하다는 사실은 열역학의 토대다. 도박 시스템이 불가능하다는 사실은 확률론의 토대다.

적어도 이것이 리하르트 폰 미제스의 취지였다.

콜렉티프 사고

콜렉티프는 빼어난 발상이었지만 시대를 너무 앞섰다. 자리 선택 함수 개념은 그것을 정의할 '체계적 절차'의 합당한 정의가 없어서 허공에 매달려 있어야 했다. 1919년에는 그것이 무슨 의미인지 확실한 개념을 가진 사람이 아무도 없었다.

1940년 논리학자 알론조 처치가 구원자로 나섰다. 처치-튜링 명제에 따르면 체계적 절차는 튜링 기계로 구현할 수 있는 절차다. 이것을 받아들이면 만사가 간단해진다. 자리 선택 함수는 컴퓨터에 의해 단계별로 구현할 수 있는 함수다. 연쇄의 첫 문자열을 입력하기만 하면 컴퓨터는 연쇄의 다음 항을 포함할지 말지 알려줄 것이다.

튜링 기계는 단지 가산적으로 많으며, 따라서 자리 선택 함수도 단지 가산적으로 많다. 자리 선택 함수의 모든 가산 집합에 대해 폰 미제스가 말하는 의미에서 콜렉티프인 앞면과 뒷면의 연쇄가 존재한다는 사실은 이미 알려져 있었다. 이것을 입증한 사람은 1936년 에이브러햄 월드라는 무직의 젊은 루마니아 수학자로, 오래전으로 거슬러 올라가는 가련한 랍비의 혈통이었다. 월드는 빈에서 공부했으며 쿠르트 괴델 및 오스카어 모르겐슈테른과 친분이 있었다.

한동안 폰 미제스의 이론은 월드와 처치의 약소한 도움으로 마침내 탄탄한 토대에 올라선 듯 보였다. 실제로는 그렇지 않았지만.

아래와 같이 교대로 반복되는 연쇄에는 무작위적인 것으로 보이지 않는 여러 성질이 있다.

HTHTHTHTHTHTHTHTHT …

그중 하나는 앞면의 상대빈도가 $\frac{1}{2}$로 수렴하지만 **한쪽에서만**, 그러니까 위쪽에서만 수렴§그보다 큰 수에서 $\frac{1}{2}$을 향해 점점 작아진다는 뜻한다는 것이다. 이 상대빈도는 실제로 아래와 같다.

$$\frac{1}{1}, \frac{1}{2}, \frac{2}{3}, \frac{1}{2}, \frac{3}{5}, \frac{1}{2}, \frac{4}{7}, \frac{1}{2}, \frac{5}{9}, \cdots$$

짝수 번째 시도가 끝난 뒤에는 앞면과 뒷면의 횟수가 언제나 같다. 반면에 홀수 번째 시도가 끝난 뒤에는 앞면이 앞선다(흠!). 이것은 진정한 동전 던지기 연쇄의 행동과 사뭇 다르다. 진정한 연쇄에서는 상대빈도가 때로는 $\frac{1}{2}$보다 작고 때로는 $\frac{1}{2}$보다 클 것이 100퍼센트 확실하다. 상대빈도는 방향을 무한히 자주 바꾸며 아래에서도 위에서도 극한값 $\frac{1}{2}$에 접근한다.

그러던 중에 장 앙드레 빌이라는 젊은 프랑스 수학자가 1935년 빈의 좁고 누추한 세미나실에서 에이브러햄 월드의 강연을 들었다. 빌은 프랑스의 초엘리트 학교인 고등사범학교 학생이었으며 동료 학생 장 폴 사르트르와 시몬 드 보부아르의 절친한 친구였다. 실은 어찌나 친했던지 장 폴이 장 앙드레의 아내와 자고서 그 소식으로 시몬을 즐겁게 했을 정도다.

빌은 콜렉티프에 관해 더 배우고 싶어서 1933년 베를린에 갔다. 하지만 너무 늦었다. 리하르트 폰 미제스는 터키로 강제 추방당한 뒤였다. 빌은 스와스티카로 도배된 나치 수도가 달갑지 않았기에 빈으로 이주했다. 그곳도 고요한 장소는 아니었지만 새내기 수학자에게는 훨씬 고무적인 환경이었다. 그리고 에이브러햄 월드의 강연에서

▲ 에이브러햄 월드(1902~1950).　　　▲ 장 앙드레 빌(1910~1989).

빌은 우연히 콜렉티프를 다시 만났다. 그는 콜렉티프를 무너뜨리는 일에 뛰어들었다.

장 빌은 자리 선택 함수의 어떤 가산집합을 선택하더라도 H T H T H T H T … 같은 지독한 결함이 있는 콜렉티프가 언제나 존재한다는 사실을 밝혀낼 수 있었다. 앞면의 상대빈도는 당연히 $\frac{1}{2}$에 수렴하고 게다가 자리 선택 함수에서 주어지는 모든 부분열에서 그러지만 언제나 위로부터 수렴한다. 말하자면 이런 콜렉티프는 도박 시스템에 쓰일 수 있다. 도박꾼이 언제나 은행과 비기거나 심지어 근소하게 앞서도록 해주는 것이다. 이 불패 시스템은 폰 미제스가 자신의 자리 선택 함수에서 피하고 싶어했던 바로 그것이다.

30년간 콜렉티프 개념을 옹호하던 리하르트 본 미제스는 결국 패배를 인정했다. "일반적 형식화에 도달하려는 나의 소박한 첫 시도는 오늘 대부분의 측면에서 시대에 뒤떨어졌다."

이 선언은 두 가지 이유로 틀렸다. 첫째, 그의 시도는 결코 소박하지 않았다. 둘째, 접근법이 시대에 뒤떨어졌다는 견해 자체가 금세 시대에 뒤떨어졌다. 콜렉티프 개념은 실패했다. 하지만 아래와 같은 여러 아이디어를 탄생시켰으며 그 덕에 결국 무작위 연쇄라는 알쏭달쏭한 개념을 포착하고 공략할 수 있게 되었다.

약용할 수 없는 연쇄. 이런 개념은 도박 시스템의 불가능성에 의존한다. 실제로 도박 시스템이 반드시 리하르트 폰 미제스의 접근법에서 그랬던 것처럼 자리 선택 함수를 근거로 삼아야 하는 것은 아니다. 더 일반적인 도박 시스템도 있다. 기본적으로 이런 시스템은 게임의 각 단계에서 도박꾼이 자신의 돈으로(만일 남아 있다면) 무엇을 해야 하는지 알려준다.

이 시스템들은 모두 매우 단순한 성질을 공유한다. 어느 때든 도박꾼에게 가용한 자본은 다음 단계 이후에 가용한 자본의 평균이다(다음 단계의 결과는 뒷면일 수도 앞면일 수도 있다). 이런 시스템을 **마팅게일**martingale이라고 부른다(이 이름은 공교롭게도 장 빌이 지었으며 2008년 금융위기 때 어느 정도 악명을 얻었다).

마팅게일은 자본이 무한할 때 앞면과 뒷면의 연쇄에서 성공을 거둔다고 간주된다. 우리는 연산 가능한 어떤 마팅게일도 성공하지 못할 때 앞면과 뒷면의 연쇄가 **악용 불가능하다**고 정의한다(여기서 연산 가능성은 기본적으로 튜링 기계로 프로그래밍할 수 있다는 뜻이다. 기술적 요소를 추가할 수도 있다). 적절한 무작위 연쇄는 모두 악용 불가능해야 한다.

규칙 없는 연쇄. 또 다른 접근법은 장 빌 본인이 제시했으며 수십 년 뒤 스웨덴의 수학자 페르 마르틴뢰프가 발전시켰다. 리하르트 폰 미제스의 빈도 안정성 기준은 큰수의 법칙을 길잡이 삼은 것이 틀림없다. 이 법칙은 진정한 동전 던지기 연쇄에 100퍼센트의 확률로 성립한다. 하지만 100퍼센트의 확률로 성립하는 확률 법칙은 이것만이 아니다. 실은 엄청나게 많다. 하나만 예를 들자면 상대빈도가 위아래 양쪽에서 극한값에 접근한다는 법칙이 있다. 무작위 연쇄가 이 **모든** '100퍼센트 확률' 법칙을 충족해야 한다고 요구하지 않는 이유는 무엇일까? 사실 이는 지나친 요구일 것이다. 어떤 연쇄도 100퍼센트 확률 법칙을 모조리 충족할 수는 없다. 이 많은 법칙 중 하나에 따르면 무작위 연쇄는 바로 자신과 달라야 하기 때문이다.

그럼에도 장 빌의 개념은 생산적인 것으로 드러났다. 그의 개념은 무작위성에 무한히 많은 통계적 검증을 고려하고 그중 일부에서 실패하는 모든 연쇄를 배제하라고 제안했다. 이를테면 규칙에 의해 주어지는 앞면과 뒷면의 연쇄는 반드시 배제되어야 하는 것이 타당해 보인다. 튜링 기계 개념을 받아들이면 '규칙(또는 알고리즘)에 의해 주어진다'가 무슨 뜻인지 정확히 이해할 수 있다. 그것은 연산의 결과로서 얻을 수 있다는 뜻이다. 그러므로 앞면과 뒷면의 모든 연산 가능한 연쇄는 배제되어야 한다. 이런 연쇄는 단지 가산적으로 많으며 알고 보면 너무 적다. 페르 마르틴뢰프의 개념은 단일 연쇄뿐 아니라 연쇄의 집합들, 말하자면 확률이 0인 집합들을 배제하라는 것이었다. 이 집합들은 단일 연쇄로 이루어지지만 훨씬 클 수도 있다. 심지어 비가산일 수도 있는데, 그래도 확률은 여전히 0이다.

그러므로 페르 마르틴뢰프는 튜링 기계라는 수단으로 구성할 수 있는 확률 0인 모든 집합을 고려했다. 그런 집합은 단지 가산적으로 많기 때문에 합집합의 확률도 0이다. 이 합집합의 모든 원소를 배제하면 남는 것은 모든 규칙 없는 연쇄의 집합뿐이다. 정의상 이것은 규칙 유사 행동을 검사하여 가려낼 수 없는 연쇄다.

압축 불가능한 연쇄. 무작위성으로의 세 번째 접근법은 안드레이 니콜라예비치 콜모고로프, 미국의 그레고리 차이틴과 레이 솔로모노프가 독자적으로 발전시켰다. 이 접근법은 정보이론을 토대로 삼는다. 앞면과 뒷면의 연쇄 중 일부는 낱말 몇 개로 묘사할 수 있다. 이를테면 '1000개의 H'나 '모든 제곱수 자리에는 H가 오고 나머지 모든 자리에는 T가 오는 100만 개의 H와 T' 등이 있다. 후자는 길이가 한 줄을 넘어가지만 100만 개의 H와 T를 배열한 문장보다는 훨씬 짧다. 이 묘사는 **압축**되었다.

우리는 입력을 받았을 때 H와 T의 연쇄를 출력하는 컴퓨터 프로그램을 생각해볼 수 있다. 길이가 $n(s)$로 주어진 문자열 s를 생성하는 가장 짧은 입력을 $C(s)$라고 하자(C는 '압축되었다compressed'를 뜻한다). 문자열 s가 충분히 규칙적이면 우리는 압축된 묘사가 짧고 이에 따라 $C(s)$가 작을 것이라고 예상할 수 있다. s가 매우 불규칙하거나 복잡하거나 무질서하면 이를 묘사하는 문자열 자체보다 짧은 입력은 없을 것이다. 이 경우 $C(s) = n(s)$다.

앞면과 뒷면의 무한한 연쇄는, s가 연쇄의 모든 원래 문자열에 분포해서 둘의 차 $n(s) - C(s)$가 너무 커질 수 없으면 **압축 불가능**하다고 간주된다. 기본적으로 이런 연쇄를 묘사하고 싶으면 한 글자 한 글자 적는 수밖에 없다. 연쇄의 행동을 미리 알 수는 없다. 이 개념은 역시나 예측 불가능성의 의미를 담는다.

고려할 만한 기술적 요소(이를테면 어떤 유형의 컴퓨터를 선택할 것인가)들이 있긴 하지만, 악용할 수 없는 연쇄, 규칙 없는 연쇄, 압축 불가능한 연쇄는 사실상 모두 동일하다. 세 가지 접근법은 리하르트 폰 미제스가 자신의 콜렉티프로 얻고자 했던 목표를 달성한다.

무작위성의 이 모든 규정이 활용하는 개념은 무작위성의 정반

삶을

다정하게

가꾸는

윌북의

"나는 이 책에서 '쓸모'의 의미를 논하고 싶지 않지만, 사람들이 이 말을 지나치게 교육이나 자기 계발에 관해서만 사용할 때 슬퍼지곤 한다."

『인생의 언어가 필요한 순간』 중에서

책 — 들

www.willbookspub.com

인생의 언어가 필요한 순간

아침마다 라틴어 문장을 읽으면
바뀌는 것들

니콜라 가르디니 지음 | 전경훈 옮김

과학의 기쁨

두려움과 불인
더 넓은 세상

짐 알칼릴리 지음

눈에 보이지 않는 지

세상을 읽는 데이터 저

제임스 체셔, 올리버 우버티

옥스퍼드 오늘의 단어책

날마다 찾아와 우리의 하루를
빛나게 하는 단어들

수지 덴트 지음 | 고정아 옮김

뛰는 사람

생물학과 딥
80년의 러닝

베른트 하인리

잠자는 죽음을 깨워

인간성의 기원을 찾아

닐 올리버 지음 | 이진옥 옮김

걸어 다니는 어원 사전

양파 같은 어원의 세계를 끝없이
탐구하는 아주 특별한 여행

마크 포사이스 지음 | 홍한결 옮김

나를 알

마음의 ㅁ
심층 보고

질 볼트 테

바보의 세계

역사는 자기가 한 일이
멍청이에 의해 쓰인다

장프랑수아 마르미옹 엮음 | 박효

그림과 함께 걸어 다니는 어원 사전

이 사람의 어원 사랑에 끝이 있을까?
한번 읽으면 빠져나올 수 없는 이야기

마크 포사이스 지음 | 홍한결 옮김

새의 의

하늘을
우리가

데이비

인간의 흑역사

인간의 욕심은 끝이 없고
똑같은 실수를 반복한다

톰 필립스 지음 | 홍한결 옮김

미식가의 어원 사전

모든 메뉴 이름에는 연원이 있다

앨버트 잭 지음 | 정은지 옮김

필로

세
옥

조

진실의 흑역사

가짜뉴스부터 마녀사냥까
인간은 입만 열면 거짓말을

톰 필립스 지음 | 홍한결 옮김

대, 말하자면 연산 가능성이다. 연산 가능성은 어떤 확률론적 맥락도 염두에 두지 않은 채 발전했다.

무작위 연쇄 개념은 연산 가능성 이론뿐 아니라 확률론 개념들도 근거로 삼는다. 이 말은 명백하면서도 실은 얼토당토않은 듯하다. 무작위성이 확률과 잘도 관계가 있겠다! 하지만 여기서 말하는 확률론은 콜모고로프의 측도론 공리에 기초한 확률론이다. 사실 측도론은 확률이 100퍼센트나 0퍼센트인 결과의 집합에 관한 모든 수많은 진술에 필요하다. 이는 역설적 결과다. 리하르트 폰 미제스는 확률론을 무작위 연쇄라는 토대 위에 놓고 싶어했으니 말이다. 그런데 알고 보니 무작위 연쇄를 이해하는 데 확률론이 필요했던 것이다.

라플라스의 도깨비와 요한 폰 노이만의 죄

무작위성이 연산 가능성의 반정립이라는 사실에 눈살을 찌푸릴 사람은 아무도 없을 것이다. 하지만 이 이야기에는 반전이 있다. 우리는 컴퓨터를 이용하여 우연한 결과를 흉내 낸다.

현대 생활에서는 (사업이든 과학이든 게임이든) 많은 활동에 기다란 난수표가 필요하다. 난수는 연산이나 통계, 암호화를 위해 여기저기 어디서나 필요하다.

난수표는 어디서 왔을까? 난수를 직접 만들려는 시도는 좋은 생각이 아니다. 인간은 우연을 흉내 내는 일에 영 젬병이다. 동전 앞면과 뒷면의 무작위 문자열을 머릿속에서 생각해내라고 하면 대부분의 사람은 실패한다. 간단한 통계적 검사만으로 인위적 무작위 연쇄가 충분히 변동하지 않음을 금세 밝혀낼 수 있다. 이유는 간단하다. 큰 수의 법칙이 우리 머릿속에 박혀 있기 때문이다. 이를테면 앞면을 여섯 번 잇따라 낸 뒤에는 뒷면을 내려는 충동을 억누르기 힘들다. 반면에 진짜 동전 던지기 연쇄는 이런 조건에 전혀 영향받지 않는다.

이론상 무작위 문자열은 온전한 동전을 여러 번 던지거나 방사성 원자의 붕괴를 관찰하거나 전력망의 변동을 측정하여 얻을 수 있다. 하지만 현실에서는 이런 물리적 방법으로 무작위성을 생성하려면 대개 시간이 너무 오래 걸리고 효율도 낮다. 이런 까닭에 대부분의 난수는 가짜다. 거짓말을 하지 않기 위해 이런 난수는 **유사난수**라고 부른다. 유사난수는 알고리즘으로 생성하며, 따라서 무작위성의 의미와 정반대다. 참으로 역설적이다.

디지털 시대가 시작된 이래 이런 유사난수의 수요는 언제나 지대했다. 요한 폰 노이만이 새로 탄생한 컴퓨터에서 실행한 거의 최초의 작업은 유사난수를 잔뜩 수집하는 것이었다. 그가 쓴 방법은 **중앙제곱법**middle square method이다. 열 자리 수를 제곱하고, 그 수의 가운데 열 자리를 다시 제곱하고, 이런 식으로 계속한다. 폰 노이만은 이것이 진짜 무작위가 아님을 알았지만(이런 숫자열은 결국 반복된다), 충분히 불규칙해 보이는 수(즉, 1,000,000,000 같은 수가 아니라 당신의 전화번호 같은 수)에서 시작하도록 조심한다면 현실적 목적에는 별 문제 없이 쓸 수 있다.

지금은 유사난수를 생성하는 방법이 엄청나게 많아졌다. 하지만 여전히 사술邪術에 가깝다. 유사난수를 자세히 들여다봤더니 기대만큼 무작위적이지 않다는 사실이 입증되는 당혹스러운 사건이 잇따라 발생했다. 유사난수를 이용하는 것은 여전히 불법의 냄새를 풍기는 도박이다. 요한 폰 노이만은 이런 농담을 남겼다. "난수를 생성하는 산술적 방법을 고민하는 사람이 죄인의 처지에 있다는 사실은 두말할 필요가 없다."

어떤 면에서 그것은 매우 자연스러운 죄다. 실은 물리 세계의 가장 결정론적인 모형조차 무작위적으로 보이는 결과를 내놓는다. 고전역학은 원칙상 철저히 결정론적이다. 위대한 수학자이자 천문학자 피에르 시몽 라플라스는 이를 보여주는 사고실험을 고안했다. 라플라스는 특정 순간에 자연을 움직이게 하는 모든 힘과 자연 만물의 모든 위치를 아는 지적 존재를 상상해보라고 말한다. "그런 지적 존재에게는 무엇도 불확실하지 않으며 미래는 과거처럼 눈앞에 펼쳐질 것이다."

이 지적 존재는 라플라스의 도깨비로 불리게 되었다(일반인의 귀에는 모든 것을 아는 지적인 존재가 신처럼 보이겠지만, 라플라스는 신 가설이 필요하지 않다는 당돌한 견해를 천명했다). 그렇다면 동역학계의 모든 진화는 임의의 한 시점에서의 상태로 완전히 규정된다. 라플라스의 도깨비는 이 동역학계 개념을 표현한 것이다. 그 상태는 초기 조건으로 명명되었으며 우주의 진화 전체를 한 찰나에 압축한다.

하지만 물리학에서 맞닥뜨리는 여러 동역학계는 '초기 조건에 민감한 의존성'이라고 불리는 성질을 나타낸다. 이 말은 초기 조건의 차이가 아무리 작아도 시간이 지나면서 그 차이가 지수적으로 커진다는 뜻이다. 인접한 초기 조건들에서 진화하는 다양한 미래가 빠르게 가지를 뻗는다.

인간은 (도깨비와 대조적으로) 초기 조건을 근사적으로만 알 수 있다. 이 불확실성은 처음에는 매우 작더라도 결국에 가서는 폭발적으로 커질 것이다. 설령 현실 세계의 미래와 우리가 연산의 토대로 삼는 '가정된' 세계의 미래가 둘 다 온전히 결정되었더라도 두 미래는 서로 발맞춰 전개되지 않는다. 어느 정도 시간이 흐르면 예측은 전혀 믿을 수 없게 된다.

이것은 간단한 장난감 모형으로 쉽게 설명할 수 있다. 이 장난감 세계의 상태가 오로지 각도(원에 놓인 바늘의 위치)에 의해 규정된다고 가정하고 시간이 한 단계 진행할 때마다 각도가 두 배로 증가하는 것만이 동역학의 전부라고 해보자. 어떤 초기 조건에서는 시간에 따른 진화가 매우 단순하다. 이를테면 최초 각도가 0이면 언제까지나 0에 머무른다. 최초 각도가 120도이면 다음 단계에서는 240도, 그 다음 단계에서는 480도가 되는데, 이것은 120도와 똑같다. 각도는 두 단계 만에 원래 위치로 돌아왔으며 미래의 모든 시간 단계에도 120도와 240도의 두 값 사이를 주기적으로 왔다 갔다 할 것이다. 하지만 초기 조건에서 1도만 차이가 나더라도 두 상태의 차이는 다음 시간 단계에서는 2도, 그다음은 4도, 8도, 16도로 벌어질 것이다. 시간이 좀 지나면 바싹 붙어 있던 두 초기 상태(이를테면 120도와 121도)는 사뭇 다른 미래를 낳을 것이다. 고작 일곱 단계 이후에 두 각도는 원둘레의 3분의 1 이상 벌어져 있을 것이다.

두 초기 상태 다 주기 궤도로 이어지므로 얼마든지 예측할 수 있다. 하지만 대부분의 초기 조건에서는 미래가 주기적이지 않고 오히려 완전히 불규칙하다. 이런 탓에 "각도가 0도와 90도 사이일 확률이 25퍼센트다" 같은 식으로 통계적 성질을 예측하는 것이 고작이다. 이런 예측은 앞으로 정확히 1년 뒤 베네치아에서 비가 내릴 확률을 언급하는 것과 본질적으로 같다. 공교롭게도 '혼돈'을 생성하는 결정론적 모형의 최초 사례들은 기상학 모형이었으며 이는 대중문화에 놀라운 영향을 미쳤다. 이른바 **나비효과**(브라질에서 나비가 날개를 파닥거리면 텍사스에서 토네이도가 발생할 수 있다)는 유행어가 되었으며 스티븐 스필버그의 블록버스터 영화 〈쥐라기 공원〉에서도 언급되었다.

이보다 덜 화려한 용어인 **결정론적 혼돈**은 100년 전 루트비히 볼츠만과 앙리 푸앵카레에게 알려져 있었다. 사실 동전이나 주사위를 던지는 것에도 결정론적 혼돈이 결부된다. 초기 조건에 대해 우리는 "모든 면은 나올 가능성이 같다"보다 나은 예측을 할 수 있을 만큼 잘 알지 못한다. (그건 그렇고 각이 두 배로 증가하는 동역학은 동전 던지기 연쇄와 밀접한 관계가 있으며 수학 분야에서는 '베르누이 이동Bernoulli shift'이라는 제목으로 연구된다.)

우연의 빈도론적 해석은 대부분의 물리학자에게 제2의 천성인데, 방금 언급한 의미에 따르면 이 해석은 주관적 토대 위에 서 있다. 우리가 정확한 초기 조건을 모르기 때문이다. 철학자 칼 포퍼는 열렬한 빈도론자로서(젊은 시절에 에이브러햄 월드를 부추겨 콜렉티프를 연구하도록 했다) 이 주관적 관점을 피할 방법을 찾으려 했는데, 그것은 앞면이 나오는 동전에 객관적 '성향'을 부여하는 것이었다. 더 정확히 말하자면, 반복되는 실험 이면의 실험 조건에 성향을 부여했다.

포퍼는 자신의 개념에 형이상학적 뉘앙스가 서려 있음을 인정했다. 그에 따르면 성향은 빈도가 아니라 빈도를 일으키는 무언가다. 그가 이 용어를 쓴 것은 단일 사건의 확률이 어떤 의미를 지닐 수 있는지 설명하기 위해서였다. 하지만 여기에 관심을 가지는 수학자는 거의 없었다. 성향을 거론하는 것은 빈도주의의 또 다른 해석을 회피하려는 최후의 시도처럼 보인다. 그 해석이란 사건의 확률이 우리의 무지를 가늠하는 척도라는 것이다. 이제 살펴보자.

무지의 대가

주관적 확률을 설명하는 근대적 이론은 이탈리아의 명석한 수학자 브루노 데 피네티가 혼자서 발전시키다시피 했다. 확고하게 자리 잡기까지는 1930년대부터 1960년대까지 30년이 걸렸다. 그즈음데 피네티의 이론을 영국의 젊은 만물박사가 이미 예견했다는 사실이 분명해졌다. 그는 논리학자이자 수학자이자 경제학자이자 철학자 프랭크 플럼프턴 램지였다.

램지의 어머니는 옥스퍼드대학교에서 공부했는데, 이 오점을 제외하면 램지는 뼛속까지 케임브리지인이었다. 아버지는 수학자로, 모들린대학교 학장이었다. 프랭크는 트리니티대학교에서 공부했다. 저명한 경제학자 존 메이너드 케인스는 금세 그를 자신의 품 안에 맞아들여 비밀에 싸인 엘리트 토론 모임 사도회에 입회시켰다.

사도회에서는 독일어로 쓰인 얇고 신비스러운 논리학 책에 대해 열띤 토론을 벌였다. 케임브리지대학교의 어떤 교수는 제목으로 '논리·철학 논고'를 제안했는데, 향후 판매 실적을 염두에 둔 것이 분명했다. 이 소책자는 엄청난 부자로 알려진 빈 출신의 전직 사도회원 루트비히 비트겐슈타인이 제2차 세계대전 기간 적군의 참호에서 복무하는 동안 썼다.

프랭크 램지는 독일어를 배워가며 소책자를 번역했다. 학부생이던 그는 『논고』의 몇몇 표현이 꽤 불분명하다는 생각이 들어 니더외스터라이히를 찾아갔다. 그곳에서는 비트겐슈타인이 초등학교 교사로 일하고 있었다. 두 사람은 몇 주간 오후마다 책을 한 줄 한 줄 읽어갔으며 놀랍게도 둘은 평생 친구가 되었다. 유일한 시빗거리는 지크문트 프로이트를 어떻게 평가하는가였다. 프랭크는 프로이트를 알베르트 아인슈타인 및 비트겐슈타인과 동급에 놓았다. 루트비히는 자존심이 상했다.

램지는 스무 살 무렵 수학으로 학사 학위를 받았다. 모든 시험에서 두각을 나타냈으며 수석으로 졸업했다. 얼마 지나지 않아 킹스

◀ 프랭크 플럼프턴 램지(1903~1930).

칼리지 연구원 겸 수학 연구부장이 되었다. 촉망받고 성실하고 순진무구한 신동이었다(그의 전기 작가 셰릴 미사크의 말을 빌리자면 "세속적이지 않고 단정하지 않고 말쑥하지 않"았다. 혹자는 "등대와 비행선 사이에 가로놓인 십자가처럼 거대한 사람"이라고 묘사했다).

비트겐슈타인이 마흔 살에 케임브리지대학교에 돌아와 고급(그야말로 '고급'!) 학생으로 등록했을 때 그의 지도 교수는 나이가 열일곱 살 어리고 여전히 프로이트 신봉자인 램지였다(프랭크의 사랑하는 어머니는 남편이 몰던 차를 타고 가다가 교통사고로 목숨을 잃었는데, 이것은 어떤 정신분석가도 가라앉힐 수 없는 충격이다).

램지는 수학의 기초에 매혹되었으며 러셀의 유형론을 대폭 단순화했다. 그는 조합론을 지나가듯 언급했는데, 이것은 수십 년 뒤 램지 이론으로 발전하여 엄청난 영향력을 발휘했다. 이 이론은 충분히 큰 구조에서 필연적으로 질서가 발생하는 현상과 관계가 있다. 이것으로 모자란다는 듯 그는 획기적 에세이 몇 편으로 경제학 발전에 지대한 영향을 미쳤다. 하지만 램지가 염두에 둔 주요 연구 분야는 주관적 확률의 이론이었다.

그는 연구가 완성되는 모습을 보지 못했다. (아마도) 캠강에서 헤엄치다 감염병에 걸려 황달이 들었다. 1930년 초 수술이 실패로 돌아가 스물여섯의 나이로 세상을 떠났다. 비트겐슈타인은 대기실에서 고통에 몸부림쳤다.

램지는 어마어마한 양의 메모와 초고를 남겼다. 그중엔 1926년 케임브리지 도덕철학클럽에서 '참과 확률Truth and Probability'이라는 제목으로 실시한 강연의 원고도 있었다. 도덕철학클럽 회의록에는 이렇게 기록되어 있다. "램지는 믿음의 정도를 내기 의향으로 측정할 수 있으며 확률 법칙이 부분적 믿음에서의 일관성에 대한 법칙이요, 그렇기에 형식 논리의 일반화라고 주장했다."

강연록은 1931년 유작으로 출간되었지만 그 여파는 오랜 시간이 지난 뒤에 감지되었다. 이 일화는 이른바 램지 효과의 사례다. 램지가 어떤 문제를 이미 오래전에 다뤘다는 사실을 사람들은 뒤늦게 알아차렸다.

물리학자들은 확률을 다수의 사건에 국한하는 경향이 있다. 심리학자들은 이것이 너무 편협한 기준이며 우리가 모든 증거를 동원하여 단일 사건의 확률을 끊임없이 평가한다는 사실을 안다.

램지가 '참과 확률'에서 말하듯, '부분적 믿음의 논리'로서의 확률은 물리학에서의 의미를 예단하는 것으로 받아들여서는 안 된다. 그가 찾고 싶었던 것은 '믿음을 측정하기 위한 순전히 심리적인 방법'이다. 그의 대담한 견해에 따르면 믿음은 감각 자료 못지않게 '주어진 것'이다.

믿음은 대체로 감정과 결부되지만, 그 감정의 세기를 측정하는 객관적인 방법은 전혀 없는 듯하다. 어떻게 감정에 숫자를 매기겠는가? 게다가 "우리가 가장 확고하게 고수하는 믿음은 사실상 어떤 감정도 결부되지 않은 경우가 많다. 당연하게 여기는 것에 강렬한 감정을 느끼는 사람은 아무도 없다." 따라서 **감정**보다는 믿음에 의해 유발되는 **행동**을 눈여겨봐야 한다. 이를테면 $\frac{1}{3}$의 주관적 확률은 "1대 2의 내기를 걸 정도의 믿음과 분명히 연관되어 있"다.

내기를 거는 것은 행동이다. 확률을 부여하는 것은 내기의 경향을 측정하는 일이다.

경마에서 나올 수 있는 모든 결과에 기꺼이 마권을 사고파는 마권업자가 있다고 상상해보라. 이 마권업자는 적중자에게 100달러를 지불해야 하지만 배당률을 0과 1 사이에서 마음대로 정할 수 있다. 그가 경주마 시비스킷의 우승에 60퍼센트의 배당률을 매긴다고 가정해보자. 이 말은 경마꾼이 60달러를 걸면서 100달러의 순수익을 기대한다는 뜻이다.

마권업자가 라이벌 경주마 레드럼의 우승에 20퍼센트의 배당률을 매기고 시비스킷 또는 레드럼의 우승에 90퍼센트의 배당률을 매긴다면 우리는 그를 공략하는 '네덜란드 책Dutch book'을 만들 수 있다.§ 백전백승하는 전략을 짠다는 뜻(여기서 '네덜란드'가 왜 나오는지 아는 사람은 아무도 없는 듯하다). 시비스킷과 레드럼 각각에 돈을 걸고 둘 다 우승하지 못하는 쪽(마권업자에 따르면 이 경우의 배당률은 100 - 90 = 10퍼센트다)에도 돈을 걸면 된다. 그러므로 우리는 세 경우에 대해 60 + 20 + 10 = 90달러를 걸고서 100달러를 확실히 딸 수 있다. 네덜란드인이든 아니든 제정신 박힌 마권업자라면 결코 이런 일이 벌어지도록 내버려두지 않을 것이다. '시비스킷 또는 레드럼'의 배당률을 올바르게 더해야 한다는 것은 두말할 필요도 없다. 같은 논증에 따르면 함께 일어나는 어떤 두 사건 A와 B에 대해서든 둘 중 하나가 일어날 확률은 A가 일어날 확률과 B가 일어날 확률의 합이다. 이 말은 P의 주관적 확률이 가법성을 충족해야 한다는 뜻이다. 즉, 여느 객관적 확률과 마찬가지로 P(A 또는 B) = P(A) + P(B)다.

비슷한 맥락에서 **조건부 확률**을 내기의 형태로 정의할 수 있다. 마권업자는 내일 비가 온다면 시비스킷이 내일 경주에서 우승하리라는 예측을 두고서 내기를 받아들일 수 있다. 이 말은 경마꾼이 두 사건을 합산해야 한다는 뜻이다. 내일 비가 오고 시비스킷이 지면 경마꾼은 이 합계 금액을 잃으며 비가 오고 시비스킷이 우승하면 100달러를 딴다. 하지만 비가 오지 않으면 시비스킷이 우승하든 아니든 내기가 취소되고 합계 금액은 경마꾼에게 반환된다.

마권업자는 내일 비가 온다는 것에 대한 내기를 받아들일 수도 있다. 하지만 "시비스킷이 우승하**고** 내일 비가 온다"의 확률이 "내일 비가 온다" 확률과 "내일 비가 오면 시비스킷이 우승한다" 확률의 **곱**이라는 규칙을 무시한다면 호된 대가를 치를 것이다. 마권업자가 반드시 돈을 잃도록 네덜란드 책을 만들 수 있기 때문이다. 이번에도 예상, 즉 마권업자의 주관적 확률은 객관적 확률의 일반 규칙을 따라야 한다. 무엇보다 어떤 사건에 대해서든 두 사건 A와 B에는 곱셈 규칙이 성립한다.

(A 그리고 B)의 확률 =
(B의 확률)×(B가 성립할 경우 A의 확률)

마권업자가 사고실험 속 등장인물이라는 사실은 두말할 필요도 없다. 현실에서는 에누리를 두지 않고 내기를 받아줄 만큼 공정한 마권업자를 어디에서도 찾을 수 없다. 파생상품 거래인이나 헤지펀드 매니저, 카지노 소유주도 마찬가지다. 이 사고실험은 주관적 확률이 네덜란드 책에 의해 악용되지 않으려면 일관성이 있어야 한다는 사실을 명확히 보여주기 위한 장치에 불과하다. 이 일관성 요건은 주관적 확률을 이따금 물리학자의 확률(객관적 확률이라고 불리기도 한다)과 대조적으로 '논리학자의 확률'이라고 부르는 이유다.

여기서 **확률**probability과 **증명 가능성**provability이 발음만 비슷한 게 아니라 같은 어원에서 나왔다는 데 유의하라. 수학에서 쓰이기 이전 과거에 '증명proof'이라는 낱말의 의미는 논리학의 일차 원리들만을 이용한 연역이 아니라 진술을 뒷받침하는 논증(이를테면 용의자가 지닌 피 묻은 주머니칼)을 일컬었다. 증명은 절대적으로 확정적일 필요가 없었다. 증명은 수학과 학생들을 확신시키기 오래전에 배심원들을 설득하는 데 쓰였다. 당신이 무언가에 대해 어떤 내기도 받아들인다는 것은 그 무언가가 당신에게 '합리적 의심을 넘어서서' 증명되었다는 뜻이다.

램지의 공정한 마권업자는 가공이요 허구이지만, 내기로 믿음을 측정하는 것은 그렇지 않으며 현실에서 일어나는 일을 반영한다. 램지를 인용하자면 "우리는 평생 동안 어떤 의미에서 내기를 건다. 역에 갈 때마다 우리는 기차가 실제로 운행할 거라는 쪽에 내기를 거는 셈이다. 여기에 대한 믿음의 세기가 충분하지 않으면 우리는 내기를 거부하고 집에 머물러야 한다."

그럼에도 램지는 내기 시나리오가 여전히 불완전하다고 느꼈다. 그는 아래와 같은 예시를 들었다.

나는 교차로에 있으며 어디로 가야 할지 모른다. 하지만 두 길 중 하나가 맞는 것처럼 보인다. 따라서 나는 그 길로 가기로 하되 길을 물어볼 사람이 있는지 주시한다. 나는 어느 길이 옳은지 알려주는 사람에게 얼마를 지불할 용의가 있을까? 그것은 분명 나의 확신 정도, 말하자면 믿음의 세기에 달렸다. 하지만 내가 두 대안에 부여하는 값에 따라서도 달라진다. 한쪽 길이 다른 쪽 길보다 훨씬 험하다면 나는 반드시 옳은 길을 선택하고 싶을 것이다.

그렇다면 값을 어떻게 측정해야 할까? 고작 몇 페이지 뒤에서 램지는 주관적 확률과 짝을 이루는 효용 이론을 발전시켰다. 이것은 놀랍도록 명쾌한 접근법이다. 램지는 효용 이론을 대략 소개한 뒤 대수롭지 않다는 듯 이렇게 언급했다. "내가 이 수학적 논리학을 자세히 설명하지 않은 것은 소수점 이하 둘째 자리까지만 유효한 결과를 일곱째 자리까지 계산하는 격이라고 생각하기 때문이다."

그는 자세한 내용을 추후에 설명하겠다고 말했다. 어쨌거나 이것은 도덕철학클럽에서 친구들에게 했던 강연일 뿐이었다. 시간은 얼마든지 있는 것처럼 보였다. 램지는 스물세 살밖에 되지 않았으며 이것 말고도 관심 분야가 수없이 많았다! 그의 죽음은 누구도 예상하지 못한 비극이었다.

주관적 확률의 토대를 마련하는 일은 브루노 데 피네티에게 맡겨졌으며, 기대효용 이론을 공리화하는 일은 요한 폰 노이만과 오스카어 모르겐슈테른에게 떨어졌다. 내기, 조건 내기, 네덜란드 책, 일관성 등 두 분야의 유사성은 놀라웠다. 램지의 사후 출간된 강연록으로 말할 것 같으면, 완전히 이해되기까지는 어마어마하게 오랜 시간이 걸렸다.

효용에 대한 램지의 접근법에서는 주관적 확률을 고수한다는 대목이 가장 눈에 띄었다(반면에 폰 노이만과 모르겐슈테른은 자신들의 복권에 객관적 확률을 이용했다). 묘수는 세기가 $\frac{1}{2}$인 믿음을 정의할 때 무관심도를 이용하는 것이었다. 당신이 어느 쪽이든 상관하지 않는 명제 Z(이를테면 "시비스킷이 경주에서 우승한다")가 있다고 가정하자. 더 나아가 당신이 무언가를, 이를테면 술을 한 잔 기울이는 행동을 정말로 좋아한다고 가정하자. 당신이 "Z가 성립하면 술을 한 잔 받고 그렇지 않으면 한 잔도 못 받는다"와 "Z가 성립하지 않으면 술을 한 잔 받고 그렇지 않으면 한 잔도 못 받는다"의 차이에 무관심하다면 Z에 대한 당신 믿음의 세기는 $\frac{1}{2}$이라고 말하는 것이 타당해 보인다. 이 말은 당신이 이 명제에 $\frac{1}{2}$의 확률을 부여한다는 뜻이다.

그다음 램지는 효용을 도입한다. $\frac{1}{2}A + \frac{1}{2}B$ 복권과 $\frac{1}{2}C + \frac{1}{2}D$ 복권의 차이에 무관심하다면 당신이 A를 C보다 얼마나 좋아하든 그 차이는 당신이 D를 B보다 얼마나 좋아하는가에 의해 상쇄된다. 따라서 효용은 $u(A) - u(C) = u(D) - u(B)$를 충족해야 한다. 이로부터, 또한 당신이 가진 선호의 연속성에 관한 몇 가지 타당한 가정을 통해, 당신은 어떤 결과에든 효용을 부여할 수 있으며 그에 따라 당신이 한쪽을 다른 쪽보다 얼마나 좋아하는지 평가할 수 있다.

마지막 단계에서 램지는 당신이 결과에 기꺼이 내기를 거는 승산으로 $\frac{1}{2}$이 아닌 주관적 확률, 이를테면 $\frac{1}{3}$을 도입했다. 이렇게 해도 평가 과정은 아까와 똑같지만 이제는 돈이 아니라 효용이 내기의 근거다.

이것은 프랭크 P. 램지의 대략적 설명에 대한 대략적 설명에 불과하다. 나의 의도는 주관적 선호와 주관적 확률을 넘나드는 그의 근사한 솜씨를 강조하는 것이다. 램지는 결과에 대한 무관심에서 출발해서 이를 이용하여 부분적 믿음 $\frac{1}{2}$을 정의하고, 다시 이를 이용하여 효용의 온전한 척도를 정의하고, 이 척도를 이용하여 부분적 믿음의 온전한 척도를 정의했다. 이것은 스스로를 창조하는 최고의 방법이다. 이렇게 적은 재료로 이렇게 많은 내용을 유도한 적은 일찍이 없었다.

이 방법을 보면 뮌히하우젠 남작의 일화가 떠오른다. 그는 늪에 빠지자 자신의 머리카락을 잡아당겨 빠져나왔다는 주장으로 유명하다. 하지만 뮌히하우젠은 사기꾼이었고 램지는 아니었다.

태양에 내기하다

새 증거가 발견되면 믿음은 달라진다. 우리는 학습 능력이 있다. 대개는 특정 사건에서 일반 법칙을 도출하는 귀납을 활용한다. "모든 고니는 흰색이다" 같은 법칙 말이다.

여행객이 기차 창밖을 내다보며 말한다. "이곳 스코틀랜드에는 검은 양들이 있군."

동승객이 바로잡는다. "적어도 한 마리의 검은 양이라고 해야지."

또 다른 동승객이 끼어든다. "우리에게 보이는 쪽이 검은색일 뿐이라고."

승객들은 철학자 대회에 가는 길이다.

흄 이래로 우리는 귀납이 논리적으로 설득력 있는 어떤 논증도 토대로 삼지 않음을 안다. 그렇다면 다른 무엇을 근거로 삼을까? 당연하게도 우리는 귀납이 많은 사례에서 효과적이었다고 주장할 수 있다. 하지만 이 주장은 일반 법칙의 정당화가 아니라 또 하나의 사례에 불과하다. 그러므로 같은 질문이 또 제기된다.

램지가 말한다. "이 순환에는 악한 것이 전혀 없다." 그는 귀납을 (지식을 얻는 또 다른 기본적 방법인) 기억과 비교한다. "우리가 기억의 정확성을 판단할 수 있는 경로는 기억뿐이다. 이 효과를 판단하는 실험을 하고서 기억하지 못한다면 아무 소용이 없을 것이기 때문이다." 기억은 기억을 보증한다. 그런데 왜 귀납은 귀납을 보증하지 못한 단 말인가? 그럼에도 귀납은 흄과 칸트부터 포퍼와 그 이후까지 수많은 철학자의 골머리를 썩였다.

귀납은 요긴한 습관(이번에도 램지의 표현)이지만 분명히 한계가 있다. 이 문제는 숱한 농담을 낳았다.

"아직까진 괜찮습니다." 마천루 옥상에서 발을 헛디딘 건설 노동자가 3층을 지나치며 말한다.

같은 맥락에서 칠면조들이 여느 때처럼 사료를 기다리는데 농부가 놈들의 목을 비튼다. 이 규칙적 사건 이면에는 일반 법칙(추수 감사절이 가까워질수록 위험이 커진다)이 있지만, 어떤 칠면조도 올바른 가설을 수립하기에 충분한 데이터를 수집하지 못한다.

통계학은 믿음을 갱신함으로써 사건으로부터 확률을 추론하는 학문이다. 이 방향으로 나아가는 첫걸음을 내디딘 사람은 토머스 베이즈라는 영국 성직자였다. 필시 데이비드 흄의 우려를 가라앉히기 위해서였을 것이다. 흄은 이렇게 썼다.

내일 태양이 뜰 것이다 또는 모든 사람은 반드시 죽는다 등의 사실에 대해 우리는 경험이 제공하는 것 이상의 어떤 다른 확증도 갖지 못했지만, 그러한 것들이 개연적일 뿐이라고 말하는 사람을 어리석게 여길 것이다.

하긴 정말로 어리석게 보일 것이다. 해가 뜬다는 사실의 확실성은 우리의 믿음 체계에 단단히 박혀 있다. 하지만 우리가 우연을 평가하기 위해 데이터를 수집하는 경우는 무수히 많다. 데이터를 올바르게 수집하지 않으면 내기에서 지기 십상이다. 실제로 베이즈는 우리가 네덜란드 책에 당할 거라고 주장했다(이 용어를 쓰지는 않았지만). 그의 개념을 더욱 발전시킨 사람은 피에르 시몽 라플라스라는 젊고 총명한 천문학자이자 수학자였다. 훗날 결정론적 도깨비를 구상한 바로 그 라플라스 맞다.

빨간색 공과 검은색 공이 단지에 들어 있는데 그 밖에는 아무것도 없고 공의 개수는 몇 개인지 모른다고 가정해보자. 빨간색 공의 비율은 얼마일까? 실마리는 전혀 없지만, 시행착오를 거쳐 알아갈 수는 있다. 공을 하나 끄집어내어 빨간색인지 본다. (비율이 바뀌지 않도록) 공을 다시 단지에 넣고 흔든 다음 실험을 반복한다. 몇 번 시도하고 나면 감이 올 것이다. 몇백 번 시도한 뒤에는 자신의 운을 꽤 확신할 수 있을 것이다. 하지만 한 시도에서 다음 시도로 넘어갔을 때 자신의 믿음을 갱신하는 최선의 방법은 무엇일까?

반복되는 시도는 큰수의 법칙과 관계있는 것이 분명하다. 빨간색 공이 나올 가능성을 알면(이것은 단지에 들어 있는 검은색 공과 빨간색 공의 비율에 의해 주어진다) 당신은 일련의 시도에서 빨간색 공이 나오는 빈도를 어느 정도 추론할 수 있다. 하지만 이제 우리는 역문제§관측자료를 이용하여 모델 매개변수의 값을 얻는 문제인 통계 문제를 맞닥뜨렸다. 우리는 빨간색 공이 나올 확률을 알지 못한다. 하지만 실험을 반복하면 빈도를 얻으며 이로부터 빨간색 공이 나올 확률을 추론할 수 있다. 확률에서 빈도로 가든 빈도에서 확률로 가든 각각의 경우에 우리가 할 수 있는 일은 어림에 불과하다. 하지만 이것은 정보에 입각한 어림이다.

베이즈와 라플라스가 그랬듯 단지의 모든 구성이 똑같은 가능성을 가지며 우리가 N번의 시도에서 빨간색 공을 n번 끄집어냈다고 가정해보자. 그렇다면 다음 번에 빨간색 공이 나올 확률의 최적 어림값은 얼마일까? 그것은 $\frac{n+1}{N+2}$이다. 이것을 **후속 규칙**이라고 부르는데,

◀ 피에르 시몽 라플라스(1749~1827).

후속 시도에서 빨간색 공이 나올 가능성의 어림값을 내놓기 때문이다. '최적 어림값'이라는 용어는 우리가 확률에 확률을 부여한다는 뜻이다. 이 개념은 베이즈가 이른바 '우연론doctrine of chance'에 가장 크게 기여한 대목이다.

시도의 횟수 N이 크면 후속 규칙은 빈도 $\frac{n}{N}$에 매우 가까운 수를 내놓는다. 확률＝빈도라는 이 결과는 조금 실망스러워 보인다. 진작에 알던 거 아니었어? $n = N$이면(지금까지 매번 빨간색 공이 나왔다는 뜻) 다음에 다시 빨간색 공이 나올 확률은 $\frac{n+1}{N+2}$로, 사실상 1이다. 라플라스는 농반진반으로 내일 해가 뜨지 않을 확률을 200만 분의 1로 계산했다(당시 모든 사람이 그랬듯 라플라스는 일출이 약 5000년간 관찰되었다고 추정했다).

시도의 횟수가 작으면 어떻게 될까? $N = 0$이면, 즉 아직 한 번도 시도하지 않았으면 후속 규칙은 $\frac{1}{2}$을 내놓는다. 이것은 지당하다. 아까 모든 비율의 가능성이 똑같다고 가정했으니 말이다. $N = 1$이면 검은색 공(B)이 나왔는지, 빨간색 공(R)이 나왔는지에 따라 $\frac{1}{3}$이나 $\frac{2}{3}$를 얻는다. $N = 2$이면 R R라는 결과는 R에 대해 $\frac{n+1}{N+2} = \frac{3}{4}$의 확률을 내놓는다. R의 빈도(말하자면 $\frac{n}{N}$)가 1이라는 것에 유의하라. 하지만 아무도 R를 확실하다고 여기지 않을 것이다.

$N=3$이면 R R B라는 최초 문자열에서 도출되는 주관적 확률은 $(\frac{1}{2})\times(\frac{2}{3})\times(\frac{1}{4})$을 낳는다. 이것은 (첫 번째 시도가 R이고 두 번째 시도가 R이고 세 번째 시도가 B일 확률) = (첫 번째 시도가 R일 확률)×(첫 번째 시도에서 R를 얻었을 때 두 번째 시도가 R일 확률)×(처음 두 시도에서 R를 얻었을 때 세 번째 시도가 B일 확률)과 같이 곱셈 규칙을 여러 번 적용하여 얻는다.

마찬가지로 최초 문자열 R B R는 $(\frac{1}{2})\times(\frac{1}{3})\times(\frac{2}{4})$를 낳는다. 인수는 아까와 다르지만 결과는 같다. 이것은 결코 우연이 아니다. 주어진 문자열의 주관적 확률은 문자열에 있는 R와 B의 빈도와만 관계있고 색깔이 나오는 순서와는 무관하다.

이 **교환 가능성**은 피네티의 접근법에서 중요한 역할을 한다. 이것은 빨간색 공이 나올 확률이 똑같되 독립적으로 반복되는 시험의 가정보다는 약한 가정이다. 예를 들어 단지에서 반복적으로 공을 꺼내되 다시 집어넣지 **않는다면**, 그 결과는 교환 가능하지만("처음에는 R, 그다음은 B"일 가능성은 "처음에는 B, 그다음은 R"와 같다) 그 시험은 독립적이지 않으며 시도마다 객관적 확률이 달라진다.

빨간색 공과 검은색 공의 비율이 주어진 단지에 대해서는 객관적 확률을 이야기하는 것이 타당하다. 우리는 누군가 단지 안의 비율을 안다고, 말하자면 내부 정보를 가졌다고 상상할 수 있다. 하지만 주관론자가 보기에 객관적 확률은 (이를테면 시카고에서 태어나는 아기들의 성비처럼) 불확실성이 결부된 덜 인위적인(또한 더 현실적인) 시나리오에서는 무의미해진다. 그때 우리가 가진 것은 출생 통계라는 데이터뿐이다. 살펴볼 수 있는 단지는 어디에도 없다.

객관적 확률은 형이상학적 개념이라는 것이 브루노 데 피네티의 주장이다. 실용적 측면에서 무의미하다는 말이다. 그가 의기양양하게 내거는 구호가 있다. "확률은 존재하지 않는다." 우리가 합리적으로 시도할 수 있는 최선은 어림한 뒤에 증거가 나오면 믿음을 변경하는 것이다. 어떤 면에서 믿음은 틀릴 수 없다. 매번 관찰의 결과로 믿음이 갱신되더라도 이는 믿음이 올바르게 교정된다는 의미가 아니다. 애초에 틀린 적이 없기 때문이다.

베이즈와 라플라스가 후속 규칙을 이끌어낸 가정, 즉 단지가 가질 수 있는 모든 구성의 가능성이 똑같다는 가정은 어떻게 보아야 할까? 이 가정(또는 추측, 또는 믿음)은 **사전 확률**이라고 불린다. 가능성이 똑같다는 가정은 지극히 타당해 보이지만 다른 사전 확률로 시작하면 안 되는 이유는 전혀 없다. 어차피 장기적으로는 별로 문제가 되지 않는다. 저마다 사전 확률이 다른 저마다 다른 사람들의 믿음이 (매우 일반적인 조건에서) 갱신되면, 시도가 충분히 자주 반복될 경우 이 믿음은 같은 값으로 수렴할 것이다. 물론, 그렇다면 이 극한값**이야말로** 객관적 확률이라고 주장하려는 유혹을 느낄 법하다. 이런 의미에서 보면 객관적 확률은 주관적 확률에서 생겨난다.

하지만 그것은 여러 의미로 믿음을 넘어선다.

The
Waltz of
Reason

3부

실천철학의
문제들

9

투표 Voting
미친 양과 독재자

파리에서 벌어진 은밀한 행위

수학자 중에서 소설에 나오는 사람은 거의 없지만 니콜라 드 콩도르세는 예외다. 다름 아닌 알렉상드르 대★뒤마가 쓴 대작 『왕비의 목걸이』에 등장한다.

문제의 목걸이는 불멸의 삼총사로 하여금 무기를 들고 떨쳐 일어나게 만든 그 목걸이가 아니다. 때는 삼총사의 영광스러운 시절로부터 100여 년이 지난 뒤였다. 불과 몇 년 뒤면 프랑스혁명이 일어날 예정이며 문제의 불운한 왕비는 마리 앙투아네트다.

소설 도입부에서 뒤마는 나이 지긋한 공작이 파리에서 연 만찬을 묘사한다. 내빈 명단은 눈이 휘둥그레질 정도다. 파리에 암행한 스웨덴 국왕과 전설적인 바리 백작부인도 보인다. 아카데미 데 시앙스 (과학한림원) 정예 회원인 콩도르세 후작의 옆자리에 앉은 사람은 현재 도시에서 입길에 오르는 인물이다. 칼리오스트로라는 이름의 다소 정신 사나운 모험가인데, 당시의 많은 사람처럼 비술祕術에 푹 빠져 있다. 대화가 앙시앵레짐풍으로 우아하게 흐르다 저명한 내빈들이 칼리오스트로에게 자신들이 어떻게 죽을지 예언해달라고 청한다.

처음에는 심심풀이로 시작되었다. 칼리오스트로는 정신 사나운 사람답게 화제를 딴 곳으로 돌리려고 최선을 다하지만 소용없다. 사방에서 답을 내놓으라며 채근한다. 손님들의 얼굴에 기대감의 미소가 피어오른다. "그렇다면 좋습니다. 스웨덴 국왕 전하는 총탄에 살해되실 겁니다." 그러자 국왕이 외친다. "영광이군. 전장에서 죽다니! 이런 결말이 가문을 지탱하는 것 아니겠소?" "전장에서 총을 맞으시는 게 아닙니다, 전하. 무도회에서입니다." 바리 백작부인은?—참수. 파브라 후작은?—교수형. 이런 식으로 참혹한 죽음이 이어진다. 콩도르세는?—독살.

그날 저녁 커피가 나올 때까지 자리를 지킨 사람은 아무도 없었다.

물론 뒤마는 후대인으로서의 덕을 톡톡히 봤다. 이제 소설에서 역사로 넘어가자면, 콩도르세 후작 마리 장 앙투안 니콜라 드 카리스타(1743~1794)는 수 세대에 걸쳐 쇠락한 귀족 가문의 후손이었다. 아버지는 용기병 부대장이었으나 무일푼으로 요절했다. 니콜라는 예수회 대학에서 양육되었다. 그는 이내 모든 분야에서, 특히 수학에서 두각을 드러냈다. 해석학, 천문학, 확률론에 대한 초기 연구를 바탕으로 금세 유럽 전역에서 명성을 떨쳤다. 스물다섯이라는 젊은 나이에 프랑스 과학한림원 회원으로 선출되었으며 얼마 안 가서 종신 서기로 임명되었다. 또한 프로이센 과학아카데미의 회원에다 러시아, 스웨덴, 미국 아카데미의 명예 회원이 되었다.

아카데미는 회장, 부회장, 위원, 신입 회원을 선출하는 일에 많은 시간을 쏟는다. 콩도르세가 선거 절차의 연구에 착수한 것은 이 때문인지도 모른다. 그는 이른바 '정치 산술'을 창시했는데, 이것은 수학을 사회과학에 접목한 초기 사례였다. 새 분야는 동료들을 놀라게 했다. 일설에 따르면 약 50년 전 뉴턴은 자신이 혜성의 운동은 계산할 수 있어도 사람들의 광기는 계산하지 못하겠다며 투덜거렸다(그는 남해회사 거품 사건에 휘말려 큰 손실을 입었다). 뉴턴의 재담은 수학이 천체를 위한 학문이지 이곳 지상을 다스리는 뒤죽박죽 혼돈을 위한 것이 아니라는 당대의 굳은 확신을 보여준다.

오늘날에는 사회과학에서 수학을 쓰더라도 누구 하나 눈살을 찌푸리지 않는다. 의사결정 이론, 게임이론, 인구학, 보험 등 여러 분야에서 수학을 필요로 한다. 하지만 18세기에는 물리학과 천문학 이외의 분야에 수학이 쓰일 수 있다는 생각이 이상해 보였다.

'사회 수학mathématiques sociales'이라는 콩도르세의 낯선 개념이 뉴턴 이후 어느 정도 인정을 받았던 것은 계몽주의 시대에 나타난 철학적 원칙 덕분이었는지도 모르겠다. 그것은 모든 남성이 평등하게 태어난다는 사상이었다. 그리고 훗날 사람들이 덧붙였듯 여성도 마찬가지다. 어쨌든 콩도르세는 이런 주장을 맨 먼저 펼친 사람 중 하나였다.

우리가 평등한 권리를 타고난다는 주장은 당시에만 해도 대담한 추상화였다. 그런 개념은 두뇌의 발명품일 뿐, 농노제와 노예제에 익숙한 세계의 경험적 현실이 결코 아니었다. 하지만 이는 점차 교양인의 담론에 뿌리 내렸다. 사실 평등을 어디에서도 찾아볼 수 없었지만 요구할 수는 있었다. **가정**할 수 있었다. 심지어 '자명한 진리'라고 당돌하게 선포할 수도 있었다. 그리고 공리가 존재하는 곳 어디든, 멀지 않은 곳에 수학자가 있다.

으레 그렇듯 새 공준을 적용할 수 있는 사례가 처음에 제한적으로 보이더라도 수학자들은 주눅 들지 않았다. 비유적으로 '학자의 공화국'이라고 불리는 학술 단체를 제외하면 실제 공화국은 당시에 드물었다. 계몽되긴 했어도 대체로 부패했으며 당대의 모든 폭군은 공화국을 고깝게 여겼다.

하지만 변화를 막을 수는 없었다. 틀림없이 콩도르세 후작은 자신의 정치 산술을 소수의 엘리트 집단에 국한하고 싶지 않았을 것이다. 그는 저명한 정치 사상가이자 계몽 시대의 주역이자 볼테르와 튀르고의 동지였으며 벤저민 프랭클린, 토머스 페인, 토머스 제퍼슨과 교분이 있었다. 콩도르세는 귀족이었음에도 얼마 지나지 않아 누구보다 급진적으로 바뀌었다. 남성의 투표권도 온전히 행사되려면 아직 멀었는데, 그는 여성 참정권을 공개적으로 촉구했다. 심지어 노예제 철폐를 제안하기까지 했다. 그는 이런 활동 때문에 '미친 양mouton enragé'이라는 별명으로 불렸다.

콩도르세의 삶은 프랑스혁명에서 절정에 도달했다. 계몽주의 최후의 철학자로 칭송받던 그는 이제 최초의 공화주의자가 되었다. 실제로 국왕 없는 프랑스를 누구보다 먼저 상상했다. 그는 격랑 속에서 입법 의회의 서기관으로 선출되었다. 한동안 내부자들은 저명한 석학 콩도르세에게 당시 아홉 살이던 왕위 계승자 도팽의 교육을 맡길 요량이었다. 하지만 이 계획은 이루어지지 못했다. 고아가 된 소년은 신기료장수에게 맡겨져 방치되었으며 1년 뒤 죽었다.

콩도르세는 지롱드파를 대표하여 헌법 초안을 퇴고하는 임무를 맡았다. 제1공화국의 첫 헌법을 제정하는 과업이었다. 하지만 헌법은 결코 투표에 부쳐지지 않았다. 막시밀리앙 로베스피에르는 생각이 달랐다. 지롱드파는 산악파에 밀려났으며 공포정치의 물결이 프랑스를 집어삼켰다.

이제 콩도르세는 요주의 인물이 되었다. 9개월간 파리에서 친구들과 함께 은신했다. 그는 체포되면 기요틴(단두대. 콩도르세의 동료 과학자이자 친구 기요탱의 이름을 딴 기계)에 목이 달아나리라는 사실을 늘 알았기에, 인류의 진보하는 역사를 10개 장으로 서술한 마지막 책을 썼다. 10은 당시에 인기 있는 수였다. 일주일은 열흘이었으며 1미터는 북극에서 적도까지 거리의 1000만 분의 1(10밀리언 분의 1)로 정해졌다. 콩도르세의 책 제10장은 인간이 만든 낙원을 묘사했다.

느닷없이 비밀경찰이 그의 은신처를 찾아냈다. 그는 부리나케 달아나 파리 남부 클라마르의 드넓은 석회암 채석장에서 사냥감처럼 이틀 밤을 숨어 지냈다. 하지만 결국 체포되었으며 이튿날 아침 감방에서 죽은 채 발견되었다. 얼굴과 혀는 검게 물들어 있었다. 공식 사인은 결코 확인되지 않았지만(경찰은 이것 말고도 할 일이 많았다) 칼리오스트로의 말이 옳았을 가능성이 가장 컸다. 독살 말이다.

투표와 당선자

콩도르세의 정치 산술은 어떤 학문이었을까? 연구의 계기는 결선투표를 위협하는 역설의 발견이었다. 역설이라고? 그보다는 민주주의의 명백한 오점에 가까웠다. 모든 결선투표에서 이길 수 있는 후보가 정작 결선투표에 올라가지 못하는 현상에 다른 어떤 이름을 붙일 수 있겠는가?

이 오점은 결코 기현상이 아니며 수많은 선거에 만연했다. 예나 지금이나 가장 널리 보급된 투표 절차는 다음과 같은 결선투표제일 것이다. 1차 투표에서 한 후보가 과반 득표를 하면 2차 투표가 취소되고 이 후보가 당선된다. 1차 투표에서 어떤 후보도 과반을 얻지 못하면 가장 많은 표를 얻은 두 후보가 2차 투표에 들어가 일대일 대결에서 이긴 사람이 당선된다(문제를 단순화하기 위해 무승부 가능성은 논외로 한다. 무승부를 처리하려면 별도 규정이 필요한데, 여기서는 굳이 논할 필요가 없다).

콩도르세는 제3의 후보가 당선 자격이 더 클 수도 있다고 지적했다. 1차 투표에서 탈락하지 않았다면 일대일 대결에서 나머지 모든 경쟁자에게 이겨 2차 투표의 승자가 될 후보가 있다는 말이다.

요즘은 모든 일대일 대결에서 이기는 후보를 '콩도르세 승자'라고 부른다. 축구 토너먼트에서 모든 경쟁자를 압도하는 팀이 결승전에 진출하지 못하면 우리는 부정이 저질러졌다고 의심한다. 하지만 정치에서는 이런 경우가 드물지 않다. 콩도르세가 결선투표제의 이 결함을 지적한 때는 프랑스혁명이 일어나기 오래전이었다. 그럼에도 1789년 이래 결선투표제는 제1, 제2, 제3, 제4, 제5공화국까지 모든 프랑스 선거에서 쓰였다. 우리의 콩도르세 후작이 이 사실을 알았다면 무덤 속에서 탄식했을 것이다(그건 그렇고 그는 무덤 속에 없다. 웅장한 팡테옹 성당에 있는 그의 묘소는 비었다. 콩도르세의 시신은 행방이 묘연하다).

콩도르세는 결선투표제의 함정을 설명하기 위해 간단한 예를 들었다. 유권자가 12명이고 후보가 앤(A), 버트(B), 코니(C) 3명이라고 상상해보라. 유권자들은 마음속에서 각 후보의 순위를 매긴다. 5명의 선호도는 앤/코니/버트, 4명은 버트/코니/앤, 3명은 코니/버트/앤 순이다(이론상 앤/버트/코니 또는 버트/앤/코니 또는 코니/앤/버트라는 세 가지 경우가 더 가능하다. 여기서는 이런 선호도를 가진 유권자가 한 명도 없으며 두 후보자의 순위를 똑같이 매기는 유권자도 전혀 없다고 가정한다).

1차 투표에서는 앤이 5표, 버트가 4표, 코니가 3표를 얻는다. 2차 투표에서는 앤과 버트가 대결하는데, 1차 투표에서 코니를 찍은 유권자가 이번에는 전부 버트를 찍어서 버트가 당선된다. 여기까지는

투표자 1, 2, …, 12와 후보 A, B, C

	개별 순서		
투표자	1위	2위	3위
1	A	C	B
2	A	C	B
3	A	C	B
4	A	C	B
5	A	C	B
6	B	C	A
7	B	C	A
8	B	C	A
9	B	C	A
10	C	B	A
11	C	B	A
12	C	B	A

좋다.

하지만 자세히 들여다보면 버트의 승리에는 허점이 있다. 실제로 일대일 대결에서는 코니가 버트를 8대 4로 이겼을 것이다. 코니는 앤도 7대 5로 이겼을 것이다. 그가 투표 규칙에 불만을 제기할 만도 하다. 그에게 투표한 유권자들도 마찬가지다. 그들은 틀림없이 코니가 당선되는 결과가 더 공정하다고 느낄 것이다. 코니야말로 콩도르세 승자이기 때문이다!

콩도르세 승자를 찾으려면 후보가 세 명일 때는 세 번의 일대일 비교가 필요하고 네 명일 때는 여섯 번, 다섯 명일 때는 열 번이 필요하다. 이것은 조금 번거로워 보인다. 하지만 그 횟수만큼 투표를 실시할 필요는 없다. 투표자가 투표 용지에 모든 후보의 순위를 표시하도록 하면 한 번으로 족하다. 이렇게 하면 모든 일대일 대결의 결과를 단번에 결정할 수 있다.

하지만 콩도르세가 마지못해 인정했듯 이 절차에는 결함이 있다. 콩도르세 승자가 없을 수 있는 것이다! 일대일 대결에서 앤이 버트에게 이기고 버트가 코니에게 이기고 코니가 앤에게 이기는 상황이 벌어질 수 있다. 이렇게 되면 가위바위보에서처럼 물고 물리는 관계가 만들어진다. 간단한 예를 들어보겠다.

이번에도 후보는 율리시스(U), 빅터(V), 웬디(W) 3명이지만 유권자가 100명이다. 그중 25명의 선호도는 율리시스/빅터/웬디, 40명은 빅터/웬디/율리시스, 35명은 웬디/율리시스/빅터 순이다(다시 말하지만 나머지 세 경우를 선택한 유권자는 한 명도 없다고 가정하는데, 이는 예를 단순화하는 조치일 뿐이다).

유권자가 율리시스와 웬디만 놓고 투표해야 한다면 웬디가 25대 75로 승리할 것이다. 웬디와 빅터의 대결에서는 빅터가 35대 65로 이길 것이다. 하지만 율리시스는 빅터를 60대 40으로 누를 것이다. 모든 후보가 누군가에게는 패하며 콩도르세 승자는 없다.

이 문제를 해결하려면 가장 근소한 결과를 제외하는 등 별도의 규칙을 덧붙여야 한다(이번 경우에는 율리시스와 빅터의 대결을 제외한다. 그러면 빅터가 승리할 것이다). 하지만 이 결과는 어딘지 찜찜하다.

100명의 투표자와 세 명의 후보 U, V, W			
투표자	1위	2위	3위
25	U	V	W
40	V	W	U
35	W	U	V

보르다 계산법

설상가상으로 콩도르세의 학문적 숙적 장 샤를 드 보르다가 무대에 올랐다. 보르다는 콩도르세와 마찬가지로 저명한 수학자이자 천문학자였으며 과학한림원 회원이었다. 그는 라플라스와 라그랑주 같은 거장들과 어깨를 나란히 했다. 그뿐 아니라 정력적 활동가였기에 해군 장교로서 혁혁한 공을 세웠고 불굴의 탐험가로서 대서양을 두 번 건넜고 미국 독립전쟁에서 용감하게 싸웠고 여러 항해 기구를 발명했다. 함장이자 지휘관으로서 사교계 응접실보다는 폭풍우 몰아치는 바다를 더 편하게 여겼으며, 이 때문에 사교계 인사들에게 더더욱 인기를 끌었다. 보르다의 업적 중 하나는 지구의 극에서 적도까지의 거리를 가장 정확히 측정한 것이다. 그야말로 시금석 같은 위업이었다. 이 거리가 미터의 기준이 되었으니 말이다.

이름난 뱃사람 보르다는 콩도르세의 텃밭인 정치 산술 분야에서 그를 공격했다. 보르다는 선거가 그저 자신이 선호하는 후보 옆에 표시를 하는 행위에 불과하다면 공정하지 않다고 생각했다. 이런 절차에서는 투표자가 나머지 후보들에 대한 생각을 표현할 방법이 없다. 투표자는 가장 덜 선호하는 후보에게 1점, 그다음 후보에게 2점, 이런 식으로 마지막에는 가장 선호하는 후보에게 최고점을 부여하여 (예를 들어 후보가 세 명이면 최고점은 3점이다) 투표지에 모든 후보의 순서를 매겨야 한다. 이렇게 하면 각각의 후보는 매 투표지에서 점수를 획득한다. 이 수를 더해 각 후보자가 얻은 합계로 승패를 결정한다. 가장 많은 점수를 얻는 후보가 보르다 계산법에 따른 승자가 되어 당선된다.

이 절차는 몇 명의 투표자가 누구를 선호했는지 단순히 헤아리

▲ 니콜라 드 콩도르세 후작(1743~1794).　　▲ 장 샤를 드 보르다(1733~1799).

는 일보다 분명 복잡하다. 그럼에도 오늘날에는 투표자 수가 비교적
적을 때, 이를테면 배심원단이나 위원회에서 결정을 내려야 할 때 이
방법을 즐겨 사용한다.

　보르다 계산법의 한 가지 장점은 무승부를 제외할 경우 보르다
승자가 반드시 존재한다는 것이다. 콩도르세 승자가 없어도 당선자가
정해진다. 이를테면 두 번째 예에서는 웬디가 보르다 승자다. 그는 총
점 210점을 받으며 빅터는 205점, 율리시스는 185점에 그친다. (각각
의 일대일 대결에서 이기는 후보인) 콩도르세 승자가 보르다 계산법에서
는 1등이 아닐 수도 있다는 사실에 유의하라. 앤이 투표자 과반수에
게 가장 선호되는 후보이면서도 보르다 계산법에서는 낙선하는 경우
를 쉽게 생각해낼 수 있다. 반대로 앤이 어떤 투표자에게도 가장 선호
되는 후보가 아니면서도 보르다 계산법에서 승리할 수도 있다. 콩도
르세라면 틀림없이 이 점을 금세 간파하여 경쟁자에게 지적했을 것
이다.

보르다 계산법과 결선투표제에 공통되는 또 다른 문제는 한 후보가 어떤 이유로든 경쟁에서 탈락했을 때 나머지 후보들의 순위가 뒤바뀔 수 있다는 것이다. 결선투표제를 시행한 첫 번째 사례로 돌아가보자. 그 선거에서는 버트가 승리했다. 하지만 앤이 어차피 자기가 당선되지 못하리라는 것을 알고서 기권하면 버트가 아니라 코니가 당선된다. 두 번째 사례에서도 보르다 계산법을 적용하면 비슷한 일이 벌어진다. 이 경우 웬디가 승리했다는 사실을 기억하라. 하지만 율리시스가 겁이 나서 경쟁에 뛰어들지 않으면 당선자는 웬디가 아니라 빅터가 된다. 두 경우 다, 패자가 기권했는데 승자가 바뀐다. 이런 현상이 선거에서 벌어진다는 것은 수상쩍어 보인다.

게다가 부정행위를 저지를 기회도 얼마든지 있다. 율리시스를 경쟁에 복귀시켜보자. 기억하겠지만 이 선거에서는 보르다 계산법에 따라 웬디가 승리했다. 빅터의 지지자 중 4분의 1은 율리시스가 좋아서가 아니라 빅터를 당선시키기 위해 고의로 율리시스에게 웬디보다 높은 점수를 부여할 수 있다. 그들의 계략은 성공한다! (득표수는 빅터 205표, 웬디 200표, 율리시스 195표다.) 이 수법은 '전략적 투표'라고 불린다. 물론 이는 반칙에 해당한다. 누군가 장 샤를 드 보르다에게 전략적 투표로 그의 투표 절차를 무력화할 수 있다고 지적하자, 강직한 뱃사람 보르다는 굳은 표정으로 고개를 끄덕이며 자신의 계산법은 정직한 사람들이 쓰도록 만들었다고 대답했다.

콩도르세와 보르다가 열띤 논쟁을 벌이던 시절로부터 250년이 지났다. 투표와 관련한 수학은 어마어마하게 성장했으며 수백 가지 선거 절차의 장단점이 비교된다. 하지만 콩도르세 학파와 보르다 학파(미친 양과 이름난 뱃사람)가 옥신각신하며 여전히 이 분야를 지배하고 있다.

보르다는 수많은 논쟁의 무대이던 프랑스 아카데미가 신입 회원 선발에 자신의 절차를 채택한 것을 보고서 흡족해했다. 하지만 1801년 상황이 급변했다. 그해 나폴레옹 보나파르트가 아카데미 회원이 되었다. 그에게는 무엇이 올바른 투표법인지 나름의 생각이 있었다.

화살arrow이 일반의지를 꿰뚫다

이 일은 우리를 한걸음에 독재자 정리로 데려간다. 1950년대 중엽 젊은 미국인 켄 애로Ken Arrow가 이것으로 사회적 선택 이론에 혁명을 일으켰으며 결국 '노벨' 경제학상을 수상했다. (조만간 노벨 경제학상 수상자를 여럿 언급할 것이므로 이 상이 노벨 사후 오랜 시간이 지난 뒤에 제정되었으며 진짜 노벨상과 구별하여 '알프레드 노벨을 기리는 경제학상'이라고 불러야 한다는 사실을 언급해두는 게 좋겠다. 잘난 체한다고 생각하는 사람도 있겠지만.)

애로는 이런저런 투표 절차의 함정과 장점을 하나하나 들여다보지 않고 모든 가능한 투표 절차를 이른바 단칼에 요리했다. 그는 어느 것도 완벽하지 않음을 밝혀냈다. 설상가상으로, 선택지가 셋 이상이 되는 순간 가장 합리적인 요건조차 충족할 수 없게 된다.

합리적인 요건이란 무엇일까? 기본적으로 모든 투표 절차는 투표자의 개별적 선호도를 집합적 선호도, 즉 투표 결과로 바꾸는 수단이다. 첫 번째 요건은 모든 투표자가 버트가 아니라 앤의 손을 들어준다면 최종 결과에서 앤이 버트보다 앞서야 한다는 것이다. 두 번째 요건은 최종 결과에서 순환이 형성되면 안 된다는 것이다. 세 번째이자 마지막 요건은 앤이 버트를 앞서느냐 마느냐가 코니의 성적에 따라 결정되면 안 된다는 것이다.

이 정도면 온건한 요건으로 보인다. 하지만 애로는 이 요건들이 충족될 수 없음을 입증했다. 더 정확히 말하자면 세 요건을 전부 충족하는 유일한 방법은 투표자 단 한 명이 매긴 순위를 채택하고 나머지 모든 투표자가 매긴 순위를 무시하는 것뿐이다. 이 한 명의 투표자가 모든 사람을 대신해 결정하며 이로써 사실상 독재자가 된다. 애로의 정리가 '독재자 정리'라고 불리는 이유다. 독재자 정리는 우리가 민주주의 선거에서 달성하고자 하는 목표들이 언제나 실현되지는 않음을 보여준다. 이런 탓에 애로의 정리는 '불가능성 정리'라고 불리기도 한다.

투표가 **모든** 후보의 집합적 순위를 도출해야 한다는 요구는 지나칠까? 많은 경우에 중요한 것은 누가 이기는가뿐이다. 하지만 우리가 승리 후보를 배제한다고 가정하면 세 번째 요건에 따라 다음이 누구인지, 그다음이 누구인지 등등을 알아야 한다. 설령 우리가 승자에게만 주목하더라도 투표지는 모든 후보의 순위를 알려준다.

기본적으로 보이는 세 요건이 독재가 아니고서는 한꺼번에 충족될 수 없으므로 그중 하나를 버려야 한다. 하지만 어느 것을 버려야 하나? 첫 번째 요건(모든 투표자가 동의하면 그것이 결과로 채택되어야 한다)은 지극히 필수적이므로 이에 어긋나는 선거 절차는 진지하게 고려할 가치도 없다.

나머지 두 요건은 우리가 모든 개별적 선호도에서 당연하게 여기는 상황이 집합적 선호도에서도 나타나야 한다고 요구한다. 적어도 그것이 분별 있는 개인의 선호도라면 말이다. 콩도르세 방법은 순환을 이룰 수 있으므로 이 요건 중 하나에 어긋나며 보르다 계산법과 결선투표제는 두 후보 중에서 결정할 때 세 번째 후보의 성적이 영향을 미치므로 나머지 요건에 어긋난다.

이 두 요건을 더 자세히 들여다보자.

두 번째 요건은 순환이 없어야 한다는 조건이다. 어떤 손님이 식당을 찾았는데 메뉴가 닭고기, 생선, 파스타 세 가지이고 손님이 닭고기보다 생선을 좋아하고 파스타보다 닭고기를 좋아하고 생선보다 파스타를 좋아한다면, 종업원은 영원히 주문을 기다려야 할 것이고 손님은 결국 굶어 죽을 것이다. 하지만 손님이 혼자라면 이 순환적 선호도 때문에 이러지도 저러지도 못하지만, 단체 손님이 이런 선호도를 밝히면 어떤 종업원도 눈살을 찌푸리지 않을 것이다. 주방 일손이 부족하여 요리사가 끼니 때마다 세 가지 음식 중에서 두 가지만 준비하기로 결정한다고 가정해보자. 파스타가 메뉴에 없으면 손님의 과반수가 생선을 닭고기보다 선호하고, 생선이 없으면 닭고기를 파스타보다 선호하고, 닭고기가 없으면 파스타를 생선보다 선호하는 상황은 충분히 있을 법하다. 누구도 그 식당을 찾은 손님들이 우유부단하다고 결론 내리지 않을 것이다.

이제 세 번째 요건을 살펴보자. 다음 예도 같은 식당에서 벌어진다. 손님이 닭고기와 파스타 중 하나를 고를 수 있다는 말을 듣는다. 그는 잠시 고민하다 닭고기를 주문한다. 그런데 종업원이 메뉴에 생선이 있다는 사실을 뒤늦게 떠올린다. 이 말을 들은 손님이 외친다. "어, 생선이 있다고요? 그러면 말이 다르죠! 저는… 파스타로 하겠어요!" 이런 결정은 괴상해 보인다. 새로운 대안 C가 나타나 비록 승리하진 못하더라도 나머지 두 대안 A와 B의 순위를 바꾼다니 말이다.

하지만 이번에도 마찬가지로, 개인 차원에서는 기이해 보이는 행동이 집단 차원에서는 얼마든지 나타날 수 있다. 생선이 없는 날에는 파스타보다 닭고기를 선택하는 손님이 많다가도 생선이 들어오면 닭고기를 주문하던 손님 중 일부가 생선으로 갈아타는 상황은 얼마든지 생각할 수 있다. 이에 더불어 어떤 파스타 애호가도 생선으로 전환하지 않으면(이를테면 모두 채식주의자인 경우) 파스타가 가장 인기 있는 선택지가 될 수 있으며 어떤 요리사도 고개를 갸우뚱하지 않을 것이다.

이것이 애로의 불가능성 정리 이면에 숨은 교훈이다. 개인이 가진 의지와 같은 의미에서의 의지를 집단이 가졌다고 생각해서는 안 된다. 여기서 우리는 콩도르세 후작으로 돌아간다. 그는 여느 계몽주의 사상가와 마찬가지로 장 자크 루소의 사상에 깊이 감화했다. 루소에 따르면 집단은 **일반의지**에 인도받아야 한다. 이 일반의지는 고귀한 개념이지만 콩도르세는 꼼꼼히 뜯어보니 일반의지를 명확히 규정하기가 힘들다는 사실을 발견했다. 일반의지는 존재하지 않는다. 적어도 경우에 따라 현저히 부재할 수 있다. 이 통찰은 루소의 추종자들에게는 뼈아픈 타격이었다. 프랑스혁명의 광기 어린 시기에 얻은 현실적 교훈이 환멸을 키웠다. 결국 젊은 나폴레옹이 권좌에 오르자 '일반의지volonté génerale'는 '장군의 의지volonté du général'에 밀려났다.

민중에 의한 지배를 수백 년째 경험한 오늘날 우리는 예전만큼 낙관하지 못한다. 『백과전서』 저자들에게 민주주의는 아득한 지평선에 걸린 지복의 약속이었지만 우리에게는 차악에 불과하다. 칼 포퍼에 따르면 민주주의 선거는 무엇보다 혼란과 유혈을 최소화하면서 나쁜 정부를 몰아내는 방법이다. 투표가 언제나 '옳은' 결정을 낳는다고 기대할 수는 없다('옳다'의 의미가 무엇이든). 중요한 것은 각각의 결정이 다음 선거에서 수정될 수 있다는 사실이다.

우리는 모든 선거가 장애물을 맞닥뜨리는 현실에 오래전부터 친숙하다. 심지어 특정 목소리가 다른 목소리보다 부각되는 명백한 불공정도 민주주의에 치명적 타격을 가하지는 못했다. 물론 손쉽게 득표하려고 선거구를 조정하는 등의 추잡한 책략이 벌어질 때도 있지만 이것은 어쩔 수 없는 현실이다. 이 수법은 '게리맨더링'이라고 불리며 수학자들에게는 정신의 일용할 양식이 된다. 강직한 뱃사람 보르다처럼 당신도 정치인들이 정직할 거라고 생각한다면 언젠가 실망하고 말 것이다. 그게 전부다.

게리맨더링은 앞서 살펴본 전략적 투표와 관계가 있다. 전략적 투표는 자신의 개인적 선호도를 고의로 틀리게 표명하여 최종 결과(집합적 순위)를 조작하는 수법이다. 이 유혹은 영영 사라지지 않을 것이다. 기본적으로 전략적 투표의 유인을 피하는 유일한 방법은 단일 투표자가 매긴 순위를 고스란히 받아들이는 것뿐이다. 애로의 불가능성 정리를 닮은 이 정리는 1970년대 앨런 기버드와 마크 새터스웨이트가 (독자적으로) 증명했다. 독재자가 안부를 전한다.

하지만 독재자 정리라는 이름은 지나쳐 보인다. 우리는 독재자 하면 무자비하게 권력을 잡은 사람을 떠올린다. 하지만 투표 이론의 맥락에서 당락을 결정하는 독재자가 반드시 폭군인 것은 아니다. 모든 투표자 중에서 무작위로 '독재자'를 선택하여 그가 후보들에 매긴 순위를 채택할 수도 있다. 그러면 투표자들 사이에서 우세한 순위가 선택될 가능성이 크다. 어쨌거나 여기에도 조금이나마 민주주의democracy의 여지가 있다. 한낱 자의적 결정이 아니다. 그리스 신화에 나오는 행운(또는 운명)의 여신인 티케의 이름을 따서 이 절차를 티코크라시tychocracy라고 명명해도 좋겠다.

정치적 결정에서 티코크라시를 받아들일 사람은 거의 없을 것이다. 많은 투표자가 그러한 선거에 참여하면 우리가 최종 결과를 좌우할 가망이 너무 적어진다. 우리는 선거 결과에 100퍼센트 영향을 미칠 확률이 작은 상황보다는, 선거 결과에 작은 영향을 미칠 확률이 100퍼센트인 상황을 선호하는 듯하다.

선거는 우세한 의견을 결정하는 측량 행위에 머물지 않는다(앞에서 보았듯 '우세한 의견'이 무엇인지 정의하기란 여간 힘든 일이 아니다). 선거는 제의이기도 하다. 더 정확히 말하자면 참여의 제의다. 투표자들은 좋게든 나쁘게든 직접 참여한다. 선거에는 제의적 측면이 있다. 이 성질은 통계에 근거한 여론조사에서는 결코 찾아볼 수 없다. 표본이 (티코크라시적으로 설계된 독재자의 경우에서처럼) 작든 크든 상관없다. 심지어 대표성이 가장 큰 여론조사조차도 총선거라는 참여 방식을 대체할 수는 없다.

결정 Decision
어둠 속에서의 내기

판옵티콘을 실현하기 위한 쾌락 계산법

유니버시티 칼리지 런던의 학생회관에 들어서면 제러미 벤담을 직접 만날 수 있다. 이 철학자는 오래전 세상을 떠났지만 말쑥하게 차려입고 지팡이를 든 채 작은 유리상자 안에 앉아 있다. 모든 것은 벤담의 유언에 따라 친구 토머스 사우스우드 스미스 박사가 꼼꼼하게 준비했다. 박사는 벤담을 해부할 때 신중을 기했다. 하지만 애석하게도 머리의 방부 처리를 망치고 말았다. 그래서 머리만 밀랍 모형으로 대체해야 했다.

이렇게 만든 벤담의 유명한 '오토 아이콘auto-icon'이 숱한 전설을 낳은 것은 놀랄 일이 아니다. 그는 학생 조합 회의에 정기적으로 참석하는 것으로 알려졌는데, 회의록에 따르면 "참석하되 투표는 하지 않"았다. 벤담이 박제되고 싶어한 이유가 무엇인지는 추측이 난무한다. 어쩌면 마지막 순간까지 성직자를 피해 다닐 방법이었는지도 모르겠다. 제러미 벤담은 무신론자였으며 어떤 성스러운 것도 인정하지 않았다. 오늘날 그가 종교나 군주제에 반대했다는 사실에 눈살을 찌푸릴 사람은 거의 없다. 하지만 인권에 대한 그의 경멸은 여전히 많

◀ 제러미 벤담(1748~1832).

은 사람을 경악게 할 것이다. 그는 인권 개념을 헛소리로 치부했다. 프랑스혁명가들은 '불가침 인권'에 대해 야단법석을 떨었는데, 이에 벤담이 코웃음 치며 내놓은 답변은 '허황한 헛소리Nonsense upon Stilts'라는 제목의 에세이였다.

오토 아이콘 앞을 지나가는 사람은 벤담의 긴장한 자세와 경계하는 눈빛에 놀란다. 벤담은 학생과 방문객들이 하루 종일 부산을 떨어도 전혀 따분해하지 않는 듯하다. 상상력이 풍부한 사람이라면 여기서 벤담의 유명한 **판옵티콘**을 떠올릴 것이다. 이것은 속이 빈 원기둥 모양 감옥으로, 교도소장(이상적으로는 벤담 본인)이 창문 블라인드 뒤에서 수감자들을 늘 감시할 수 있으며 수감자들은 자신이 언제 감시당하는지 모르기에 잠시도 한눈을 팔 수 없다. 벤담은 인생의 상당 부분을 판옵티콘 개념 홍보에 바쳤다.

하지만 결국 아무 성과도 거두지 못했다. 영국 정부가 선호한 방식은 훨씬 경제적인 해법으로, 죄수들을 지구 반대편으로 보내는 것이었다. 눈에서 멀어지면 마음에서도 멀어지는 법이니까. 이것은 판옵티콘 접근법의 정반대다. 벤담은 판옵티콘 건설비로 2만 3000파운드를 받았다. 당시로서는 (심지어 부자이던 그에게도) 상당한 금액이었다. 하지만 자신의 기획이 실패하자 벤담은 '사악한 이익'이 정부를 좌지우지한다고 확신했다. 사실 그가 생각을 거듭할수록 사악한 이익이 **모든** 정부를 좌지우지한다는 인식이 더욱 확고해졌다. 그리하여 벤담은 이순의 나이에 급진파로 돌아서서 의회 개혁의 선봉장이 되었다. 판옵티콘으로 말할 것 같으면 그는 끝까지 이 아이디어를 놓지 않으려 들었다. 죄수들을 해외로 보내야 해서 판옵티콘을 채울 수 없으면 빈민에 맞게 개조하면 안 되나? 정신병자는? 아니면 노동자는 어떨까?

이 계획들도 성사되지 못했다. 하지만 프랑스의 철학자 미셸 푸코는 판옵티콘이 실현되었다고 주장했다. 정교한 감시 메커니즘을 갖춘 근대국가야말로 진정한 판옵티콘 아니겠는가? 푸코에 따르면 벤담은 칸트와 헤겔보다 우리 사회에 더 중요한 인물이다.

실제로 벤담은 사회개혁가이자 입법가로 중대한 역할을 했다. 오늘날 그는 주로 공리주의의 아버지로 알려졌다. '최대 다수의 최대 행복'이라는 공리주의 원칙을 정립한 사람이 바로 벤담이다.

이 구호에 미심쩍은 구석이 있다는 사실은 금세 (다름 아닌 벤담 자신에 의해) 간파되었다. 이를테면 소수를 희생시키는 한이 있더라도 전체의 행복을 증가시켜야 할까? 이런 문제는 어떻게 결정해야 할까? 투표로? 우리가 알다시피 이것은 까다로운 문제들로 이어질 수 있다. 설령 다수의 의지가 명확하더라도 우리에게는 그 의지에 따라 다수를 위해 소수에게 고통을 가할 권리가 있을까? 많은 도덕철학자는 결단코 반대한다. 공정함이 먼저라고 존 롤스는 말한다.

한 명에게 가장 좋은 것을 찾는 일은 최대 다수에게 가장 좋은 것을 찾기보다 훨씬 간단한 문제임에 분명하지만, 이조차도 골칫거리가 한둘이 아니다. 우리는 무엇을 추구할까? 풍요일까? 안전일까? 자유일까? 벤담은 쾌락주의자였으며 이 문제는 결국 쾌락과 고통의 관점에서 답할 수밖에 없다고 확신했다. 그의 쾌락 계산법 시도는 사그라들었다. 하지만 오늘날 비용·편익 분석이 그 자리를 대신하여 활약하며 기대효용 계산은 경제학과 의사결정 이론에서 널리 쓰인다. 이 개념들의 토대는 벤담이다

상트페테르부르크를 돌아보다

벤담의 철학에서 나타나는 것과 같은 효용의 개념은 훨씬 오래 전으로 거슬러 올라간다. 그 근원은 다니엘(또는 니콜라우스) 베르누이의 상트페테르부르크 게임 연구다. 이 게임에서는 $\frac{1}{2}, \frac{1}{4}, \frac{1}{8}$ 등의 확률로 각각 2달러, 4달러, 8달러 등을 받는다(7장을 떠올려보라). 수익의 기댓값은 무한한데, 이것은 기이해 보인다.

베르누이의 해법은 이렇다. 우리가 고려해야 하는 것은 자신이 얻는 금액이 아니라 그로부터 도출되는 효용이어야 한다. 그리고 이 효용은 금액이 더해질 때마다 줄어든다. 내가 백만장자일 때 수익 100달러의 효용은 가난뱅이일 때보다 작을 것이다. 돈이 많아질수록 효용도 커지긴 하지만, 돈이 두 배라고 해서 효용도 두 배가 되지는 않는다.

말하자면 $U(x)$를 내가 x달러에 부여하는 효용이라고 하면, U는 x가 증가함에 따라 증가하지만 증가율은 감소할 것이다. 돈이 더 들어오면 만족감이 커지지만, 커지는 정도는 점점 작아진다.

베르누이는 $U(x)$가 x의 로그라고 다소 뜬금없이 주장했다. 이것은 한낱 직감이며 논증의 필수 요소가 아니다. 중요한 내용은 이 함수의 기울기가 양이라는 것, 그리고 기울기가 평평해진다는(감소한다는) 것이다. 그래프의 모든 두 점에 대해 이 두 점을 잇는 선분은 그래

프 아래에 있다(아래 그림). 이런 효용 함수를 가진 사람을 일컬어 **위험 회피형**이라고 부른다.

위험 회피형은 각각 $\frac{1}{2}$의 확률로 2000달러를 딸 수도 있고 4000달러를 딸 수도 있는 복권을 3000달러에 사려 들지 않을 것이다. 실제로 당첨금의 기댓값은 3000달러인데 그 효용, 즉 $U(3000)$은 복권의 두 결과가 가지는 효용의 기댓값 $\frac{1}{2}U(2000)+\frac{1}{2}U(4000)$보다 크다. 그런가 하면 **위험 추구형**인 사람들도 있다. 그들의 효용 함수는 기울기가 증가한다. 이 사람들은 연구자들에게 당혹스러운 존재이며 경제학부 교과서에서는 그들에게 지면을 거의 할애하지 않는다.

$U(x)=\log x$라는 베르누이의 가정하에 상트페테르부르크 게임에서 효용의 기댓값을 계산해보자.

우리는 $(\log 2)\left(\frac{1}{2}+\frac{2}{4}+\frac{3}{8}+\cdots\right)$을 얻는데, 이것은 $2\log 2$라는 유한수다. 이것이 게임의 공정 수수료이며 누구도 그 이상 지불해서는 안 된다고 베르누이는 말한다.

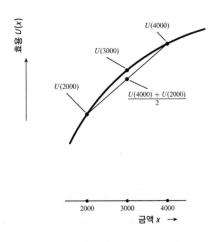

▲ 위험 회피형의 효용 함수는 오목하다.

이 개념은 별로 그럴듯하지 않다. 효용 함수가 로그적이라는 매우 자의적인 가정을 설령 받아들이더라도 기본 문제가 해결되지 않는다. 로그적 효용의 기댓값이 무한하도록 상트페테르부르크 게임의 승률을 수정하기는 쉽다. 이를테면 뒷면이 n번 나온 뒤에 처음 앞면이 나올 때 2의 n제곱을 지급하면 된다. 사실 수학자 카를 멩거(빈 학파의 소장 회원)는 한계가 없는 모든 효용 함수에서 나름의 상트페테르부르크 역설을 만들 수 있음을 밝혀냈다.

따라서 베르누이는 분명 역설을 해소하지 못했다. 우리는 더 나은 설명을 이미 앞에서 보았다. 그것은 수익의 시간 평균이 무한히 증가하더라도 우리를 부자로 만들어주기엔 증가 속도가 너무 느리다는 것이다.

하지만 효용 함수의 증가율이 감소한다는 베르누이의 발상은 엄청나게 생산적인 것으로 드러났다. 그의 개념은 현대 경제학의 기둥이다. 기둥을 떠받치는 땅이 그만큼 단단해 보이진 않지만.

기수적 개념

x의 효용은 x 값을 평가하는 기준이다. 빈부노소를 막론하고 모든 사람에게는 효용 함수가 있는데, 이게 전부 같으면 오히려 이상하다. 어쨌거나 x가 반드시 금액이어야 하는 것은 아니다. 음식, 섹스, 재미, 즐거움, 명성, 안전, 아니면 목숨을 부지하는 것일 수도 있다. 당신의 효용 함수는 당신의 선호도를 평가하는 기준 역할을 한다.

당신의 선호도가 얼마인지 누가 판단을 내릴까? 벤담의 사회나 우리 사회 같은 개인주의 사회에서는 그런 판단이 전적으로 당신에게 달렸다. 선호도가 어디서 비롯하는지 고려할 필요가 없다. 주어진 것으로 간주되며 논란의 여지가 없다. 흄 말마따나 "이성은 감정의 노예다." 이성은 기껏해야 소원들 사이를 누비는 데 도움이 될 뿐이다.

계산이 이 문제에 효과가 있을까?

일반적 접근법에서는 개인이 두 선택지 A와 B를 비교할 때 A를 선호하거나($B < A$라고 쓴다) B를 선호하거나($A < B$라고 쓴다) 상관하지 않는다($A \sim B$라고 쓴다)고 가정한다. $B < A$가 성립하지 않는 경우는 $A \leqslant B$라고 쓸 수도 있다. 다음으로, 선호도에 이행성이 있다고 가정한다. 즉, $A \leqslant B$이고 $B \leqslant C$이면 $A \leqslant C$다. 이것은 모든 유한한 선택지 집합 A, B, $\cdots$, Z를 완벽하게 정렬할 수 있음을 함축한다. 이를테면 아래와 같은 순서가 가능하다.

$$N \leqslant G \leqslant A \leqslant F \leqslant \cdots \leqslant M$$

이런 배열에서 보듯 선택지들은 수처럼(더 정확히 말하자면 실수나 직선 위의 점처럼) 정렬될 수 있다. 하지만 선택지 자체는 일반적으로 수가 아닐 것이다. 한 선택지는 당신의 귀가 잘리는 것이고 또 다른 선택지는 당신이 초콜릿 케이크를 한 조각 받는 것일 수 있다. 각 선택지 A에 대해 우리는 $u(A) \leq u(B)$인 경우에만 $A \leqslant B$가 성립하도록 A를 $u(A)$와 짝지을 수 있다(이렇게 하면 두 기호 $\leqslant$와 $\leq$은 비슷하게 생겼을 뿐 아니라 실제로도 같다). 이런 함수 u를 효용 함수, 또는 베르누이 '우틸리타스utilitas'라고 부른다.

'효용utility'이라는 낱말은 부적절하다. 냉정한 물질주의를 암시하기 때문이다. 공리주의자들은 찰스 디킨스의 『어려운 시절』에서 흉악하게 묘사되는 그래드그라인드 씨의 그늘에서 결코 벗어나지 못할 것이다. 하지만 아무리 감상적이고 다정한 이타주의자에게도 효용 함수는 있다. 그들의 선호도 목록 저 위쪽에는 동료 인간의 정신적 행복이나 기후변화 방지, 평화로운 정의 등이 있을 것이다. 따라서 이런 목표는 그들에게 높은 효용을 가질 것이다.

벤담은 자신의 용어 **공리주의**utilitarian가 그의 말마따나 '도깨비낱말hobgoblin word'(두려움이나 혐오감을 자아내는 표현)임을 금세 알아차렸다. 사실 그는 언어가 사고에 미치는 영향을 예리하게 간파한 최초의 철학자요, 선구적 언어철학자였는지도 모른다. 따라서 그는 어휘를 개량하려고 열심히 노력했다('오토 아이콘'이나 '판옵티콘' 같은 낱말은 호응을 얻지 못했지만 '국제적international' 같은 낱말은 반응이 좋았다).

만년의 벤담은 효용보다는 행복이나 복리라고 언급하는 쪽을 선호했다. 하지만 이미 엎지른 물이었다. u를 가치 함수로 규정했다면 훨씬 나았을 것이다. 실제로 누구나 '성스러운 가치'라는 말을 입에 올릴 수는 있지만 그래드그라인드 씨조차도 '성스러운 효용'이라고 말하지는 않을 것이다. 일상 언어에서 그림은 예술적 가치(또한 상업적 가치)를 가질 수 있지만 (벽에 있는 금고를 가리는 것 말고는) 대체로 어떤 효용도 가지지 않는다.

우리는 효용 함수를 정의할 때 상당한 재량을 발휘할 수 있다. 아래와 같은 선호도 순서를 가정해보자.

$$N < G < A < F < \cdots < M$$

그러면 우리는 $u(N) = 1$, $u(G) = 2$, $u(A) = 3$, $\cdots$, $u(M) = 26$이라고 정의할 수도 있고 $u(N) = 1$, $u(G) = 4$, $u(A) = 8$, $\cdots$, $u(M) = 2^{26}$이라고 정의할 수도 있다. 둘 다 효용 함수의 정의다. 수 $u(A)$, $u(B)$ 등의 배열은 선호도 A, B 등의 순서에 대응하며, 필요한 것은 이게 전부다.

우리는 선호도의 순서가 완전하고 이행적이라고 확신할 수 있을까?

완전하다는 말은 우리가 A를 B보다 선호하는지 하지 않는지를 언제나 안다는 뜻이다. 물론 선호도는 시간과 상황에 따라 달라질 수 있다. 많은 아이가 아침에는 일어나는 것보다 침대에 누워 있는 쪽을 선호하며 저녁에는 침대에 눕는 것보다 깨어 있는 쪽을 선호한다(나이가 들면서 선호도가 달라질 수도 있다). 게다가 우리의 진짜 선호도는 말로 표현하는 선호도와 다를 수 있다(심지어 진심으로 말하더라도). 심리학자들은 (진심일 때 드러나는) '현시 신호'를 이야기하는데, 이것은 (이를테면) 설문조사에 응답할 때 나타나는 선호도와 극명하게 다를 수 있다.

이행성을 보자면, 무차별과 엄격한 선호도가 이행적이라고 정말로 확신할 수 있을까? (즉, '$A \sim B$이고 $B \sim C$'가 $A \sim B$를 함축하고 '$A < B$이고 $B < C$'가 $A < C$를 함축할까?)

무차별부터 살펴보자. 나는 커피에 설탕 알갱이 하나를 더 넣든 덜 넣든 전혀 상관없지만, 설탕 알갱이를 계속 넣다보면 내가 커피에서 느끼는 쾌락에 결국 영향을 미칠 것이다. 그러므로 무차별을 이야기할 때는 신중을 기해야 한다.

엄격한 선호도는 더 골치 아프다. 이행성이 깨져 내가 A를 B보다 좋아하고 B를 C보다 좋아하고 C를 A보다 좋아한다는 상황은 솔직히 비합리적으로 보인다. 실제로 많은 경제학자와 사회학자는 선호도의 이행성을 합리성의 시금석이요 최후 수단ultima ratio으로 여긴다. 선호도의 순환은 온갖 역설로 이어진다. 이 중에서 가장 잘 알려진 것으로 프랭크 램지의 '머니 펌프money pump' 논증이 있다. 이에 따르면 우리는 순환을 결코 감당할 수 없다! 이를테면 $A < B$이고 $B < C$이면서

$C < A$인 순환이 존재한다고 가정하자. 내가 A를 소유했는데 누군가 내게 소액의 추가금을 내면 B와 교환해주겠다고 제안하면 나는 수락할 것이다. 소액의 추가금을 지불하고서 B를 C로 교환하거나 C를 A로 교환해주겠다는 제안도 받아들일 것이다(선호도에 따라). 하지만 이런 식으로 계속하다가는 결국 파산할 텐데, 경제학자들은 이것을 비합리성의 확고한 증거로 여긴다.

하지만 심리학 실험에 따르면 선택지가 다소 복잡해지자마자 순환적 선호도가 나타난다(이를테면 A가 "로마의 3성급 호텔에서 일주일 숙박"이고 B가 "몬테카티니테르메의 온천에서 사흘 숙박"일 경우). 이런 선택지 열 개를 제안받으면 순환이 얼마든지 생겨난다.

이것은 단순한 혼동 탓일 수도 있지만 그 이면에 더 심각한 이유가 있을지도 모른다. 실제로 우리는 선호도를 특정 기준에 따라 평가한다. 당신이 세 도시 A, B, C 중 한 곳을 선택해야 한다고 가정해보자. 세 곳을 학문적 수준에 따라 정렬하면 순서가 $A > B > C$이고 환경을 고려하면 $B > C > A$이고 식당으로 줄 세우면 $C > A > B$다. 이 기준들이 당신에게 똑같이 중요하다면 당신은 순환에 빠졌다!

지금까지 효용 함수에 필요한 것은 선호도 순서와 일치해야 한다는 조건뿐이었다(이것을 **서수적** 효용이라고 한다). 우리는 무언가를 매우 선호하거나 조금 선호한다고 확고하게 느낄 수도 있다. 이 느낌을 효용 함수로 더 정확하게 표현할 수 있을까? (여기에 **기수적** 효용이라는 이름을 붙일 수 있을 것이다.)

그럴 수 있다고, 오스트리아의 경제학자 오스카어 모르겐슈테른과 헝가리의 수학자 요한 폰 노이만은 말한다. 두 사람의 이론은 1950년대에 엄청난 영향력을 발휘했다.

묘수는 복권을 고려하는 것이다. X와 Y가 두 선택지이면 p의 확률로 X를 산출하고 $1-p$의 상보적 확률로 Y를 산출하는 복권을 $pX+(1-p)Y$로 나타낸다. 이때 아래의 두 가정은 명백히 타당해 보인다.

1. $X < Y$이면 각각의 확률 p와 각각의 선택지 Z에 대해 $pX+(1-p)Z < pY+(1-p)Z$다.
2. $X < Z < Y$이면 $Z=pX+(1-p)Y$인 확률 p가 딱 한 개 있다.

이 가정에 따르면 $Z=pX+(1-p)Y$일 때마다 $u(Z)=pu(X)+(1-p)u(Y)$인 기수적 효용 함수 u가 존재한다(이 의미에서 u는 **복권 부합적** lottery-compatible이다). 게다가 u는 척도에 대해 고유하다. 이것은 온도가 척도에 대해 고유하게 정의되는 것과 같다. 온도를 화씨에서 섭씨로 변환하거나 섭씨에서 화씨로 변환하는 일은 식은 죽 먹기다. 같은 의미에서 온도는 오늘이 어제보다 춥다는 사실뿐만 아니라 그 차이가 큰지 작은지도 알려주는데, 효용도 마찬가지다. 이것이 우리가 바라는 기수적 효용이다.

증명 방법은 간단하다. 선택지들이 (이를테면) 아래와 같이 이미 정렬되었다고 가정하자.

$$N < G < A < F < \cdots < M$$

가장 덜 선호하는 선택지(N이라고 하자)의 효용을 0으로 정의하고 가장 선호하는 선택지(M이라고 하자)의 효용을 100으로 정의하자. 다음으로 0과 1 사이의 모든 p에 대해 $pM+(1-p)N$ 형식의 모든 복권을 고려하자. p가 클수록 우리는 이 복권을 좋아한다. $p=1$은 다름 아닌 우리가 가장 좋아하는 선택지 M이고 $p=0$은 우리가 가장 덜 좋아하는 선택지 N이다. p를 연속적으로 증가시키면 우리가 얻는 효용도 N에서 M까지 연속적으로 증가한다. 임의의 p 값에 대해 우리는 복권 $pM+(1-p)N$과 대안 G의 차이에 상관하지 않을 것이다. 그렇다면 우리는 $u(G)$를 $100p$와 같게 둔다. 모든 선호도 목록에 대해 이런 식으로 계속한다. 요한 폰 노이만은 어안이 벙벙했다. "이 생각을 한 사람이 지금껏 아무도 없었다고?" 실은 있었는데, 그 사실은 나중에야 밝혀진다.

효용 함수는 합리적 의사결정 이론의 기초가 되는 암반이다. 이 이론 덕에 우리는 인간 행동을 (이를테면 **기대효용**의 맥락에서) 정밀하게 예측할 수 있다. 애석하게도 이 예측은 하도 정밀해서 실험으로 반박할 수 있다. 실망스러운 노릇이다. 하지만 밝은 면을 보자면 우리는 반증 가능성이 진지한 과학 이론의 보증서라는 칼 포퍼의 말을 떠올릴 수 있다. 우리는 대부분 실패에서 교훈을 얻는다. 반박될 만큼 정밀해질 수 있다는 수학의 특징은 결코 사소한 미덕이 아니다.

위의 마지막 문장이 신 포도를 떠올리게 한다면, 뭐 사실이 그렇긴 하다. 다만 이 반증이 처음 제기되었을 때 신 포도가 잔칫상에 오르지 않은 것은 분명하다.

실제로 1952년 기대효용 이론의 대가들이 학술대회를 열기 위해 파리에 모였다. 그중 으뜸은 저명한 수학자이자 통계학자 레너드 '지미' 새비지였다. 학술대회 만찬장에서 모리스 알레라는 프랑스 경제학자가 언뜻 무해하게 들리는 퀴즈로 새비지에게, 그와 더불어 '미국 학파' 전체에게 유쾌한 도전장을 내밀었다. 하지만 많은 이들에게 실망스럽게도(프랑스인들에게는 아니었겠지만) 새비지 자신이 의사결정 이론의 가장 기초적인 규칙을 지키지 않은 것으로 드러났다.

▲ 모리스 알레(1911~2010)가 득점하다.

새비지는 기꺼이 실수를 인정했다. 실수는 누구나 저지를 수 있으니까. 아마도 프랑스산 포도주가 너무 맛있었나 보다. 하지만 같은 '실수'가 사방에서 발견된다는 사실이 점차 뚜렷해졌다. 수많은 사람이 같은 함정에 얼마든지 빠질 수 있었다. 이윽고 알레의 식후 퀴즈는 실험심리학, 어쩌면 심지어 실험철학이라는 중요한 분야를 태동시켰다. 알레로 말할 것 같으면 그는 훗날 노벨 경제학상을 받았다.

내기에 어리둥절하다

알레의 퀴즈에서는 두 쌍의 선택지가 제시되었다. 한 쌍은 A와 B, 다른 한 쌍은 a와 b다.

첫째, A와 B 중에서 하나를 고르라.

A: 100만 달러를 받을 확률이 100퍼센트
B: 100만 달러를 받을 확률이 89퍼센트, 한 푼도 못 받을 확률이 1퍼센트, 500만 달러를 받을 확률이 10퍼센트

새비지는 A를 골랐다. 당신은 어느 쪽을 선택하겠는가? 시간을 두고 고민해보라.

이제 a와 b 중에서 하나를 고르라.

> a: 한 푼도 못 받을 확률이 89퍼센트, 100만 달러를 받을 확률이 11퍼센트
>
> b: 한 푼도 못 받을 확률이 90퍼센트, 500만 달러를 받을 확률이 10퍼센트

새비지는 b를 골랐다. 대부분(전부는 아니지만!) 같은 선택을 했을 것이다. 하지만 첫 번째에서 A를 고르고 두 번째에서 b를 고르는 것은 비합리적이거나 적어도 일관성이 없다.

실제로 A가 B와 다른 결과를 내놓을 확률은 11퍼센트에 불과하다(나머지 89퍼센트에서는 A와 B에서 둘 다 100만 달러를 받는다). A의 경우 이 11퍼센트에서 100만 달러를 받는 반면에 B의 경우 11퍼센트 중 하나에서는 한 푼도 받지 못하고 나머지 10퍼센트에서 500만 달러를 받는다.

마찬가지로 a와 b 둘 다에서 당신은 89퍼센트의 확률로 한 푼도 받을 수 없다. 그러므로 a에서 나오는 결과가 b와 다를 확률은 11퍼센트에 불과하다. a의 경우 나머지 11퍼센트에서 100만 달러를 받는 반면에 b의 경우 11퍼센트 중 하나에서는 한 푼도 못 받고 나머지 10퍼센트에서 500만 달러를 받는다.

그러므로 A와 B의 차이와 a와 b의 차이는 정확히 같다. 당신이 A를 B보다 선호한다면 a를 b보다 선호해야 한다. 하지만 대부분의 사람은 그러지 않는다.

당신의 결정이 결과에 아무 영향도 미치지 못할 확률이 89퍼센트인 것에 주목하라. A–B의 경우 100만 달러를 받았을 것이고 a–b의 경우 한 푼도 못 받았을 테지만, 두 경우 다 당신이 할 수 있는 일은 전혀 없다.

더 간단한 예를 들어보겠다. 당신이 아래의 두 선택지 중 하나를 골라야 한다고 가정해보자.

X: 확실한 3000달러

Y: 4000달러를 받을 확률이 80퍼센트이고 한 푼도 못 받을 확률
    이 20퍼센트인 내기

내기 Y의 기댓값이 3200달러임은 쉽게 계산할 수 있다. 이것은 X의 기댓값보다 크다. 그런데… 당신은 Y를 고르기가 찜찜할 수도 있다. 그렇다면 당신은 위험 회피형이다. 많은 사람에게 X와 Y 중에서 어느 쪽을 선호하느냐고 물었더니 절대다수인 82퍼센트가 X를 선택했다. 여기까지는 역설적인 구석이 전혀 없다.

그런데 다른 퀴즈에서 반전이 일어난다. 당신이 아래의 두 선택지 중에서 하나를 골라야 한다고 가정해보자.

x: 3000달러를 받을 확률이 25퍼센트인 내기(한 푼도 못 받을 확률
    은 75퍼센트)

y: 4000달러를 받을 확률이 20퍼센트인 내기(한 푼도 못 받을 확률
    은 80퍼센트)

이번에는 대다수인 70퍼센트가 y를 선택했다. 왜 안 그러겠는

가? 두 번째 퀴즈의 선택지들은 당첨 확률이 4분의 1로 줄어드는 것만 빼면 첫 번째 퀴즈와 똑같다.

말하자면 선택지 x는 다름 아닌 $pX + (1-p)Z$인 내기다(여기서 Z는 한 푼도 못 받는 결과이며 $p = \frac{1}{4}$이다). 마찬가지로 y는 $pY + (1-p)Z$에 불과하다. X를 Y보다 선호하는 사람(절대다수인 82퍼센트)은 반드시 x를 y보다 선호해야 한다. 하지만 그런 사람은 30퍼센트에 불과하다! 이 말은 절반 넘는 사람들이 합리적 의사결정 이론의 첫 번째 가정, 즉 합리적 결정 이론의 당연한 토대를 위반한다는 뜻이다.

비슷한 결과가 전 세계에서 재현되었다. 그중에서도 흥미로운 것은 아모스 트버스키와 대니얼 카너먼의 기발한 실험이다.

그들의 절묘한 사례 중 하나는 다음과 같다. 당신이 300달러를 받은 뒤 A와 B 중에서 어느 쪽을 선호하느냐는 질문을 받는다.

A: 100달러를 더 받는다.
B: 200달러를 더 받거나 한 푼도 더 못 받는 내기(두 경우의 확률은 같다).

당신은 어느 쪽을 선호하는가? 절대다수의 사람들(72퍼센트)은 A 선택지를 골랐다.

하지만 당신이 500달러를 받은 뒤 a와 b 중에서 어느 쪽을 선호하느냐는 질문을 받는다고 가정해보자.

a: 100달러를 반납한다.
b: 200달러를 반납하거나 한 푼도 안 내는 내기(두 경우의 확률은 같다).

당신은 어느 쪽을 고르겠는가? 대부분의 사람(64퍼센트)은 b를 골랐다. 그러므로 대다수는 A-B 경우에 위험 회피형이고 a-b 경우에는 위험 추구형이다.

하지만 신기하게도 두 경우 다 선택지는 똑같다. 하나는 확실한 400달러이고 다른 하나는 300달러를 받거나 500달러를 받을 확률이 같은 내기다.

질문을 어떻게 표현했느냐만 다르다. 첫 번째 사례에서는 수익 가능성을 내세워 300달러의 기준에 대한 증가분으로 제시한 반면에, 두 번째 사례에서는 손실 가능성을 내세워 500달러의 기준에 대한 하락분으로 제시했다. 이와 같은 이른바 **프레이밍 효과**는 시장에서 흔히 볼 수 있다. 상점에서 현금으로 지불하느냐 신용카드로 지불하느냐에 따라 가격이 달라지는 경우도 마찬가지다. 같은 선택지를 현금 할인의 관점에서 표현할 수도 있고 신용카드 수수료의 관점에서 표현할 수도 있다.

도박이나 쇼핑만 이런 것이 아니다. 군인이나 의료인, 소방관 같은 직업에 종사하는 사람들은 삶과 죽음의 문제에 즉단을 내려야 할 때가 있다. 이 사람들은 훈련을 받고 시험을 치르며 사명감이 투철하지만, 실전 연습과 정식 출동에서 보듯 그들도 종종 프레이밍 효과에 넘어간다. 인지 착각과 잘못된 휴리스틱은 쉽게 털어낼 수 없다.

대부분의 사람은 수익에 대해서는 위험 회피형이고 손실에 대해서는 위험 추구형이다. 하지만 수익과 손실은 출발점이 어디인가에 따라 달라진다. 이러한 현 상황은 쉽게 조작할 수 있다. 카너먼과 트버스키는 이에 착안하여 전망 이론을 수립했는데, 이것은 현재 기대효용 극대화 원리에 제시된 최상의 대안이다.

아는 모르는 것

가상의 내기에서는 다양한 사건의 확률이 대체로 잘 알려져 있다. 하지만 일상적 현실에서는 그런 경우가 드물다. 우리는 확률을 알지 못한다. 한 미국 정치인의 명언을 인용하자면 "아는 모르는 것이 있고 모르는 모르는 것이 있다." 우리는 다양한 선택지의 확률을 막연하게조차 모를 때가 많다. 그럼에도 결정을 미룰 수는 없다. 이런 결정을 위험한 상황에서의 결정(확률이 알려진 경우)과 대조적으로 '불확실한 상황에서의 결정'이라고 부른다.

위험과 불확실성의 차이를 처음으로 강조한 철학자는 19세기 영국을 대표하는 존 스튜어트 밀이다. 그의 아버지 제임스 밀은 제러미 벤담과 절친한 사이였다. 두 철학자는 어린 존 스튜어트의 교육에 각별한 관심을 쏟았으며 그는 기대에 부응하여 단호한 경험주의자이자 법실증주의자이자 사회개혁가이자 진보적 의원이 되었다. 그나저나 하원에서 여성 투표권을 주장한 최초의 인물이기도 하다.

알려진 확률과 알려지지 않은 확률의 차이에 대한 밀의 생각은 존 메이너드 케인스 같은 경제학자들에게 채택되었으며 심리학자 대니얼 엘스버그의 기발한 시험들에서 검증되었다.

이를테면 통 하나에 공이 90개 들었다고 상상해보라. 더 정확히 말하자면 흰 공 45개와 검은 공 45개가 있다고 해보자. 당신은 이 사실을 알며, 공 하나를 꺼내라는 요청을 받는다. 공이 흰색이면 1000달러를 받고 검은색이면 한 푼도 못 받는다.

두 번째 통에도 공이 90개 들어 있으며 어떤 것은 흰색이고 어떤 것은 검은색이지만, 몇 개가 흰색인지는 알지 못한다. 0개일 수도 있고 90개일 수도 있다. 이번에도 당신은 공 하나를 꺼낼 수 있는데,

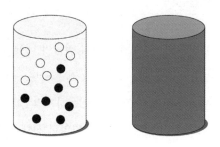

▲ 우리는 왼쪽 통의 구성은 알지만 오른쪽 통의 구성은 모른다.

흰색이면 1000달러를 받고 검은색이면 한 푼도 못 받는다.

중요한 대목은 이제부터다. 당신은 게임에 참여하기 전에 왼쪽 통과 오른쪽 통 중에서 하나를 고르라는 요청을 받는다(위 그림). 어떻게 하겠는가? 절대다수는 흰 공과 검은 공의 개수가 알려진 첫 번째 선택지를 고른다. 이 성향은 설명하기가 쉽지 않다. 두 통 모두 당첨 가능성은 같은데도 대부분의 사람은 모르는 확률보다는 아는 확률을 더 편안하게 느낀다.

이 선호도가 사람들을 일관성 없는 행동으로 이끈다는 사실을 비슷한 실험에서 확인할 수 있다. 당신은 90개의 공이 든 새 통을 받는다. 그중 정확히 30개는 흰색이고 나머지 60개는 회색이거나 검은색이다. 당신은 몇 개가 회색인지 모른다.

첫 번째 실험: 흰색이나 회색에 내기를 걸고서 그 색깔의 공을 뽑으면 1000달러를 받는다. 대부분의 사람들은 흰색에 걸었다. 공이 흰색일 가능성이 회색일 가능성보다 높다고 생각할 이유는 전혀 없다. 회색 공의 개수는 0개일 수도 있고 60개일 수도 있으니 말이다. 그런데도 앞에서 보았듯 대부분의 사람은 알려진 확률, 즉 흰 공을 뽑을 $\frac{1}{3}$의 확률을 더 편안하게 느낀다.

두 번째 실험은 '흰색이나 검은색'과 '회색이나 검은색' 중에서 하나를 고르는 것이다. 이번에 대부분의 사람들이 '회색이냐 검은색이냐'를 고른다는 사실은 별로 놀랍지 않다. 이 사건은 확률이 $\frac{2}{3}$이라는 사실이 알려진 반면에 다른 사건은 알려지지 않았기 때문이다.

두 실험에서 대부분의 사람과 같은 판단을 내렸다면 당신은 일관성이 없는 사람이다. 실제로 첫 번째 실험에서 당신은 흰색 공이 나올 가능성이 회색보다 크다고 추측했다. 그러므로 '흰색이나 검은색' 공이 나올 가능성이 '회색이나 검은색'보다 커야 한다. 이 실험은 우리가 확률을 다루는 방식이 기이하다는 사실을 알려준다.

대니얼 엘스버그는 연구 결과를 발표하고 얼마 지나지 않아 전 세계적으로 유명해졌는데, 이유는 따로 있었다. 1970년대 초 화제의 펜타곤 문서를 유출한 것이다. 장년층은 이 사건을 여전히 똑똑히 기억하며 젊은 층도 스티븐 스필버그의 영화 〈더 포스트〉를 보고 알게 되었다.

펜타곤 문서는 미 행정부의 치부를 드러냈으며 엘스버그는 내부 고발자의 본보기가 되었다. 그는 방첩법 위반으로 기소되어 115년 형을 구형받았다. 하지만 다행히도 닉슨의 '배관공들'(문서 유출에 대처하는 업무를 맡아서 붙은 별명)이 엘스버그를 진료한 정신과 의사의 사무실에 침입했다는 사실이 밝혀지면서 정부의 중대한 부정행위를 이유로 소송이 기각되었다. 훗날 '배관공들'은 다른 시급한 업무를 하달받았는데, 이번에는 워터게이트 빌딩에 파견되었다가 또다시 일을 망쳤다. 한편 엘스버그는 MIT 교수가 되었으며 시민으로서의 용기와 학문 연구 양쪽에서 높은 평가를 받았다.

엘스버그는 펜타곤 문서를 유출하기 전 랜드연구소와 국방부에서 분석관으로 일하면서 핵전쟁 시나리오, 인류 종말 기계, 핵무기 공격을 매일같이 다뤘다. 그의 업무는 '불확실한 상황에서의 결정'을 내리는 행위의 의미를 면밀히 연구할 절호의 기회였을 것이다.

파스칼의 내기

블레즈 파스칼은 불확실성에 사로잡혔다. "나는 사방을 둘러본다. 그런데 보이는 것은 오직 암흑뿐이다. 자연은 회의와 불안의 씨가 아닌 어떤 것도 나에게 제공하지 않는다."

파스칼이 '무한-무'라는 제목으로 휘갈겨 쓴 두 장의 글이 그의 사후에 발견되었다. 여기에서 파스칼은 자신의 유명한 내기를 제시했다. 이 글은 유작『팡세』에 발표되었다.『팡세』는 파스칼이 스스로와 나눈 고뇌에 찬 대화였으며 불확실한 세상에 놓인 인간의 연약함을 속속들이 파고들었다.

파스칼은 수학 신동이었다. 그는 30대 후반에 이렇게 토로했다. "참된 증명이 있다는 것은 가능할지도 모른다." 하지만 이는 불확실성을 더욱 키울 뿐이다. 파스칼 말마따나 "모든 것이 불확실하다는 것은 확실하지 않다"는 사실을 입증하기 때문이다.

그를 무엇보다 괴롭힌 문제는 신이 존재하는가였다.

만약 신을 나타내는 어떠한 것도 보이지 않는다면 나는 부정否定으로 마음을 정할 것이다. 만약 도처에 창조주의 표적을 볼 수 있다면 나는 믿음 속에 안식할 것이다. 그러나 부정하기에는 너무나도 많은 것을, 그리고 확신하기에는 너무나도 적은 것을 보기 때문에 나는 개탄할 상태에 있다.

결국 그는 창조주를 믿기로 결정했다(적어도 믿기로 노력하겠다고 마음먹었다). 자신이 아주 특별한 내기를 하고 있음을 깨달았기 때문이었다. 실은 우리 모두가 같은 내기를 하고 있다.

(내기를) 걸지 않을 수 없다. 이것은 마음대로 할 수 있는 일이 아니다. 당신은 이미 배에 올라 탄 것이다.

이 내기에 당신의 행복이 걸렸다.

신이 있다는 패를 택한 다음 득과 실을 저울질해보자. 다음 두 경우를 생각해보자. 만약 당신이 이긴다면 모든 것을 얻고, 지더라도 아무것도 잃지 않는다. 그러니 주저하지 말고 신이 있다에 걸어라.

당신이 신앙인의 길을 따를 때 얻을 수 있는 것은 지복의 영생("무한히 행복한 무한한 삶")이다. 당신이 잃을지도 모르는 것은 기껏해야 난봉꾼이 이 세상에서 누릴 수 있는 유한한 쾌락에 불과하다. 믿음으로부터 기대되는 수익은 신을 믿지 않을 때 기대되는 수익과는 비교할 수 없을 만큼 크다.

이 내기는 신이 존재한다는 증명으로 곧잘 오해받는다. 그 점에서는 분명히 실패했다. 볼테르는 신랄하게 비판했다. "내가 어떤 것이 존재한다는 것에 관심을 가지더라도 이는 결코 그런 것이 존재한다는 증명이 아니다." 하지만 신의 존재를 증명하는 것은 파스칼의 목표가 아니었다. 내기의 대상은 불확실한 상황에서의 결정으로 종교를 받아들이는 선택을 옹호하는 논증이다.

파스칼은 신을 믿기가 매우 힘든 사람들이 있음을 인정한다.

하지만 그 불운한 이들이 적어도 노력은 해야 한다고 말한다. 처음엔 "성수를 받고 미사를 드리고 등등" 믿음이 있는 사람처럼 행동해야 한다. 심지어 이 사소한 의지가 당신을 믿음으로 인도할 것이라고 주장한다. 요즘 말로 하자면 세뇌인 셈이다. 우리는 이 방법이 어떻게 효과를 발휘하는지 안다. 파스칼 말로 하자면 그 방법은 "당신을 바보로 만들" 것이다. 이 시점에서 파스칼 내면의 회의주의자가 외친다. "아니, 이것이야말로 내가 두려워 하는 것이오!" 파스칼 내면의 신비주의자는 이렇게 대꾸한다. "무엇 때문에? 당신은 무엇을 잃는단 말인가?"

이 모든 논증의 대상은 신을 믿을지 말지 갈팡질팡하는 사람들 뿐이다. 신에게 0의 확률을 부여하는 사람은 내기의 기댓값이 얼마이든 흔들리지 않을 것이다.

'무한-무'는 불확실성을 전제한다. 파스칼의 복잡한 추론은 신보다는 블레즈 파스칼의 심란한 영혼에 대해 더 많은 것을 알려준다. 어쨌거나 우리는 어느 신을 이야기하고 있지? 드니 디드로는 이렇게 꼬집었다. "이맘§이슬람 종교 지도자도 똑같은 논증을 내세울 수 있다." 게다가 이기적인 속셈으로 믿는 사람을 신이 과연 좋아할까?

파스칼의 내기는 신학적 논증으로서는 별로 설득력이 없다. 하지만 내기를 바탕으로 의사결정 이론을 응용한 최초의 명확한 사례다. 인생의 행복이 걸린 캄캄한 불확실성 속으로 한발 내디딘 것이다. 이런 면에서 파스칼의 실존적 내기는 확률론이 여전히 포대기에 싸여 있던 시절에, 기댓값 개념이 좀처럼 이해되지 못하고 무한과 무한소가 미심쩍은 주문처럼 여겨지고 효용 함수가 상상조차 되지 못하던 시절에 진정한 선견지명을 발휘한 셈이다.

볼테르는 파스칼을 이렇게 꾸짖었는데, 착각한 사람은 오히려 자신이었다. "게임 개념과 득실 개념은 신의 무게에 걸맞지 않다."

11

협력Cooperation
자신을 바라보는 눈, 타인을 대하는 나

보이지 않는 손을 향해

자신을 알라고 소크라테스는 말했다. 그런데 그 경험이 언제나 유쾌한 것은 아니다. 나 자신은 이기심으로 가득해 보인다. 라 로슈푸코 공작은 스스로에 대한 사랑이 미덕에서나 악덕에서나 우리를 인도한다고 말했다. 그는 다른 자리에서 이렇게 덧붙이는데, 강물이 바닷물에 녹아들듯 미덕은 자기이익에 녹아든다.

오늘날 가장 유명한 심리학자로 꼽히는 조너선 하이트는 이렇게 말했다. "인간 행동을 2초 이내에 설명하고 싶다면 '자기이익'이라고 말하면 된다." 바로 뒤에 이어진 문장에서 하이트는 주어진 시간이 2분이라면 이 진술을 구체적으로 한정해야 할 것이라고 덧붙였다. 하지만 어림하여 말하자면 우리를 인도하는 것은 자기이익이다.

인간은 이기적이지만, 다른 한편으로 소수의 동물종처럼 사회적이다. 이것은 아리스토텔레스가 이미 천명한 사실이다. 그는 인간을 조온 폴리티콘*zoon politikon*(정치적 동물)으로 보았다. 인간 말고도 '정치적 동물'이 있는데, 대부분 개미·흰개미·벌 같은 곤충이다. 심지어 어떤 종은 국가를 건설하기도 하지만, 이 국가는 우리의 국가와 매우 다르게 생겼으며 기본은 유전적으로 거의 균일한, 극도로 긴밀한 하나의 가족으로 이루어진 일종의 초유기체다. 사회적 곤충의 행동은 유전자에 단단히 새겨져 있다. 진화생물학자들은 우리 인간의 자아가 집단에 어우러지는 데는 틀림없이 또 다른 이유가 있다고 생각한다.

자신과 타인의 경쟁은 철학에서 끊임없이 논의되는 주제다. 자기애는 종종 배척당한다. 17세기에는 더더욱 비난받았다. 수학자이자 철학자이자 신비주의자 블레즈 파스칼은 이렇게 썼다. "우리는 태어나면서부터 불의하다. 자기를 향한 성향은 전쟁, 정치, 경영, 인간 개개의 육체에 있어서 모든 무질서의 시초이다."

수학자이자 철학자 토머스 홉스는 『리바이어던』(1651)에서 고삐 풀린 이기심이 만인에 대한 만인의 투쟁으로 이어질 수밖에 없다고 주장했다. 영국 내전과 30년 전쟁이 암울한 세계관에 일조한 것은 분명하다.

그로부터 100년이 채 지나지 않았을 때 계몽주의 철학자들은 훨씬 낙관적 관점에 섰으며 자기애는 더 나은 평판을 얻었다. 스코틀랜드의 철학자이자 경제학자 애덤 스미스는 『국부론』에서 개인의 이기적 동기가 **마치** 보이지 않는 손에 의한 것처럼 사회 복리로 전환된다고 주장했다. "그가 자기 자신의 이익을 추구함으로써 흔히, 그 자신이 진실로 사회의 이익을 증진시키려고 의도하는 경우보다, 더욱 효과적으로 그것을 증진시킨다." 그는 아래와 같은 명언을 남겼다.

우리가 매일 식사를 마련할 수 있는 것은 푸줏간 주인과 양조장 주인, 그리고 빵집 주인의 자비심 때문이 아니라, 그들 자신의 이익을 위한 그들의 고려 때문이다. 우리는 그들의 자비심에 호소하지 않고, 그들의 자애심에 호소하며 그들에게 우리 자신의 필요를

◀ 애덤 스미스(1723~1790)는 보이지 않는 손을 보았다.

말하지 않고, 그들 자신에게 유리함을 말한다.

이렇게 생각한 사람은 그만이 아니었다. 애덤 스미스보다 몇 해 전 볼테르는 『철학편지』에서 비슷한 견해를 표명했다.

신이 타인의 행복에 독특한 관심을 가지는 존재를 창조했을 수 있음은 틀림없다. 이 경우 상인은 순수한 이타주의에서 인도로 항해했을 것이며 석공은 이웃을 즐겁게 하기 위해 돌을 잘랐을 것이다. 이것은 신의 행동과는 달랐다. 우리의 상호 필요는 우리가 인류에 유익한 이유다. 모든 상업의 토대이자 사람들 사이의 영구적 끈이다.

애덤 스미스는 보이지 않는 손이 **언제나** 작동하지는 않는다는 사실을 볼테르 못지않게 잘 알았다. 스미스가 말한 것은 보이지 않는 손이 공공 복리를 증진할 **수 있다**는 것뿐이었다.

보이지 않는 손의 결점은 전 세계 경제학 연구소의 게임이론 연구실에서 진행되는 간단한 실험으로 똑똑히 확인할 수 있다. 이런 실험에 참여하면 대개 사전에 참가비로 소정의 금액을 받는다. 당신은 방에 앉아 다른 참가자들과 격리된 채 모니터에서 표시된 게임 규칙을 읽는다. 공동 참가자 한 명과 짝이 되는데, 결코 그를 볼 수 없다. 그는 옆방에 있을 수도 있고 지구 반대편에 있을 수도 있다.

게임 규칙은 다음과 같다. 당신은 두 단추 C와 D 중에서 하나를 선택할 수 있다. C를 누르면 참가비 중에서 5달러를 실험 주최측에 돌려주기로 동의하게 된다. 그러면 동료 참가자는 15달러를 받게 된다. 반면에 D를 누르면 이런 일이 일어나지 않는다. 당신은 60초 안에 결정을 내려야 한다(결정을 내리지 못하면 D로 간주된다). 당신은 미지의 동료 참가자도 똑같은 상황을 맞닥뜨렸으며 이번이 그 사람과의 유일한 교류일 것이라는 말을 듣는다. 두 번째 실험은 결코 없을 것이며 당신은 상대방이 누구인지 영영 모를 것이다. 실험이 이중 맹검 방식으로 순조롭게 진행되면 해당 연구자들도 양쪽 피험자가 누구인지 모른다.

시곗바늘이 돌아가기 시작한다.

당신은 동료 참가자가 어떤 결정을 내릴지 알지 못한다. 동료 참가자도 당신이 어떻게 행동할지 모른다. 당신이 C를 누르면 자신은 5달러를 잃는 대신 동료 참가자에게 15달러를 기부하는 셈이다. 자기 이익의 관점에서 보자면 생판 타인인 상대방에게 아무 이유 없이 선물해서는 안 된다. 그래서 당신은 D를 누른다. 동료 참가자도 같은 추론을 한다면 당신과 상대 둘 다 호주머니에 참가비만 넣은 채 집으로 돌아갈 것이다.

당신은 기회를 놓쳤다는 느낌이 들지도 모른다. 두 사람 다 C를 눌렀다면 둘 다 10달러를 더 벌었을 테니 말이다. 당신은 상대방을 위해 5달러를 지불해야 했을 테지만 그 대신 15달러를 받았을 것이다.

그러므로 당신은 자기이익을 따르다 10달러를 손해본 것이다. 이렇듯 자기이익을 추구하는 개인이 언제나 집단의 복리를 증진하는 것은 아니다(노벨상을 수상한 경제학자 조지프 스티글리츠는 '보이지 않는 손'이 보이지 않는 것은 존재하지 않기 때문일 수도 있다는 명언을 남겼다). 더 놀라운 사실은 자기이익을 추구하는 개인이 이 짓궂은 실험에서 **자기 자신**의 복리조차 증진하지 못한다는 것이다.

그건 그렇고 참가자 중 약 50퍼센트가 C를 누르는데, 이것은 앞선 논증과 맞지 않는다. 정확한 비율은 참가비 금액이나 참가자의 성별, 나이, 문화적 배경에 따라 달라진다.

이상하게 들릴지도 모르겠지만, 이 단순한 기부 게임은 수학에서 비롯했다. 이 실험은 이해관계 상충을 다루는 수학인 게임이론에 속한다. 이 분야는 1940년대 미국에서 탄생했는데, 자신의 공동체가 갈갈이 찢기는 광경을 목격한 중유럽 이민자 두 명이 그 주역이다.

예측할 수 없는 행동

오스카어 모르겐슈테른은 1902년 독일에서 태어났다. 제1차 세계대전 이후 그는 빈대학교에 입학했다. 수학 재능은 그저 그랬지만(그런 탓에 한 과목을 재수강해야 했다) 경제학 연구에서 두각을 드러내 3년 만에 박사 학위를 취득했으며 금상첨화로 록펠러 재단으로부터 3년간 해외에 체류할 수 있는 장학금을 지급받았다. 그 덕에 박사후 과정을 영국, 미국, 프랑스, 이탈리아에서 보낼 수 있었다.

빈으로 돌아온 모르겐슈테른을 경제학자 프리드리히 하이에크가 당시 신설된 경기순환연구소에 영입했다. 그런데 얼마 지나지 않아 하이에크가 런던 정치경제대학교 교수로 임명되었다. 하이에크는 훗날 계획경제에 반대하는 가장 단호한 발언자가 되었으며(그는 계획경제를 '농노제에 이르는 길'로 간주했다) 노벨 경제학상을 받았다. 서른 살의 오스카어 모르겐슈테른은 빈에서 하이에크의 뒤를 이어 연구소장이 되었다.

당시는 대공황기였다. 모르겐슈테른은 오스트리아 정부에 경제 예측을 제출하는 임무를 받았다. 그로서는 무척 얄궂은 노릇이었다. 모르겐슈테른의 주된 학문적 주장은 신뢰할 만한 경제 예측이 이론상 불가능하다는 것이었으니 말이다. 빈에서는 누구도 이 역설에 개의치 않았다. 당신이 키피 하우스에서 어떤 주장을 펼치든 그것은 직업상 하는 일과 별로 상관이 없었으니까(그마저도 직업을 가질 만큼 운이 좋은 경우에나 해당하지만).

모르겐슈테른은 어떤 예측을 하든 경제가 그에 반응한다고 주장했다. 이 반응은 예측에 반영되어야 하는데, 이 사실이 다시 예측에 반영되어야 하고 이런 식으로 무한 후퇴가 일어난다. 핵심은 경제 예측이 일기 예보와 다르다는 것이다. 예보는 일기에 영향을 미치지 않으며 대기는 예측에 반응하지 않는다. 하지만 경제는 반응하며 이 때문에 악순환이 일어난다.

모르겐슈테른은 논문과 강연에서 이 원리를 문학적 사례로 설명했다. 그것은 셜록 홈스가 사악하고 영리한 흉악범 모리아티 교수와 벌이는 필사의 두뇌 게임이다. 두 사람은 상대방의 허를 찌르려고 고심하며 상대방도 그러고 있음을 안다.

덜 극적인 예를 들어보겠다. 신호가 떨어지면 두 참가자 앤과 버트가 손가락을 쳐든다. 손가락 합계가 짝수이면 앤이 이기고 홀수이면 버트가 이긴다.

경기순환연구소 전문가들이 놀이 결과를 (수정 구슬을 통해서든 무엇을 통해서든) 예측할 수 있다고 가정해보자. 그들은 (이를테면) 앤과 버트 둘 다 짝수 개의 손가락을 세울 거라고 예측한다. 이 말은 앤이 이긴다는 뜻이다. 하지만 이를 알게 된 버트가 자신의 결정을 번복하여 홀수 개의 손가락을 든다. 이 수법을 쓰면 그의 승리는 따놓은 당상이다. 하지만 앤은 똑똑하게도 이를 예상하여 자기도 홀수 개의 손가락을 세운다. 하지만 버트가 이마저 예견하여 원래 선택을 고수하는 식으로 맞대응하면 어떻게 될까? 이런 식으로 끝도 없이 이어진다. 이 악순환은 에드거 앨런 포의 「도둑맞은 편지」에서 멋지게 묘사되었으며, 이해관계가 상충하는 두 사람이 서로의 허를 찌르려고 머리를 굴릴 때마다 일어난다. 숨바꼭질을 할 때마다 일어나고 육식동물이 먹잇감을 쫓을 때마다, 모리아티가 홈스를 따라다닐 때마다 일어난다.

오스카어 모르겐슈테른은 모리아티와 홈스의 예를 즐겨 들었다. 하지만 결국 보다 못한 동료가 예측이, 말하자면 반전과 저 반전의 **확률**에 대한 예측이 가능하다는 사실을 명민한 요한 폰 노이만(당시 수학계에서 떠오르는 스타였다)이 몇 해 전에 증명했음을 넌지시 알려주었다.

1903년 부다페스트에서 은행가의 아들로 태어난 요한 폰 노이만은 수학 신동이었다. 그는 새 분야를 접하면 이내 족적을 남겼다. 수리논리학, 집합론, 함수해석학, 양자 이론 등 그런 분야가 한둘이 아니다. 그는 베를린에 체류하던 1928년 「응접실 게임의 이론The Theory of Parlor Games」이라는 논문을 써서 모르겐슈테른의 난제를 해결했다. 오스카어 모르겐슈테른은 깊은 인상을 받았다. 그는 평소에도 수학적 방법을 확고히 믿었으나 이 일을 계기로 신뢰가 더욱 커졌다.

1940년 두 사람은 프린스턴에서 열린 파티에서 만났다. 둘 다

▲ 오스카어 모르겐슈테른(1902~1977).　　　　▲ 요한 폰 노이만(1903~1957).

허틀러에게서 피신한 처지였다. 폰 노이만은 여느 때처럼 재빨랐다. 그는 나치가 득세하는 모습을 보고서 제3제국의 반反유대인 법률로 부터 달아난 최초의 과학자들 중 하나였다. 신설된 고등연구소에 채 용된 기라성 같은 과학자들 중에서도 그는 소수의 원년 멤버였다. 오 스카어 모르겐슈테른으로 말할 것 같으면 그는 1938년 나치 독일이 오스트리아를 침공했을 때 우연히 미국에 있었다. 단지 운이 좋았을 뿐이었다. 안슐루스§독일-오스트리아 병합를 전혀 예견하지 못했기 때문 이다.

　　제3제국의 음침한 세계관에 따르면 모르겐슈테른은 '아리아인' 으로 간주되었지만 그의 이름은 반유대주의적 의심을 불러일으키기 에 충분했다. 자신이 게슈타포§나치 독일의 비밀 국가경찰의 블랙리스트에 올랐음을 알게 된 모르겐슈테른은 빈에 돌아가 자신의 혈통을 해명하 려는 생각을 접었다. 현명한 판단이었지만, 해외 체류 초창기는 그에 게 힘겨웠다.

　　모르겐슈테른과 폰 노이만은 만남 직후 공동 연구를 시작했다. 연구는 모든 예상을 뛰어넘어 척척 진행되었다. 폰 노이만은 1940년 대에 미국 군사 분야의 과학 자문 역할을 줄기차게 맡으며 탄도 계산표, 원자탄 폭발, 컴퓨터 등을 연구했다. 주제는 상관없었다. 어디서나 그를 간절히 원했다. 그는 프린스턴에 들를 때마다 맨 먼저 오스카어를 찾아가 새 아이디어를 쏟아냈다. 처음에 의도한 얇은 소책자는 묵직한 대작으로 불어났다. '합리적 결정의 이론'이라는 원래 제목은 『게임이론과 경제적 행동Theory of Games and Economic Behavior』으로 바뀌었으며 이 책은 20세기의 기념비적 업적이 되었다.

'게임이론'이라는 용어는 새 분야가 인기를 얻는 데 한몫했다. 게임은 즐거움을 떠올리게 한다. 하지만 오해를 사기에도 제격이었다. 물리학을 공부한다고 해서 테니스를 잘 치게 되지는 않듯 게임이론을 연구한다고 해서 포커나 체스 실력이 향상되지는 않는다.

새 이론에 이런 절묘한 이름이 붙은 것은 수, 참가자, 전략, 득실 같은 기본 용어를 응접실 게임의 어휘에서 땄기 때문이다. 우연 게임이 방대한 확률 분야의 관건이었듯 응접실 게임은 이해관계 상충의 수학을 탐구하는 데 일조했다. 이런 게임의 결과는 당신의 실력과 행운뿐 아니라 남들의 결정에 따라서도 달라진다.

선에서 벗어나기

신생 분야인 게임이론은 선풍적 인기를 끌었지만 새 도구가 얼마나 폭넓게 쓰일지 경제학자들이 알아차리기까지는 시간이 꽤 걸렸다. 모르겐슈테른과 폰 노이만의 주 관심사는 제로섬 게임이었는데, 이것은 한 참가자의 이익이 다른 참가자의 손해가 되는 게임이다. 실은 대부분의 응접실 게임이 이런 방식이다. 하지만 현실에서 참가자들의 이익이 언제나 완전히 상충하는 것은 아니다. 이해관계가 다르긴 해도 정면으로 대립하지는 않는다. 심지어 치열한 전쟁에서도 두 진영 다 피하고 싶은 상황이 있다.

게임이론을 제로섬 게임 너머로 확장한 주된 토대는 젊은 미국인 존 내시의 연구였다. 1950년경 내시는 신생 분야를 올바르게 세웠다(카를 마르크스가 자신이 헤겔을 물구나무 세웠다고 주장한 것과 비슷한 방식이었다).

이후 내시는 '천재와 광기'라는 측면에서 수학의 위대하고 낭만적인 영웅 중 한 명이 된다. 그의 학부 지도교수가 프린스턴대학교에 제출한 한 줄짜리 추천서에서 보듯 그는 일찍부터 자타공인 천재였다. 프린스턴대학교에서 내시는 첫해부터 홀로서기에 성공했으며 동료 학생 존 밀너(의심할 여지 없는 또 다른 수학 천재)의 말에 따르면 "300년간의 수학을 혼자 힘으로 재발견하려 했"다.

존 내시가 게임이론에 도입한 가장 중요한 개념은 균형이다(나중에 그의 이름을 따서 '내시 균형'으로 명명되었다). 기본 아이디어는 간단하다. 상대방의 전략을 알면 나는 최적의 반격을 모색할 수 있다. 말하자면 그 방법에서 벗어나는 것은 내게 유익하지 않다. 물론 대부분의 경우 나는 상대방의 전략을 알지 못한다. 내가 추정할 수 있는 것은 상대방 또한 **나**의 전략에 대한 최적의 반격을 찾으려 하리라는 것뿐이다. 내시 균형 쌍은 서로에게 최적의 반격인 전략의 쌍(내 전략과 상대방의 전략)이다. 이런 균형은 이해관계 상충의 어떤 '해'에 대해서든 최소한의 요건임에 틀림없다. 그 밖의 해는 모두 불안정할 것이다. 참가자 중 적어도 한 명은 이탈의 유혹을 받을 테니 말이다.

존 내시의 유명한 정리에 따르면 이런 균형 쌍은 언제나 존재한다. 언뜻 놀라워 보일 수도 있겠다. 아니, 명백히 틀린 것 같을지도 모르겠다. 앞에서 보았듯 유치한 홀짝 놀이의 간단한 예가 반례다. 결과가 어떻든 참가자 중 한 명은 자신의 선택을 후회할 이유가 있을 것이다. 하지만 존 내시는 (이 점에서는 요한 폰 노이만을 따라) 이른바 혼합 전략을 허용한다. 참가자들은 난수 발생기를 이용하여 선택지를 고를 수 있으며 수手마다 다른 확률을 적용할 수 있다.

앤과 버트 둘 다 '짝수'와 '홀수'의 확률을 같게 정하면 둘 다 이탈의 유혹을 느끼지 않으리라는 것은 쉽게 알 수 있다. 하지만 이와 다른 혼합 전략을 쓰면 참가자 중 적어도 한 명은 다른 전략으로 교체할 유혹을 반드시 느낀다.

이 간단한 예는 분명히 실망스러울 것이다. '내시 균형을 추구하라'는 조언에 감명받을 사람은 아무도 없다. '짝수'와 '홀수'의 확률을 같게 해야 한다는 사실은 굳이 수학 천재에게 물어보지 않아도 알 수 있다. 하지만 내시 균형은 **모든** 게임에 존재한다. 제로섬 게임이든 아니든, 참가자들의 선택지가 아무리 많든, 참가자 수가 아무리 많든 상관없다. 필요한 건 (혼합 전략을 받아들임으로써) 우연에 기회를 주는 것뿐이다.

이렇게 완전히 일반화했더니 내시 정리는 모든 사회과학에서 엄청나게 중요하다는 사실이 입증되었다. 모든 이해관계 상충은 이 의미에서 '해'가 있다. 그것은 어떤 당사자도 변심의 유혹을 느끼지 않는 균형이다. 마치 마법처럼 보인다. 사회적 상호작용과 전혀 관계없는 증명이라는 점에서 더더욱 그렇다. 이 증명은 전적으로 기하학적이다.

실제로 당신에게 어떤 나라의 지도가 두 장 있는데 하나는 크고 하나는 작다고 해보자. 한 지도를 다른 지도 위에 놓으면(324쪽 그림) 두 지도가 일치하는 점이 생길 것이다. 그곳에 바늘을 꽂으면 두 지도에서 정확히 같은 지점을 표시한 셈이다. 필요한 일은 작은 지도가 큰 지도 안쪽에 완전히 들어가게 하는 것뿐이다. 이 테두리 안에서

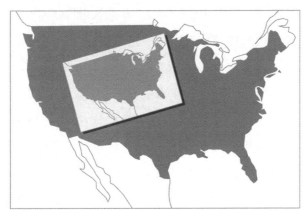

▲ 두 지도를 겹치면 한 점에서 일치한다.

는 작은 지도를 마음대로 옮기거나 회전시켜도 괜찮다. 접거나 뒤집거나 늘일 수도 있다(하지만 찢어서는 안 된다). 이 고정점 성질은 기하학적 사실이며 어떤 차원에서든 성립한다. 순수하게 기하학적인 통찰에서 사회적 상호작용에 관한 핵심적 결과를 얻은 것이다.

존 내시는 이 결과를 들고서 요한 폰 노이만의 연구실을 찾아갔다. 폰 노이만은 으레 그러듯 금세 요점을 파악했다. 그는 "아, 그건 뻔한 얘길세"라며 일축했다. 내시는 툴툴거리며 연구실 문을 나섰다. 그럴 만도 했다. 자신의 정리는 요한 폰 노이만의 제로섬 결과를 특수 사례로 포함했으며 자신의 증명이 훨씬 우아했으니 말이다. 훗날 내시는 그때의 수모를 무덤덤하게 논평했다. "내 개념은 폰 노이만과 모르겐슈테른의 책에서 확립한 노선으로부터 (마치 당 노선에 대해서처럼) 이탈했다."

뻔하다는 비난은 틀림없이 응어리로 남았을 것이다. 내시는 캘리포니아에 있는 문제의 싱크탱크 랜드 연구소에서 여름 동안 게임 이론을 연구했다(그중 어떤 것도 뻔하지 않았다). 하지만 동해안으로 돌아온 뒤 나머지 기간에는 기하학과 해석학의 최고 난제들을 공략하여 해결했다. 서른이 되었을 때 그는 이미 명성을 날렸다. 수학계의 기린 아, MIT 교수, 훤칠하고 잘생긴 외모, 아름다운 부인까지—그때 조현병이 그를 집어삼켰다. 그는 환청을 들었고 남극 대륙의 황제를 자처했고 교수직을 사임했고 스위스에 정치적 망명을 신청했고 정신병원에 수용되어 전기충격 치료를 받았다. 고통의 시기를 겪은 뒤 회복된 듯 보였지만 병이 재발했다. 그는 예전 자신의 비극적 그림자가 되어 프린스턴대학교 강의실을 떠돌아다니며 알쏭달쏭한 메시지를 남겼다. 하지만 수학연구소는 결코 그를 포기하지 않았으며 아내 얼리샤도 그의 곁을 지켰다. 소수의 학생들이 '파인 홀의 유령the phantom of Fine Hall'(내시의 별명) 주위에 모였다. 어쨌거나 그는 이미 수학계의 전설이었으니까.

그러다 천천히 내시가 정상으로 돌아왔다는 소문이 퍼졌다. 스웨덴 한림원이 그가 충분히 안정되었다고 확신했을 때 그는 1994년 노벨 경제학상을 수상했다. 내시의 삶을 다룬 영화 〈뷰티풀 마인드〉는 마지막 장면을 노벨상 시상식으로 장식했다. 할리우드 영화에 걸맞은 해피엔드였다.

◀ 존 내시(1928~2015).

내시는 자기 시대에 가장 칭송받는 과학자 중 하나가 되어 삶을 이어갔다. 자신의 질병에 대해 강연하기도 했다. 왜 기이한 환각('남극 대륙의 황제' 같은 것들)에 신빙성을 부여했느냐는 질문을 받으면, 그 생각들이 마치 수학 개념처럼 떠오른다고 답했다. "그러니 진지하게 받아들일 수밖에요."

노벨상 수상으로부터 20여 년 뒤에 존 내시는 수학계의 노벨상으로 불리는 아벨상을 받았다. 이제 여든 줄에 들어선 노부부는 집에 돌아가기 위해 뉴어크 공항에서 택시를 탔다. 그리고 교통사고로 둘 다 즉사했다.

어느 쪽도 망자를 애도해야 하는 고통을 겪지 않았다. 그리스 신화에 걸맞은 해피엔드였다.

수감자 딜레마

내시 균형에 친숙해지려면 득실 행렬$_{payoff\ matrix}$ § 대개 '보수 행렬'이나 '보상 행렬'로 번역하지만 게임에서 따거나 잃는 돈을 일컬으므로 이 책에서는 '득실 행렬'로 번역한다을 살펴보는 것이 좋다. 홀짝 놀이에서 출발하자. 득실 행렬은 아래와 같다.

	O	E
O	(1, -1)	(-1, 1)
E	(-1, 1)	(1, -1)

앤과 버트 모두 두 전략('홀수$_{odd}$'를 뜻하는 O와 '짝수$_{even}$'를 뜻하는 E) 중 하나를 선택할 수 있다. 앤은 위 행과 아래 행 중 하나를 고를 수 있고 버트는 왼 열과 오른 열 중 하나를 고를 수 있다. 2×2 행

렬의 원소는 두 참가자의 득실 쌍으로, 첫 번째 수는 앤(행을 선택)의 득실이고 두 번째 수는 버트(열을 선택)의 득실이다. 이를테면 두 사람 다 O를 선택하면 앤의 득실은 1이고(1달러를 얻는다) 버트의 득실은 −1이다(1달러를 잃는다). 여기에는 여러 균형이 있을 수 있다. 아래 득실 행렬을 살펴보자.

	C	D
C	$(40, 40)$	$(0, 0)$
D	$(0, 0)$	$(40, 40)$

이 행렬은 이른바 조정 게임coordination game을 나타낸다. 앤과 버트는 둘 다 C를 선택하거나 둘 다 D를 선택해야 한다. 내시 균형 쌍은 (C, C)와 (D, D)다. 하지만 어느 쪽을 골라야 할까? 앤과 버트가 미리 상의할 기회가 없다면 선택이 엇갈릴 가능성이 크다.

이에 반해 아래 조정 게임에서는 사정이 달라진다.

	C	D
C	$(60, 60)$	$(0, 0)$
D	$(0, 0)$	$(40, 40)$

(C, C)와 (D, D) 둘 다 내시 균형 쌍이지만 (C, C)가 분명히 낫다. 이제 아래 조정 게임을 생각해보라.

	C	D
C	$(60, 40)$	$(0, 0)$
D	$(0, 0)$	$(40, 60)$

이번에도 (C, C)와 (D, D)가 균형 쌍이지만 앤은 (C, C)를 선호

하고 버트는 (D, D)를 선호한다. 60이 40보다 낮기 때문이다. 앤은 자신이 선호하는 해를 고집해야 할까, 아니면 양보해야 할까? 버트도 양보하면 어떻게 될까?

더 알쏭달쏭한 것은 아래의 조정 게임이다.

$$
\begin{array}{ccc}
 & C & D \\
C & (60, 60) & (-1000, 40) \\
D & (40, -1000) & (50, 50)
\end{array}
$$

이번에도 (C, C)와 (D, D)가 내시 균형 쌍이다. 게다가 (C, C)는 두 참가자 모두에게 더 나은 득실을 가져다준다. 하지만 앤이 정말로 C를 선택해야 할까? 버트가 (가학적 성격이거나 얼간이여서) D를 선택할 가능성이 조금이라도 있다면 앤은 1000달러를 잃을 것이다. 그때는 D를 선택하는 것이 분명히 더 안전하다. 공교롭게도 버트 자신은 얼간이가 아닐지라도 앤이 얼간이인지 아닌지 확실히 알지 못할 수도 있다. 그러면 균형 (D, D)가 더 안전해 보인다.

그러므로 '옳은' 균형에 맞게 조정하는 문제는 만만한 일이 아니다(그건 그렇고 제로섬 게임에서는 이런 문제가 생기지 않는다). 하지만 내시 균형에는 더욱 고약한 측면이 있다. 균형이 하나밖에 없는 게임에서도 이런 일이 벌어진다.

1950년대 초 존 내시가 랜드 연구소를 방문했을 때 냉전 정치 전략과 핵 억지를 연구하던 몇몇 박사후 연구원이 '수감자 딜레마'라는 게임을 생각해냈다. 이 이름이 하도 사람들의 뇌리에 박힌 탓에 오늘날은 과거에 수감자 딜레마 없이 도덕철학을 연구하던 시절이 있었다는 걸 상상하기 힘들다.

시나리오는 잘 알려졌다. 수감자 두 명이 공범으로 몰린다. 검사는 증거가 없지만 교묘한 술책을 동원한다. 두 수감자가 격리된 감방에 갇힌 채 수사를 기다리는데, 검사에게서 공범 증언을 해달라는 제안을 받는다. 둘 다 제안을 거절하여 입을 꾹 닫으면 결국 석방되겠지만 오랫동안(이를테면 1년) 미결 구금에 처해질 것이다. 둘 중 하나가 배신하여 증언하면 그는 즉시 석방되는 반면에 나머지 수감자는 법의 심판을 호되게 받아 10년 형에 처해진다. 그러므로 자백하는 것은 좋은 아이디어처럼 보인다. 하지만 둘 다 자백하면 공범 증언이 필요 없어지므로 둘 다 7년 형을 받게 된다.

이런 시나리오는 게임 연구실에서 구현할 수 없다. 게다가 음침한 이미지를 연상시켜 본질을 흐릴 우려가 있다. 수감자 딜레마는 의리, 배신, 복수, 양심, 죄책감과는 아무 상관이 없는데도 말이다.

이에 반해 앞에서 언급한 기부 게임은 (필름 누아르적 장면을 제외한) 모든 필수적 측면에서 전략 구조가 똑같으며, 문제의 핵심을 전달하기에 훨씬 적합하다. 하지만 결코 수감자 이야기의 블록버스터적 성공에 필적할 수는 없었을 것이다.

기부 게임의 아래 득실 행렬을 살펴보자.

	C	D
C	(10, 10)	(-5, 15)
D	(15, -5)	(0, 0)

이 게임에서 단추 C를 누르면 5달러를 잃는 대신 상대방에게 15달러가 기부된다. 단추 D를 누르면 아무 일도 일어나지 않는다. 여기서는 앤의 관점에서만 생각하면 된다(버트도 똑같은 상황에 처했으므로). 그래서 우리는 앤의 득실 값에 주목한다.

	C	D
C	10	-5
D	15	0

앤은 다음과 같이 추론할 수 있다. 버트가 C를 선택한다면 나의 득실은 내가 C를 선택할 경우에는 10달러이고 D를 선택할 경우에는 15달러가 될 거야. 그러므로 상대방의 C에 대한 최선의 대책은 D야. 반면에 버트가 D를 선택한다면 나는 C를 선택할 경우에는 5달러를 잃지만 D를 선택할 경우에는 한 푼도 잃지 않아. 그러므로 상대방의 D에 대한 최선의 대책은 D야. 버트가 무엇을 선택하든 최선의 대책은 D야. 그러니까 나는 D를 선택하겠어. 버트에게 기부하지 않을 거야. 하지만 버트도 똑같은 상황에 처해 있다. 그도 앤에게 한 푼도 기부하지 않는다. 두 참가자는 상대방에 대한 최선의 대책을 발견했다. 내시 균형 쌍에 따르면 두 사람 다 D를 선택해야 한다.

그러면 둘 다 한 푼도 받지 못한다.

그런데 두 사람 다 C를 선택했다면 틀림없이 훨씬 유익했을 것이다. 둘 다 10달러를 받았을 테니 말이다. 이것이 이른바 파레토 최적이다. 참가자들은 상대방의 손실 없이는 자신의 득실을 향상할 수 없다. 하지만 (C, C)를 얻으려면 두 사람의 마음이 맞아 균형 (D, D)에서 함께 이탈해야 한다. 혼자 결심하는 것으로는 안 된다.

그런데 두 참가자 다 C를 선택하는 파레토 최적은 내시 균형이 아니다. 어느 참가자든 D로 갈아타 상대방에게 해를 끼침으로써 자신의 득실을 향상할 수 있기 때문이다. 오른쪽 그림을 보면 이해하기 쉽다. 여기서는 득실 쌍이 평행사변형을 이룬다. 앤이 파레토 최적에서 이탈하고 버트는 이탈하지 않는다면 앤은 버트의 손실을 대가로 자신의 득실을 향상한다. 반대의 경우도 마찬가지다. 이기적 참가자는 상

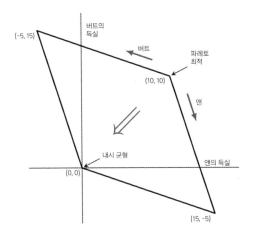

▲ 두 이기적 힘이 작용하면 파레토에서 내시로 이동한다.

대방의 득실에 개의치 않는 사람인데, 둘 다 이기적이면 서로를 모래늪에 끌고 들어가는 꼴이 된다.

동반자와 경쟁자

수감자 딜레마는 가장 중요한 사회적 딜레마이지만 결코 유일하지 않다. 사익과 공익이 상충할 때면 으레 이런 딜레마가 생기는데, 협력이 유익하고 심지어 필수적인데도 배신이 훨씬 짭짤할 때 주로 일어난다. (그나저나 C는 '협력하다cooperate'를 뜻하고 D는 '배신하다defect'를 뜻하지만 게임 연구실의 피험자에게는 결코 이 사실을 알려주면 안 된다. 낱말 때문에 연상 작용이 일어나 무의식적으로 결정에 영향을 미칠 수 있기 때문이다.)

기부 게임이 끝난 뒤 어떤 결과를 선호했는지 참가자들에게 물어보면 대부분 상호 협력이라고 답한다. 그러므로 절대다수는 조건부 협력자인 듯하다. 그들은 상대방 또한 C를 선택할 것이 확실할 때에만 C를 선택하고 싶어한다. 적어도 말로는 그렇다. D를 선택하는 사람조차도 마찬가지다.

이제 참가자의 **효용**(참가자가 결과에 부여하는 값)이 게임에 결부된 금액과 일치할 필요가 없음을 기억할 때가 됐다. 선호도는 그 밖의 여러 요인에 따라서도 달라질 수 있다. 앤이 정말로 조건부 협력자라면 그의 '진짜' 득실 행렬은 아래와 같을 것이다.

	C	D
C	$10+X$	-5
D	15	0

여기서 X는 당분간 미지수로 남겨둘 양(陽)의 값으로, 어쩌면 막연히 기분 좋은 보너스일 수도 있다. 이 X가 앤이 버트의 협력 의지를 악용하여 얻을 수 있는 푼돈 5달러보다 크면 D는 더는 버트가 내릴 미지의 선택에 대한 최상의 대책이 아니며 상호 협력의 여지가 보인다. 그렇다면 백만 달러짜리 문제는 이것이다. X는 어디서 올까? (실은 5달러짜리 문제다.) 언뜻 보기에 미지의 X는 한낱 데우스 엑스 마키나, 즉 해피엔드에 이르기 위한 무대 장치에 불과한 것 같다.

결정적으로 조건부 협력 전략(말하자면 상대방이 C를 선택하면 자신도 C를 선택하고 상대방이 D를 선택하면 자신도 D를 선택하는 것)은 기부 게임에서는 현실적 선택지가 아니다. 상대방이 무엇을 선택할지 모르기 때문이다. 하지만 기부 게임을 살짝 수정하면 조건부 협력의 의사가 위선적 립 서비스나 어수룩한 자기기만을 뛰어넘는다는 것을 보여줄 수 있다. 버트에게 우선권을 주도록 하자. 그러면 앤은 버트가 무엇을 선택했는지 알고서 결정을 내릴 수 있다. 이것은 **순차적** 기부 게임이다(이에 반해 **동시적** 게임에서는 참가자들이 상대방의 선택을 모르는 채 결정을 내린다).

실험 결과 버트가 C를 선택하면 앤은 C로 화답할 가능성이 가장 크다(실제로 앤이 C를 선택할 확률은 75퍼센트로, 동시적 상황에서의 50퍼센트보다 훨씬 크다). 앤은 자신이 다시는 버트와 상종하지 않으리라는 걸 알더라도 기부에 화답해야 한다는 어떤 의무나 적어도 의향을 느끼는 듯하다. 그것은 고마움일까? 의무감일까? 아니면 예의를 차리는 일에 불과할까? 그런데 버트가 D를 선택하면 앤은 거의 틀림없이 D를 선택할 것이다. 두 경우에서 다 대갚음이 작용한다. 이것은 눈에는 눈 이에는 이로 대응하려는 강한 충동이다.

순차적 게임에서는 버트가 앤보다 불리하다. 그는 앤의 최종 결정을 확실히 알지 못한 채 먼저 의사를 밝혀야 한다. 그럼에도 실험에 따르면 버트 또한 동시적 게임에 비해 C를 선택할 가능성이 크다. 그가 C를 선택할 확률도 (대략) 75퍼센트다. 분명히 버트는 앤이 조건부 협력자이고 자신의 C에 C로 화답하리라 기대하는 것이다. 그러므로 버트가 C를 선택하는 이유는 로마인이 '도 우트 데스do ut des'("네가 주니까 나도 준다")라고 부르는 바로 그것인지도 모르겠다.

반면에 동시적 기부 게임에서는 버트의 불확실성이 더 크다. 자신의 선택에 대한 앤의 불확실성까지 고려해야 하기 때문이다. 동시적 기부 게임과 달리 순차적 기부 게임에서는 상호 협력 빈도가 25퍼센트에서 50퍼센트까지 두 배 가까이 커지는데, 이런 뚜렷한 차이는 D를 선택하는 사람들의 동기가 이기심과 탐욕보다는 불신과 뒤통수맞는 것에 대한 두려움임을 시사한다.

조건부 협력자는 상대방을 '동반자'로 여긴다. 당신과 상대방둘 다 동반자 정신으로 기부 게임에 접근하면 둘 다 최선의 결과를 공평하게 공유하여 각각 10달러를 받을 것이다. 하지만 당신이 그 행복한 결과에 도달하는 것을 상대방이 막는다면 그 또한 그 결과에 도달하지 못할 것이다. 당신을 등쳐먹는 짓은 결코 상대방에게 득이 되지 않는다. 당신은 자의로 협력하는 동반자이지 종이 아니다. 상대방이 D를 선택하고도 무사한 상황은 용납할 수 없다.

조건부 협력자가 **아닌** 사람들 중 일부는 다른 취지에서 게임에 접근하여 상대방을 잠재적 동반자보다는 **경쟁자**로 보는지도 모른다. 당신의 최우선 순위가 상대방이 당신보다 더 많이 차지하지 못하게 하는 것이라면 올바른 선택은 분명히 D다. 포커나 체스 같은 일반적 응접실 게임에서는 경쟁심이 주된 동기다. 당신은 상대방을 이기고 싶어한다. 하지만 경제적 상호작용이라는 맥락에서 경쟁은 타당한 태도가 아니다. 중요한 것은 나의 수입인데, 왜 상대방의 득실에 신경 써야 하나? 실제로 참가자의 3분의 2 이상은 기부 게임을 동반자 정신에서 바라보는 듯하다. 나머지 3분의 1 중 일부는 이것이 실험적 '게임'이고 자신이 '게임' 연구실에 있다는 말을 듣고서 배신 쪽으로 마음이 쏠렸는지도 모른다. '게임'이라는 낱말은 대결을 암시한다. 그렇다면 D를 선택한 사람 중 일부는 단지 프레이밍 효과의 피해자일 수도 있다.

황금률과 그 밖의 연금술

조건부 협력 이면의 동반자 정신은 냉철하고 경제적인 접근법으로, "대접받고 싶은 대로 대접하라"라는 고귀한 원칙과는 뚜렷이 구별된다. 이 원칙은 바로크 시대 이래 황금률로 불렸다. 황금률은 산상수훈(누가복음 6장 31절, 마태복음 7장 12절)의 하이라이트지만 결코 이때 처음 제시되지 않았다. 이 원칙은 모든 세계 종교에서 찾아볼 수 있다. 아래는 위키백과에서 뽑은 사례다.

> 탈무드: "자신이 싫어하는 일을 이웃에게 하지 말라. 그것이 토라의 전부다."
>
> 마하바라타: "자신에게 일어나길 바라지 않는 일을 남에게 하지 말라. 이것이 다르마의 전부다."
>
> 조로아스터: "인간 본성은 자신에게 좋지 않은 것을 남에게 하지 않을 때만 선하다."
>
> 부처: "자신에게 해롭다고 생각되는 방식으로 남을 해치지 말라."
>
> 공자: "자신에게 행해지길 바라지 않는 일을 남에게 하지 말라."
>
> 무함마드: "자신에게 바라는 일을 남에게도 바라기 전에는 누구도 신자가 아니다."

이것들은 모두 성인의 말씀이다. 이 말들이 게임 연구실에서 당신의 선택을 인도한다면 당신은 언제나 C를 선택할 것이며, 이때 당신은 무조건부 협력자가 된다. 하지만 이런 사람은 극소수에 불과하다. 순차적 기부 게임에서 D에 C로 응대하는 사람은 거의 없다. 경제학자들은 황금률을 배격하고 신학자들은 찬미하며 철학자들은 거리를 둔다.

이마누엘 칸트는 황금률을 자신의 정언명령과 헷갈리면 안 된다고 늘 강조했다. "그 준칙이 보편적 법칙이 될 것을 네가 동시에 바랄 수 있게 해주는 준칙에 따라서만 행하라." 이 명령은 '방점 찍힌 황금률'로 칭송받았지만 두 원칙은 성격이 전혀 다르다. 하긴 추상적이라는 점에서 비슷하긴 하다. 두 원칙은 어떤 구체적인 행동도 명령하지 않으며 '나'라는 관점을 초월하는 메타규칙을 부여한다. 칸트가 설명했듯, 판사의 선고를 받는 범죄자는 황금률에 호소하여 가벼운 판결을 내려달라고 탄원해볼 수는 있겠지만, 정언명령을 들먹이면 판사가 옳은 판결을 내렸다고 인정하게 될 뿐이다.

황금률은 무조건 협력하라고 명령하지만 정언명령은 조건부 협력자와 무조건부 협력자 둘 다에게 길잡이가 될 수 있다. 실제로 지구상에 협력자만 있다면 그들이 조건부 협력자이든 무조건부 협력자이든 별 차이가 없을 것이다. 배신자가 있을 때만 우리는 둘을 구분할 수 있다.

장 자크 루소는 황금률과 대조적으로 "그다지 완전하지는 못하지만 더 유용하다고 할 만한 저 자연적 착함에 대한 또 하나의 원칙, '타인의 불행을 되도록 적게 하여 너의 행복을 이룩하라'"라는 원칙을 내세웠다. 게임이론의 맥락에서 이것은 조건부 협력과 부합한다. 상대방의 D에 C로 대응하는 것은 자신에게 이로운 일이 아니다.

루소에 따르면 '또 하나의 원칙'은 유익할지도 모른다. 실제로 취지 면에서 공리주의적이며 파레토 최적을 뒷받침한다. 하지만 이 원칙을 어떤 근거로 정당화할까? 조건부 협력이 사회에 이로움은 의심할 여지가 없다. 하지만 이기적 개인이 그래야 하는 이유는 무엇일까? 애덤 스미스, 루소, 볼테르의 친구이던 데이비드 흄은 이 난제를 이미 알고 있었다. 스코틀랜드의 철학자 흄은 감정을 불신했으며 인간 본성이 종교 창시자의 가르침에 귀를 기울이지 않는다는 사실을 잘 알았다. 흄은 소박한 우화를 들려준다.

오늘 당신의 곡식이 익고, 내 곡식은 내일 익을 것이다. 오늘 내가 당신을 위해 일하고, 당신은 내일 나를 도와야 하는 것은 두 사람 모두에게 유리하다.

이 현실적 시나리오는 순차적 기부 게임을 묘사한다. 빠진 것은 득실 행렬뿐이다. 흄의 말을 계속 들어보자.

나는 당신에게 호의가 없으며, 당신도 나에게 호의가 거의 없다는 것을 안다. 따라서 나는 결코 당신의 이익을 위해 수고하지 않을 것이고, 보답을 기대하며 나의 이익을 위해 내가 당신과 함께 노동한다고 하더라도 나는 실망하게 되며 실없이 당신의 감사를 기대했다는 것을 안다. 그렇다면 이 경우에 나는 당신을 혼자 일하도록 버려두며, 당신 또한 나와 같을 것이다. 계절이 바뀌고, 우리는 둘 다 서로에게 신임과 보장이 부족한 까닭으로 수확기를 놓친다.

위에서 언급한 '호의'나 '감사' 같은 호혜적 감정이 없으면 협력은 일어날 수 없다. 실험실에서 진행되는 순차적 기부 게임에서는 참가자들이 서로를 알지 못하며 호의나 감사를 느낄 이유가 전혀 없다. 그러니 이것은 수수께끼다. 앤이 버트의 C에 C로 화답해야겠다는 의향을, 실은 의무감에 가까운 감정을 번번이 느끼는 이유는 무엇일까? 왜 버트가 대체로 그 기대에 부응할까?

◀ 데이비드 흄(1711~1776)은 어떤 보답도 기대하지 않았다.

흄은 이렇게 설명한다. 동반자 관계가 깨지는 것은 "서로에게 신임과 보장이 부족한 까닭"이며, 그렇다면 신임과 보장이야말로 조건부 협력에 필요한 요소다.

보장은 어떻게 얻을까? 구속력 있는 계약을 맺는 게 최선이다. 이 주제는 사회계약을 거론해야 하므로 뒤에서 설명하겠다. 그렇다면 서로에 대한 신임, 즉 상호 신뢰는 어떨까? 신뢰가 경제 발전의 가장 중요한 요인이라는 사실은 누구나 안다. 신뢰는 상업과 산업의 바퀴가 굴러가게 하는 기름이다. 이 신뢰는 어디서 올까?

카사블랑카여, 다시 한번

흄이 들려주는 철학 우화의 결말에서는 "계절이 바뀐"다. 상호 부조의 기회는 지나갔다. 흄이 깜박한 것은 계절이 다시 돌아온다는 사실이다. 이로써 모든 게 달라진다. 게임이 한 번으로 끝나지 않고 거듭거듭 반복된다면 단순히 횟수만 많아지는 게 아니다. 구조가 극적으로 달라진다.

사실 사람들은 게임이 남았음을 확신할 필요조차 없다. 가능성이 충분하기만 하면 된다. 그 경우에 상대방을 속이는 사람은 누구든 대가를 치르리라 각오해야 하며 상대방을 돕는 사람은 누구든 도움을 기대할 수 있다. 반복적 수감자 딜레마 게임에서는 복수할 기회가 주어진다. 여기서 탈리온 법의 혼령이 소환된다. 이것은 황금률보다도 오래된 원칙으로 '눈에는 눈 이에는 이'를 뜻한다.

반복적 수감자 딜레마를 게임 연구실에서 연구하는 방법은 참가자들에게 기부 게임을 여러 차례 진행해달라고 부탁하는 것이다. 미래의 그림자가 참가자들에게 어떤 영향을 미치는지 들여다보고 싶다면 게임의 몇 번째가 마지막인지 그들에게 알려주지 말아야 한다.

여러 차례 진행되는 게임에서 가능한 전략의 수는 어마어마하다. 이런 전략은 이전 판들에서 일어난 모든 일에 따라 참가자가 각 판에서 어떻게 행동해야 할지(C 단추를 눌러야 할지, D 단추를 눌러야 할지) 알려주는 방침이다.

우선 단순화된 시나리오를 살펴보자. 여기서는 참가자들이 게임 횟수를 **안다**(여섯 판이라고 해보자). 하지만 전략을 두 가지만 제시하여 그들이 그중 하나를 처음부터 일관되게 고수하도록 할 것이다. 한 전략은 무작정 D를 선택하는 것으로, 일회성 기부 게임에서의 내시 균형 전략이다. 이 무조건부 배신 전략은 AllD(All-D)로 표시한다. 참가자들에게 제시된 나머지 하나의 선택지는 팃포탯 전략인 TFT다. 이것은 첫 판에서 C를 선택하되 다음부터는 상대방의 직전 선택을 따라하는 것이다. 즉, 상대방이 C를 선택했으면 나도 C를 선택하고 상대방이 D를 선택했으면 나도 D를 선택한다. TFT와 AllD만 메뉴에 올라와 있으므로 참가자들은 둘 중 하나를 따르기로 결정해야 한다.

이 경우 앤의 득실은 아래와 같다.

	TFT	AllD
TFT	60	-5
AllD	15	0

실제로 두 참가자 다 TFT를 선택하면 그들은 매번 서로 협력하여 그때마다 10달러를 벌 것이다. 반면에 둘 다 AllD를 선택하면 기부는 전혀 일어나지 않고 경제적 교착 상태가 이어질 것이다. TFT 참가자와 AllD 참가자가 만나면 첫 판에서만 득실이 발생한다. TFT 참가자는 5달러를 빼앗기고 AllD 참가자는 죄의 대가로 15달러를 벌 것이

다. 그 뒤에는 경제적 교착 상태로 돌아간다.

TFT에 대한 최선의 방책은 TFT이고 AllD에 대한 최선의 방책은 AllD다. 우리는 조정 게임을 벌이고 있다. 상대방이 무엇을 하든 따라하는 게 최선이다. 그러므로 여기서는 선택할 수 있는 내시 균형 쌍이 여러 개다. 이와 달리 일회성 기부 게임에서는 상대방이 **어떤** 선택을 하든 *D*가 최선의 방책이었다.

TFT는 동반자 전략이다. 상대방은 이를 악용할 수 있지만 반드시 대가를 치르게 된다. TFT가 조건부 협력의 정점은 아니다. 첫 판에서 골탕 먹을 수 있으니 말이다. 하지만 판을 거듭할수록 첫 낭패의 타격이 줄어든다. 게다가 어떤 의미에서 TFT는 스스로의 성공을 증진한다. 이해를 돕기 위해 렌즈를 광각으로 바꿔 개인을 집단의 일원으로 바라보자.

참가자 집단을 상정하고 때때로 한 쌍이 무작위로 선발되어 TFT와 AllD가 유일한 선택지인 반복적 기부 게임을 한다고 가정해보자. 당신의 전략이 전반적으로 성공하는가 여부는 집단 구성에 달렸다. 대다수가 TFT를 선택하면 당신도 TFT를 선택해야 하고 대다수가 AllD를 선택하면 당신도 AllD를 선택해야 한다. 남들과 다른 행동은 득이 되지 않는다. 물살에 몸을 맡겨야 한다.

원칙상 이렇게 행동을 조절하는 것은 윤리와 무관하다. 실제로 오른쪽 차로로 운행하는 것은 도덕적 명령이 아니다. 하지만 나머지 모든 운전자가 오른쪽 차로로 운행하는 나라에서는 당신도 그래야 하며 이는 단순히 그 행동이 자기이익에 부합하기 때문이다. 이 관습은 합의일 따름이다. 사회규범인 것이다. 굳이 반대하고 싶다면 그에 따르는 위험을 감수해야 한다. 남들도 위험에 빠뜨릴 수 있다는 사실을 그나마 위안으로 삼을 수는 있겠지만.

거의 모두가 TFT를 선택하는 집단에서는 다수의 TFT 참가자와 소수의 AllD 역행자 모두 TFT를 선택한 상대방을 주로 만나게 된다. 그러므로 TFT 참가자들은 거의 언제나 60달러를 버는 반면에(가끔은 5달러를 잃기도 한다) AllD 참가자들은 거의 언제나 15달러를 번다(가끔은 한 푼도 벌지 못하기도 한다). 집단에서 TFT가 우세하면 TFT 참가자는 전략을 바꾸지 말아야 하지만 AllD 참가자는 바꿔야 한다.

반면에 집단에서 AllD가 우세하면 반대로 해야 한다. 두 사회 규범, 즉 좋은 것(모두가 TFT를 선택)과 나쁜 것(모두가 AllD를 선택) 둘 다 선택의 여지가 없는 막다른 골목이다.

(단판으로 끝나는) 일회성 기부 게임은 사정이 달라서, 집단이 어떻게 구성되었든 언제나 D 참가자가 C 참가자보다 이득을 본다.

이런 사회적 학습(성적이 더 좋은 전략을 흉내 내기)과 관련된 수학이 진화적 게임이론의 주제다. 가장 단순한 형식은 가상의 집단이 어떻게 진화하는지 들여다본다. 개별 참가자들은 이런저런 전략을 할당받는다. 그들은 무작위로 만나 (자신의 전략과 상대방의 전략에 따라) 득실을 누적한 다음 더 좋은 성적을 거두는 전략이 있다면 그쪽으로 이따금 갈아탄다. 이런 식으로 집단 내 전략의 빈도는 득실의 함수로서 진화한다. 하지만 그 득실은 빈도의 함수이므로 참가자들이 누구와 만날 가능성이 큰가에 따라 달라진다. 이로 인해 전략의 빈도와 전략의 득실 사이에 되먹임 고리가 형성된다.

일회성 기부 게임에서는 D 참가자가 예외 없이 우위에 서며 결국 집단이 배신자로 가득 찰 것이다(342쪽 그림 ⓐ). 하지만 선택지가 TFT와 AllD만 가능한 반복적 기부 게임에서는 초기 조건에 따라 결과가 달라진다. 여기에는 문턱값이 있다. TFT 참가자의 최초 인원수가 문턱값보다 많으면 그들이 우세해질 것이고 그렇지 않으면 AllD에

▲ ⓐ 일회성 기부 게임에서 일어나는 진화.   ▲ ⓑ 반복적 기부 게임에서 일어나는 진화.

게 밀릴 것이다(그림 ⓑ).

선택지를 두 개로 제한할 필요는 없다. 반복적 기부 게임의 전략은 놀랍도록 다채롭다. 컴퓨터 대회를 열어 집단이 사회적 학습을 거쳐 진화하는 광경을 구경하는 것은 철학자와 게임이론가들 사이에서 관람 스포츠가 되었다. 때로는 한 전략이 우세해지기도 하고 때로는 여러 전략이 안정적으로 혼합되기도 하고 때로는 끝없는 변동이 일어나기도 한다. 복잡성에는 한계가 없다.

TFT가 대체로 선전하지만 무조건 그러진 않는다. TFT 참가자들의 빈번한 성공이 더더욱 놀라운 것은 그들이 결코 상대방보다 높은 득실을 거둘 수 없기 때문이다. 그들은 결코 상대방을 먼저 배신하지 않는다. 한 번 속아넘어갈 수는 있지만 그러고 나면 D로 돌아서며, 자신이 상대방의 뒤통수를 쳐서 균형이 회복된 뒤에야 협력을 재개한다.

팃포탯 전략의 주된 약점은 오류에 취약하다는 것이다. 컴퓨터 대회라는 실리콘 세계에서는 오류가 일어날 가능성이 거의 없지만 현실의 삶에서는 참가자들이 이따금 의도와 다른 선택을 하는 경우가 얼마든지 있다. 딴 데 정신이 팔렸거나 아프거나 그냥 몸이 말을 안 듣기도 한다. 두 TFT 참가자가 반복적 기부 게임을 하는데 한 명이 실수로 D를 선택하면 상대방은 다음 판에 보복할 것이다. 그러면 엄격한 TFT 방침에 따라 첫 번째 참가자는 다시 D를 선택한다. 다만 이번에는 실수 때문이 아니라 전략이 그렇게 명령하기 때문이다. 그리고 상대방 역시 D로 대응할 것이다. 이렇듯 복수가 복수를 불러 결국 둘 다 막대한 손실을 입는다.

이에 반해 이따금 상대방의 배신을 용서하는 TFT 변종은 실수에 훨씬 훌륭히 대처한다. 그러므로 (성적이 가장 좋은 전략을 무작정 흉내 내는) 사회적 학습은 도덕의 핵심 개념인 **용서**의 탄생으로 이어질 수 있다.

하지만 집단이 용서를 남발하게 되면 막무가내 배신자가 침투하여 득세할 수 있다. 그럴 때 쓸 수 있는 더 안전한 전략이 있으니, 득실이 양수이면(10달러나 15달러) 앞선 판의 선택을 반복하고 양수가 아니면(0달러나 −5달러) 선택을 바꾸는 것이다. 이 전략은 '승-유지, 패-전환'으로 불리며 가장 단순한 학습 규칙을 구현한 것이다. 동물 조련사라면 누구나 잘 아는 전략이지만 도덕철학자들은 관심을 거의 기울이지 않았다.

이제는 책꽂이를 가득 채울 정도의 단행본과 수백 편의 연구 논문이 반복적 수감자 딜레마 게임을 게임이론의 관점에서 속속들이 파헤친다. 주된 메시지는 이것이다. 반복은 협력을 증진하며, 이는 **대갚음**이 가능하기 때문이다(우리는 동시적 일회성 기부 게임이 단순히 순차적 일회성 기부 게임으로 바뀌기만 해도 두 번째 참가자가 대갚음할 여지가 생기며 상호 협력의 양이 사실상 두 배로 커지는 것을 보았다).

하지만 동시적 일회성 기부 게임에서 첫 판 이후로는 상대방과 어떤 교류도 없으리라는 사실을 분명히 듣고도 참가자 절반이 C를 선택하는 흥미로운 현상은 이 논리로 설명할 수 없다. 이것은 상대방을 언젠가 다시 만날지도 모른다고 (의식적으로든, 무의식적으로든) 막연히 예상한 참가자가 많기 때문일까? 우리 조상들은 수천 세대에 걸쳐 소규모 부족 사회와 촌락 사회를 이루고 살았는데, 그곳에서는 서로 뻔질나게 맞닥뜨릴 수밖에 없었다.

인류학자들의 보고에 따르면 수렵 채집 사회에서는 낯선 사람과 만나는 일이 극도로 드물며, 만난다면 치명적 결과를 낳을 가능성이 적지 않다(그러한 만남이란 말 그대로의 일회성 상호작용이며 아마도 독화살을 매개로 이루어질 것이다). 플라톤의 『국가』에서 그의 형 아데이만토스는 모든 외부인에 대한 이런 본능적 불신을 아래와 같이 우스꽝스럽게 묘사한다.

개는 모르는 사람을 보면 그 사람한테서 이전에 자기가 아무런 해코지도 당하지 않았는데도, 사납게 군다네. 그건 개가 친한 사람의 모습과 적의 모습을 식별할 때, 다름이 아니라 그 모습을 자기가 알아보는가 또는 모르는가를 기준으로 하기 때문일세.

이에 소크라테스는 개가 철학자의 영혼을 가진 "지혜를 사랑하는 이"임에 틀림없다며 유쾌하게 딴소리를 한다. 그것은 개가 앎을 좋아하고 모름을 싫어한다는 이유에서다.

투명 인간을 향한 유혹

알 것인가 모를 것인가. 철학적 개는 게임 연구실에서 벌어지는 또 다른 실험으로 우리를 인도한다. 이번에도 참가자 집단이 필요하다. 수십 명, 어쩌면 수백 명이 필요할지도 모른다. 각 참가자는 동시적 일회성 기부 게임을 여러 차례 진행한다. 그들은 똑같은 사람을 두 번 만나는 일이 결코 없으리라는 말을 듣는다. 여느 때처럼 컴퓨터 화면으로만 교류하며 자신의 신원이 철저히 익명으로 남을 것임을 안다.

　새 실험의 주안점은 두 가지 형태(전문용어로는 처치treatment)로 실시된다는 것이다. 한 처치에서는 참가자들이 상대방이 과거에 뭘 선택했는지 아는 반면에 다른 처치에서는 모른다. 지금까지 대체로 또는 언제나 C를 선택한 상대방을 만났을 때 대부분의 참가자가 협력 의향을 더 강하게 나타낸 것은 놀랄 일이 아니다. 그런 상대방은 미더워 보일 테니 말이다. 같은 이유로 많은 참가자는 현재 상대방을 배신하려다가도 다시 생각할 것이다. 그랬다가는 다음 상대방이 C를 선택할 가능성이 적어질 것이기 때문이다.

　참가자들이 평판을 쌓을 수 있는 처치에서는 거의 예외 없이 협력이 나타난다. 상대방은 익명이긴 하지만 생판 모르는 사람은 아니다. 알려진 정보가 있다. 철학적 개가 꼬리를 흔든다.

　이 처치는 반복적 기부 게임에서와 마찬가지로 협력을 증진한다. 하지만 어떤 쌍도 한 판을 넘기지 않는다. 어떤 상호작용도 반복되지 않는다. 앞에서와 마찬가지로 대갚음이 핵심이지만 이것은 직접적 대갚음이 아니라 간접적 대갚음이다. 게임이론가 켄 빈모어의 말을 빌리자면 직접적 대갚음(346쪽 그림 ⓐ)은 "내 등을 긁어주면 네 등을 긁어주겠다"라는 원칙을 따르는 반면에 간접적 대갚음(그림 ⓑ)은 "남들의 등을 긁어주면 네 등을 긁어주겠다"라는 훨씬 미묘한 원칙을 따른다. 앞의 경우에서는 상대방에 대한 직접 경험을 길잡이로 삼는 반면에 뒤의 경우에서는 제삼자의 경험을 길잡이로 삼는다. 물론 그러려면 경험이 소통될 수 있어야 한다. 하버드대학교의 생물학자 데이비드 헤이그가 정곡을 찌른다. "직접적 대갚음에는 얼굴이 필요하고 간접적 대갚음에는 이름이 필요하다."

　정보는 신뢰를 증진한다. 이베이 홈페이지에 자랑스럽게 게시

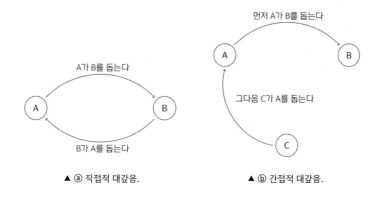

먼저 A가 B를 돕는다

A가 B를 돕는다

그다음 C가 A를 돕는다

B가 A를 돕는다

▲ ⓐ 직접적 대갚음.　　　▲ ⓑ 간접적 대갚음.

된 이야기가 이 점을 근사하게 보여준다. 이베이는 인터넷 플랫폼으로, 전 세계를 대상으로 하는 거래 수단이며 철저한 익명성을 보장한다. 이러한 상황은 우리 조상이 살던 환경과는 정반대다. 이베이에서는 거래자들이 대개 서로를 알지 못하고, 다시 거래할 가능성이 희박하며, 서로 수천 킬로미터 떨어진 곳에 살지도 모른다. 그런데도 속임수를 쓰는 일은 드물다.

이유는 분명하다. 거래가 끝나면 각 당사자가 상대방을 평가할 수 있는데, 이러한 호평이나 악평은 누구나 볼 수 있도록 공개된다. 이런 방식으로 이베이 커뮤니티의 각 회원은 평판을 획득하며 이 평판은 좋을 수도 있고 나쁠 수도 있다. 평점이나 별표(실제로 유치원이나 초등학교에서 보는 색색의 별이다)가 피드백 게시판에 직접 표시된다.

이베이가 옥션웹이라는 이름으로 처음 출시되었을 때는 피드백 게시판이 없었다. 옥션웹은 처참하게 실패했다. 서로에게 의심이 만연했다. 대중이 새로운 상거래 방식을 신뢰하기 시작한 때는 이베이 창업자, 즉 파리에서 태어난 젊은 프로그래머 피에르 오미디아가 평가 시스템을 도입한 뒤였다. 그가 내세운 문구는 간단명료했다. "칭찬할 게 있으면 칭찬하고 불평할 게 있으면 불평하세요." 그를 부자로 만든

이 금언은 다름 아닌 황금률이었다

피드백 게시판이 생기기 오래전부터 경제적 거래의 바탕이 평판이었음은 말할 필요도 없다. 평판은 정보를 먹고 자란다. 사람들은 만나기만 하면 뒷담화를 주고받는다. 최초의 모닥불 가에서도 그랬을 것이다. 뒷담화의 대상은 대체로 제삼자다. 우리가 평판에 전전긍긍하는 것은 이런 까닭이다

이는 플라톤의 『국가』에서 잘 묘사된다. "아버지들이 자식들에게, 그리고 누군가를 돌보는 처지에 있는 모든 사람도, 올바르지 않으면 안 된다고 말하며 충고하는데, 그러는 그들은 올바름을 그 자체로 찬양하는 것이 아니고, 그로 인해 생기는 명성을 찬양하는 것입니다." 흥미롭게도 '캐릭터character'라는 영어 단어의 여러 뜻 중에서 하나는 사람이 지닌 특질의 영속적 알맹이를 가리키고, 다른 하나는 전 고용주가 발급하는 추천서를 가리킨다. 좋은 평판은 신뢰를 가져다준다.

으레 그렇듯 게임이론 분석에서는 우리가 당연하게 여기는 것을 더 꼼꼼히 뜯어봐야 한다고 말한다. 기부 게임에 간접적 대갚음을 접목하면 상황이 엄청나게 복잡해진다. 이제 각 참가자에게는 평판이 있으며 이것은 상대방이 부여하는 점수다. 평판은 과거의 선택을 합친 것으로, 미래 상대방에게 판단 근거가 된다. 간접적 대갚음이 작동하려면 앤은 버트가 배신을 일삼는 사람으로 알려졌을 때 그에게 D를 선택할 각오가 되어야 한다. 하지만 D를 선택하면 다음 상대방 코니에게 자신의 점수가 깎일 위험이 있다. 그러므로 앤은 자신의 배신이 정당하다는 사실을 코니에게 알려야 한다. 버트의 점수도 알려 버트의 행동이 정당한지 아닌지 알게 해야 한다. 그러려면 심지어 소규모 집단에서도 무척 복잡한 알고리즘과 마키아벨리적 솜씨가 필요한 듯하다. 하지만 이번에도 과거를 잊어버리면(또는 용서하면) 협력이 수월

해진다.

'착한 일을 하려면 그것이 무언가에 이익이 되어야 한다'라는 견해는 냉소적으로 들릴지도 모르지만 오늘날의 경제학자들은 전혀 문제 삼지 않는다. 평판 관리는 뜨거운 쟁점이 되었다. 하지만 대부분의 도덕철학자는 평판 문제를 외면하는 경향이 있다.

대★예외는 으레 그렇듯 플라톤이다. 그는 『국가』에서 형 글라우콘의 입을 빌려 양치기 기게스 이야기를 들려준다. 기게스는 지진으로 벌어진 무덤에서 반지를 발견한다. 그는 반지를 챙기는데, 얼마 뒤 손가락에 끼운 반지를 돌리면 자신이 투명해진다는 사실을 알게 된다. 반지 덕에 자신의 평판을 해치지 않고서도 사익을 채울 수 있음을 깨달은 기게스는 반지를 돌린 뒤 칸다울레스 왕의 침소에 들어가 왕비와 동침하고 남편을 죽인 뒤 스스로 왕이 된다.

글라우콘은 아래와 같은 냉소적 교훈을 반박해보라며 소크라테스를 도발한다.

모든 사람이 올바름보다는 올바르지 못함이 개인적으로는 훨씬 더 이득이 된다고 정말로 믿습니다. 만일에 어떤 사람이 그와 같은 자유로운 힘을 얻고서도, 올바르지 못한 짓이라곤 전혀 저지르려 하지도 않으며, 남의 것엔 손도 대려 하지 않는다면, 이를 아는 사람들이 보기에는 이 사람이야말로 가장 딱하고 어리석은 자로 생각될 것입니다. 최상급의 올바르지 못함不義은 실제로는 올바르지 않으면서 올바른 듯이 '보이는' 것입니다.

그때 글라우콘의 형 아데이만토스가 끼어든다.

내가 실제로는 올바르지 않을지라도, 올바름의 평판을 얻어 갖게만 되면, 내겐 놀라운 인생이 주어질 것이라고 하지. 그러니 현자들이 내게 밝히어주듯, 그런 듯이 '보이는 것'이 '진실을 제압하며', 또한 행복을 좌우하니, 다름 아닌 이쪽으로 완전히 방향을 잡아야만 되겠어. 아직껏 그 누구도 올바르지 못함을 비난하시거나 올바름을 찬양하심에 있어서 평판이나 명예 또는 이것들에서 생기게 되는 선물과 무관하게 그 자체로만 하신 적이 없습니다.

소크라테스는 미끼를 덥석 물고는 두 형제의 냉소적 견해를 반박하려 했으며, 오랫동안 수많은 철학자가 그 뒤를 이었다. 그들은 성공했을까? 그저 남들의 눈에 좋아 보이려는 희망 때문에 옳은 일을 하는 사람은 내적 신념 때문에 옳은 일을 하는 사람만 한 명성을 누리지 못할 것이다.

하지만 내면의 나침반인 양심은 어디서 올까? 양심은 "누군가 보고 있을지도 모른다고 경고하는 내면의 목소리"로 불린다.

화면에 눈 그림이 보이면 기부 게임 참가자들이 더 협조적으로 바뀐다는 흥미로운 연구 결과가 있다. 그림만으로 충분하다. 심지어 사실적인 그림이 아니어도 무방하다. 실은 화면에 점 세 개가 있을 때 그것이 얼굴로 해석될 수 있으면 협력이 증가하고 그렇지 않으면 협력이 증가하지 않는다는 사실이 밝혀졌다(350쪽 그림). 우리는 전혀 엉뚱한 패턴에서도 얼굴을 본다. 누군가 보고 있을지도 모른다.

이 말은 평판에 대한 염려 때문에 우리가 의식적으로든 무의식적으로든 조건부 협력자가 된다는 뜻일까?

찰스 다윈은 이 문제가 우리의 사회생활에 매우 중요하다는 사실을 알았다. 아리스토텔레스와 마찬가지로 그도 인간 사회와 벌이나

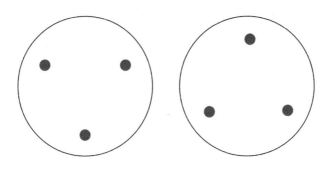

▲ 얼굴로 해석되는 세 개의 점(왼쪽)과 그렇지 않은 세 개의 점(오른쪽).

개미 같은 곤충 군집 사이에서 공통점을 보았다. 두 경우 다 상호부조 경향이 뚜렷이 드러난다. 하지만 다윈 말마따나 "인간이 남을 도우려는 동기는 (곤충에서처럼) 맹목적인 본능적 충동만으로 이루어지는 것이 아니라 동료 인간의 칭찬과 비난에 큰 영향을 받는다."

평판에 대한 염려는 우리 내면에 깊숙이 들어앉았다. 다윈은 "모든 표현 중에서 가장 독특하고 가장 인간적인 특징", 즉 홍조에 매료되었다. "얼굴이 붉어지는 것은 다른 사람이 우리를 어떻게 생각하는지를 따져보기 때문이다."

'자기 주시'는 다윈이 쓴 용어다. 우리 자신의 많은 부분은 남들의 눈에 비치는 모습이다. 플라톤과 다윈이 일찍이 알려줬음에도 평판이 합리성보다 우리 행동에 더 큰 영향을 미친다는 사실이 발견되는 데는 게임이론과 오랜 시간이 필요했다.

12

사회계약Social Contract
응징할 것인가, 사멸할 것인가

늦깎이의 기하학 수업

철학자와 수학의 가장 애처로운 만남은 1628년 영국에서 러브
스토리로 시작되었다. 무대는 서재다. 독서대 위에 유클리드의 『원론』
이 펼쳐져 있다. 토머스 홉스가 들어선다. 나이는 마흔이다. 그가 서성
거리며 책에 무심한 눈길을 보내다 47번 명제(피타고라스 정리)를 보고
서 외친다. "하느님께 맹세컨대 이건 불가능해."

이 장면은 존 오브리라는 골동품 수집가와 관계가 있다. 그는
내밀한 뒷이야기에서 홉스가 이따금 "강조의 방편으로서" 맹세를 동
원했다고 말한다. 더 들어보자.

그래서 그는 증명을 읽었는데, 이것은 다른 명제로 이어졌고 그는
그것도 읽었다. 그 증명은 또 다른 명제로 이어졌으며 그는 그것
도 읽었다. 그렇게 계속하다 마침내 그는 증명으로 명제가 참임을
확신할 수 있었다. 이 일로 그는 기하학과 사랑에 빠졌다.

홉스는 연애에 성심을 다했다. 그에게 기하학은 "하느님이 지금

◀ 토머스 홉스(1588~1679)는 암울한 견해를 취했다.

까지 인간에게 준 유일한 과학"이 되었다. 그는 자연철학과 법학의 여러 분야를 연구했으며 이제는 기하학적 방법이야말로 따를 만한 유일한 방법이라고 확신했다. "기하학에서는 용어의 의미를 정하는 일부터 시작한다. 용어의 의미를 정하는 일을 '정의'라고 하는데, 그 정의가 있은 다음에야 기하학적 계산이 시작된다." 홉스는 자신의 철학 체계 전체를 이 방법으로 구축하겠노라 마음먹었다.

영국 귀족들의 가정교사였기에 유럽 전역을 널리 여행할 수 있었던 그는 대륙을 누비며 갈릴레이, 데카르트, 메르센 신부 같은 저명인사를 만났다. 결국, 기하학과의 첫 만남 이후 약 10년 만에 홉스는 (훗날 찰스 2세가 된) 웨일스 공의 수학 교사가 되었다. 이 일자리는 그의 미래 경력에 상서로운 기운을 드리웠다. 홉스는 당대 최고의 수학자 중 하나가 되겠노라 원대한 포부를 품었다.

하지만 능력은 열정에 훨씬 못 미쳤다. 홉스가 (당시에 이미 불가능의 대명사이던) 원적문제를 푸는 방법을 발표하자 존 월리스는 야심만만한 신출내기의 실수를 잘근잘근 꼬집었다. 월리스는 옥스퍼드 대학교 수학과 명예교수이자 왕립학회 공동 창립인이었다. 그는 홉스의 증명을 (강조의 방편으로서) '똥 같은 것'이라고 비하했다. 홉스도 말을 가려 하는 사람은 아니었기에 즉각 그대로 돌려주었다. 게다가 자신의 증명에서 끝끝내 어떤 결함도 보지 않으려 들었다. 오류를 인정하길 거부하는 그의 고집은 과학적 방법을 존경한다는 공언과 상충했다. 그는 이렇게 쓴 적이 있다. "기하학에서 남이 오류를 지적해준 경우에도 자신의 잘못된 계산을 계속 고집할 정도로 그렇게 어리석은 사람은 없지 않겠는가?" 그래놓고도 고집했다.

홉스는 한 번도 실수를 인정하지 않았지만 자와 컴퍼스를 가지고 원적문제를 푸는 또 다른 증명들을 쏟아냈다. 증명들은 종종 서로 모순되었으며 틀린 것은 전부 매한가지였다(200년 뒤 페르디난트 폰 린데만은 원적문제 풀이가 불가능하다는 사실을 증명했다).

월리스는 "사이비 기하학자" 홉스의 원적문제 여남은 개에서 오류를 찾아냈다. 그는 「홉스 씨를 위한 합당한 교정, 또는 교훈을 인정하지 않는 것에 대한 본때Due Corrections for Mr. Hobbes: or Schoole Discipline for Not Saying His Lessons Right」라는 제목의 소책자를 발표했다. 크리스티안 하위헌스가 물었다. "홉스에게 그렇게 장문의 반박을 해줄 가치가 있다고 판단하십니까?" 월리스는 그래야 한다고, 그것은 홉스의 지긋지긋한 철학 전체가 그 토대 위에 있기 때문이라고 답했다. 홉스가 교회, 대학, 국가에 대한 자신의 극악무도한 견해를 떠받치는 "자신감을 자신의 수학에서 얻는"다는 것이었다. 그러니 계속하게 내버려둘 수 없었다. 홉스의 수학 이해가 얼마나 일천한지 누군가 나서서 폭로해야 했다. "우리는 그의 오만에 질려 이 일을 단념해서는 안 된다. 알다시피 그의 오만은 독을 내뱉어 우리를 더럽힐 것이다."

홉스는 자신의 오류가 입증될수록 자신의 주장을 더더욱 완강하게 옹호했다. 자신의 철학적 영향력 전체가 기하학자로서의 신용에 달렸다고 확신했기 때문이다. 그는 대수학과 해석학이라는 신생 분야를 폄하했으며(월리스는 두 분야의 달인이었다) 기하학의 순수성을 지키는 일에 헌신했다.

시간이 흘러 홉스는 유럽 전역에서 수학자들의 웃음거리가 되었다. 그의 원적문제 증명 중 하나는 $\pi = \sqrt{10}$이라는 결론으로 이어졌고 또 다른 증명은 $\pi = 3.2$라는 결론으로 이어졌다. 이런 실수는 월리스가 발견한 아래 공식과는 딴판이었다.

$$\frac{\pi}{2} = \left(\frac{2}{3}\right)^2 \times \left(\frac{4}{5}\right)^2 \times \left(\frac{6}{7}\right)^2 \times \cdots$$

이 공식은 마법 같으면서도 참이다(게다가 홉스와 달리 사각형을 전혀 쓰지 않는다). 홉스는 나이를 먹어도 전혀 유순해지지 않았다. 그는 유클리드 이래 모든 기하학자가 '점'과 '직선'의 의미를 잘못 이해했다고 주장하기 시작했다. 비물질적인 대상은 결코 없다고 말했으며 점은 나머지 모든 대상과 마찬가지로 실체이고 우리가 그 크기를 무시할 뿐이라고 강변했다.

연극의 마지막 장은 홉스의 임종 침상에서 펼쳐졌다. 그는 마지막 숨을 몰아쉬며 피타고라스 정리가 틀렸다는 확신을 토로했다. 반세기 전 자신을 기하학에 매혹시킨 바로 그 정리 말이다.

하지만 씁쓸한 이야기는 엉뚱하게 끝맺었다. 홉스는 자신의 평판 전체가 기하학 연구에 근거한다고 확신했지만 철학자들은 그의 정치철학을 좌충우돌 기하학 횡설수설과 쉽게 구분할 수 있음을 알게 되었으니 말이다.

찰스 1세가 참수당하는 광경을 목격한 홉스는 절대 군주제를 정당화할 방법을 찾았다. 1651년 출간한 『리바이어던』에서 홉스는 우리가 주권자에게 복종하기로 동의하여 '만인에 대한 만인의 투쟁'을 종식하는 근거가 신권神權에 있지 않고 시민들 사이의 계약에 있다고 주장했다.

이 주권자의 힘은 어마어마했다. 이를테면 홉스가 음산한 여담에서 주장했듯 주권자는 "'삼각형의 세 각의 합은 두 직각의 합과 같다'는 사실이 논쟁거리가 되지는 않았을지라도, 틀림없이 기하학에 관한 모든 책을 불살라버리고 관계자의 힘이 미치는 한 이 학설을 억압했을 것"이다.

생각의 사슬

100년이 지나자 주권자는 더는 국왕일 필요가 없었다. 제네바 태생의 장 자크 루소는 스위스의 사례를 두 눈으로 보고서 인민이 직접 주권자 역할을 할 수 있다고 대담하게 주장했다. 루소는 인민의 '일반의지'가 무엇을 뜻하는지 명백하게 밝힌 적이 한 번도 없지만, 그럼에도 그의 주장은 성공을 거뒀다. 그의 책 『사회계약론』의 첫 문장은 혁명의 시대에 밈이 되었다. "인간은 본래 자유인으로 태어났다. 그리고 어디서나 쇠사슬에 묶여 있다."

이 구호는 다음과 같이 잘못 인용될 때가 많다. "인간은 본래 자유인으로 태어났다. **하지만** 어디서나 쇠사슬에 묶여 있다." 이는 논점을 놓친 것이다. 두 절은 서로 대립하지 않는다. 사회계약은 공동체의 구성원들이 자신에게 어떤 행동을 강요하는 권위에 **자유롭게** 복종한다고 가정한다.

칸트는 1784년 「세계시민적 관점에서 본 보편사의 이념」에서 계약의 관점을 채택했으며 20세기 후반에는 존 롤스와 데이비드 고티에 같은 사회계약론자들이 정치철학을 주름잡았다.

◀ 장 자크 루소(1712~1778)는 선견지명이 있었다.

사회계약론의 연원은 고대로 거슬러 올라간다. 에피쿠로스, 키케로, 루크레티우스, 그리고 능히 예상하듯 플라톤에게서 찾아볼 수 있다. 『국가』에서 플라톤은 형 글라우콘의 입을 빌려 무법의 좋음과 나쁨을 맛본 사람들이 "서로 올바르지 못한 짓을 저지르거나 당하지 않도록 약정을 하는 것이 이익이 되겠다는 생각을 하게 되며 또한 바로 이것이 연유가 되어, 사람들은 자신들의 법률과 약정을 제정하기 시작했고, 이 법에 의한 지시를 합법적이며 올바르다고 한"다고 말한다.

사회계약은 철학자들이 애지중지하는 주제이지만 역사가들에게는 골칫덩어리다. 이런 계약이 처음 체결된 때는 대체 언제일까? 스위스의 뤼틀리 서약(이것은 한낱 신화에 불과하다)이나 미국 독립선언문처럼 막연하게나마 비슷한 사건들이 몇 개 있다. 하지만 이 사건들은 인류 역사에서 기껏해야 드문드문 일어났으며, 잔혹과 광란의 폭발이 산발적으로 터져 나올 뿐 어제나 그저께나 달라지는 게 없는 무분별한 혼란이 수천 년간 이어지는 와중에 고립적으로 벌어진 특이 현상이었다. 역사는 압제, 복종, 농노제, 노예제의 끝없는 장광설이었다. 심지어 오늘날에도 우리는 국가의 법률에 동의하는지 여부를 결코 질문받지 않는다. 우연히 타고날 뿐이다. (『크리톤』에서 소크라테스는 독배를 들이켜기 직전에 자신이 성인으로서 고국 아테네에 머물렀기에 공동체의 법률을 암묵적으로 받아들인 셈이라고 주장한다. 이것은 사실상 거의 피할 수 없는 속박에 대한 너그러운 해석이다.)

그러므로 사회계약은 추상적 허구에 불과하다. 토머스 홉스의 골머리를 썩이게 한 기하학 도형과 마찬가지로 두뇌 활동의 산물이다. 추상적 모형이나 사고실험은 결코 물질세계의 일부가 아니다. 이것들은 수학에 속한다. 특히 사회계약은 이해관계 상충을 다루는 수학인 게임이론에 속한다. 또한 방법론적 개인주의의 본보기로서, 볼츠만이 기체의 물리 현상을 기체 분자의 꼬물거리는 움직임으로 설명한 것과 마찬가지로 사회를 구성원의 집합적 행동으로 환원하려는 논리다.

사회계약을 다루는 게임이론 모형은 여러 가지다. 우리는 사회적 덫에서 출발하여 만인에 대한 만인의 투쟁을 거쳐 사회계약에 이르는 길을 한 걸음 한 걸음 짚어갈 것이다.

사슴 사냥

전통적 사회계약 시나리오는 모두 이른바 '자연 상태'(요즘 용어로는 원초적 입장)에서 출발한다. 이런 배경 이야기가 과연 필요한지 의문스럽지만, 여러 대본을 비교하는 일은 흥미롭다. 이를테면 토머스 홉스의 편집증적이고 잔혹한 세계는 장 자크 루소의 고귀한 야만인을 위한 낙원과 대조적이다.

우리가 오늘날 아는 것은 최초의 인간 공동체가 수렵 채집 집단이었다는 사실이다. 지금은 극소수만 남아 있다. 놀라운 점은 그들에게서 위계질서와 재산을 거의 찾아볼 수 없다는 것이다. 게다가 남성과 여성의 차이를 제외하면 노동 분업도 거의 존재하지 않는다. 현대적 의미에서의 전쟁은 일어나지 않았다. 수렵 채집 공동체는 전투 대신 산발적 습격을 벌였다. 하지만 그러다 부족 전체가 절멸하기도 했다.

협력은 이런 습격, 자녀 양육, 포식자 방어, 수렵 같은 공동 활동에 국한되었다. 수렵은 루소가 『인간 불평등 기원론』에서 절묘하게 언급한 주제다. 그의 유명한 사슴 사냥 우화에서는 사슴의 은신처를 둘러싸 달아나지 못하게 함으로써 공동으로 사슴을 사냥하는 광경을 묘사한다.

루소가 말한다. "사슴을 잡아야 할 경우에, 각자는 자기가 정해진 위치를 잘 지켜야 한다는 걸 느끼고 있었다. 하지만 토끼 한 마리가 그중 한 명의 손이 닿을 만한 거리에서 지나가면 조금도 주저하지 않고 토끼를 쫓아가 붙잡을 것이고, 그때 그에게 동료들이 사슴을 놓치게 된다는 생각 따위는 안중에도 없을 것이다." 그렇게 당신은 토끼를 찾아 떠난다. 당신의 이기심 때문에 나머지 사슴 사냥꾼들의 성공이 위태로워진다. 이것은 사회적 딜레마. 사익을 추구하는 행위가

▲ 토끼가 없을 때의 사슴 사냥.

공익을 감소시키는 셈이다.

　게임이론을 활용하여 이런 우화를 현대적으로 다룰 수 있다. 가장 단순한 형태의 사슴 사냥은 두 참가자만의 상호작용으로 묘사된다(다만 사슴 사냥과 게임이론의 관련성 중 일부는 더 큰 참가자 집단에서만 드러난다). 그러니 앤과 버트에게 돌아가 두 사람에게 사슴 사냥(C)과 토끼 사냥(D)이라는 선택지가 있다고 가정하자. 앤의 득실 행렬은 아래와 같을 것이다.

	C	D
C	15	0
D	5	5

　앤(행을 선택)은 D를 선택하면 소소한 득실(이를테면 5)을 얻는데, 이것이 토끼의 효용이다. 이 득실은 버트(열을 선택)가 무엇을 선택하느냐와 무관하다. 토끼를 사냥할 때는 다른 사람의 도움이 전혀 필요하지 않다. 반면에 앤이 C를 선택하여 사슴을 사냥하면 버트의 선택에 따라 결과가 달라진다. 버트도 C를 선택하여 사슴 사냥에 동참하면 앤의 득실(즉, 잡은 사슴에서 그녀가 차지하는 몫)은 토끼에서 얻을 수 있는 것보다 크다. 하지만 버트가 D를 선택하여 토끼를 좇아 떠나면 앤이 사슴을 집에 가져갈 가능성은 0이며 시간만 낭비한 꼴이다.

　기부 게임, 즉 수감자 딜레마에서는 상황이 다른데, 그때는 앤의 득실 행렬이 아래와 같다.

	C	D
C	10	-5
D	15	0

이 경우는 앤이 자신의 득실을 극대화하고 싶다면 무조건 D를 선택해야 한다. 유일한 내시 균형은 앤과 버트 둘 다 배신하는 것이다.

이에 반해 사슴 사냥 게임에는 균형이 여러 개 있다. 앤은 버트가 C를 선택하면 자기도 C를 선택해야 하고 버트가 D를 선택하면 자기도 D를 선택해야 한다. 이것은 조정 게임으로, **반복적** 기부 게임과 구조가 같다.

게임 참가자가 둘보다 많을 때에도 마찬가지로 두 가지 균형(모두가 토끼를 사냥하거나 모두가 사슴을 사냥하거나)이 우세하다. 토끼 사냥꾼의 득실은 나머지 참가자들이 무엇을 선택하는가와 무관한 반면에 사슴 사냥꾼의 득실은 나머지 참가자 중 몇 명이 사슴 사냥에 동참하는가에 따라 달라진다. 아무도 동참하지 않으면 그의 득실은 토끼 사냥꾼이 기대할 수 있는 득실보다 작다. 하지만 많은 사람이 사슴 사냥에 동참하면 득실이 커질 것이다. 나머지 모두가 사슴을 사냥하면 자신도 사슴을 사냥하는 게 상책이며 나머지 모두가 토끼를 사냥하면 자신도 토끼를 사냥하는 게 상책이다. C(사슴 사냥)를 선택하는 것은 일종의 투기요 모험이다. 충분히 많은 참가자가 기여하면 짭짤하지만 그러지 않으면 시간 낭비다. 사슴 사냥에는 신뢰가 필요하다.

수렵 채집인들 사이에서든 대도시 생활에서든 비슷한 상황이 얼마든지 있다. 협력은 유익하지만 남들도 협력할 때만 유익하다. 그들이 과연 협력할까? 참가자들이 성공적 전략을 모방하는 사회적 학습의 조건에서는 모두가 C를 선택하거나 모두가 D를 선택하거나의 두 가지 사회규범 중 하나가 진화한다. 결과는 처음 위치, 즉 모호한 '자연 상태'에 달렸다.

상호부조와 공동선

기부 게임에서는 참가자 수를 세 명 이상으로 늘릴 수 있다. 영국의 경제학자 로버트 서그든은 이것을 상호부조 게임으로 나타냈는데, 게임이론 연구실에서 쉽게 구현할 수 있다.

참가자 여섯 명이 각자 공동 출자금으로 5달러를 투자할지 말지 결정할 수 있다고 가정하자. 참가자들은 자신의 출자금이 3배로 불어 **나머지** 참가자들에게 분배될 것임을 안다. 나의 출자금은 다섯 명의 공동 참가자에게 각각 3달러씩으로 분배될 것이다. 모두가 기여하면 각자 5달러를 내고 15달러를 받아 10달러의 순수익을 얻는다. 하지만 나만 기여하면 공동 참가자들에게서 한 푼도 받지 못한 채 5달러만 잃게 된다. 그러므로 게임 결과는 공동 참가자들 중 몇 명이 기여하느냐에 달렸다. 나의 득실은 기여하지 않는 사람이 나 혼자뿐일 때 최대다. 비용은 한 푼도 들이지 않고서 순이익 15달러를 얻게 되니 말이다. 나머지 사람들은 각자 12달러를 얻는데, 나쁘진 않지만 내 수익보다는 적다. 아무리 많은 사람이 기여하더라도 언제나 무임승차자가 더 많은 수익을 거둔다.

종합하면 나는 기여하지 말아야 하는 것처럼 보인다. 하지만 모두가 그렇게 생각하면 모두가 한 푼도 얻지 못할 것이다. 사익을 추구하면 제 발등을 찍게 된다.

이 사회적 덫은 기부 게임과 매우 비슷하다. 사실 상호부조 게임의 참가자를 두 명으로 줄이면 영락없는 기부 게임이다. 하지만 집단이 커지면 게임에 새로운 반전이 일어난다. 실제로 단순한 대갚음 조치는 아무짝에도 쓸모없다. 참가자 중 일부는 기여하고 일부는 기여하지 않으면 누구에게 대갚아야 할까? 내가 기여하지 않으면 기여자와 비기여자 모두에게 피해가 돌아간다.

여러 번 실시하는 상호부조 게임은 상호보험 제도와 매우 비슷하다. 보험의 다른 점은 정기적으로 보험료를 내야 하지만 덕을 볼 가능성은 희박하다는 것이다. 이에 반해 상호부조 게임에서는 매 판마다 주고받기가 일어난다.

인류학자들은 공권력에서 유인책이 전혀 제시되지 않아도 상호부조 집단이 자발적으로 생겨날 수 있다고 기록했다. 예를 들자면 몬테네그로에서 벼락이 헛간을 때려 양이 몰살한다. 양치기는 길바닥에 나앉을 신세가 되었지만 공동체가 그를 구해준다. 이웃들이 양을 한 마리씩 선물하여 양치기는 목축업을 다시 시작한다. 물론 이런 일이 또 일어나면 그는 자기 차례에 도움을 베풀 것으로 기대된다.

예를 하나 더 들어보겠다. 200년 전 맨체스터 자본주의§일종의 자유방임적 시장주의 시절로 거슬러 올라가자. 최초의 노동조합이 결성되기 오래전 노동자들은 자발적으로 '의료 부조회sick club'를 결성했다. 그들은 공동 계좌에 기금을 갹출하여 병에 걸린 회원을 도와주었다. (여담으로 몬테네그로에서든 맨체스터에서든 갹출금을 세 배로 늘려 나눠주는 독지가는 없었던 것으로 보인다. 하지만 이 수치는 벼락 맞은 양치기나 병에 걸린 제분공처럼 어려움에 처한 사람이 기부자의 손실보다 훨씬 큰 혜택을 본다는 사실을 반영한다.)

상호부조 게임을 살짝 바꾼 공동선 게임도 있다. 앞서와 마찬가지로 나는 5달러를 낼지 말지 선택할 수 있다. 납부금 총액에 일정 배수(이번에도 3이라고 하자)를 곱한 금액으로 공동 기금을 구성한다. 이 금액은 기여 여부와 무관하게 **모든** 참가자에게 분배된다(상호부조 게임과의 차이점은 내가 낸 납부금의 몫도 돌려받는다는 것이다).

공동선 게임은 현실에서 벌어지는 여러 비슷한 '게임'을 정형화한 형태다. 몇 가지 예를 들어보자. 젊은 부부들이 번갈아 가며 걸음마쟁이 아이를 놀이터에 데려갈 때 그중 몇몇은 걸핏하면 자기 차례를 건너뛰는 무임승차자일지도 모른다. 그런가 하면 우리의 억센 조상들은 매머드를 사냥하기 위해 힘을 합쳤을 텐데, 무임승차자는 매머드 근처에 얼씬도 하지 말라는 옛말을 따른 사람들이다. 모두가 이렇게 행동했다면 사냥은 결코 성공하지 못했을 것이다. 요새를 방어하려면 힘을 합쳐야 한다. 남들 뒤에 숨는 무임승차자는 방어가 성공하면 나머지 사람들과 똑같은 혜택을 누리지만 모두를 위험에 빠뜨린다. 공동으로 쓰는 부엌을 청소하는 것이 즐거운 취미는 아니지만, 이곳에서도 사회적 딜레마가 얼마든지 벌어질 수 있다.

공유지의 비극은 널리 알려져 있다. 공유지는 마을 전체에 속한 목초지다. 이 땅은 종종 과도하게 방목되어 쑥대밭이 된다. 한 목부牧夫가 할당량 이상의 가축을 공유지에서 먹이면 그로써 얻은 젖과 고기는 그에게만 유익한 반면에 목초지의 훼손은 모두가 부담하기 때문이다. 요즘은 공유지가 얼마 남지 않았다. '공유재'로는 맑은 공기, 황금어장, 대중교통 등이 있는데, 이것들은 언제나 무임승차자의 먹잇감이 된다.

그렇다면 게임 연구실에서는 무슨 일이 벌어질까? 상호부조 게임이나 공동선 게임은 수백 가지 실험에서 다양한 형태로 연구되었다. 참가자들이 갹출금 전액을 납부하거나 한 푼도 납부하지 않거나 둘 중 하나만 선택하는 것이 아니라 (이를테면 0달러와 20달러 사이에서) 임의의 금액을 선택할 수 있는 방식도 많다. 첫 판은 대체로 기부 게임에서 예상할 수 있는 상황과 비슷하게 전개된다. 어떤 사람은 많이 내고 어떤 사람은 적게 내며 평균 금액은 전액의 절반 가량 될 것이다. 그 뒤로 판을 거듭할수록 납부금은 거의 예외 없이 감소한다.

참가자들은 이기적으로 사는 법을 배우는 것일까? 더 많은 이득을 얻는 사람, 즉 무임승차자를 모방하는 것일까? 아니면 그저 등쳐먹히는 데 신물이 났을까?

이 실험은 코펜하겐, 민스크, 사마라, 청두, 리야드 등 여러 곳에서 되풀이되었다. 상당한 지리적 변이가 나타났는데, 이것은 민족적 편견을 연구하는 사람들에게 흥미로운 현상이다. 하지만 전반적 추세는 명확하다. 납부금은 판을 거듭할수록 감소하며 게임의 수익 전망은 점점 줄어든다. 사회적 덫이 딱 하고 닫힌다.

대갚음과 만인에 대한 만인의 투쟁

해결책은 분명해 보인다. 무임승차자를 응징해야 한다. 공익이나 상호부조 관련 실험에서는 게임을 간단하게 변화시켜 이 효과를 거둘 수 있다.

이제 각 판은 두 단계로 이루어진다. 1단계에서는 앞의 게임과 같이 참가자들이 기여할지 말지를 결정한다. 2단계에서는 참가자들에게 집단 내 얌체들을 응징할 기회가 주어진다. 무임승차자는 제재 조치로서 벌금을 부과받는다. 하지만 이 벌금은 무임승차자를 응징한 참가자들의 계좌에 입금되지 않는다. 오히려 참가자들이 처벌을 부과하기 위해 수수료를 내야 한다. 수수료와 벌금은 연구진이 가진다.

참가자들이 비용을 부담하여 무임승차자에게 처벌을 부과하는 제재 방식을 게임 연구실 용어로는 **동료 처벌**peer punishment이라고 부른다. 사실 현실에서는 누군가를 처벌하려면 대개 값비싼 대가를 치러야 한다. 시간과 정력을 쏟아야 할 뿐 아니라 위험도 따른다. 처벌받는 참가자가 벌을 달게 받지 않고 보복할 우려가 크기 때문이다. 정치

뉴스에서 곧잘 보듯 제재는 값비싼 조치다.

이런 결점이 있긴 하지만, 에른스트 페어와 시몬 게히터가 실시한 화제의 게임 연구실 실험에서 보듯 동료 처벌의 효과는 매우 인상적이다. 두 사람은 첫 여섯 판은 일반적인 공동선 게임에서처럼 처벌 없이 진행하도록 했다. 결과는 예상대로였다. 첫 판에서 참가자들은 평균적으로 게임 머니의 절반 가량을 공동 기금에 투자했다. 그 뒤로 판을 거듭할수록 납부금이 감소했다.

그러다 여섯 판이 끝난 뒤 참가자들에게 무임승차자를 처벌할 기회를 부여했다. 그러자 납부금이 급증했다. 첫 판에서보다 큰 금액이었다. 심지어 첫 처벌이 시행되기도 전이었다. 더 고무적인 사실은 그 뒤로도 납부금이 증가했다는 것이다(아래 그림을 보라). 결국 거의 모든 참가자가 전액을 납부했으며 거의 아무도 처벌할 필요가 없었다.

이 결과는 놀랍다. 이익 극대화 심리는 2차 사회적 딜레마로 이

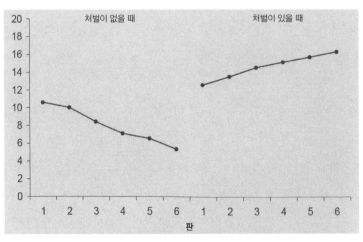

▲ 처벌이 없을 때와 있을 때의 공동선 게임 납부금.

어져야 마땅하다. 실제로 동료 처벌의 효과는 평균 납부금을 증가시키므로 모든 참가자에게 유익하다. 하지만 무임승차자를 처벌하는 비용은 처벌자 개인이 부담한다. 그냥 공동선에만 기여하고 무임승차자를 처벌하는 임무는 다른 참가자들에게 떠넘기지 않는 이유가 무엇일까? (이 전략은 참가자가 세 명 이상일 때만 등장할 수 있다.) 이런 식으로 행동하는 사람은 누구든 2차 무임승차자다. 모든 참가자가 이 방안을 채택하면 처벌은 전혀 이루어지지 않을 것이며 이로 인해 공동선에 기여하지 않는 1차 무임승차자가 득세할 것이다. 사실 그들은 두려워할 것이 하나도 없다.

이 난제를 해결할 해법 하나는 2차 무임승차자도 처벌이 가능하도록 하는 것이다. 하지만 이렇게 하면 3차 무임승차자가 생겨날 수 있어서 무한 후퇴의 망령을 불러들이는 꼴이다.

이 이론적 반박은 당분간 제쳐두도록 하자. 대부분의 실험에서 많은 참가자가 값비싼 비용을 치르고서라도 무임승차자를 처벌하는 일에 의지, 심지어 열의를 나타낸다는 사실은 익히 알려졌다. 어떤 사람들은 처벌에서 기쁨을 느끼기도 한다. 혹자는 그들이 제재의 장기적 효과를 고려한다고 추측할지도 모르겠다. 즉, 무임승차자가 한번 처벌받으면 개과천선하여 다음 판부터는 현명하게 공동선에 기여하리라 기대한다는 것이다. 하지만 그런 기대로 모든 것을 설명할 수는 없다. 일부 실험에서는 매 판마다 집단이 새로 구성되도록 했다. 이렇게 하면 참가자들이 이전 공동 참가자를 결코 만나지 못하게 할 수 있다. 참가자들도 이 사실을 고지받는다. 그들은 무임승차자를 처벌하여 정신 차리게 할 수 있을지는 몰라도, 다시는 그들을 만나지 않으며 자신의 (값비싼) 처벌 결정의 유익을 결코 누리지 못하리라는 사실을 안다. 그런데도 그들은 열성적으로 처벌한다. 대부분의 일반적 게임 연구실 실험은 따분하게 진행되지만 처벌이 도입되면 흥미가 눈에 띄게 올라간다.

처벌이 추가된 공동선 게임이 끝나고 문답을 진행하면, 벌칙으로 무임승차자를 교화하려는 동기는 기껏해야 부차적임을 알 수 있다. 가장 강렬한 충동은 단순한 복수다. 참가자들은 무임승차자들에게 뒤통수를 맞는 것에 신물이 났으며 복수하고 싶어했다. 처벌에 드는 비용은 중요한 고려 사항이 아니다. 복수는 매우 자연스러운 원동력처럼 보인다. 그러면서도 무척 비합리적이다. 어린아이들은 문에 부딪히면 문에 발길질을 한다.

복수심은 대개 천박하고 파멸적인 감정으로 간주된다. 하지만 페어와 게히터의 실험에서 보듯 복수심은 경제에 긍정적 역할을 한다. 그나저나 복수심이 주로 경제적 관점에서, 심지어 장부에 기장되는 항목으로 묘사되는 것은 놀랍다. "Wir rechnen noch ab!"(아직도 청구서가 남았어) "It's payback time!"(빚을 갚을 때가 됐어) "Il va me payer cher!"(그는 내게 호된 대가를 치를 거야) "Un règlement de compte"(득실의 환산). 이와 같이 많은 언어에 비슷한 관용 표현이 있다.

복수 욕구는 마음속 깊이 자리 잡았음이 분명하다. 사람들 말마따나 "복수는 달콤하다." 심지어 복수의 대리 경험을 만끽하기도 한다. 수많은 영화와 소설이 복수를 다뤄 수많은 사람을 즐겁게 한다.

제대로 된 다윈주의자라면 누구나 알듯 쾌감을 주는 충동에는 대개 어느 정도 생존적 가치가 있다. 그렇다면 우리가 복수로 어떻게 이익을 얻는지 궁금해진다.

가장 그럴듯한 이유는 우리가 기꺼이 복수하는 사람이라는 사실이 알려지면 남들이 우리를 얕보려다가도 한 번 더 생각하리라는 것이다. 평판은 간접적 대갚음에서와 마찬가지로 응징에서도 핵심적 역할을 한다. 분노는 요란하며 무언가를 널리 표출한다. 가장 비천한 폭력배조차 다음과 같이 존중을 요구한다. 나를 이런 식으로 대접하면 안 되지. 이건 받아들일 수 없어.

여기서 우리는 지뢰밭에 들어선다. 처벌이 추가된 공동선 게임의 초창기 연구실 실험에서는 한 참가자가 다른 참가자에게 제재를 가하고 그걸로 끝이다. "이제 그만." 처벌받은 참가자는 말 그대로 처벌을 달게 받는다. 그런데 이런 상황은 전적으로 부자연스럽다. 처벌받은 참가자가 제재를 고분고분 받아들일 가능성은 희박하다. 그들은 반격하고 싶어한다. 벌칙에 치해진 참가자가 복수할 수 있도록 규칙이 변경되는 순간 호된 복수가 시작된다. 게임 연구실이라는 익명적이고 거의 임상적인 환경에서조차, 즉 '처벌하다'의 의미가 참가자의 계좌에 있는 소정의 금액이 줄어드는 것에 불과한데도 말이다. 현실에서는 파멸의 소용돌이가 살인에 이르기도 한다.

철학자 존 로크가 1689년 『통치론』에서 언급했듯 "그러한 (처벌에 대한) 저항 때문에 많은 경우에 처벌은 위험을 자초하는 일이 되며, 그것을 시도하는 자들이 빈번히 파멸에 빠지기도 한다."

현대 실험경제학자들은 **반사회적 처벌**을 목격하고서 매우 놀랐으며 심지어 분개했다. 그것은 가해자가 복수나 예방적 위협 방안으로서 협력자를 처벌하는 것이다. 이런 반응은 실제로 만인에 대한 만인의 투쟁으로 이어지기도 한다. 이에 대해 토머스 홉스가 뭐라고 말하는지 들어보자.

인간의 본성이 바로 이러하기 때문에, 우리는 인간들 사이에 분쟁이 발생하는 원인을 세 가지로 정리할 수 있다. 첫째는 경쟁이며, 둘째는 불신이며, 셋째는 공명심이다. 인간은 경쟁 때문에 이익 확보를 위한 약탈자가 되고, 불신 때문에 안전 보장을 위한 침략자가 되고, 공명심 때문에 명예 수호를 위한 공격자가 되는 것이다.

홉스가 '공명심'이라고 부른 것은 존경받으려는 바람이다. '불신'은 두려움으로, 이것은 적을 예상한 공격과 선제 타격으로 이어진다. 마지막으로 경쟁은 이기심에 근거한다. 다툼의 이 모든 원인을 게임이론 모형에서 찾아볼 수 있다. 이기심은 협력을 저해하고 두려움은 공격으로 이어지며 존경받으려는 바람은 양보를 가로막는다. 홉스는 '전쟁'이 실제 전투로만 이루어지지 않으며 전투 준비도 전쟁의 요소라고 강조한다. 준비하는 것만으로도 파멸적이다.

홉스의 말을 계속 들어보자.

이러한 상태에서는 성과가 불확실하기 때문에 근로의 여지가 없다. 토지의 경작이나, 해상 무역, 편리한 건물, 무거운 물건을 운반하는 기계, 지표에 관한 지식, 시간의 계산도 없고, 예술이나 학문도 없으며, 사회도 없다. 끊임없는 공포와 생사의 갈림길에서 인간의 삶은 고독하고, 가난하고, 험악하고, 잔인하고, 그리고 짧다.

그리고 짧다! 이런 삶의 고문이 언젠가 끝난다니 얼마나 고마운 축복인가.

법을 우리 손아귀에 두는 것은 동료 처벌에서와 마찬가지로 무정부 상태를 의미한다. 지구상에서 그런 무정부 상태를 발견할 수 있는 곳은 공권력이 미치지 못하는 오지뿐이다. 이를테면 전설에 둘러싸인 서부 무법 지대, 유목민 거주지, 규율이 느슨한 교도소, 또는 바로크 시대 철학자들이 '원초적 입장'이라고 부르기로 합의한 허구적

◀ 존 로크(1632~1704)는 격정을 두려워했다.

상황 등이다. 로크의 『통치론』을 다시 인용해보자.

> 그 (자연) 상태에서는 모든 사람이 자연법의 재판관이자 집행자
> 인데, 인간은 자신에게 편파적이므로 다른 사람들의 사건인 경우
> 에는 게으름이나 무관심으로 인해 태만하기 십상인 반면 자신들
> 이 관련된 사건에서는 격정이나 복수심으로 인해 극단으로 치닫
> 거나 흥분하기 십상이다.

계속 읽어보자.

> 바로 이를 위해서 사람들은 각자 기꺼이 자신의 처벌권을 포기하
> 여 그것이 그들 중에서 임명된 사람들에 의해서만 행사되도록, 그
> 리고 공동 사회나 그러한 목적을 위하여 그들로부터 권위를 위임
> 받은 자들이 합의하는 규칙에 따라서만 행사되도록 하는 것이다.

여기에 사회계약이 있다. 참가자들은 (보안관, 군주, 경찰력 같은)
권위에 복종한다. 이 단계도 상호부조 게임을 변형한 정형화된 게임

에서 모방할 수 있다.

각 판은 세 단계로 이루어진다. 첫 번째 단계에서는 참가자들이 처벌 기금에 참여하거나 하지 않을 수 있다. 두 번째 단계에서는 참가자들이 상호부조 기금(공동선)에 참여하거나 하지 않을 수 있다. 마지막으로 세 번째 단계에서는 처벌 기금이나 상호부조 기금에 참여하지 않은 무임승차자가 처벌된다. 처벌 기금이 두둑할수록 처벌이 가혹해진다.

이 게임을 처음 소개한 사람은 일본의 심리학자 야마기시 도시오다. 게임은 당연히 뛰어난 성과를 거두며 대부분의 참가자가 협력한다. 처벌 기금은 경찰력에 해당한다. 경찰력이 탄탄할수록 무임승차자를 적발할 가능성이 커진다. 참가자들은 상호부조 게임을 벌이기도 전에, 즉 처벌할 무임승차자가 하나라도 있는지 알기도 **전에** 경찰을 위해 비용을 납부하여 처벌 비용을 미리 부담해야 한다.

이러한 이른바 공동 처벌은 동료 처벌에 비해 상당한 이점이 있다. 더 객관적이고 덜 사적이어서 보복당할 가능성이 줄어들기 때문이다. 게다가 이렇게 하면 2차 무임승차자(공동선에는 기여하지만 처벌에는 기여하지 않는 사람)도 적발하여 처벌할 수 있다. 하지만 공동 처벌에는 심각한 단점이 있다. 모든 참가자가 매 판 협력하면 경찰은 할 일이 없다. 그럼에도 비용은 납부해야 하며 이런 세금으로 인해 상호부조의 경제적 이점이 감소한다. 이에 반해 동료 처벌의 비용은 필요할 때만 발생한다. 게다가 처벌 기금을 설립하려면 소통과 조율이 필요한 반면에 동료 처벌은 복수심에 불타는 외로운 영혼 하나만 있으면 된다.

토끼 사냥의 중요성

진화적 게임이론 덕분에 우리는 협력과 사회계약을 수학적 모형, 즉 단순한 사고실험으로 연구할 수 있다. 여러 전략 중 하나를 선택할 수 있는 가상의 참가자 집단을 생각해보자. 이따금 무작위로 선발된 참가자 표본이 게임에 참가한다. 참가자들은 누적 보상을 더 쌓기도 하고 덜 쌓기도 하는데, 그 양은 자신의 전략과 표본 내 다른 구성원들의 성적에 따라 달라진다. 이따금 참가자들은 더 나은 성적을 거두는 다른 전략으로 갈아타며 적응하기도 한다. 참가자들은 현재의 표본 안에서만 교류할 수 있지만 집단 내의 누구든 모방할 수 있다. 그러므로 가상의 인구 집단은 사회적 학습으로 진화하는데, 이때의 학습은 근시안적이고 득실에 이끌리는 적응이다.

이것이 어떤 처벌도 시행되지 않는 순수하고 단순한 상호부조 게임이라면 협력은 어림도 없다. 참가자가 두 명인 형태, 즉 기부 게임과 마찬가지로 절망적이다. 무임승차자가 언제나 더 나은 성과를 거둔다. 그들은 우선적으로 모방되어 결국 집단을 완전히 장악한다.

하지만 표본 참가자들에게 상호부조 게임을 제안하되 자유롭게 탈퇴할 수 있도록 하면 줄거리에 놀라운 변화가 일어난다. 참가자들은 이제 참여 의무가 없어진다. 그들은 참여를 거부하고 한발 물러서서 자신의 득실이 남들에게 좌우되지 않는 다른 활동을 할 수 있다. 철학 애호가들은 이 추가된 선택지가 영락없는 루소 우화의 토끼 사냥임을 간파할 것이다.

이런 제3의 대안을 도입하면 이른바 자발적 상호부조 게임을 아래와 같이 정의할 수 있다. 무작위로 선발된 표본의 참가자들은 세 가지 전략 중 하나를 채택할 수 있다.

1. 참여하지 않는다.

2. 참여하고 기여한다.

3. 참여하되 기여하지 않는다.

세 번째 선택지를 고르는 것은 두 번째를 선택한 기여자를 등쳐먹는 셈이다. 이에 반해 첫 번째 선택지를 고른 비참여자는 자신에게만 의존한다. 비참여자가 얻는 득실은 상호부조 게임에서 모든 참여자가 기여할 때 얻는 득실과 아무도 기여하지 않을 때의 득실(0) 사이에 있다고 가정된다. 여기에 기술적 요점을 하나 덧붙여야 한다. 상호부조 게임에 자원하는 참여 희망자가 한 명뿐이면 그는 혼자서 게임을 할 수 없으며 토끼 사냥을 해야 한다. 상호부조에는 여러 참여자가 필요하다. 그들은 기여할지 말지를 독자적으로 결정한다.

자발적 상호부조 게임의 세 가지 전략은 물고 물리는 관계로 가위바위보를 떠올리게 한다. 전 세계 아이들이 알듯 가위에게 바위가 이기고 바위에게 보가 이기고 보에게 가위가 이긴다.

같은 순환의 맥락에서 비참여자 집단(1)은 기여자들에게 잠식당하고, 기여자 집단(2)은 배신자들에게 허를 찔리고, 배신자 집단(3)은 비참여자들에게 진다(374쪽 그림).

실제로 충분히 많은 사람이 참여하고 기여하면 그들은 좋은 성과를 거둔다. 점점 많은 토끼 사냥꾼이 그들을 모방할 것이다. 그들은 기회가 있을 때마다 참여하고 기여한다. 무임승차자가 충분히 많을 때는 무임승차자가 호구를 등쳐먹는다. 하지만 무임승차자가 늘 때마다 좋은 쪽으로든 나쁜 쪽으로든 참여의 매력이 줄어든다. 결국 참여하지 않는 사람들이 더 나은 성적을 올릴 것이다. 그러면 아무도 상호부조 게임을 하고 싶어하지 않을 것이다. 이 교착 상태는 참여와 더불

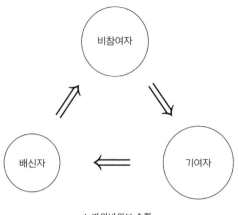

▲ 가위바위보 순환.

어 기여하고 싶어하는 소수의 참가자가 우연히 표본으로 선발될 때에야 해소될 것이다. 그러면 즉시 협력이 성행하지만 얼마 안 가서 무임승차자가 만연한다. 이런 식으로 쭉 이어지는데, 아무도 게임에 참가하고 싶어하지 않는 시기가 오래 지속되다가 이따금 협력이 불쑥 분출하지만 무임승차자가 게임을 훼손하여 금세 협력은 물거품이 된다. 한 전략이 집단 내에서 우세해질 때마다 다른 전략이 집단을 장악할 환경이 조성된다.

자발적 상호부조 게임은 가장 잘 알려진 두 사회적 딜레마인 사슴 사냥과 수감자 딜레마를 섞은 것으로 볼 수 있다. 두 딜레마를 합치면 사회적 덫의 용수철이 약해진다. 물론 이렇게 해도 장기적 협력을 달성할 수는 없다. 하지만 단기적 협력이 거듭거듭 분출한다.

처벌 선택지가 게임에 도입되면 상황이 훨씬 나아진다. 어떤 형태의 처벌이 유익할까? 예상대로 동료 처벌은 공동 처벌보다 덜 안정적이다. 2차 무임승차자들에 의해 무산될 수 있기 때문이다. 하지만 게임이 자발적이면 무임승차자들이 언제나 막판에 패배할 수 있다.

(아래 그림을 보라.) 이것은 무임승차의 덫에서 벗어날 수 없는 강제적 게임과 극명한 대조를 이룬다. 참여의 자발적 측면(참가자들이 참여하는 것은 더 나은 일을 하고 싶기 때문이다)은 민주주의 정서에 정중히 예를 표하는 행위가 아니라 전략적 수법의 필수적 성분이다.

요약하자면 사회적 학습은 자연스럽게 사회계약으로 이어진다. 참가자들은 합리적으로 행동하거나 소통하거나 의견을 조율하라는 요청을 받지 않는다. 현재 성공적인 행동을 근시안적으로 모방하기만 해도 참가자들은 자발적으로 협력에 투신한다. 그들은 자유롭게 스스로를 속박한다. 생태학자 개릿 하딘이 공유지의 비극을 극복하기 위해 내놓은 유명한 처방을 인용하자면 "상호 합의된 상호 강제"를 실시하는 것이다.

진화적 게임이론의 가상 사회 이야기는 이쯤 해두자. 이것들은 '수학을 섞은 신화'인 모형에 불과하다. 그렇다면 현실은 어떤까? 문명 세계의 거의 모든 지역에서는 공권력이 지배한다. 무정부 상태는 백일몽이다. 피에르 조제프 프루동과 표트르 크로폿킨 같은 몇몇 철

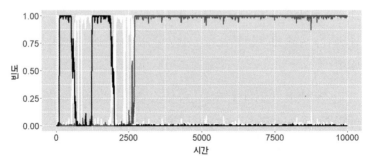

▲ 사회적 학습(성공적 전략의 모방)을 인공적 집단에서 컴퓨터로 시뮬레이션한 결과. 검은색 선은 동료 처벌자의 빈도를 나타내고 회색 선은 공동 처벌자의 빈도인데, 결국 후자가 우세해진다. 협력 체제가 가능하려면 참가자들에게 합작에서 발을 빼는 선택지가 있어야 한다('토끼 사냥꾼'은 흰색으로 표시했다). 이 선택지가 제시되지 않으면 사회적 덫이 쾅 닫힌다. 사회적 학습으로 인해 금세 무임승차자들이 활개 친다.

◀ 엘리너 오스트롬(1933~2012).

학자가 안간힘을 썼지만 허사였다. 하지만 이따금 법 집행 공권력이 부새할 때가 있다. 그런 경우에는 보안관, 심판, 수위, 보안 요원 같은 질서 유지 인력이 채용되는 일이 매우 자발적으로 일어날 수 있다.

역사에서 알 수 있듯 사회에서 배제된 자들에게조차 사회계약이 필요하다. 150년 전 나폴리의 교도소에서 마피아가 생겨났는데, 처음에는 재소자들 간의 다툼을 진압하기 위한 대책반이었다.

인류학자 엘리너 오스트롬은 전 세계에서 이른바 소규모 사회(목부, 어부, 유목민, 수렵 채집인 등)가 규칙을 집행할 단순한 제도를 어떻게 자발적으로 만드는지 기록하는 일을 필생의 과업으로 삼았다. 그 규칙이란 협력하고, 어장을 공정하게 공유하고, 지속 가능한 숲을 관리하기 위한 것이었다. 오스트롬은 이 공로로 노벨 경제학상을 받았다.

오스트롬의 견해에 따르면 "제도는 사회적 딜레마를 해소하기 위한 유인책을 제시하는 수단이다." 유인책은 보상일 때도 있지만 처벌인 경우가 훨씬 많다. 이 의미에서 보자면 사회계약은 철학자들이 퍼뜨린 창조 신화가 아니며 심지어 오늘날에도 자발적으로 소규모로 생겨날 수 있다.

13

공정Fairness
독차지하기와 나누기

공정한 나눔

오래전 독일민주공화국(동독) 시절로 거슬러 올라가는 진부한 농담을 하나 들려드리겠다. 동독의 국가원수 에리히 호네커와 소련의 막강한 국가원수 레오니트 브레즈네프가 한가롭게 숲을 거닌다. 두 사람이 갑자기 걸음을 멈추더니 시선을 고정한다. 발치에 금화 더미가 놓여 있다. 두 사람은 금화를 집어 개수를 헤아린다. 100개나 된다! 어마어마한 횡재다. 주위를 둘러보니 둘을 쳐다보는 사람은 아무도 없다. 두 사람의 눈이 마주친다. 브레즈네프가 말한다. "형제답게 나눕시다." 그러자 호네커가 비명을 지른다. "오, 안 돼! 안 돼, 안 돼, 절대 안 돼! 반반으로 나눕시다!"

카인과 아벨 이래로 모든 형제가 알다시피 공정한 나눔은 까다로운 문제다. 나눔은 아이들에게 공정을 가르칠 첫 기회다. 다섯 살배기 아이는 케이크 한 조각을 친구와 어떻게 나눠야 공정한지 이미 알고 있다. 앤이 케이크를 자르면 버트가 자신의 조각을 고른다. 앤은 버트가 큰 조각을 가지고 작은 조각을 남겨둘 것임을 알기에 작은 조각을 최대한 크게, 즉 정확히 반으로 잘라야 한다. 앤은 자신의 최소 몫을 극대화하는 것이다.

앤은 자라서 경제학과를 졸업한다. 그녀는 다른 주로 이사하기 전에 차를 팔고 싶어한다. 하지만 3000달러 밑으로는 팔고 싶지 않다. 버트가 관심을 보인다. 그는 중고차를 찾고 있으며 5000달러까지는 치를 의향이 있다. 그렇다면 거래가 성사될 수 있다. 하지만 얼마에 거래해야 할까? 앤은 5000달러를 원할 것이고 버트는 3000달러를 원할 것이다. 이 문제는 차액 2000달러를 어떻게 나누느냐로 귀착한다.

공정한 해법이 있을까? 유치원에서처럼 반반으로 나누면 될까? 작은 부분을 극대화하는 방법은 여전히 타당할까? 물론 현실에서는 두 당사자가 자신의 솔직한 가격 상한선(또는 하한선)을 밝히지 않는다. 하지만 이것은 요점이 아니다. 진짜 문제는 공정 거래 가격을 운운하는 것 자체가 말이 되느냐다. 오랫동안 경제학자들은 말이 안 된다고 생각했다.

'공정'은 '참'보다 더욱 난감한 개념이다. 공정이 근사하다는 데는 누구도 이의를 제기하지 않는다. 하지만 그 안에는 수많은 의미가 담길 수 있다. 공정한 조치는 무엇일까? 공정한 경매는? 공정한 처벌은? 공정한 사회는? 공정한 무승부는?

철학자들은 다양한 맥락에 따라 공정의 의미가 달라질 수 있음을 잘 알며, 분석적인 학파들은 신중을 기해 단순한 사례를 먼저 살펴본 다음에야 공정한 세계가 어떤 모습이어야 하는가의 문제를 공략한다. 캐나다의 철학자 데이비드 고티에가 1986년 『합의 도덕론』에 쓴 사례에서 시작해보자. 앤과 버트가 서로에게 이익이 되는 계약을 체결하고 싶어한다. 앤은 2만 달러를 가졌고 버트는 8만 달러를 가졌다. 두 사람은 은행에 자금을 투자할 계획이다.

은행은 대체로 예금에 대해 일정한 금리(이를테면 낙관적으로 간주하여 3퍼센트)의 이자를 지급하는데, 금리는 얼마를 투자하느냐와 무관하다. 이에 반해 고티에의 은행은 투자액에 따라 금리가 달라진다. 3퍼센트에서 출발하여 1만 달러 이상이면 4퍼센트, 2만 달러 이상이면 5퍼센트, 이런 식이다. 1만 달러마다 금리가 1퍼센트씩 증가한다.

앤이 2만 달러를 투자하면 금리는 5퍼센트이며 연말에 1000달러의 순수익을 거둔다. 버트가 8만 달러를 투자하면 더 높은 11퍼센트의 금리로 8800달러의 순수익을 거둔다. 그런데 두 사람이 예금을 합쳐 공동으로 10만 달러를 투자하면 13퍼센트의 금리를 받을 수 있다. 이 투자 방식은 분명히 둘 다에게 유리하다. 금리가 13퍼센트이면 앤은 2만 달러로 2600달러를 벌어들인다. 이전의 1000달러에 비하면 수익이 훨씬 커졌다. 버트는 8만 달러를 투자하여 8800달러가 아니라 1만 400달러를 벌어들인다.

연습은 이만하자. 어느 한쪽이 철학자의 사고방식을 가지고 있지 않다면 더 생각할 것도 없다.

실제로 우리는 두 사람이 공동 투자로부터 똑같이 이익을 거둔다는 사실을 보았다. 각자 추가 수익 1600달러를 올린다. 버트가 앤보다 네 배 많은 금액을 공동 계좌에 투자했는데도 이익금은 똑같다. 앤의 금리는 8퍼센트 증가하지만 버트의 금리는 2퍼센트 증가에 그친다. 이것이 공정할까? 버트가 더 많이 가져야 하는 것 아닐까?

앤의 득실(투자 수익)을 u로, 버트의 득실을 v로 표시하자(380쪽 그림). 두 사람이 각자 예금하면 득실 쌍은 $(u_0, v_0) = (1000, 8800)$이다. 두 사람이 공동으로 예금하면 수익의 합은 1만 3000달러다. 따라서 앤과 버트의 협상 문제에 대한 해는 $u + v = 13{,}000$을 충족하는 쌍 (u, v)다. 이에 덧붙여 $u \geq 1000$이고 $v \geq 8800$이어야 한다. 새 방식을 채택했을 때 어느 쪽도 수익이 줄면 안 되기 때문이다. 그러므로 버트가

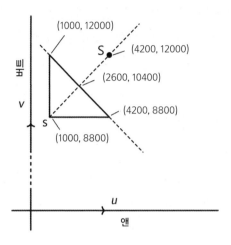

▲ 고티에의 투자 사례에서 앤과 버트가 수익을 나눈다.

요구할 수 있는 최대 금액은 1만 2000달러이고 앤이 요구할 수 있는
최대 금액은 4200달러다. 이 요구액의 합은 분배해야 할 1만 3000달
러보다 크다. 두 사람은 분명 최대 요구액보다 낮은 금액으로 양보해
야 한다.

앤과 버트가 모종의 해 (u, v)에 합의하면 앤은 $4200 - u$를 양보
하고 버트는 $12000 - v$를 양보하는 셈이다. u가 4200과 1000의 중간,
즉 $u = 2600$이면(따라서 $v = 10,400$) 둘의 양보액은 같다.

이것은 아까와 같은 금액이다. 이제 우리는 이 결과가 실제로
공정 원칙에 해당한다는 사실을 알 수 있다. 두 동업자는 같은 금액을
양보했다.

이 상황은 다음과 같이 표현할 수도 있다. 앤이 이 방식에서 얻
을 수 있는 최소 금액은 1000달러인데, 이는 혼자서도 이 금액을 벌
수 있기 때문이다. 한편 최대 금액은 4200달러다. 이는 더 많이 요구
하면 버트가 공동 투자에 흥미를 느끼지 않을 것이기 때문이다. 실제

로 버트가 얻을 수 있는 최소 금액은 8800달러다. 마찬가지로 그는 1만 2000달러보다 많이 요구할 수 없다. 그랬다가는 앤이 공동 투자에 흥미를 느끼지 않을 것이기 때문이다. 최소 요구액은 점 $s = (1000, 8800)$에 대응하며 최대 요구액은 $S = (4200, 12000)$에 대응한다. 그런데 후자는 비현실적이다. 나눌 돈이 1만 3000달러에 불과하기 때문이다. 두 점 s와 S는 (u, v)-공간에서의 선분을 정의하며 고티에가 제안한 협상 해법, 즉 $(2600, 10400)$은 선분을 따라 S에서 s로 미끄러져 내려가다 현실성 있는 해에 도달했을 때 얻어진다. 이것은 마치 두 사람이 손을 맞잡고 발맞춰 자신들의 바람이 실현될 때까지 호가를 낮추는 것과 같다.

이 절차는 시장에서의 흥정과 비슷하다. 그 이면에 숨은 원칙이 있을까? 앤과 버트는 최대 요구액에서 똑같은 금액을 양보한다. 두 사람의 최대 양보액은 각각 3200달러로 같다. 고티에는 앤의 최대 양보액이 버트의 두 배이면 앤은 두 배 양보해야 했을 것이라고 주장한다. 앤과 버트는 최대 요구액에서 같은 비율을 포기해야 한다. 말하자면 최대 요구액에 대한 앤과 버트의 **상대적 양보액**이 같아야 한다.

이것이 정의로운 분배일까?

내시가 협상을 타결시키다

고티에의 작은 연습은 협상 이론에 속한다. 이 이론은 1950년 스물두 살의 존 내시가 만들었다. 게임이론적 균형의 개념을 발전시킨 바로 그해였다. 내시 이전의 지배적 견해는 협상의 '공정한' 해가 무엇이냐는 물음에 유의미한 답이 전혀 없다는 것이었다. 결과는 협상 당사자들의 최소 요구와 부합한다면 무엇이든 될 수 있었으며 현실에서는 계산을 넘어선 심리적 줄다리기의 결과로 간주되었다.

내시는 물음을 새롭게 규정했다. 두 참가자(전과 마찬가지로 앤과 버트라고 하자)가 구속력 있는 계약을 체결하려 한다. (그건 그렇고 이런 계약은 사회계약을 전제한다. 구속력 있는 계약을 강제할 공권력이 있어야 하기 때문이다.) 이 계약에 따라 두 사람은 득실 쌍 (u, v)(앤에 해당하는 득실 u와 버트에 해당하는 득실 v)에 합의할 수 있다. 모든 가능한(또는 실현 가능한) 득실 쌍의 집합은 평면의 부분집합 M이다. 우리는 이 부분집합 M이 유한하며(밤하늘의 별을 따달라고 요구할 수는 없다) 볼록하다고 가정한다. 즉, 임의의 실현 가능 집합 M에 있는 임의의 두 점 P와 Q에 대해 이 끝점을 잇는 선분도 M에 속한다. 실제로 두 참가자는 도박에 합의하여(결과 P의 확률은 p이고 결과 Q의 확률은 $1-p$) 선분 PQ 위에 있는 임의의 점에 도달할 수 있다. 여느 때처럼 득실은 기댓값이며 효용에 따라 평가된다.

실현 가능 집합 M에 있는 각 점은 앤과 버트 둘 다 원하면 실현된다. 하지만 두 참가자가 해에 동의하지 않고 협상을 중단하는 결과도 물론 상상할 수 있다. 이 경우 각 참가자의 득실은 상대방이 어떤 선택을 하는가와 무관하다. 이에 대응하는 점은 현 상태 $s = (u_0, v_0)$으로 표시된다. 두 참가자는 현 상태에서 얻을 수 있는 것보다 적은 수익을 내놓는 협상 해법에는 분명히 동의하지 않을 것이다. 이것은 자발적 상호부조 게임에서 쓰는 수법과 비슷하다. 참가자들은 협상에서 물러나 혼자서 무엇을 할 수 있는지 타진할 수 있으며 이것은 토끼 사냥 선택지를 떠올리게 한다.

협상에서 어떤 득실 값 u와 v가 생겨나든 우리는 $u \geq u_0$이고 $v \geq v_0$이라고 확신할 수 있다. 따라서 실현 가능 해의 집합 M은 왼쪽 아래 모서리가 s인 양의 사분면에 있다.

이제 무대가 준비되었다. 공정한 해에는 무엇을 요구해야 할까? 무엇보다 이것이 대칭적임은 의심할 여지가 없다. 두 참가자가 역할을 바꿔 득실 쌍의 두 성분이 교환되더라도 해의 두 득실 값이 마찬가지로 교환되는 것 말고는 협상 해법에 영향을 미치지 않아야 한다. 말하자면 앤을 버트로, 버트를 앤으로 대체함으로써, 즉 협상 집합 M과 현 상태 점 s를 둘 다 대각선 $u = v$에 대해 반대쪽으로 이동시킴으로써 협상 문제를 반전할 경우 우리는 해의 거울상을 얻어야 한다.

우리는 심판이 공정한 해를 계산하고 그런 뒤에야 누가 앤이고 누가 버트인지 알게 된다고 상상할 수 있다. 1971년 『정의론』으로 정치철학에 막대한 영향을 미친 철학자 존 롤스의 말을 빌리자면 심판이 도달하는 결정은 '무지의 장막' 뒤에 놓였다.

무지의 장막이라는 시적 표현은 존 롤스의 철학을 송두리째 욱여넣은 캡슐이 되었다. 자신의 사상이 이렇게 압축되면 사상가로서 성공하기 힘들다. 쇼펜하우어 하면 우리는 으레 '의지와 표상으로서의 세계'를 떠올린다. 라이프니츠는 가능한 모든 세계 중 최선의 세계를 상징하고 다윈은 생존 투쟁을 상징하며 아인슈타인은 만물의 상대성을 상징하고 하이데거는 무화하는 무를 상징한다. 이런 무조건 반사적 연상은 무지를 가리는 간편한 장막 역할을 한다. 하지만 롤스가 말하는 '무지의 장막'은 이런 뜻이 아니다.

내시의 협상 해법으로 돌아가보자. 내시는 대칭에 덧붙여 해가 두 참가자의 효용을 측정하는 척도에 독립적이어야 한다고 주장했다. 그러므로 우리는 효용 함수 u와 v의 척도를 아핀 선형적으로 변환§기하학적 성질을 보존하는 변환을 '아핀 변환'이라고 한다하면서도 결과가 달라지지 않도록 할 수 있다. 이것은 열파를 묘사할 때 섭씨 대신 화씨를 써도 아무 차이가 없는 것과 같다.

내시가 내건 세 번째 조건은 파레토 최적이다. 실제로 한 참가자가 상대방에게 피해를 입히지 않으면서 자신의 몫을 늘릴 수 있는 선택지가 남았다면 그 결과는 합리적 해라고 보기 힘들다. 어떤 효용도 쓰이지 않은 채 방치되어서는 안 된다. 따라서 해는 협상 집합 M의 **파레토 경계** 위에 놓여야 한다. 파레토 경계에서 오른쪽 위로 조금이라도 이동하면 실현 가능한 득실 쌍 집합을 벗어나게 된다.

마지막으로, 네 번째 조건은 무관한 대안의 독립성이다. 실현 가능 집합 M을 진부분집합 N으로 대체하면 새로운 협상 문제를 맞닥뜨리게 될 것이 분명하다. 하지만 N에 원래 협상 해가 들어 있다면 이것은 새 협상에 대해서도 해여야 한다. 이는 경마와 같다. 많은 도전자를 물리치고 우승하는 말은 몇몇 경쟁자가 탈락하더라도 우승해야 한다.

대칭성, 척도 불변성, 최적성, 무관한 대안의 독립성은 협상 해에 요구되는 매우 일반적인 조건이다. 놀랍게도 이 조건들만 충족하면 해를 정확히 구할 수 있다. 해는 M에서 곱 $(u-u_0)(v-v_0)$을 극대화하는 유일한 쌍 (u, v)이다.

우리는 면이 좌표축에 평행하고 왼쪽 아래 모서리가 현 상황 점 s인 직사각형의 오른쪽 위 모서리에 내시 해가 있다고 상상할 수 있다. 그러면 (면이 좌표축에 평행한) 이 직사각형은 가능한 최대 넓이를 가진다. 면이 평행하며 대각선이 s에서 협상 집합 M 안에 있는 또 다른 점으로 이어지는 모든 직사각형은 넓이가 더 작다.

내시가 협상 문제의 해를 발견한 때는 1950년 직후 켄 애로가 독재자 정리를 발견한 것과 거의 같은 시기였다. 두 경우 다 매우 단순한 수학적 가정으로부터 철학적 영향력을 지닌 폭넓은 결과를 끌어낼 수 있었다. 두 경우 다 무관한 대안으로부터의 독립성이 핵심 역할을 한다.

무관한 대안의 독립성이라는 조건은 가장 큰 논란거리다. 현 상태 점 $s = (0, 0)$을 가지는 두 협상 집합 M과 N을 살펴보자(아래 그림 ⓐ). 삼각형 M은 $(0, 0)$, $(100, 0)$, $(0, 100)$을 꼭짓점으로 한다. 사다리꼴 N은 모서리의 네 점 $(0, 0)$, $(100, 0)$, $(50, 50)$, $(0, 50)$을 꼭짓점으로 한다. 두 집합 모두 내시 해는 $(50, 50)$이다. M에서는 분명히 공정한 해법처럼 보인다. 하지만 N에서는 어떨까? 앤(가로축 u)은 내시 해로 인해 푸대접을 받는 것으로 보인다. 실제로 버트(세로축 v)는 실현 가

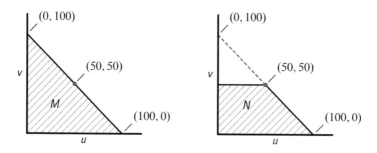

▲ ⓐ 내시 해 $(50, 50)$은 협상 집합 M에서는 공정해 보이지만 N에서는 그렇지 않다.

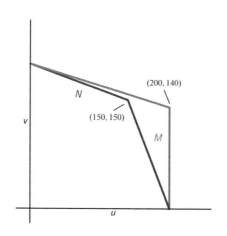

▲ ⓑ 두 내시 해. 버트는 커진 협상 집합에서 손해를 입는다.

능한 최대의 득실을 받고 전혀 양보하지 않아도 되는 반면에 앤은 실현 가능한 최대 득실의 절반을 양보한다.

그림 ⓑ에서는 더욱 노골적인 불의가 벌어지는 듯하다. 여기서 M은 $(0, 0)$, $(200, 0)$, $(200, 140)$, $(0, 200)$을 꼭짓점으로 하며 N은 $(0, 0)$, $(200, 0)$, $(150, 150)$, $(0, 200)$을 꼭짓점으로 한다. 내시 해는 N에서는 $(150, 150)$이고 M에서는 $(200, 140)$이다. N에서는 해가 공정하다는 사실을 반박하기 힘들지만 M에서 버트는 뒤통수를 맞은 심정일 것이다. 실현 가능 집합 M이 커졌는데도 자신의 득실은 오히려 감소했으니 말이다. 앤에게 주어진 각각의 득실 값에 대해 버트는 N에서보다 M에서 더 큰 득실을 얻을 수 있다. 그런데도 그의 내시 몫은 작아진다.

이런 까닭에 이스라엘의 두 수학자 에후드 칼라이와 메이르 스모로딘스키는 실현 가능한 최대 득실 개념에 기반하여 또 다른 해법을 제안했다. 무관한 대안의 독립성은 그에 못지않게 분명한 또 다른 원칙으로 대체된다. 현 상태 점과 실현 가능한 최대 득실은 달라지지 않지만 협상 집합 N이 M에 포함되면 더 큰 집합 M은 결코 앤에게나 버트에게나 더 나쁜 협상 결과로 이어져서는 안 된다.

이렇게 가정해도 유일한 협상 해법이 도출된다. 방법은 면이 축에 평행하고 왼쪽 아래 모서리가 현 상태 s에 있고 오른쪽 위 모서리가 두 참가자 각각에 대한 최대 득실 값에 의해 주어지는 $S = (U, V)$에 있는 가장 작은 직사각형을 생각하는 것이다. 그 점 S는 대체로 파레토 경계 너머에 있다. 칼라이-스모로딘스키 해를 얻으려면 실현 가능한 집합에 도달할 때까지 S에서 s까지 대각선을 따라 미끄러지면 된다. 이 경우 두 참가자는 실현 가능한 최대 득실(앤은 $U - u_0$이고 버트는 $V - v_0$)에서 똑같은 비율을 양보했다.

고티에의 예로 돌아가자면 우리는 철학자들이 동등한 양보라는 칼라이와 스모로딘스키의 지도 원리를 따른다는 사실을 알 수 있다. 하지만 이 예에서는 내시 해가 같은 결과로 이어진다. 이것은 385쪽 그림 ⓐ의 삼각형 협상 집합 M에서도 성립한다. 하지만 협상 집합 N에서는 해가 달라진다. 내시의 해는 (50, 50)이고 칼라이와 스모로딘스키의 해는 (200/3, 100/3)이다. 마지막으로, 그림 ⓑ에서 칼라이와 스모로딘스키는 M에 대해 근사해 (154, 154)를 내놓는데, 이것은 내시 결과에 비해 버트에게 유리하다.

이렇게 해도 현 상태가 실제로 무엇이어야 하는지는 아직 제대로 해결되지 않았다. 우리의 예에서는 답이 분명했다. 합의가 이루어지지 않으면 어떤 참가자도 케이크를 한 조각도 받지 못하고 어떤 차도 팔리지 않을 것이며 앤과 버트는 혼자서도 보장받을 수 있는 득실밖에 얻지 못한다.

하지만 아래 행렬로 기술되는 게임은 어떨까? C와 D는 앤(행을 선택)과 버트(열을 선택)에게 제시되는 두 가지 선택지다(협력이나 배신과는 무관하다).

	C	D
C	(1, 2)	(9, 3)
D	(6, 6)	(2, 1)

이를테면 앤이 C를 선택하고 버트가 D를 선택하면 앤의 득실은 9달러이고 버트의 득실은 3달러다. (C, D)와 (D, C)가 균형 쌍임은 쉽게 알 수 있다. 두 경우 다 각 참가자는 상대방의 수에 대한 최상의 응수를 찾았다. 하지만 틀림없이 앤은 균형 (C, D)를 더 좋아할 것이고 버트는 균형 (D, C)를 더 좋아할 것이다. 두 참가자는 어느 해법에

합의해야 할까? 두 참가자가 구속력 있는 계약을 체결할 수 있다고 가정한다면 이것은 협상의 상황이다. 파레토 최적 집합은 (6, 6)에서 (9, 3)까지의 선분이다. 그 안에서 해를 찾아야 한다.

하지만 현 상태는 어디일까? 두 참가자가 합의에 도달하지 못하면 둘 다 한 푼도 벌지 못한다고 말할 수 있다. 이것은 (0, 0)이 협상의 출발점이라는 뜻이다. 하지만 우리의 게임에서 이 결과로 이어질 수 있는 전략 쌍은 하나도 없다. 참가자들은 C와 D 중에서 하나를 선택해야만 한다. 그렇다면 무엇을 현 상태로 간주해야 할까?

최대 해를 현 상태로 간주하자고 제안하는 사람들이 있다. 이것은 두 참가자가 스스로의 힘으로 최소 득실을 보장받을 수 있는 상태다. 말하자면 각 참가자는 최악의 일이 벌어지는 조건에서 득실을 극대화하는 전략이 무엇이든 그것을 선택한다. 간단한 계산으로, 앤이 $\frac{1}{3}$의 확률로 C를 선택하고 $\frac{2}{3}$의 확률로 D를 선택하면 $\frac{13}{3}$의 득실을 보장받을 수 있음을 알 수 있다. 이것은 앤이 스스로의 힘으로 확실히 얻을 수 있는 최상의 기댓값이다. 마찬가지로 버트가 스스로의 힘으로 보장받을 수 있는 최상의 기댓값은 $\frac{8}{3}$이다($\frac{1}{3}$의 확률로 C를 선택할 경우). 이에 따라 현 상태 점은 득실 쌍 ($\frac{13}{3}$, $\frac{8}{3}$)이 될 것이며 거기서부터 (내시 해이든 칼라이-스모로딘스키 해이든) 그에 대응하는 협상 해를 얻을 수 있다. 하지만 왜 최대 해가 옳은 현 상태여야 할까? 심지어 균형도 아닌데 말이다. 앤은 버트가 $\frac{1}{3}$의 확률로 C를 선택하리라는 사실을 안다면 자신은 1의 확률로 C를 선택할 것이다!

게다가 가능한 최악의 결과를 고려하는 것은 비관주의자에게나 어울리는 일이다. 많은 사람은 그보다 낙관적이다. 그리고 이 모든 계산이 과연 그만한 가치가 있을까? 두 참가자가 (6, 6)과 (9, 3) 사이에서 동전 던지기로 결정하는 데 합의할 수 있다면 얼마나 간단하겠는가? 은쟁반에 놓인 케이크를 자르는 공정한 비율인 (6, 6)에 합의하는 것은 더더욱 간단하지 않겠는가? 마지막으로, 참가자들이 자기가 상대방의 득실을 안다고 언제부터 확신할 수 있을까? 그 득실은 돈이 아니라 효용이다. 상대방의 말을 믿는 것은 둘째치고 자신의 득실을 알려줄 만큼 멍청한 사람이 어디 있겠는가?

최후통첩

재화 중에는 나누기가 유난히 쉬운 것들이 있다. 맥주 한 잔은 친구와 나눠 마실 수 있지만 망토를 나눠 걸치기는 힘들다. 하지만 마르티누스라는 이름의 로마 장교는 망토를 반으로 잘라 걸인에게 나눠주어 유명해졌다. 믿기지 않는 선행이지만 이 덕에 그는 성인으로 시성되었다. 오늘날 경제학자라면 제비뽑기를 활용하라고 조언했을 것이다. 성 마르티노는 망토를 통째로 내어줄지 말지를 동전 던지기로 결정할 수도 있었다.

돈은 금화 100개이든 1센트 동전 100개이든 쉽게 나눌 수 있다. 달러 나누기라는 악명 높은 게임이 있는데, 여기서 두 참가자 앤과 버트는 분배 비율에 합의하면 1달러를 받는다. 두 사람은 따로따로 입찰액을 제출해야 한다. 미리 의견을 주고받는 것은 허용되지 않는다.

참가자들은 자신 몫으로 1센트 동전을 몇 개 요구할지를 종잇조각에 적는다. 합계가 100센트를 넘지 않으면 자신이 써낸 금액을 받고 100센트를 넘으면 한 푼도 받지 못한다. 물론 명백한 해는 둘 다 50센트를 요구하는 것이다. 실제로 실험에서 대체로 나오는 결과이기도 하다. 하지만 이것은 결코 유일한 내시 균형 쌍이 아니다. 실은 합이 100센트인 모든 쌍이 내시 균형 쌍이다. 앤이 40센트를 요구하고 버트가 60센트를 요구하면 어느 쪽도 일방적으로 이탈해서 자신의 득실을 개선할 수 없다. 더 작은 금액을 요구하면 더 작은 금액을 받게 되고, 더 큰 금액을 요구하면 더더욱 작은 금액을 받게 된다. 즉, 한 푼도 못 받는다.

두 참가자가 서로 아는 사이라면 상대방의 의중을 짐작할 수 있을지도 모르겠다. 하지만 무지의 장막으로 분리되어 서로 알지 못한다면 반반을 선택하는 것이 합리적이다. 그것이 유일한 대칭적 내시 균형 쌍이기 때문이다.

하지만 대칭이라는 가정을 조금만 변경해도 결과는 전혀 분명하지 않게 된다. 이것이 이른바 최후통첩 게임으로, 전 세계에서 수백 번의 실험으로 연구되었다.

무대는 게임 연구실이며 등장인물은 여느 때와 마찬가지로 서로 알지 못하고 결코 다시 만나지 않을 두 참가자다. 첫째, 실험자는 동전을 던져 두 참가자 중 누가 제안하고 누가 응답할지 정한다. 전자를 제안자, 후자를 응답자라고 부른다. 명백히 공정한 이 방식에서는 역할이 다르게 배분된다.

실험자는 아마도 컴퓨터 화면(또는 상호작용의 인간적 측면을 감소시킬 수 있는 아무거나)으로 규칙을 설명한다. 두 참가자는 10달러를 나눠 가질 기회를 받게 된다. 제안자는 10달러를 어떻게 나눌지 제안한다. 내가 얼마를 가지든 나머지는 상대방 몫이다. 응답자가 수락하면 그대로 금액이 분배된다. 그러면 게임이 끝나고 참가자들은 헤어진다. 응답자가 제안을 거절할 수도 있다. 이래도 게임이 끝나는데, 실험자는 10달러를 회수하고 두 참가자 모두 한 푼도 받지 못한다. 두 번째 제안은 없다. 흥정도 없다. 협상도 없다. 달러 나누기와의 주된 차이점은 두 번째 참가자가 첫 번째 참가자의 선택을 온전히 아는 상태에서 선택한다는 것이다. 이 때문에 두 참가자의 대칭이 깨진다.

현 상태 점이 (0, 0)이고 두 참가자가 10달러를 나눠 가지는 모든 경우가 협상 집합의 파레토 최적 점이자 내시 균형임은 분명하다. 다만 활발한 협상이 이루어지지는 않는다. 한 번의 제안과 한 번의 가부 선택으로 모든 것이 끝난다. 이 게임이 최후통첩이라고 불리는 이유다.

수익을 극대화하고 싶은 응답자는 제안 금액이 0보다 크면 아무리 작더라도 받아들여야 한다. 1달러라도 받는 것이 한 푼도 못 받는 것보다 낫기 때문이다. 따라서 수익을 극대화하고 싶은 제안자는 아무리 작은 금액을 제안해도 수락될 것임을 알기에 최소 금액을 제안하고 나머지를 챙겨야 한다. 이것은 분명히 예측된다. 하지만 현실에서는 이렇게 최소 금액을 제안하는 경우가 별로 없으며 수락되는 경우도 거의 없다. 절대다수의 제안자는 '공정한' 제안, 즉 5달러나 적어도 4달러를 선택한다. 2달러나 1달러를 제안하는 일은 드물며 거의 언제나 대뜸 퇴짜 맞는다.

하지만 이 맥락에서 '공정'이란 무엇일까? 이 지점에서 존 롤스의 '무지의 장막'이 다시 등장한다. 어느 쪽이 제안하고 어느 쪽이 응답할 것인지조차 알지 못하는 상황에서 두 참가자가 합의할 수 있다면 그 제안은 공정하다. 참가자들이 위험 회피형이면 10달러를 나눈 금액 중에서 작은 쪽을 극대화할 것이다. 자신이 그쪽을 받을 수도 있기 때문이다. 공정한 참가자들은 반반으로 나눈다. 참가자들이 무지의 장막이 걷히기 전(자신이 제안자로 행동할지 응답자로 행동할지 통보받기 전)의 상황이 자신들에게 어떻게 보였을지 상상할 것이라고 굳이 가정해야 할까? 그럴 가능성은 희박해 보인다.

최후통첩 실험은 도쿄, 류블랴나, 시카고, 취리히 등 여러 장소에서 반복되었는데, 결과는 대동소이했다. 공정한 해법이 합리적 해법(최소 금액 제안)보다 훨씬 빈번했다.

　얼마 안 가서 게임이론가들은 청바지 차림의 경제학과 학부생이라는 같은 종류의 사람들만 실험 대상으로 삼는 것이 지겨워졌다. 게임이론가들은 몇몇 인류학자의 관심을 얻어냈으며 인류학자들은 마치겡가족(아마존강 유역의 수렵 채집인), 하드자족(탄자니아의 유목민), 라말레라 주민(인도네시아의 어민) 같은 소규모 사회에서 최후통첩 게임을 벌였다. 그러자 적잖은 문화적 차이가 드러났다. 수렵 채집인들은 피험자를 통틀어 가장 덜 공정하여 평균 약 25퍼센트를 제안했다(우리 기준으로는 작지만 여전히 최소 금액보다는 훨씬 크다). 이에 반해 라말레라 주민들은 50퍼센트 이상을 제안했다(신기하게도 그런 제안을 곧잘 거절했는데, 그들의 복잡한 선물 교환 전통 때문인 듯하다). 반반 규범에 가장 근접하여 (우리의 관점에서) '가장 공정한' 집단은 로스앤젤레스와 시카고 같은 현대 서구 도시에 사는 사람들이었다. 일부 경제학자들은 사람들이 자유시장 개념과 전통적 흥정 관습에 친숙해질수록 사회가 공정해진다고 생각한다.

　최후통첩 게임의 여러 가지 변형이 시험되기도 했다. 이를테면 동전 던지기가 아니라 기술 게임§결과가 운이 아니라 기술에 의해 정해지는 게임 결과로 제안자가 정해질 경우 작은 금액이 더 자주 제안되고 더 쉽게 받아들여진다. 이것은 두 역할의 불평등이 정당화된다고 느껴지기 때문이다. 제안을 컴퓨터가 했다는 말을 들으면 응답자들은 훨씬 작은 금액도 기꺼이 받아들인다. 이것은 작은 금액이 개인적 모욕으로 느껴지지 않기 때문이다. 응답자 다섯 명이 제안을 놓고 경쟁할 거라는 말을 들으면 제안자는 훨씬 작은 금액을 제시할 것이며 그럼에도 받아들여질 것이다. 이에 반해 일대일 상황에서는 자존심 때문에 공정한 몫을 요구한다.

반반 규범을 설명하는 요인으로 상상할 수 있는 한 가지는 오적응誤適應이다. 최후통첩 게임은 대체로 철저한 익명 조건에서 시행되지만 많은 사람은 다소 무의식적으로 자신이 감시당한다고 쉽게 의심한다. 이 직감은 '예전에는 요긴하던' 특질의 잔재에 불과한지도 모른다. 우리 조상들이 수천 세대에 걸쳐 살아온 소규모 부족 사회와 농촌 사회에서는 모든 사람이 나머지 모든 사람에 대해 거의 모든 것을 알았다. 그러므로 자신의 결정이 오랫동안 비밀에 부쳐지리라고는 상상하기 힘들 것이다. 우리는 공동체의 다른 구성원들이 우리의 행동을 알게 될 가능성이 큰 것처럼 행동한다.

내가 낮은 금액의 제안을 받아들였다는 사실이 알려지면 나는 속내를 들킨 셈이 되며 앞으로 낮은 금액을 제안받을 가능성이 매우 크다. 그보다는 대가를 치를지언정 소액의 제안을 거절하여 공정한 몫을 고집한다는 평판을 얻는 게 낫다.

다시 말하지만 평판이 관건이다. 이것은 동료 처벌이 있는 상호부조 게임이나 간접적 대갚음과 분명 유사하다. 내가 부당한 제안을 거절하는 것은 제안자를 응징하는 셈이다. 나는 대가를 치르지만 큰 대가는 아니다. 내게 제안된 작은 몫이 전부다. 거절의 대가는 제안자가 훨씬 크게 치른다. 그뿐 아니라 나는 내가 만만한 사람이 아님을 입증하게 된다. 실은 나 자신에게만 입증했다. 실험자가 설명했듯, 실험 규칙에 따라 아무도 나를 보고 있지 않기 때문이다. 하지만 그렇더라도 나는 감시당한다는 느낌을 떨치지 못한다.

이 설명은 최후통첩 게임의 변형을 가지고서 수학적 모형을 활용하여 검증할 수 있다. 최후통첩 게임을 여러 판 실시하되 같은 참가자를 결코 두 번 만나지 않는 참가자들의 가상 집단을 상상해보라. 참가자들은 때로는 제안자 역할을, 때로는 응답자 역할을 맡는다.

모든 참가자는 전략에 따라 구별되는데, 전략은 두 개의 수로 이루어진다. 하나는 제안자 역할을 하는 참가자가 상대에게 제시하려는 비율 p이고 다른 하나는 응답자 역할을 하는 참가자가 희망하는 비율 q다(0에서 1 사이 값이다). 더 나아가 참가자들이 더 나은 성적을 거두는 상대방의 전략을 받아들여 서로에게서 배울 수 있다고 가정하자. 다시 한번 사회적 학습이 이루어지는 것이다. p 값과 q 값에 대한 임의의 무작위 분포에서 출발하되 이따금 새 전략, 즉 새로운 쌍 (p, q)가 소수파로서 집단에 도입되도록 허용한다.

아래 그림의 컴퓨터 시뮬레이션에서는 희망 수준의 값 q가 낮아지는 것을 볼 수 있다. 즉, 낮은 금액의 제안이 점점 쉽게 받아들여질 것이다. 이에 반응하여 제안 p의 크기는 0으로 떨어진다. 그렇게 되면 사회적 학습에 의한 진화가 중단된다. p 값과 q 값은 거의 0에 가깝다. 이 가상 집단은 호모 에코노미쿠스처럼 행동하는 법을 배운다. 이것은 개인의 금전적 이익을 극대화하는 쪽으로만 행동하는 허구적 인

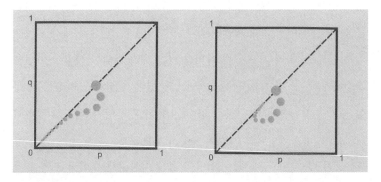

▲ 평판이 결부되지 않은 최후통첩 게임(왼쪽)과 평판이 결부된 최후통첩 게임(오른쪽). 집단은 큰 원에서 출발하여 점점 작은 원으로 진화하는데, 왼쪽은 불공정을 향해, 오른쪽은 공정을 향해 나아간다.

간형이다.

두 번째 처치에서는 전체 과정을 반복하되, 이번 참가자들은 상대방이 이전 판에서 무엇을 선택했는지 알며, 상대방이 이전에 더 낮은 제안을 받아들였다는 사실을 알면 자신도 더 낮은 제안을 내놓을 만큼 기회주의적이다.

처음에는 사회적 학습이 전과 마찬가지로 전개되어 희망 수준 q가 곤두박질하고 쩨쩨한 제안 p가 뒤따르다 결국 두 값 다 매우 작아진다. 하지만 이전 처치에서와 달리 사회적 학습은 아직 끝에 도달하지 않았다. 천천히, 아주 천천히 p와 q의 평균값이 커지기 시작하여 대각선을 따라 40퍼센트와 50퍼센트 사이의 구역에 들어선다. 집단은 공정하게 행동하는 법을 배웠다.

우리의 허구적 참가자들(더 정확히 말하자면 그들의 행동 프로그램)이 공정으로서의 정의 개념 같은 것을 형성했을 리는 만무하다. 그들은 단지 성공적으로 판명된 행동을 모방하며 상대방이 어떤 선택을 했는지 알 뿐이다. 간접적 대갚음에서와 마찬가지로 평판은 사회에 유익해 보이는 행동으로 이어진다. 전자에서는 도움을 베풂으로써, 후자에서는 공정하게 행동함으로써 그렇게 한다.

싸움과 협약

참가자들이 이해관계 상충의 해법에 동의하지 않으면 그들은 현 상태 득실로 돌아가야 한다. 그것이 무엇이든 말이다. 최악의 경우 현 상태는 싸움을 뜻한다. 문명 사회에서는 싸움을 좋게 보지 않는다. 하지만 몇백 년 전에는 목숨을 걸고 싸웠다. '자연 상태'에서나 학교 운동장에서나 교도소 감방에서나 주먹이 날아다닌다. 자존심이 무너지고 콧잔등도 무너진다.

덜 적나라하기는 하지만, 갈등을 키울 것인가 말 것인가의 문제는 일상생활에서도 곧잘 벌어진다. 이것은 또 다른 단순한 게임으로 묘사할 수 있다. 이 시나리오에서는 두 참가자가 돈을 나눌지(일부를 양보한다는 뜻) 주먹다짐을 벌여 독차지할지 선택해야 한다. 새가슴인 사람들을 위해 사고실험으로만 진행하겠다.

첫 번째 대안을 C로, 두 번째 대안을 D로 표시하고 문제의 대상에 10달러의 가치가 있다고 가정하자. 난타전에서 지는 쪽은 100달러를 잃는다(콧잔등이 무너지는 비용). 우리는 두 참가자가 힘이 똑같이 세고 싸움에서 이길 가능성이 같다고 가정한다. 두 참가자 다 C를 선택하면 10달러를 반반으로 나눠 가진다. 한 참가자가 D를 선택하고 나머지 참가자가 C를 선택하면 후자는 0의 득실로 귀가해야 하는 반면 전자는 10달러를 고스란히 챙긴다. 둘 다 D를 선택하면 갈등이 격화한다. 한 참가자는 10달러를 얻고 나머지 참가자는 병원 신세를 지므로 두 사람의 득실에 대한 기댓값은 $\frac{10-100}{2} = -45$다. 여기서 아래와 같은 득실 행렬이 산출된다.

	C	D
C	(5, 5)	(0, 10)
D	(10, 0)	(-45, -45)

두 전략 쌍(C, D)와 (D, C) 모두 내시 균형 쌍이다. 이것은 반反 조정 게임이다. 각 참가자는 상대방과 같은 선택을 하지 않도록 해야 한다. 하지만 누가 이편이 되고 누가 저편이 될 것인가? 최초 상황은 완전히 대칭적이지만 두 결과는 그렇지 않다.

자세히 들여다보면 균형 쌍이 하나 더 있음을 알 수 있는데, 이것도 대칭적이다. 두 참가자는 같은 확률, 이를테면 10퍼센트로 D를 선택할 수 있다. 여기에는 위험이 따른다. 둘 다 D를 선택할 확률이 1퍼센트(10퍼센트의 10퍼센트)이니 말이다. 이 경우 갈등이 격화하여 큰 피해로 이어질 것이다. 하지만 갈등의 18퍼센트에서는 한 참가자가 꼬리를 내리고 막무가내 상대방에게 굴복한다. 이 경우는 양보하지 않는 쪽이 승리한다. 하지만 희소식이 있는데, 그것은 갈등을 동전 던지기로 평화롭게 해소할 가능성이 81퍼센트라는 것이다.

흥미롭게도 확전을 막는 이 '해법'은 진화적 게임이론에서 거의 저절로 생겨난다. 다시 한번 가상의 참가자 집단을 상상해보자. 참가자마다 나름의 전략(이번에는 혼합 전략)이 있다. 이 전략은 참가자의 확전 성향 x로 정의된다. 다양한 x를 가진 참가자들은 무작위로 만나 게임을 벌여 득실을 얻는다. 이따금 한 참가자가 자기보다 나은 성적을 거두는 참가자의 전략을 채택할 수 있으며 매우 드물게 새로운 x 값을 시도할 수도 있다. 컴퓨터 시뮬레이션에서 어떤 결과가 나올지는 쉽게 짐작할 수 있다. 대부분의 참가자가 C를 선택하면 D를 선택하는 것이 유리하다. 적수가 내뺄 것이 거의 틀림없기 때문이다. D 전략이 더 유리하며 따라서 퍼져 나간다. 하지만 D 참가자를 만날 가능성이 너무 커지면 C를 선택하여 피비린내 나는 결과를 피하는 것이 상책이다. 사회적 학습은 균형으로 이어진다. 확전을 불사하는 참가자를 만날 가능성은 내시 균형에서 도출되는 값인 10퍼센트에 수렴할 것이다. 집단은 갈등을 피하는 법을 배운다. 완전히 피할 수는 없지만.

이 단순한 게임에는 과거사가 있다. 동물 행동을 연구하는 사람들은 오래전부터 종 내에서의 갈등(이를테면 먹이나 암컷을 차지하려는 갈등)에 매혹당했으며 상당수 종이 이른바 **의례적 싸움**으로 갈등을 해소하는 방법을 진화시켰다는 사실에 당혹했다. 동물들은 사납게 포효하고 깃을 부풀리고 송곳니를 드러내지만 피를 보기 전에 대부분 한쪽이 물러난다. 이를테면 늑대는 다른 늑대를 물어뜯는 일을 본능적으로 피하며, 마찬가지로 까마귀는 상대의 눈을 쪼지 않는다. 사슴이 경쟁자의 옆구리를 뿔로 들이받아 중상을 입히는 경우는 매우 드물다.

의례적 싸움의 성향이 널리 퍼진 이유로는 그것이 종에 명백히 유익하다는 설명이 오랫동안 제시되었다. 하지만 이것은 잘못된 생각이다. 유전형질은 새끼를 많이 낳게 해줄 때 퍼진다. 자연선택의 가장 중요한 토대는 종의 유익이 아니라 개체의 번식 성공이다.

의례적 싸움의 규칙을 따르지 않는 사슴은 경쟁자를 죽이거나 몰아낼 수 있다. 그러면 더 빨리 번식한다. 하지만 그 사슴의 새끼들은 싸움을 키우는 아비의 성향을 물려받는다. 그들은 무리 안에 퍼져 점점 자주 서로 맞닥뜨릴 것이다. 하지만 그들의 전략은 같은 전략을 상대하기에는 올바른 대응이 아니다. 자멸적이기 때문이다. 이 전략의 빈도가 억제되는 것은 이런 까닭이다. 종의 유익은 부수적 보너스이지 의례적 싸움이 퍼지는 이유가 아니다.

영국의 이론생물학자 존 메이너드 스미스는 이런 종류의 논증을 처음으로 동원했으며 진화적 게임이론의 초석을 놓았다. 개체는 전략(이 경우는 확전 성향 x)을 물려받는다. 득실은 번식 성공률 증가로 평가된다. 득실이 크다는 것은 새끼를 많이 낳는다는 뜻이며, 이 새끼들은 부모의 성향을 물려받는다. 그러므로 빈도는 스스로를 조절한다.

진화적 게임은 금세 매우 유연한 도구로 밝혀졌다. 사슴, 딱정벌레, 곤충, 식물, 심지어 세균에도 적용되었다! 참가자들이 합리적이며 상대방 또한 합리적임을 안다는 가정(인간에게조차 좀처럼 정당화되지 않는 '공통의 합리성' 가정)이 사상 처음으로 게임이론에서 배제되었

◀ 존 메이너드 스미스(1920~2004).

다. 진화적 게임이론의 전략은 단순한 행동 프로그램이다. 성공한 전략이 퍼지는 것은 더 자주 모방되거나 더 자주 대물림되기 때문이다.

　　진화적 게임이론의 첫 번째 이론적 예측은 중무장한 종에서는 갈등이 쉽사리 확전되지 않는다는 것이었다. 이 예측은 기발한 방법으로 확증되었다. 종이 지닌 무기(이빨, 발톱, 뿔)가 치명적일수록 같은 종에게 무기를 쓰지 않으려는 행태가 더 흔히 나타난다. 반면에 무기가 빈약한 종(이를테면 평화의 상징 비둘기)은 상대의 목숨을 빼앗지 못하도록 하는 방지 장치가 전혀 없다. 이것은 단지 정상적 조건에서는 상대를 죽일 수 없기 때문이다. 약한 비둘기가 달아나면 그만이니 말이다. 비둘기를 새장에 가두면 서로 공격하다 죽이기도 한다. 비둘기는 서로에게 자비를 구하는 상황에 적응하지 못했고 늑대는 적응했다.

　　도덕철학의 기본적 가르침은 합리성이 없어도 사회규범이 발달할 수 있다는 것이다. 동물행동학의 창시자 중 한 명(이자 잘못된 '종의 유익' 사고방식의 주창자)인 콘라트 로렌츠는 이런 사회규범을 '도덕과 유사한 행동'이라고 일컬었다.

　　흥미롭게도 경쟁자들 사이에 비대칭성이 허용되는 순간 전혀 다른 규범이 진화할 수 있다. 참가자들이 강자와 약자, 젊은이와 연장자, 암컷과 수컷, 터줏대감과 침입자 등 서로 다른 역할을 맡을 수 있다고 가정하자. 이런 상황에서는 다음과 같은 조건부 전략이 진화할 수 있다. "내가 강하면 덤비고 약하면 내뺀다." 이것은 분명히 내시 균형 전략이다. 강한 참가자가 이 전략에서 이탈하는 것은 득이 되지 않으며 약한 참가자가 그러는 것은 더더욱 득이 되지 않는다.

남은 것은 지엽적 문제 하나뿐이다. 말하자면 누가 강하고 누가 약한가를 어떻게 정하는가다. 종 내 갈등을 벌이는 동물들의 행동 중 상당수는 바로 이것을 알아내려는 잇따른 시험으로 간주할 수 있다. 이를테면 경쟁 관계의 수사슴은 서로 도발하고 으르렁거리고 어깨가 닿을 만큼 바싹 붙은 채 한참 동안 나란히 달리는데, 이 모든 행동으로 경쟁자를 파악한다. 이런 의례는 오랫동안 계속될 수도 있으며 대체로 경쟁자 하나가 양보하거나 포기하는 것으로 끝난다. 그러지 않는 드문 경우 마지막 수단은 직접적 힘겨루기, 즉 뿔을 걸고 밀치는 대결이다. 이 또한 대개는 치명적 부상으로 이어지지 않는다.

게임이론은 영역 주인과 침입자 사이에 벌어지는 다툼을 기술하는 데에도 쓰였다. "주인이면 끝까지 덤비고 침입자이면 내뺀다"라는 조건부 전략은 역시나 내시 균형으로 이어진다. 주인이 이 전략에서 벗어나는 것은 유익하지 않으며 침입자도 마찬가지다. 어느 쪽이 이탈하든 목숨을 잃거나 중상을 입을 수 있는데, 보상은 그만한 대가를 치를 가치가 없다.

존 메이너드 스미스가 익살맞게 '부르주아'라고 명명한 이 조건부 전략은 조류, 포유류, 곤충류, 어류 등 많은 종에서 관찰되었다. 심지어 나비도 영역 행동을 나타낸다. 여기서 '영역'이란 숲속의 작은 양달에 지나지 않지만 말이다. 이런 지점을 맨 먼저 발견한 나비는 그 장소의 주인 행세를 하며 모든 잠재적 침입자를 쫓아낸다. 하지만 생물학자가 터줏대감 나비를 마른 잎으로 교묘히 덮으면 근처에 내려앉은 나비가 몇 분 지나지 않아 자신을 주인으로 여긴다. 그런 뒤 잎을 치우면 두 나비는 이 장소가 자기 것이라고 생각하는 듯 서로를 몰아내려 한다. 그러면 대체로 싸움이 격화한다. 나선형 비행을 오래 하다 보면 두 나비 다 마치 소모전을 벌이듯 많은 에너지가 든다. 휴양지 일광욕 테라스에서 인간을 대상으로 비슷한 실험을 벌일 수 있다. 수영하거나 바에서 한잔하려는 손님들은 자리를 표시하려고 덱 체어에 타월을 놓아두는 경향이 있다. 그들 몰래 타월을 치우고는 다음 손님이 덱 체어를 차지할 때까지 기다려보라. 풀에서 돌아온 전 주인은 표정이 굳어질 수도 있고 심지어 이따금 언성을 높일 수도 있다.

부르주아 전략에서 묘사하는 인간적 특질은 우리에게 매우 친숙하다. 대부분의 사람은 자신의 소유를 지키고 타인의 소유를 존중하는 일에 적극적이다. 이 사회규범은 어디서 왔을까? 많은 사상가가 이 물음을 고민했다.

장 자크 루소는 소유권 개념이 역사에서 정말로 중대한 역할을 했다고 주장한다.

처음으로 어떤 땅에 울타리를 두른 다음 "여기는 내 땅이다"라고 스스로 말하고, 다른 사람이 이 말을 믿을 만큼 단순하다는 사실을 알아낸 인간이야말로 문명사회의 진짜 창시자다. 누군가가 말뚝을 뽑고 구덩이를 메우면서 다른 사람들에게 "저 사기꾼 얘길랑 듣지 마시오. 과일은 모두의 것이고 땅은 그 누구의 소유도 아니라는 사실을 잊어버리면 당신은 파멸할 겁니다!"라고 외쳤다면, 얼마나 많은 범죄, 전쟁, 살인, 비참, 공포로부터 인류를 구할 수 있었을 것인가?

카를 마르크스가 보기에 사적 소유는 타인을 지배하는 주된 수단이었다. 그래서 타파해야 했다. 그의 추론은 "수탈자가 수탈당한다"라는 결론으로 이어졌다. 그의 선배인 무정부주의자 피에르 조제프 프루동도 같은 나팔을 불었다. "소유는 절도다!" 두 철학자는 소유권을 자연스럽고 명백한 것으로, 철저히 신성하지는 않더라도 적어도 유익한 것으로 여기는 모든 사람의 무적 같은 대오에 맞서 봉기했다.

널리 알려진 구호 중에 "소유권이 법의 9할이다"가 있다. 재산권과 소유권은 단지 법과 관습으로 보호받을 뿐 아니라 사회적 규제의 그물망으로도 보호받는다. 경제 실험에 따르면 개인 차원에서도 뿌리 깊은 소유 효과가 나타났다. 대상은 우리의 소유일 때 더 귀중해 보인다. 나는 평상시에 200달러를 주고 오페라 관람권을 사지는 않을 것이다. 하지만 관람권을 선물로 받았다면 200달러에 팔려 들지도 않을 것이다. 이것은 공통된 성향이다. 리처드 세일러는 이 효과를 발견하여 노벨 경제학상을 받았다. 그 이전에도 소유 효과는 대체로 당연시되었다. 우리가 소유물을 귀중하게 여기는 것은 물론 귀하기 때문이기도 하지만 **내 것**이기 때문이기도 하다. 손안에 든 참새가 지붕 위에 있는 비둘기보다 나은 법이다. 이 특질은 손실 회피와 관계있는 것이 틀림없다. 손실 회피는 손실을 이득보다 과대평가하는 보편적 성향이다.

어린아이들은 무엇이든 움켜쥐고 본다. 꽉 쥐려는 본능은 우리 조상들이 나무 위에서 살던 시절의 잔재인지도 모른다. 작가 엘리아스 카네티는 그 본능에서 '먼저 차지하는 사람이 임자인' 자본주의의 배아 세포를 본다. 그건 그렇고 아이들은 '내 것' 개념을 이해하는 데 전혀 어려움을 겪지 않는다. 게다가 많은 동물 종이 소유권 감각을 가진 듯하다. 영역, 둥지, 은닉처를 마련하는 종은 더더욱 그렇다. 이 점에서 소유권이 어떤 악당의 발명품이라는 루소의 생각은 틀렸다. 무언가를 '자신의 것'이라고 주장하고 그것을 지키려는 성향은 한낱 문화적 특질이 아니라 생물학적 토대가 있을 개연성이 크다.

이는 다시 진화적 게임으로 연결된다. 우리는 주인-침입자 게임에서 부르주아 전략이 내시 균형을 가져오는 상황을 보았다. 이것은 우리의 사회규범에 들어맞는다. 흥미롭게도 그 거울상인 또 다른 균형이 있는데, 이 또한 안정적이다. 그것은 당신이 도전자이면 덤비고 소유자라면 내빼라는 것이다. 이것은 갈등 격화를 피하는 데 부르주아 전략만큼 효과적이다. 심지어 공정함에 대한 호소를 근거로 제시할 수도 있다. 당신은 오랫동안 소유물을 향유했으니 이제 다른 사람 차례라는 것이다.

존 메이너드 스미스는 이 전략을 프루동 전략으로 명명했다. 실제 인간 사회에서는 프루동 전략이 잠깐 동안을 제외하고는 결코 생겨나지 않은 듯하다. 이 전략이 보기 좋게 실패한 이유를 설명하려는 시도가 많았지만 널리 받아들여진 것은 하나도 없다. 진화적 게임이론은 분명히 아직 갈 길이 멀다.

수학적 추론을 윤리학에 접목하는 것은 오랜 꿈이다. 이를테면 바뤼흐 스피노자가 쓴 윤리학 논고의 제목은 '기하학적 체계에서 증명한 윤리학'이다. 몇십 년 전까지만 해도 윤리학의 이런 수학적 기초가 합리성에 근거해야 한다는 설명이 당연시되었다. 하긴 합리성이야말로 수학의 영역 아니던가? 하지만 진화적 게임이론의 주된 토대는 윤리학을 인류학적, 심지어 생물학적 현상으로 보는 자연주의적 관점이다. 이 관점은 윤리학에 대한 철학의 장악력을 약화하여 윤리학을 과학에 넘겨줄 우려가 있다. 윤리학을 심리학의 한 분야로 보는 이런 과학 기반 관점은 결코 새롭지 않지만, 최근의 발전이 대부분 합리성을 거론조차 하지 않는 수학 도구를 이용하여 이루어졌음은 놀라운 일이다.

게임이론의 초창기에는 윤리학이 규범적 이론인지 기술적 이론인지, 즉 행위자가 무엇을 해야 하는가와 실제로 무엇을 하는가 중에서 어느 것을 윤리학의 대상으로 삼을지를 놓고 활발한 논의가 있었다. 하지만 게임이론은 수학의 한 분야다. 그렇기에 대수학이 규범적이지도 않고 기술적이지도 않듯 게임이론도 마찬가지다. 어떤 가정의 결과를 탐구하는 데 도움이 될 뿐이다. 참가자들이 합리적이라는 것은 그런 가정 중 하나다.

합리성 가설이 낳는 많은 결과는 현실의 상호작용에서 결코 관찰되지 않는다. 좋은 예로 역진 귀납법이 있다. 두 참가자가 자신들이 기부 게임을 여섯 판 벌이게 되리라는 사실을 안다면 마지막 판의 결과는 안 봐도 뻔하다. 둘 다 배신할 것이다. 이것이 그들의 우월 전략§ 상대편의 전략 선택과 상관없이 자신에게 가장 유리하고 유일한 전략이기 때문이다. 상대방이 어떤 선택을 하든 배신이 더 나은 선택이다. 다섯 번째 판에서 무슨 일이 일어났든 이 결과에 영향을 미치지는 못한다. 마치 다섯 번째 판이 마지막 판인 것과 마찬가지다. 하지만 그렇다면 그 결과 또한 명약관화하다. 두 참가자 다 배신한다. 이런 식으로 하나하나 계속하면 첫 번째 판에 이르게 된다. 역진 귀납법에 따르면 합리적 참가자는 결코 협력하지 않으며 0의 득실을 벗어나지 못할 것이다. 하지만 실험에서 이런 결과가 나오는 일은 드물다. 참가자들은 대체로 협력한다 (마지막 판이나 마지막에서 두 번째 판이 예외일 수도 있지만). 이런 게임에서 합리적 선택을 하는 것은 바보짓이다.

합리성의 역할이 두드러지는 것은 그저 습관의 힘 때문이다. 약 200년 전 수학자들은 기하학 공리의 집합이 유일무이하다는 교리를

잃었다. 게임이론의 공리 집합이 유일무이할 거라고 기대할 이유가
어디 있나?

The
Waltz of
Reason

4부

어떻게 수학을
사랑하지 않을 수
있을까?

14

언어Language
암호로 말하기

동시 상영

1939년 봄 학기에 케임브리지대학교는 (지적 사치라 할 과목인) '수학의 기초'를 가르치는 두 강좌를 따로따로 개설했다. 하지만 중복 은커녕 시간 낭비의 위험도 거의 없었다. 루트비히 비트겐슈타인과 앨런 튜링이 진행한 두 강의는 각자 나름의 방식으로 진행될 예정이었다.

루트비히 비트겐슈타인은 쉰에 접어들었으며 케임브리지 철학과의 외국인 교수였다. 앨런 튜링은 서른도 채 되지 않았다. 그가 킹스칼리지 연구원으로 첫 강의에서 받은 강의료는 고작 20파운드였다. 그의 주제는 현대 수학자들이 이해하는 고전적 의미에서의 '기초', 즉공리와 논리였다. 튜링은 힐베르트와 괴델에 이어 계산과 결정 문제에 관한 기념비적 논문으로 이 분야를 놀라게 했다. 주춧돌을 놓은 케임브리지 삼총사 러셀, 화이트헤드, 램지의 뒤를 이을 인재가 등장한 것이다.

비트겐슈타인은 다른 목표를 추구했다. 그는 수학자들이 수학의 기초를 놓고 으레 서로에게 떠벌리고 심지어 스스로를 속여 믿기

▲ 루트비히 비트겐슈타인(1889~1951)과 앨런 튜링(1912~1954)이 나란히 강의를 진행했다.

까지 하는 말에는 전혀 관심이 없었다. 비트겐슈타인은 빈 출신 아니랄까 봐 지크문트 프로이트나 카를 크라우스 못지않게 말을 곧이곧대로 받아들이지 않으려 들었다. 그는 수학자들의 **실제 행동**을 알고 싶어했다.

비트겐슈타인의 일대기는 모든 것이 대단하다. 그의 아버지는 철강 재벌이자 미술 후원자였으며 합스부르크의 앤드루 카네기라 할 만했다. 루트비히는 여덟 형제자매 중 막내로, 으리으리한 저택에서 자랐다. 그는 하늘을 정복하는 일이 날개를 펴던 시절에 항공학을 공부하기 시작했다. 하지만 1912년 비상한 열정을 지닌 젊은 공학도 비트겐슈타인은 전공을 바꿔 케임브리지대학교 철학과에 입학했다. 그의 스승은 분석철학의 두 선구자 버트런드 러셀과 조지 E. 무어였다. 몇 달 지나지 않아 두 사람은 논리학 구술 시험에서 비트겐슈타인을 통과시켰다. 얼마 뒤 그는 노르웨이의 외딴 오두막에 틀어박혀 누구의 방해도 받지 않은 채 생각에 전념했다.

제1차 세계대전이 발발하자 비트겐슈타인은 오스트리아 군에 자원 입대했다. 전방에서 교대 근무 사이사이에 『논리-철학 논고』

를 완성했는데, 머리말에서 자기 논리의 진리성을 "불가침적이며 결정적"인 것으로 간주한다고 심드렁하게 언급했다. 동맹국이 대패하고 몬테카시노 인근의 이탈리아 포로 수용소에서 1년간 수감되고 나서는 황량하고 궁핍한 빈으로 돌아와 막대한 유산을 살아남은 형제자매들에게 나눠주었다(세 명의 형이 자살했다). 그는 니더외스터라이히 산간벽지에 있는 초등학교에서 교사로 먹고살았다. 그의 소책자는 거듭된 연기 끝에 새로운 라틴어 제목("*Tractatus Logico-Philosophicus*")으로 출간되었다.

비트겐슈타인은 철학에 흥미를 잃었다. 자신이 철학의 본질적 문제들을 해결했다고 생각했다. 그는 오지랖 넓은 사람들과 어울리기를 거부했으며 철학자와 수학자의 전위적 집단인 빈 학파가 접근하여 자신의 말을 흡수하려는 끈질긴 시도를 뿌리쳤다.

교사로서 비트겐슈타인은 의욕이 넘쳤지만 수업 중에 곧잘 꼭지가 돌았다. 그럴 때면 학생을 후려치거나 머리카락이든 귀든 손에 잡히는 대로 잡아당겼다. 그의 교사 경력은 열한 살 아이를 때려뉘었을 때 갑작스럽게 끝났다. 비트겐슈타인은 6년간의 교사 생활로 성미가 누그러진 채 빈으로 돌아왔다. 그다음은 건축가를 자임하여 누나를 위해 현대적인 타운 하우스를 건축했다. 결국 인부와 장인들과도 틀어진 뒤 자존심을 내려놓고 빈 학파의 정예 회원들과 회합을 가졌다. 알고 보니 몇몇 회원은 괜찮은 토론 상대였다. 철학에 아직 해야 할 일이 남았다는 사실이 점차 뚜렷해졌다.

1929년, 마흔에 접어든 비트겐슈타인은 기차를 타고 케임브리지로 돌아가 『논고』를 박사 논문으로 제출했다. 얼마 전까지만 해도 철학을 10년 넘게 할 수 있는 사람은 아무도 없다고 주장한 터였다. 하지만 철학을 10년 넘게 **떠날** 수 있는 사람이 아무도 없다는 쪽이 진실에 가까울 것이다. 1930년대 내내 비트겐슈타인은 케임브리지, 빈, 그리고 젊은 시절을 보낸 노르웨이의 오두막에서 부단히 글을 쓰고 토론을 벌였지만 아무것도 발표하지 않았다. 그런데도 케임브리지대학교에서는 그를 철학 교수로 임명했다. 그들은 전설을 알아보았다.

선택받은 소수의 제자들만이 비트겐슈타인 교수님을 뵐 수 있었다. 나머지는 접근이 불허되었다. 미국 출신의 젊은 철학자 어니스트 네이글은 이렇게 썼다. "어떤 학과들에서는 비트겐슈타인의 실존 여부를 놓고 기발한 논쟁이 벌어지는데, 이는 다른 학과들에서 예수가 역사적 실존 인물인지를 놓고 벌인 논쟁과 비슷하다." 비트겐슈타인의 강의를 듣고 싶은 사람은 그와의 면담을 통과해야 했다. 네이글은 퇴짜 맞았는데, 비트겐슈타인은 관광객을 원하지 않는다고 말했다. 하지만 튜링은 통과했다. 덕분에 비트겐슈타인은 자신의 영역을 박차고 나올 용기가 있는 수학자를 활용할 수 있었다. 이렇게 해서 튜링은 집합론이든 형식 체계든 메타수학이든 수학의 기초와 관련하여 잘못된 모든 것에 관하여 비트겐슈타인의 질문에 답해주었다.

둘은 이런 대화를 나눴다.

비트겐슈타인이 튜링에게 묻는다. "자네는 얼마나 많은 숫자들을 쓰는 법을 배웠는가?"

튜링이 심상치 않은 낌새를 채고서 두루뭉술하게 답한다. "글쎄요, 만일 제가 여기 있지 않다면, 저는 '가산 무한 개'라고 말했을 것입니다."

비트겐슈타인이 말한다. "얼마나 놀라운가, 무한 개의 숫자들을 배우다니! 그것도 그렇게 짧은 시간에 말이야!" 튜링은 아직도 새파랗게 젊은데 말이다!

튜링이 수긍했다. "선생님의 논점을 알겠습니다."

그러자 비트겐슈타인이 일침을 놓았다. "나는 어떤 논점도 지니지 않았다네."

이런 식이었다. 여느 학생과 마찬가지로 튜링은 비트겐슈타인의 수업을 하나도 빼먹지 않겠노라 사전에 맹세해야 했다(수업은 일주일에 두 번이었다). 하지만 1939년 3월 19일 결석했다. 비트겐슈타인은 부아가 나서 신랄하게 비꼬았다.

불행하게도 튜링은 다음 강의에 참석하지 못할 것이다. 따라서 그 강의는 뭔가 빈 여백이 있게 될 것이다. 왜냐하면 내가 튜링이 동의하지 않을 어떤 것에 나머지 사람들로 하여금 동의하도록 하는 일은 아무 소용이 없기 때문이다.

튜링은 동요하지 않았다. 그는 침묵하는 법을 알았다. 이미 영국 비밀정보국에서 일한 적이 있었기 때문이다. 그는 이따금 케임브리지를 떠나 암호 해독에 관한 기밀 강좌를 들어야 했다. 누구나 전쟁이 임박했음을 알았으며 비밀정보국(MI6)은 독일의 군사 암호 때문에 골머리를 썩이고 있었다. 튜링의 박사 지도교수를 지낸 맥스 뉴먼이 그를 추천했다. 그야말로 탁견이었다. 훗날 두 사람은 독일의 일급비밀 전문을 해독하기 위해 컴퓨터의 전신前身으로 꼽히는 요란하고 거대한 기계를 제작하게 된다(5장을 보라).

하지만 1939년 앨런 튜링이 구상한 것은 형식 체계의 한계를 탐구하기 위한 순전히 가설적인 컴퓨터에 불과했다. 이 난해한 자동 기계는 수학의 기초를 가르치는 그의 강연에서 중요한 역할을 하게 된다. 괴델이 결정 불가능한 수학 명제가 있음을 밝혀낸 뒤로 최근 10년간 눈부신 발전이 있었다.

영원한 반골 비트겐슈타인은 이 상황을 전혀 다른 관점에서 바라보았다. 그는 분명한 어조로 말했다. "나의 임무는 괴델의 증명 따위를 이야기하는 것이 아니라 그것들을 **넘어서서** 이야기하는 것이다." 그의 지난 10년은 언어철학을 확립하는 시간이었다.

비트겐슈타인은 다음 문장을 지침으로 삼았다. "한 낱말의 의미는 언어에서 그것의 사용이다"("많은 부류에 대해서"이기는 하지만). 그는 이 쓰임을 더 면밀히 들여다보기 위해 "언어를 말하는 것이 어떤 활동의 일부, 또는 삶의 형식의 일부임을 부각시키고자" 언어 게임이라는 방법을 고안했다. 수학철학자로서 그의 임무는 이 게임을 설명하는 것이 아니라 기술하는 것이었다. 게임에는 규칙이 있는데, 참가자들이 언제나 규칙을 자각할 필요는 없다. 비트겐슈타인은 그 규칙들을 끈질기게 하나하나 밝혀내고자 했다. 그는 '수학'이라고 불리는 것 뒤에 매끈한 실체가 숨어 있다는 데 동의하지 않았다. 오히려 수학의 "다채로운 혼합"을 이야기했다. 행성, 전파, 은하, 암흑 물질 등 천문학이 다루는 다양한 현상은 하늘에 있다는 것 말고는 공통점이 거의 없는데, 이와 마찬가지로 수학을 하나의 대상이나 하나의 방법으로 뭉뚱그릴 수는 없다. 수학은 잡동사니다.

비트겐슈타인의 본보기를 따라 우리가 민족지학자처럼 수학제도諸島에 있는 미답의 해안에 상륙하여 원주민(수학자)들이 서로 어떻게 소통하는지 관찰한다고 상상해보자. 그러면 그들이 따르는 삶의 규칙, 즉 (비트겐슈타인이 애용하는 용어를 쓰자면) '삶의 형식'을 파악할 수 있을 것이다.

수학어로 말하기

학문마다 나름의 언어가 있다. 수학에도 분명히 언어가 있다. 그뿐 아니라 수학 **자체가** 언어다. 이것은 널리 받아들여지는 견해다. 우리 시대 최고의 수학자 두 명인 유리 마닌과 알랭 콘의 말을 인용하겠다. 마닌이 말한다. "모든 인류 문명의 바탕은 언어이며 수학은 특수한 형식의 언어 활동이다." 콘은 한술 더 뜬다. "수학은 의심할 여지 없이 유일무이한 보편 언어다."

갈릴레이 이래 물리학자들은 이 견해를 당연하게 받아들였다. "우주는 수학의 언어로 쓰였으며 이 언어의 글자는 삼각형과 원 같은 수학 도형이다."

괴테도 (나름의 방식으로) 동의했다. "수학자들은 일종의 프랑스인들이다. 그들에게 말을 하면, 그들은 그 말을 자기들의 언어로 옮긴다. 그러고 나면 그 말은 즉시 전혀 다른 무엇이 된다."

언어는 기호 체계다. 언어는 소통에 쓰인다. 즉 기호라는 수단으로 정보를 전달한다. 언어는 나름의 어휘(기호와 낱말)가 있다. 통사론(기호를 조합하는 규칙으로, 대개 선형적이다)과 의미론(텍스트의 의미)도 있다. 마지막으로, 언어는 사용 집단의 생활권을 필요로 한다.

어휘부터 살펴보자면 주목할 만한 첫 번째 대목은 수학에서 대부분의 소통이 글로 이루어진다는 것이다. 물론 학생들에게 강의할 때나 동료들과 대화할 때는 말을 쓴다. 하지만 세미나실의 칠판에든, 식당의 종이 냅킨에든, 커피숍 탁자의 대리석 상판에든 문자 기호를 동원하기까지는 결코 오랜 시간이 걸리지 않는다.

수학 기호는 끊임없이 진화한다. 갈렐레이가 언급한 삼각형과 원은 유클리드의 『원론』에 이미 등장했다. 복잡한 기하학 도형, 그래

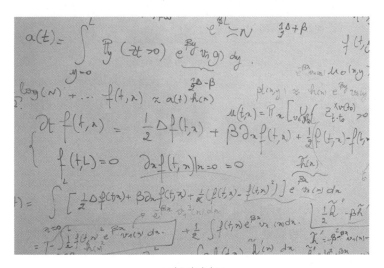

▲ 지우지 마시오!

프, 도표는 많은 수학 텍스트에서 중요한 역할을 한다.

초기 쐐기 문자 이래로 숫자는 매우 다양한 형태를 띤다. 하지만 가장 특이한 알파벳조차 아라비아 숫자에 점점 잠식당하고 있다.

아이들은 열 개의 숫자를 올바로 쓰는 법을 몇 년간 훈련받는다. 초등학교 교사를 지낸 비트겐슈타인은 (그의 말마따나) 이 '연습'의 반복적 성질에 정통했다.

이제 학생이 0부터 9까지의 수열을 우리가 만족할 만큼 쓴다고 하자. 그런데 이는 그가 이런 일에 종종 성공할 때에만 일어날 것이며, 그가 100번의 시도 중 한 번 옳게 성공할 때에는 일어나지 않을 것이다. 이제 나는 그에게 수열을 계속해 보이고, 최초의 수열이 한 자릿수에서 반복함에 그의 주의를 기울이게 한다. 그러고 나서는 두 자릿수에서의 이러한 반복에 주의를 기울이게 한다. 그리고 이제 그는 언젠가 그 수열을 자립적으로 계속해나간다, 또는 계속해나가지 않는다. 그러나 어째서 당신은 이런 것을 말하는가? 그건 자명하지 않은가! 그러나 이제 선생의 얼마간의 노력 끝에 학생이 그 수열을 올바로, 즉 우리가 하듯이 그렇게 계속해나간다고 가정해보자. 그러니까 이제 우리는 그가 그 체계를 숙달했다고 말할 수 있다. 그러나 우리가 그것을 정당하게 말할 수 있으려면 그는 어디까지 그 수열을 올바로 계속해나가야 하는가?

비트겐슈타인의 아버지는 철강 재벌이었는데, 자녀들을 가정교사들에게 교육시켰다. 이런 까닭에 비트겐슈타인은 1학년생인 적이 한 번도 없었다. 그들을 가르치기만 했다. 그래서 그는 아이들이 흡수하는 지식의 어마어마한 양에 더더욱 감명받았다. 사이버네틱스의 선구자 하인츠 폰 푀르스터는 재미있는 일화를 들려주었다. 그가 열 살 때 비트겐슈타인이 그에게 어른이 되면 무엇을 할 거냐고 물었다. 하인츠가 대답했다. "연구자가 될 거예요." 비트겐슈타인이 말했다. "오호! 연구자가 되려면 알아야 할 게 많단다." 하인츠가 항변했다. "하지만 저 **정말로** 많이 안다고요." 비트겐슈타인이 진지하게 말했다. "그렇구나. 하지만 네가 무엇을 **모르는가**가 네가 얼마나 옳은가를 보여준단다." 아이들은 어릴 적에 수학에 익숙해진다. 숫자 계산 이후에는 문

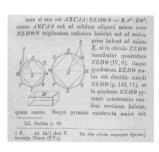

▲ 유클리드가 그린 고전적 도형들.

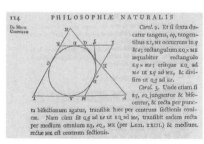

▲ 뉴턴이 그린 고전적 도형들.

자 계산을 시작한다. 이 기법은 고대 그리스인들에게는 알려지지 않았다(그들은 이 점에서 유난히 불리했다. 1, 2, 3, … 같은 숫자 대신 α, β, γ, … 같은 문자를 썼기 때문이다). 요즘은 대부분의 수학책이 공식으로 가득 차 있다. 이 공식들은 어디서나 의미가 같으며 언제나 왼쪽에서 오른쪽으로 쓴다. 심지어 일반적인 글쓰기 순서가 오른쪽에서 왼쪽이거나 위쪽에서 아래쪽이더라도 마찬가지다.

처음에는 공식에서 쓰는 기호가 수학에 도입되는 속도가 달팽이걸음이었다. 0은 중세 성기 들어서야 인도와 이슬람 세계를 거쳐 서구 세계에 들어왔다. 십진법을 비롯한 모든 자릿값 체계에는 0이 필수다. 덧셈 부호는 고딕 성당의 시대에 등장했다. 오렘 주교는 더하기 기호를 처음 쓴 인물 중 하나였을 것이다. 더해지지 **않는**§ 발산한다는 뜻 조화급수를 나타내기 위해서였다. 뺄셈 부호는 100년 뒤에야 쓰이기 시작했다. 다음으로 제곱근 부호와 괄호가 도입되었다. 등호는 엘리자베스 시대가 시작될 즈음인 1557년에야 생겨났다.

등호를 고안한 사람은 로버트 레코드라는 인물로, 그가 (그의 말에 따르면) "한 쌍의 평행선이나 길이가 같은 쌍둥이 직선"을 쓰기로 마음먹은 것은 "어떤 두 사물도 그보다 더 같을 수는 없기 때문"이었다. 이 논증은 괴상하지만, 레코드의 디자인은 분명히 성공적인 것으로 드러났다. 오늘날 등호 없이 수학을 한다는 것은 상상조차 할 수 없다. 등호가 없던 그리스인들은 이렇게 써야 했다. "구의 겉넓이는 그 구 안에 포함된 가장 큰 원의 넓이보다 네 배 크다." 우리는 $A = 4\pi r^2$이라고 배운다.

비트겐슈타인의 『논고』에서 옹호하기가 가장 힘든 주장 중 하나는 "수학적 방법에 본질적인 것은, 등식들을 가지고 작업한다는 것이다"(6.2341)인데, 그는 한술 더 떠서 "수학의 명제들은 등식이다"(6.2)라고 말하기까지 한다. 이것은 선의로 해석하자면 대수학에는 해당할지도 모르지만, 부등식inequality에 결정적으로 의존하는(그렇다고 해서 평등equality을 부정하는 것은 아니다) 해석학에는 결코 부합하지 않는다! 게다가 "각각의 소수에 대해 더 큰 소수가 있다" 같은 명제를 아래와 같은 등식으로 번역해봐야 얻는 것은 거의 없다.

$$\text{기수(소수)} = \text{기수(자연수)}.$$

등호가 등장하고 오래지 않아 x 문자가 미지수 기호로 도입되었다. x는 현실에서 영감을 받은 또 다른 기호로, 해적들이 보물을 숨겨둔 장소를 표시하는 기호를 닮았다.

포여 죄르지의 『어떻게 문제를 풀 것인가』를 인용하겠다.

"기호의 사용은 이성의 사용에 필수 불가결한 것으로 생각된다." 수학 기호는 일종의 언어, "훌륭히 작성된 언어", 그 목적에 잘 들어맞는, 간편하고 정확하며, 일상 문법의 규칙과는 달리 어떤 예외도 허용치 않는 규칙을 지닌 언어로 생각된다. 이런 관점을 받아들이면 **방정식 세우기**는 일종의 번역, 곧 일상 언어를 수학 기호라는 언어로 번역하는 작업으로 생각될 수 있다. (강조는 포여.)

수학 기호는 1600년 이후로 줄곧 증가했다.

$$\times, \pm, \div, \rangle, \infty, \neq, \propto, \partial, !, \approx, \%, \Delta, \nabla, \equiv, \int dx, \{\}, \aleph, \Re, \gg, \vee,$$
$$\in, \cdots$$

현대 수학자들은 공식의 관점에서 생각하도록 훈련될 뿐 아니라(공식은 코드로 간주할 수 있다) TeX(텍)을 이용하여 공식을 출력할 수도 있다(TeX은 또 다른 코드가 필요한 정교한 프로그램이다). TeX은 도널드 커누스가 수학계에 준 선물이다. 그는 "100년 동안 쓸 수 있는" 설계를 목표로 삼았다. 분명 소심한 목표가 아니다. 하지만 첫 40년이 지났는데도 TeX은 흔들리는 기미가 전혀 없다.

게다가 수학자들이 쓰는 매스매티카나 메이플 같은 소프트웨어는 수 연산뿐 아니라 기호 연산까지 할 수 있으며, 함수와 도형을 그리고 조작하고, 알고리즘을 프로그래밍하고 통계를 수행하는 등의 기능이 내장되었다. 이런 소프트웨어는 반복 작업의 속도를 엄청나게 효율적으로 끌어올린다. 수학의 발견법(예나 지금이나 그 바탕은 수많은 사례를 동원하는 실험이다)은 일종의 오락에 가까워진다. 이런 프로그램을 다루기 위해서는 역시나 한 언어를 다른 언어로 번역해야 한다. 즉, 코드로 작성된 명령을 수식이나 도형으로 번역해야 한다.

하지만 모든 수학자가 수식과 도형을 쓰는 것은 아니다. 게다가 수식만 늘어놓는다고 수학 텍스트가 되진 않는다. 문법이 있어야 한다. 1학년생들 중에는 이 사실을 빨리 받아들이지 못하는 사람들도 있

```
\begin{align*}
q(x) &= (\Lambda \ast p)(x) = \int _{\bR } p(x-t) \Lambda (t) \, dt =\int
_{\bR } \Big(\sum _{j=0}^n \frac{(-t)^j}{j!} p^{(j)}(x) \Big) \Lambda (t) \, dt \\
&= \sum _{j=0 }^n \frac{(-1)^j}{j!} \mu _j \, p^{(j)}(x) = F(D)p(x) \, .
\end{align*}
```

$$q(x) = (\Lambda * p)(x) = \int_{\mathbb{R}} p(x-t)\Lambda(t)\,dt = \int_{\mathbb{R}} \Big(\sum_{j=0}^{n} \frac{(-t)^j}{j!} p^{(j)}(x) \Big) \Lambda(t)\,dt$$
$$= \sum_{j=0}^{n} \frac{(-1)^j}{j!} \mu_j\, p^{(j)}(x) = F(D)p(x)\,.$$

▲ TeX으로 쓴 표현식(위)과 실제로 출력되는 모습(아래).

다. 답안지를 보면 그들은 마치 기호 문자열이 하늘에서 뚝 떨어진 것처럼 아무런 설명 없이 수식을 줄줄이 나열한다. 뭔가 **빠졌다**는 말을 들으면 그들은 스마트폰을 꺼내어 칠판 사진을 보여주는데, 거기에는 그들의 교수가 똑같이 쓴 수식이 나열되어 있다. 사실 일반적으로 교수는 자신이 하는 말을 모두 적지 않는다. 하지만 그들이 하는 말은 이 수식에서 다음 수식으로 나아가는 데 필요한 것들이다. 이 설명이 없으면 수식은 뚱딴지 같은 소리에 불과하다.

대학 시험 답안지에서 볼 수 있는 문법 실수의 전형적 예는 아래와 같다.

$$x^2 + 2x + 5 = 2x + 2 = -1 = 4 = 최솟값!$$

이 학생의 머릿속에는 올바른 풀이가 들어 있었다. 이차함수 $x^2 + 2x + 5$의 최솟값을 찾는 문제를 푸는 첫 번째 단계는 도함수 $2x + 2$를 구하는 것이고, 두 번째 단계는 $x = -1$에 대해 도함수가 0임을 알아내는 것이고, 세 번째 단계는 그에 해당하는 이차함수 값인 4를 계산하는 것이다. 이렇게 하면 최솟값이 나온다. 이 단계를 등호로 대체하면 논증의 구조인 문법이 뒤죽박죽이 된다.

수학 텍스트는 대부분 수식과 평문平文의 조합이다. 평범한 예는 다음처럼 생겼다(내용은 신경 쓰지 말라).

> **명제:** f:X → Y가 연속하고 $U \subseteq Y$가 열렸으면 $f^{-1}(U)$는 X의 열린부분집합이다.
>
> **증명:** x를 $f^{-1}(U)$의 원소라고 하자. 그러면 $f(x) \in U$이다. 따라서 U가 열린집합이므로 $d(f(x), u) < \eta$일 때마다 $u \in U$인 $\eta > 0$가 존재한다. 우리가 찾고 싶은 것은 $d(x, y) < \delta$일 때마다 $y \in f^{-1}(U)$인 $\delta > 0$이다. 하지만 $f(y) \in U$이면, 그리고 그런 경우에만 $y \in f^{-1}(U)$다. 우리는 $d(f(x), f(y)) < \eta$일 때마다 $f(y) \in U$임을 안다. f는 연속하므로 $d(x, y) < \theta$일 때마다 $d(f(x), f(y)) < \eta$인 $\theta > 0$이 존재한다. 따라서 $\vartheta = \theta$라고 하면 증명 끝.

문체는 간결하며 '이면, 따라서, 이면, 그리고 그런 경우에만, 하지만, 때마다' 등이 전부다. 대부분의 나머지 낱말, 이를테면 '연속하다'와 '원소'는 수학 사전에 들어 있다. '에르고드'와 '호몰로지'처럼 새 낱말이 사전에 추가될 때도 있다. '체體'와 '아이디얼' 같은 낱말은 일상어에서 빌려 새로운 의미를 부여했다. 앞 텍스트의 '열린'도 그런 낱말이다. 학생들은 집합이 열린 동시에 닫힐 수 있거나 둘 다 아닐 수 있음을 금세 배운다. 그 밖의 특이한 수학 용어들에도 익숙해져야 한다. 시간이 지나면 학생들은 "프랑스의 모든 현재 국왕은 대머리다" 같은 문장을 순순히 받아들인다. 실제로 프랑스에는 현재 국왕이 없으므로 반례는 하나도 없다. 학생들은 "A 또는 B"가 A와 B가 둘 다 성립한다는 것을 배제하지 않는다거나 "A가 B를 함축한다"의 의미가 구어에서와 같지 않다는 것도 배운다. 실제로 일반인은 '함축'이라는 낱말을 A가 B와 관계가 있을 때만 쓰는 반면에 수학자들은 "A가 거짓이거나 B가 참이다"를 가리키는 데 쓴다. 그러므로 "파란색이 빨갛다는 것은 1 〈 2를 함축한다"는 참이며 "1 〉 2는 파란색이 빨갛다는 것을 함축한다"도 마찬가지다. 어떤 인과관계도 받아들이지 않는 이 같은 함축의 용법은 한때 아리스토텔레스 학파와 자웅을 겨룬 논리학파인 스토아 학파에게 친숙했다. 이 문제로 디오도로스와 필론 사이에 논쟁이 벌어졌는데, 필론의 승리로 돌아갔다. "A가 B를 함축한다"에 대한 그의 표현법이 결국 살아남았다.

이런 종류의 구어적 '수학어mathese'는 처음에야 골치 아프겠지만 학생들은 얼마 지나지 않아 익숙해진다. 그러므로 '이면, 그리고 그런 경우에만if and only if'은 '이면if'을 특별히 강조하는 표현이 아니라 필요충분조건을 나타낸다. "…이라는 것은 명백하다"는 "이것은 당신이 직접 풀어야 한다"라는 뜻이며 "그것은 쉽게 알 수 있다"는 세세하게 검증하는 데 한 시간이 걸린다는 말이다. 일반인에게 무척 거슬리는 것으로는 '자명하다trivial'의 남발이 있다.

기계에게 말하기

수학어는 수학자의 상호 이해에 적합하게 자연적으로 진화하는 언어다. 기계와 이야기하는 언어를 만드는 것은 그 목적과 거의 정반대다. 수학어는 이심전심인 상대와 소통하기 위한 언어인 반면에 **기계어**machinese는 마음이 없는 대상을 상대한다. 기계어는 꽤 배타적인 언어다. 아직까지는 그렇다. 대부분의 수학자는 기계어를 숙달하는 것 말고도 할 일이 많다. 하지만 수학의 기초와 프로그래밍 기술에 똑같이 매혹된 소수의 헌신적 과학자들은 컴퓨터에게 최종 발언권을 부여하려고 애쓴다.

그들이 보기에 수학은 세 가지 주요 혁명을 겪었다. 첫 번째 혁명은 증명의 도입이었다. 증명은 탈레스가 창안했다고 알려졌으며 유클리드 시대 이후로 수학의 '필수 요소'다. 두 번째 혁명은 증명에서의 엄밀성의 도입이었다. 이것은 코시와 바이어슈트라스의 업적으로, 두 사람은 19세기에 새 표준을 세웠다. 세 번째 혁명은 철저하고 완전한 형식화의 도입이었다. 이 혁명은 현재 진행중이다. 그 목표는 모든 논리적 단계를 (생각 없이까지는 아니더라도) 기계적으로 검증할 수 있을 만큼 명시적으로 나타내는 것이다.

전통적 증명을 컴퓨터 증명 보조기가 처리할 수 있도록 만드는 일은 고역이다. 모든 가정을 명시적으로 표현해야 한다. '기호의 남용'은 결코 용납되지 않는다. '행간의 의미'를 읽을 수 있는 것은 하나도 남으면 안 된다. '2'가 자연수를 뜻하는지, 실수를 뜻하는지 명시적으로 표현되어야 한다. 각각의 대안적 사례는 결코 이전 사례에 대한 유추를 동원하지 않고서 일일이 언급해야 한다. 이렇게 확장된 형태의 증명이 원래 증명보다 얼마나 긴가를 브라윈 계수de Bruijn factor라고 부른다. 브라윈 계수는 여러 수학 분야에 걸쳐 대체로 일정한데, 대략 4에서 1(이 수치는 놀랍도록 작아 보인다)까지다. 전문가가 한 페이지의

```
let GAUSS_LEMMA_SYM = prove
 ('!p q r s. prime p /\ prime q /\ coprime(p,q) /\
     2 * r + 1 = p /\ 2 * s + 1 = q
    ==> (q is quadratic_residue (mod p) <=>
         EVEN(CARD {x,y | x IN 1..r /\ y IN 1..s /\
                         q * x < p * y /\ p * y <= q * x + r}))',
 ONCE_REWRITE_TAC[COPRIME_SYM] THEN REPEAT STRIP_TAC THEN
 MP_TAC(SPECL ['q:num'; 'p:num'; 'r:num'] GAUSS_LEMMA) THEN
 ASM_SIMP_TAC[] THEN DISCH_THEN (K ALL_TAC) THEN AP_TERM_TAC THEN
 MATCH_MP_TAC EQ_TRANS THEN EXISTS_TAC
 'CARD {x,y | x IN 1..r /\ y IN 1..s /\
              y = (q * x) DIV p + 1 /\ r < (q * x) MOD p}' THEN
 CONJ_TAC THENL
  [CONV_TAC SYM_CONV THEN MATCH_MP_TAC CARD_SUBCROSS_DETERMINATE THEN
   REWRITE_TAC[FINITE_NUMSEG; IN_NUMSEG; ARITH_RULE '1 <= x + 1'] THEN
   X_GEN_TAC 'x:num' THEN STRIP_TAC THEN
   SUBGOAL_THEN 'p * (q * x) DIV p + r < q * r' MP_TAC THENL
    [MATCH_MP_TAC LTE_TRANS THEN EXISTS_TAC 'q * x' THEN
     ASM_REWRITE_TAC[LE_MULT_LCANCEL] THEN
```

▲ 기계어(HOL 라이트)의 사례.

'정상적' 수학어를 컴퓨터 스크립트로 번역하는 데는 대개 일주일이 걸린다.

컴퓨터에게 수학을 이야기하는 것은 정신 나간 짓으로 보인다. 컴퓨터가 이해할 리 만무하니 말이다. 하지만 여기에는 두 가지 목적이 있는데, 하나는 '수학 나무'가 하루하루 자라는 것과 관계있고 다른 하나는 수학의 기초와 관계있다. 전자는 어떤 의미에서 사회학적이고 후자는 철학적이다.

대부분의 수학자는 일상 작업에서 정리를 검증하지 않는다. 그들은 주로 증명이 어떻게 진행되는지 이해하기를 원하기 때문이다. 어느 정도 훈련을 받으면 형식화된 서술을 이해할 수 있긴 하지만 형식화된 증명을 한 줄 한 줄 읽어내는 것은 따분한 일이며 어떤 통찰도 선사하지 않는다. 시간이 지나면서 증명 보조기가 지금보다 더 이용자 친화적으로 바뀌리라는 것은 분명하다. 이 말은 수학어로 더 훌륭하게 번역할 수 있다는 뜻이며, 그렇기에 수학의 '삶의 형식'에, 즉 비트겐슈타인이 말하는 수학의 '기초'에 더 가까워진다는 뜻이다.

수학어를 컴퓨터 스크립트로 번역하는 일이 결국 자동화되리라는 예견은 베이컨의 선견지명 없이도 능히 할 수 있다. 그때가 되면 증명 보조기가 검토자의 업무를 대신할 것이며, 증명 보조기의 승인 없이는 어떤 논문도 발표되지 못할 것이다. 정리인가, 아닌가? 케플러 추측에 대한 헤일스의 증명에서처럼(5장) 컴퓨터가 심판 역할을 할 것이다. 학술지들은 지금 예비 저자들에게 서식을 보내듯 증명 검증기를 보낼 것이다.

하지만 거기서 멈출 이유가 어디 있나? 옛 증명을 번역하는 게 아니라 새 증명을 찾아내고 (더욱 야심차게는) 새 정리와 새 추측을 생성하는 컴퓨터 프로그램을 고안하는 일에 많은 지력이 투입되는 중이다. 수학 분야 중에서 이런 과제에 더 적합한 것이 있음은 말할 필요도 없다.

컴퓨터에 의한 증명 발견이 온전히 설득력을 발휘하려면 수학어, 즉 인간이 이해할 수 있는 증명으로 재번역될 수 있어야 한다. 여기서도 과학소설이 현실이 되었다. 앞에서 전형적 수학어 표본으로서 상자 안에 들어 있던 텍스트("연속함수에 대해 열린집합의 원상은 열려 있다")를 떠올려보라. 그것은 수학자가 쓴 게 아니다. 기계 지향적이지 않고 인간 지향적인 자동 정리 증명기가 내놓은 결과물이다. 그 프로그램은 팀 가워스와 동료들이 개발했다. 블라인드 테스트에서 수학자들은 그 텍스트가 인공지능에 의해 생성되었다는 사실을 알아차리지 못했다.

의미론적 하강

작곡가가 콩나물 대가리의 대열의 관점에서 생각하지 않듯 수학자도 기호열의 관점에서 생각하지 않는다. 수학자가 개념에 의미를 짝짓는다는 데는 아무리 단호한 형식주의자라도 동의한다. 그들이 힐베르트와 한편에 서서 우리가 "점, 선, 면" 대신 "맥주 잔, 의자, 탁자"라고 말해도 무방하다고 장난스럽게 말할지는 몰라도, 이것은 누군가를 속이려는 게 아닌 객기에 불과하다.

수학 언어의 의미론은 예리하게 정의된 개념을 동원한 유구한 형식화에 바탕을 둔다. 팀 가워스가 제시한 예를 인용하자면 수학자가 아는 모든 것은 힐베르트 공간이 무엇인가뿐이다. 으레 나오는 답변은 이렇다. 힐베르트 공간은 내적內積을 가지며 완비된 벡터 공간이다. 그렇다면 벡터 공간이란 무엇일까? (이 물음에 답하려면 대략 반 페이지가 필요하다.) 그리고 내적이란 무엇일까? (이 물음은 두 줄이면 된다.) 또한 '완비되다'란 무슨 뜻일까? 첫째, 정확성을 기하자면 '완비되다'는 내적에 의해 유도된 노름norm으로 정의되는 거리를 가리킨다고 이해된다. 그렇다면 노름은 무엇이고 거리는 무엇일까? 이 문제가 해결되면 정답을 내놓을 준비가 끝난다. '완비되다'는 모든 코시열이 극한을 가진다는 뜻이다. 여기까진 좋다. 하지만 극한을 가진다는 말은 무슨 뜻일까? 코시열은 또 무엇일까? 이 답에서 엡실론 논법이 고개를 쳐든다. 0보다 큰 모든 실수 엡실론에 대해 이러저러한 자연수 N이 존재한다. 이래도 게임이 끝에 도달하려면 아직 멀었다.

여기서 요점은 수학 개념이 다른 개념에 의해 정의되고 다른 개념은 또 다른 개념에 의존하며 이런 식으로 계속 이어진다는 것이다. 이러니 언어를 배우기가 그토록 힘들 수밖에. 아이가 '아르브르 arbre'가 무슨 뜻인지 알고 싶어하면 어른은 그것이 프랑스어의 어떤 낱말에 대응하는지 알려주거나 나무를 가리킨다. 이런 설명은 다른 언어나 언어 외적 수단을 동원한다. 하지만 힐베르트 공간이 무엇인지 알고 싶어하는 사람은 수학 **안에서** 설명을 들을 수밖에 없다. 그러려면 오랫동안 훈련을 거쳐야 하며 그 바탕은 초등 교육이나 심지어 그 이전에 겪은 연습이다.

증명은 정리를 다른 정리로부터 유도하는 행위이며 정의는 다른 정의에 근거한다. 물론 이것은 어느 단계에선가, 즉 공리에서 끝나야 한다. 공리란 개념에 대해 주어진 것으로 받아들여지는 명제다. 오늘날 수학에서 공리는 거의 언제나 집합론의 측면에서 정식화된다. 이 관례에서 보듯 집합론과 수리논리학은 수천 개의 가지를 뻗은 수학이라는 거목의 뿌리다. 두 분야는 일반적 의미에서, 이를테면 튜링의 수업에서 상정한 수학의 기초다.

이에 비트겐슈타인 지지자들이 답한다. 집합론은 여러 수학 분야 중 하나에 불과하며, 고도로 정교화된 특수 분야이기는 하지만 나머지 분야들보다 더 기본적인 것으로 보이지는 않는다. 집합론과 수리논리학이 정말로 수학의 '뿌리'라는 지위를 누릴 자격이 있을까? 뿌리는 나무를 떠받치고 양분을 공급한다. 수학에서도 그럴까?

비트겐슈타인의 관점에서 보자면 기초는 오히려 아이들이 자동적으로 따르도록 훈련받는 규칙에서 찾을 수 있다. 이 신기한 언어 게임은 여느 인간 창조물과 마찬가지로 수백 년을 거치면서 많은 부침과 위기를 겪었다. 수학이 발전하는 과정에서 널리 받아들여진 규칙이 불충분하거나 모순적인 것으로 드러나 적절한 방식으로 수정되어야 하는 상황은 수도 없이 벌어졌다. 여기에 신비로운 내용이 하나라도 있다면 그것은 최종적으로 제시된 수정이 언제나 유일무이하게 옳다고 판명되었다는 것이다. 어떤 심오한 의미에서가 아니라(그런 게 존재할지도 모르지만) 단순히 역사적 사실로서 그렇다는 얘기다. 이는 종교적 가르침이나 철학적 가르침의 역사에서, 또는 가지를 뻗고 갈라진 실제 언어들의 진화에서 벌어진 일들과 뚜렷이 대조된다.

이 언어철학적 의미에서 이해되는 기초에는 (이를테면) 세기 행위가 포함된다. 두 눈, 두 산, 두 날에 공통점이 있다는 통찰은 어떻게 생겨났을까? (그나저나 언어에 따라서는 각각에 붙은 '두'를 서로 다른 낱말로 표현하기도 한다.) 여기에 쓰이는 규칙의 단계와 더불어 계산이라는 관념을 이해하기까지 우리는 얼마나 많은 연산을 했을까? 함수, 집합, 재귀 같은 '기초' 개념들이 등장하기 수백 년 전 수학자들은 자신들이 무엇을 한다고 생각했을까?

우주적 에스페란토어

수학은 보편 언어(알랭 콘에 따르면 유일한 보편 언어)라고들 한다. 이 말은 두 가지 의미로 이해할 수 있다. 하나는 어디서나 구사하는 언어라는 뜻이고 다른 하나는 무엇에든 쓸 수 있는 언어라는 뜻이다.

수학이 자연적 경계에 구애받지 않음은 분명하다. 이 점에서 수학은 (이를테면) 체스와 다르지 않다. 몇몇 나치 교수들이 주창한 제3제국의 '독일 수학'처럼 단명한 시도들은 처음부터 조롱거리였다(아래 그림 ⓐ).

용어가 국제적으로 통용된다는 사실도 분명하다. 모든 학문의 규칙도 마찬가지다. 인문학에서는 다양한 학파가 여러 세대에 걸쳐 열심히 끈질기게 서로를 공격하는 일이 드물지 않다. 수학에서는 물리학에서와 마찬가지로 그런 이념적 참호전이 드물고 금방 끝난다. 독일의 시인 한스 마그누스 엔첸스베르거는 수학을 "인문학을 통틀어 가장 순수한 학문"으로 칭송했지만, 인문학자들이 좀처럼 합의에 이르지 못하는 반면에 수학에서는 물리학이나 화학에서 못지않게 합의

▲ ⓐ 부족적 수학.

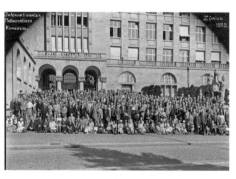

▲ ⓑ 수학자들의 국제적 부족인 세계수학자대회.

가 보편적이다. 어쩌면 더 보편적인지도 모르겠다. 수학 분야가 수백 개에 이르는데도 그 통일성은 다른 학문의 시샘을 살 만큼 굳건하다. 수학의 가장 두드러진 특징이 (매우 현실적인 예를 들자면) 복소수와 유클리드 기하학의 연관성 같은 뜻밖의 연관성에서 생겨난다는 것은 통설이다.

이러한 만장일치가 겉으로 드러나는 사건인 세계수학자대회(그림 14.9)는 올림픽 경기처럼 4년마다 열린다. 이에 반해 물리학이나 생물학에는 세계 대회가 없다. 이런 세계 대회에서 벌어지는 수학적 대화를 알아듣는 사람은 극소수에 지나지 않지만, 나머지 참석자들은 끈기 있게 자리를 지킨다. 게다가 수학자들 사이의 내부 서열(누가 누구보다 위인지)에는 놀라울 만큼 합의가 이루어졌다. 이것은 (이를테면) 경제학에서 보는 모습과는 사뭇 대조적이다. 이 '사회학적' 의미에서도 수학은 여타 학문보다 더 통일되었다.

일반인의 눈에 수학 텍스트는 종종 암호문처럼 보인다. 하지만 수학은 첩보와 닮은 점이 거의 없다. 전설이 사실이라면 피타고라스 시절에는 사정이 달랐다. 하지만 오늘날에는 발견을 (적어도 잠시나마) 비밀에 부쳐야 하는 학문은 암호학을 비롯한 소수에 불과하다. 그런 제약은 발견자들에게 여간 성가신 일이 아니다.

이렇듯 수학은 세계어다. 하지만 우주적이기도 할까? 분명히 그렇다. 우리가 외계인과 소통하고 싶다면 수학 말고 무엇을 쓸 수 있겠는가? 1960년대 초 우주학자 프레드 호일이 쓴 SF 스릴러 『A는 안드로메다A for Andromeda』는 이런 시나리오를 소재로 삼았다.

그나저나 이 일은 허구에 그치지 않았다. 1974년 메시지 하나가 외계인들에게 보내졌다(오른쪽 그림). 메시지를 보낸 사람들은 외계인들이 우리와 친하게 지내고 싶어하리라고 추정한 것이 분명하다.

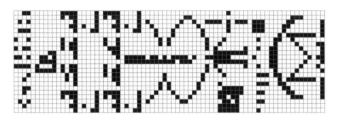

▲ 십자말풀이일까? 아니다. 아레시보 천문대에서 외계인들에게 보내는 메시지다.

발신처는 푸에르토리코에 있는 아레시보 천문대이고, 분량은 1679비트였다. 여기에는 이 수가 두 소수 23과 73의 곱이라는 사실을 가상의 수신인이 틀림없이 금세 알아차릴 것이라는 생각이 깔려 있었다. 따라서 메시지는 23×73 비트맵 이미지에 배열할 수 있다. 해독된 메시지의 맨 왼쪽 열은 1부터 10까지의 수를 나타낸다(외계인이 열 손가락을 가졌다는 보장이 없으므로 당연히 이진법으로 표기했다). 다음 열은 DNA를 이루는 원소인 수소, 질소, 산소, 탄소, 인 원자의 양성자 개수와 DNA에 대한 추가 정보를 나타낸다. 그다음은 인간 실루엣을 단순하게 묘사한 그림과 또 다른 수 14다. 이 메시지를 읽는 사람은 우리가 이 신호의 파장보다 약 14배 크다는 사실을 이해할 것으로 간주된다. 마지막으로, 메시지는 우리 태양계를 찾는 법과 아레시보 천문대에 관한 몇 가지 정보로 마무리된다(비틀스의 노래 When I'm Sixty-Four 가사를 빌려 이렇게 메시지를 마치면 제격일 것이다. "쇠약해져가는 진실한 친구로부터—").

  이 모든 내용이 숫자 몇 개로 암호화되었다. 메시지 저자들은 수학을 우주적 언어로 보는 것이 분명하다. 외계인이 우리의 메시지를 알아들으려면 손가락도, 귀도, 음악성도 필요 없지만, 산술은 조금 알아야 한다. 그렇게 1974년 이후 이 신호는 성간을 끝없이 가로질러 전파되며 우리 인간에 대해 많은 것을 (적어도 행간을 읽을 줄 아는 존재들에게) 말한다.

이 이야기에는 후기가 있다. 2020년 12월 1일 케이블 두 가닥이 끊어져, 공학의 기적인 거대한 아레시보 전파 망원경이 부서졌다.

무엇에도 변명하지 말 것

수학자들은 외계인도, 컴퓨터도, 수학자도 아닌 존재와 이야기할 때 무엇을 주제로 삼을까? 아마도 수학의 응용 분야를 이야기할 것이다. 여기서 보듯 언어는 또 다른 의미에서 보편적일 수 있다. 즉, 보편적으로 응용될 수 있다. 여기서 노골적 역설이 발생한다. 실제로 형식적 측면을 진지하게 받아들이는 사람은 누구나 이렇게 말하기 마련이다. 수학은 아무것도 말하지 않는다고. 집합론의 바탕은 공집합이며 논리학 명제는 기호를 사용하는 규칙에 불과하다.

그럼에도 우리 모두는 수학이 엄청나게 넓은 응용 범위에서 주역을 맡음을 안다. 물론 몇몇 수학자에게는 이 측면이 (노골적으로 불쾌하지는 않을지라도) 부차적 의미밖에 지니지 않는다. 순수한 학문 중에서도 가장 순수한 수론을 연구한 영국의 수학자 G. H. 하디는 『어느 수학자의 변명』에서 모든 응용을 한낱 '부수적 피해'로 치부했다. 다행히도 가능한 모든 응용에서 벗어났고 아마도 언제까지나 그러할 분야들이 있다고 하디는 덧붙인다. 그가 든 사례는 일반상대성이론과 수론이다. 그런데 이를 어쩌랴! 요즘 아인슈타인의 장방정식은 GPS에 쓰이고, 수론은 모든 이메일 플랫폼에서 쓰이니 말이다. 신용카드는 소인수분해를 거쳐 암호화된다.

제1차 세계대전은 화학자들의 전쟁이었고 제2차 세계대전은 물리학자들의 전쟁이었으며 다가올 아마겟돈은 수학자들의 전쟁이 될 거라는 말이 있다. 이미 2차 세계대전에서도 양측은 폴란드의 마리안 레예프스키, 영국의 앨런 튜링, 스웨덴의 아르네 베울링 같은 수학자들이 고안한 암호 해독법으로 적군의 암호 전문을 해독했다.

수학의 효율성에는 기이한 구석이 있다. 여기에는 두 가지 이유가 있는데, 둘은 아마도 서로 연관되었을 것이다. 하나는 전혀 달라 보이는 이론들 사이에 놀랍고도 때로운 으스스하기까지 한 교차 연결이 많이 존재한다는 것이다. 다른 하나는 추상의 사용이다. 이 성격은 수학을 혼란과 파멸로 직행시키는 오점으로 종종 간주된다. 하지만 그와 반대로 추상이야말로 수학이 성공한 비결이다. 추상이란 수백 가지 세부 사항을 지우되 다른 가능성들을 상상하고 현실을 가능성과, 심지어 불가능성과 비교하는 자세다. 수학자들은 사고실험과 '~라면 어떨까'의 장인이다.

수학은 '기술이전의 최고봉'으로 묘사되었다. 예를 하나만 들자면 확률론 개념인 분기 과정은 성姓의 소멸을 묘사하기 위해 처음 도입되었으며 다음으로 미생물 개체군에, 그다음 핵 연쇄 반응에 응용되었다. 또 다른 예도 있다. 전기회로, 화학반응, 기계 제어의 안정성도 같은 방법으로 관리할 수 있다. 언제나 문제는 고윳값이 복소평면의 오른쪽에 있는가 아닌가로 귀결한다(고윳값이란 무엇일까? 이번에도 아까와 같은 상황이다. 우선 벡터 공간과 선형 연산자를 알아야 한다…).

갈릴레이는 자연이 수학의 언어로 쓰였다고 말했지만 문화도 그렇다. 모든 앱은 정교한 알고리즘을 바탕으로 삼는다. 스마트폰과 신용카드도 마찬가지다. 증권 거래는 컴퓨터 프로그램에 의해 실행되며 사진과 영화와 연주회는 디지털로 저장되고 전송된다. 시각화와 이미지 처리는 거대 산업이다. 우리가 매일 쓰는 이메일과 인터넷의 토대인 신호 처리는 암호화를 뜻하며 이는 수학을 뜻한다. 디지털화가 하도 속속들이 스며들어서 우리는 스마트폰을 잃어버렸을 때 말고는 이를 실감하지도 못한다.

일찍이 라이프니츠는 보편 과학의 토대로서 보편 기호학을 구상했다. 사물은 기호에 대응해야 하고 사물과 사물의 관계는 기호와 기호의 관계에 대응해야 한다는 것이다. 라이프니츠는 친구에게 보낸 편지에 이렇게 썼다.

우리의 추론을 바로잡는 유일한 방법은 수학자의 추론만큼 명확하게 바꿔 오류를 한눈에 알아볼 수 있게 하는 것입니다. 사람들 사이에 논쟁이 있으면 "계산해보자Calculemus"라고 말하면 그만입니다. 그러면 옥신각신할 것 없이 누가 옳은지 알 수 있으니까요.

이는 유토피아일까? 디스토피아일까? 어느 쪽이든 무슨 상관이랴. 라이프니츠의 방안은 커져만 가는 수학적 응용의 범위를 헤쳐 가는 길잡이 역할을 한다.

영영 수학과 동떨어진 영역이 하나라도 있을까? 아니면 수학은 우리가 말할 수 있는 모든 것에 응용될 수 있을까? 물론 "말할 수 있는 것"의 의미는 비트겐슈타인의 『논고』에서 말하는 의미가 아니라 『철학적 탐구』에서 말하는 더 폭넓은 의미다. 우리의 일상 언어는 사물을 표상하는 데뿐 아니라 표현하는 데에도 쓰인다. 여기서 수학의 언어는 한계에 도달한다. 그곳에는 말할 수 없는 것이 있다. 그러면 우리는 『논고』에서 명령하는 대로 그것에 침묵할 수 있다. 욕하거나 도움을 청하거나 다른 언어 게임을 벌일 수도 있다. 하지만 무언가에 '대해' 말하는 경우에는 언제나 수학이 일조할 수 있다. 수학은 "부정확함을 불가능하게" 만드는 언어이니 말이다.

15

철학Philosophy

쥐라기 공원에 드리운 플라톤의 그림자

학파가 전환점을 만나다

옛날 옛적에, 더 정확히 말하자면 100년 전에 철학자와 수학자들은 매달 둘째 목요일 6시 15분, 작고 버려진 세미나실에 모여 금세 그곳을 담배 연기로 채웠다. 그들의 모임은 두 시간 이상 이어졌으며 그런 다음 밝고 화려하며 당구대와 커다란 벽 거울이 있는 길모퉁이 커피 하우스로 자리를 옮겼다(여기는 빈이니까§ 빈의 커피 하우스에서는 여러 지식인이 대화를 나누는 문화가 융성했다). 연기와 논쟁이 더 피어올랐는데, 대부분 과학의 기초가 주제였다. 토론은 밤늦게까지 이어졌다. 모임이 파한 뒤 수학자들이 고요한 거리를 걸으며 삼삼오오 귀가하는 와중에도 토론은 계속되었다. 가장 젊고 가장 과묵한 회원인 쿠르트 괴델이라는 학생은 귀가할 필요조차 없었다. 한동안 카페 위층에서 살았으니 말이다.

이 모임의 창시자는 쉰 살 남짓한 한스 한이었다. 그는 키가 크고 목소리가 걸걸하고 명망 있는 수학 교수였다. 한은 언제나 수학철학에 심취했다. 그는 골수 경험주의자이며, 따라서 근본적 문제를 안고 있었다. 경험주의적 입장은 논리학과 수학을 현실에 적용하는 것과 어떻게 양립할까? 한은 매제 오토 노이라트와 함께 토론 모임을 결성했다. 노이라트는 붉은 빈§사회민주노동당이 오스트리아의 수도 빈에서 집권하던 시절을 일컫는 말을 위해 선전 활동을 벌이던 박물관의 좌파 관장이었다. 아인슈타인이 좋아하던 베를린 태생의 철학자 모리츠 슐리크는 빈대학교 교수로 임명되고서 토론 모임을 주관하는 임무를 맡았다. 재능이 출중한 박사후 연구원과 학생들이 합류했는데, 카를 멩거는 차원론을 창안하고 있었으며 프레게의 제자 루돌프 카르나프는 『세계의 논리적 구조Der Logische Aufbau der Welt』라는 대작을 갓 탈고한 뒤 일자리를 찾고 있었다.

철학 토론을 몇 년간 벌이고 나서 슐리크 학파가 대중 앞에 모습을 드러냈다. 그들은 과학적 세계관을 두려움 없이 표방하는 과격하고 전위적인 집단이었으며 독자적으로 학술지와 단행본 연작을 출간하고 국제 회의를 열었다. 그들은 '브랜딩'의 의미를 알았으며 정력적으로 브랜딩을 추구했다. 자신들을 빈 학파라고 불렀고 논리실증주의로 개종했으며 수학 문외한들을 괴롭히는 일에 골몰했다. 당시는 근대였다. 턱수염이 퇴조하고 바우하우스가 유행했다. 형이상학은 감각을 잃은 반동분자의 처량한 피난처로 조롱받았다. 젊은 괴델은 안경 뒤에서 공손히 귀를 기울였다. 그는 모임 중에 거의 입을 열지 않았다. 가장 가까운 친구들조차 그의 침묵을 동의로 오해했다.

수학철학에는 최고의 시절이었다. 걸출한 사상가들이 이끄는 대단한 학파 세 곳이 경쟁을 벌였으며, 무엇보다 놀랍게도 많은 수학자가 실제로 관심을 기울였다! 철학적 주제들이 일세를 풍미했다. 프레게와 러셀의 뒤를 이은 '논리학자'들은 수학이 전적으로 논리학에 근거해야 한다고 주장했다. 힐베르트를 따르는 '형식주의자'들은 수학을 잘 정의된 규칙에 따른 기호 조작으로 서술하려 했다. L.E.J. 브라우어르의 후배인 '직관주의자'들은 수학이 오로지 심적 구성물을 다루며 실무한은 당연히 배제해야 한다고 주장했다. 수학철학의 이 '빅 스리'는 서로 주도권 다툼을 벌였다.

1930년 한스 한은 판가름의 때가 무르익었다고 판단했다. 그의 빈 학파는 왕위 계승자들이 최후까지 겨루는 정상 회의를 주최했다. 결전은 발트해 해안의 쾨니히스베르크(지금의 칼리닌그라드로, 의미심장하게도 칸트의 고향이다)에서 열렸다. 각 학파를 대표한 사람은 우두머리가 아니라 매우 유능한 이인자들이었다. (이제 빈 학파의 기수가 된) 카르나프가 논리학자를, 아런트 헤이팅이 직관주의자를, 요한 폰 노이만이 형식주의자를 대변했다.

한스 한의 다소 편향된 관점에서 보자면 이 대결은 논리학자의 압승으로 끝났다. 하지만 불멸의 15분이라 할 회의의 정점은 쿠르트 괴델이 깜짝 선언한 첫 번째 불완전성 정리였다.

한은 제자의 위업에 깊은 감명을 받았다. 그는 불완전성 정리가 "수학의 역사에 기록될 것"이라고 주장했다. 무엇보다 이 정리가 과학적 세계관의 샘터인 자신의 빈 학파에서 솟아 나왔다는 사실에 흡족했다.

이 과학적 세계관은 형이상학적 미신을 비롯한 신학의 잔재에 아량을 베풀지 않았다. 참된 존재의 세계가 우리의 감각으로 닿을 수 없는 이데아의 세계라는 플라톤의 난해한 신화를 단호히 배격했다. 한은 에두르지 않았다. "이 플라톤주의적 입장은 전적으로 형이상학적이며 수학의 기초로서는 총체적으로 부적절한 듯하다." **전적으로** 형이상학적이고 **총체적으로** 부적절하다고 한다!

프레게와 러셀이 그랬듯 한이 보기에도 수학은 곧 논리학이었다. 게다가 한은 비트겐슈타인이 『논고』에서 역설한 견해를 신봉했다.

6.1. 논리학의 명제들은 동어반복들이다.

6.11. 그러므로 논리학의 명제들은 아무것도 말하지 않는다.

한은 이렇게 맞장구쳤다. "따라서 논리학은 세계에 대해 아무것도 말하지 않는다. 논리학은 내가 세계에 대해 **말하는** 방식과만 관계 있다." 모리츠 슐리크도 같은 확신을 공유했다. "논리적 결론은 사실에 대해 아무것도 표현하지 않는다. 기호를 이용하는 규칙에 불과하다." 철학에서의 **언어적 전회**가 세를 얻고 있었다.

논리학에서 참인 것은 수학에서도 성립해야 한다. 그것은 동어 반복으로 이루어지며 이는 "우리가 말할 수 있었던 무언가가 그에 상응하는 그 밖의 여러 방법으로도 말해질 수 있음을 보여준"다고 한은 말한다. 한이 선뜻 인정했듯 이것은 급진적 입장이다. "힘겹게 쟁취한 투쟁과 종종 놀라운 결과에도 불구하고 수학의 모든 것은 다름 아닌 동어반복으로 귀결했다."

이 입장은 사상 전체를 단번에 영영 허물 만큼 터무니없이 들린다. 하지만 좀 더 들어보라고 한이 말한다.

이 논증이 간과하는 것은 하나의 사소한 세부 사항뿐이다. 우리 인간이 전지적이지 않다는 것이다. 물론 전지적 존재는 명제의 집합이 진술될 때 모든 의미를 대번에 알 것이다. 그런 존재는 24× 31의 의미와 744의 의미가 같다는 사실을 즉시 알아차릴 것이다.

그러므로 "전지적 주체는 논리학이 전혀 필요 없으며 플라톤과 정반대로 우리는 이렇게 말할 수 있다. 신은 결코 수학을 하지 않는다."

모리츠 슐리크는 이 의견을 지지했으며 "철학의 전환점"으로 칭송했다. "오늘날 '산술 명제'가 현실 세계에 대해 무엇 하나라도 말할 수 있다는 견해를 가질 사람은 아무도 없다." 산술 명제는 무엇에 '대한' 것도 아니다. 심지어 '산술 명제'라는 용어 자체도 예사 의미와 동떨어졌으므로 따옴표에 둘러싸여야 마땅하다. '산술 명제'는 결코 버젓한 명제가 아니며 한낱 유사문장에 불과하다.

카르나프가 호응했다. 수학은 우리가 마음대로 선택할 수 있는 '언어적 얼개'를 분석하는 일이다. 어느 얼개가 가장 유용한가는 수학적 문제가 아니라 실용적 문제이며 기호 사용 규약의 파생물이다. 수학이 실재하느냐는 토론은 무의미한 형이상학적 횡설수설이다.

언어적 전회는 승승장구할 것처럼 보였다. 하지만 그동안 엄청난 명성을 쌓은 쿠르트 괴델이 1940년대 들어 정반대 신념을 표명하기 시작했다. 그것은 "수학이 기술하는 비감각적 실재가 인간 정신의 활동과 기질 둘 다와 독립적으로 존재하며 인간 정신에 의해 (아마도 매우 불완전하게) 지각된다는 견해"다.

버트런드 러셀은 1944년 프린스턴에서 열린 만찬에서 괴델을 만났을 때 경악을 금치 못했다. 그가 맞닥뜨린 인물은 "불순물이 섞이지 않은 플라톤주의자"였다. 10년 전 세상을 떠난 한스 한이 무덤에서 통곡할 노릇이었다. 빈 학파의 생존자들은 나치의 맹공에 뿔뿔이 흩어졌지만 계속해서 복음을 전파하며 논리실증주의를 알리는 일에 놀라운 성공을 거뒀다. 이제 젊은 괴델과 함께 뻐꾸기 알이 빈 학파에서 부화했다는 사실이 명백해졌다!

1950년대 내내 괴델은 수학에 대한 카르나프의 견해를 반박하느라 고역을 치렀다. 그는 '수학은 언어의 통사적 작업인가?'라는 제목의 논문을 고치고 또 고쳤다. 그가 내놓은 대답은 단호한 '아니다!'

였지만, 편집자에게는 애석하게도 괴델은 논문을 출판하지 않았다. 하지만 괴델이 죽은 뒤 그의 방대한 유작(이 논문의 여섯 가지 판본도 포함되었다)에서 똑똑히 밝혀진바, 그는 언제나 진정한 플라톤주의자였다.

쿠르트 괴델조차 "플라톤주의적 견해는 수학자들 사이에서 별로 인기가 없다"는 사실을 인정했다. 여기에는 이견이 없었다. 1940년 저명한 과학사학자 E.T. 벨은 이렇게 썼다. "예언자들에 따르면 수학에서 플라톤주의적 이상을 따르는 최후의 추종자는 2000년엔 공룡처럼 멸종한 신세일 것이다." 오늘날 우리는 새천년의 여명에 플라톤주의가 수학자들 사이에서 오히려 다시 득세했음을 안다. 공룡처럼 멸종한다니, 나 원 참!

실제로 오늘날 현업 수학자 대부분이 빅 스리의 동조자가 아니라 정체를 숨긴 플라톤주의자라는 것이 현재의 견해다. '저기 바깥에서' 한 단계 한 단계 발견되기를 기다리는 객관적인 수학적 실재가 존재한다는 다소 무의식적인 느낌이 수학자들을 이끈다. 이 수학자들은 스스로를 탐험가로 여긴다. 군, 다각형, 소수 같은 수학적 대상이 수학자에게 실재인 것은 두꺼비와 악어가 동물학자에게 실재인 것과 마찬가지다.

괴델이 플라톤주의적 견해의 손을 들어줬음은 사실이지만 그가 여론 전환의 장본인이라고 말하긴 힘들다. 플라톤도 이 추세에 책임이 없다. 그에게서는 현대적 의미에서의 수학철학을 전혀 찾아볼 수 없다. 하지만 그렇게 따지면 수학 연구의 일상적 노고 이면에서도 수학철학을 발견할 가능성은 희박하다.

불멸의 영혼이 수학을 아남네시스로 기억해낸다고 믿는 사람은 거의 없다. 하지만 침묵하는 대다수의 수학자는 (무언가를 발견하든 막다른 골목에 부딪히든) 자신의 하루하루 경험을 바탕으로, 수학이 우리와 독립적으로 존재한다고 확신한다. 이런 견해를 앞장서서 대변하는 수학자 로버트 랭글랜즈는 이렇게 썼다. "이것은 신용하기 힘든 개념이지만 전문 수학자들에게는 없으면 곤란한 개념이기도 하다." 이 수학자들은 자신에게 선택의 여지가 없다고 느낀다. 수학적 대상이 그토록 완강한 이유다. 도무지 우회할 수가 없다. 따라서 틀림없이 존재할 수밖에 없다.

"에베레스트산에 왜 올라야 하나요?"라는 질문에 조지 맬러리는 "산이 거기 있으니까요"라고 답했다(그는 1924년 이래로 여전히 거기, 에베레스트산에 있다).

수학은 실재를 위한 것인가?

철학자가 고를 수 있는 분야 중에서 수학철학보다 나은 것은 거의 없다. 수학철학에는 거창한 질문이 넘쳐난다. 우선 칸트를 인용해보겠다. "순수 수학은 어떻게 가능한가?" 계속해보자. 수학이란 무엇인가? 무엇에 대한 것인가? 수학자들이 말하는 '참'이나 '존재'는 무슨 뜻인가? 증명이란 무엇인가? 무엇이 우리를 확신시키는가? 수란 무엇인가? 집합이란 무엇인가? 논리란 무엇인가? 발견되는 것은 무엇이고 발명되는 것은 무엇인가? 수학은 왜 유용한가? 왜 그토록 독특한가?

하지만 으뜸가는 질문은 이것이다. 왜 우리가 수학에 관심을 가져야 하는가?

대부분의 수학자는 수학철학을 대뜸 무시할 뿐 아니라 일부는 경멸하기까지 한다. 철학자들 사이에서는 그런 수학자들의 행위를 정당화하는 추세가 늘고 있다.

가장 저명하고 통찰력 있는 현업 철학자 중 한 명인 이언 해킹이 묻는다. "수학철학이 대체 왜 있는 거지?" 이것은 민감한 질문이다. 철학자들의 대답에는 종종 미안해하는 기색이 배어 있는 반면 수학자들의 대답은 거들먹거리는 경향이 있다.

한때는 철학자들이 수학자들을 과감하게 질정하던 시절이 있었다. 플라톤은 기하학을 다루는 사람들이 쓰는 "몹시도 우스꽝스러운 말"에 불평했다. 홉스는 수학자들의 점 개념이 어처구니없다고 꾸짖었다. 쇼펜하우어는 평행선을 대하는 수학자들의 무지몽매한 우려를 조롱했다. 비트겐슈타인은 집합론의 '눈속임'에 개탄했다. 그 모든 질정은 허사였다. 수학의 장엄한 행렬은 계속 나아갔으며 호통 소리는 어둠에 묻혔다. 이제 경기장 밖에서 터져 나오는 철학의 야유는 좀처럼 들리지 않는다. 수학자들은 질정을 필요로 하지 않는다. 수학 바깥에서의 승인은 전혀 필요하지 않다. 철학자들이여, 참견은 사절합니다. 이것은 윌러드 밴 오먼 콰인과 퍼넬러피 매디의 뒤를 이은 여러 현명한 철학자가 묵묵히 받아들인 견해다. 이젠 수학의 평판이 너무 압도적으로 높아진 듯하다.

분명히 수학의 역사에서는 무리수 소동, 무한소의 알쏭달쏭한 성격, 러셀 역설을 비롯한 심각한 철학적 위기를 수없이 찾아볼 수 있다. 하지만 그때마다 수학자들은 외부의 도움을 전혀 받지 않은 채 문제를 해결했다.

(그나저나 수학이 이렇게 자립적이라고 해서 수학자들이 철학 문제에 무관심하다는 뜻은 아니다. 사실 많은 수학자는 수학이 발견되는 것인지, 발명되는 것인지를 놓고 몇 시간씩, 대개 늦은 시간까지 토론을 벌인다. 대체로 나이를 먹으면서 그런 열정이 사그라들기는 하지만, 그것은 난제의 정답을 찾았기 때문이라기보다는 체념했기 때문이다.)

수학자들이 수학철학을 받아들이더라도 그것은 그들의 사생활이고 연구에는 영향을 미치지 않는다는 합의가 있다. 이런 말은 결코 들을 수 없다. "이 사람의 정리를 믿으면 안 돼! 그는 유명론자이니까!" "그녀는 자연주의자로 돌아서자마자 총기를 잃었어."

수학철학에 대한 수학자들의 관심은 '빅 스리'의 대결에서 최고조에 달했다. 그 이후로 흥분은 사그라들었다. 그런 수학철학이 돌아왔다. 루번 허시의 간결한 공식에 따르면 "현업 수학자는 주중에는 플라톤주의자이고 주말에는 형식주의자다." 정곡을 찔렀다.

철학자들이 스스로에게 이름표를 붙이는 일에 훨씬 신중을 기한다는 것은 두말할 필요가 없다. 대략적으로 말하자면, 수학적 실재론자는 수학 명제가 참이거나 거짓이고 참·거짓 여부는 외부적인 것에 의해 결정된다고 주장하는 사람들이다. 다시 말해 객관적인 수학적 참은 영속적이고 객관적인 방식으로 독자적 존재를 영위한다. 그러니 발명이 아니라 발견된다. (현대적 의미에서의) 플라톤주의자는 한발 더 나아가 수학적 대상이 존재한다고 믿는다(여기에 누군가는 "저기 바깥에"라고 덧붙일 것이다).

물론 **존재**라는 낱말은 매우 위험천만한 용어다. 돌멩이는 존재한다. 구름도, 꿈도, 이야기도, TV 프로그램도, 컴퓨터 프로그램도, 코드도, 리듬도, 회전도, 환상도 존재한다. 그러니 수라고 존재하지 말란 법이 어디 있나? 그런데 '영속적 존재'는 서술하기가 더 힘들다. '저기 바깥에'는 어떻게 해야 하나? 어디 바깥을 말하는 걸까? 대답 삼아 손을 흔들지만 손가락은 어디도 가리키지 않는다.

대부분의 수학자는 궁지에 몰리면 이 문제에서 한발 물러선다. 그들에게 존재는 모순이 없는 것을 뜻한다.

루돌프 카르나프는 완강했다. 수나 삼각형 같은 수학적 대상이 그야말로 무의미하다고 주장했다. 우리는 이 문제를 어느 한쪽으로 판단할 방도가 전혀 없다. 진술에는 내용이 없다. 이와 반대로 카르나프는 바깥세상(돌멩이, 구름, 그리고 온갖 사물)의 존재 또한 판단할 수 없다는 주장에서도 완강했다. 다시 말하지만 이 문제는 무의미한 한낱 사이비 문제에 불과하다고 그는 말한다. 따라서 수학과 현실 세계가 거의 같은 토대에 놓인 상황에서 이 견해는 모종의 플라톤주의를 복원하는 듯하다. 카르나프는 이런 식으로 이해하지 않았지만.

수학의 비감각적 실재는 시공간에 놓인 채 감각에 의존하는 우리 인간의 생명 형태와 조화를 이루기 힘들어 보인다. 이 때문에 "수학의 비합리적 유효성"을 설명하기가 더더욱 힘들어진다. 일부 수학은 아무것에도 응용되지 않는 반면에, 응용되는 수학은 뛰어난 성과를 올린다. 물리학에서는 수학 이론이 1000만 분의 1의 가능성을 뚫고 옳은 것으로 입증된 사례가 넘쳐난다. 더욱 놀라운 사실은 공간이나 대칭을 다루는 순수한 수학 개념에서 난데없이 튀어나온 물리 이론이 미래를 예측하고 그것이 결국 (때로는 100년이 흐른 뒤에야) 옳은 것으로 드러나기도 한다는 점이다. 이는 경험적 데이터를 가공하는 해석적 '착즙기'에서는 기대하기 힘들다.

경험주의와 실용주의는 어떻게 수학적 추론을 확증할까? 어떤 예정조화§우주의 질서는 신이 미리 정해두었다는 라이프니츠의 개념가 수학의 이상 세계를 우리 뇌의 실물과 연결할까? 실재론자는 이에 대해 할 말이 많다.

반론은 인구에 회자되는 '저기 바깥의' 별천지가 없어도 아무 문제 없다는 주장이다. 수학은 저기 바깥이 아니라 '저기에', 즉 무심히 진화한 우리 마음속에 있다. 수학은 전적으로 인간적 활동이며, 설령 그 이상일지라도 우리에겐 아무것도 달라지지 않는다. 비트겐슈타

◀ 루돌프 카르나프(1891~1970)는 사이비 문제를 경고한다.

인 말마따나 "수학은 결국 인류학적 현상이다."

실재론자가 틀렸다면 수학적 대상은 한낱 추상적 허구이자 유용한 규약에 불과하다. 저기 바깥의 세계는 어떤 문제도 알지 못한다. 모든 문제는 인간의 산물이며, 그 해답도 마찬가지다. 그것들은 발명되었다. -1의 제곱근은 발명품이며 $x^2 + 1 = 0$이 해를 가지도록 하는 장치다. 비슷한 의미에서 벡터도 발명품이다. 벡터는 '저기 바깥에' 있지 않다. 벡터 공간의 원소가 들어갈 자리의 역할을 할 뿐이다. 벡터 공간도 '저기 바깥에' 있지 않다. 성질의 묶음을 체계화할 편리한 개념의 역할을 할 뿐이며, 그렇기에 19세기 후반 제대로 준비된 정신에서가 아니라 난데없이 나타났다.

이 대목에서 플라톤주의자들은 수학적 '발명'에 창조자를 놀라게 하는 기묘한 구석이 있다고 답한다. $x^2 + 1 = 0$의 해가 **모든** 다항 방정식을 푸는 열쇠인 **동시에** 이른바 보너스로 $e^{i\pi} = -1$을 충족하는 것, 또는 원주율의 제곱이 모든 제곱수의 역수의 합과 관계있는 것은 계획에 없었음이 분명하다. 이런 것을 상상할 수 있는 사람은 아무도 없다. 수학이 정신의 산물이라면 어찌 이토록 우리의 혼을 쏙 빼놓을 수 있단 말인가?

허수 단위 i나 벡터 공간 구조, 또는 귀납에 의한 증명이 발견된 게 아니라 발명되었음을 아는 것이 도움이 될까? 인류학자가 말할 수 있는 최소한은 수학자들이 그런 개념에 익숙해졌다는 것이다.

수학 개념은 이해하는 것이 아니라고 요한 폰 노이만은 말한다. 단지 익숙해질 뿐이라고.

수학은 초현실적일까?

지크문트 프로이트는 이렇게 썼다. "놀이의 반대편에 있는 것은 진지함이 아니라 오히려 현실일 것이다." 그렇다면 실재로서의 수학의 반대는 놀이로서의 수학일까? 어느 경우든 수학의 놀이적 측면을 간과해서는 안 된다.

수학적 추론은 돌멩이를 네모꼴과 세모꼴로 늘어놓는 놀이에서 시작했는지도 모른다. 실제로 자연수 1, 2, 3, 4를 삼각형으로 배열한 테트락티스tetractys는 피타고라스 학파에게 (그들의 비밀 선서에 따르면) "우리가 가진 모든 지혜의 샘이요 자연의 근원을 지탱하는 영원한 뿌리"로 간주되었다. 테트락티스는 완벽을 형상화했으며 조화를 얻는 열쇠로 숭배되었다. 어느 아이든 조약돌을 가지고 놀다 보면 저절로 테트락티스를 발견(발명?)할 수 있다.

플라톤주의의 맞수 형식주의는 종종 "표지물이 있는 무의미한

▲ 테트락티스.

게임"으로 규정된다. 형식주의자조차도 수학이 과학에 기묘하게 적용되다는 사실을 간과할 가능성은 희박하다. 실제로 수학은 어떤 게임도 넘보지 못할 만큼 필수 불가결하다. 하지만 기호열을 치환 규칙으로 처리하는 행위의 순수한 조작적 측면은 수학의 정합성을 입증하려는 힐베르트 프로그램의 핵심이었다. 그것은 마치 수학 기호가 체스 말처럼, **마치** 게임 규칙에 의해 부여된 것 말고는 어떤 내용도 없는 **것처럼** 연기한다는 뜻이었다(물론 '마치 ~인 것처럼' 연기하는 행동이야말로 놀이의 특징이다).

힐베르트 프로그램은 지나치게 야심찬 시도로 드러났지만, 컴퓨터의 발전에 결정적으로 박차를 가했으며 뒤이어 알려진 모든 수학을 컴퓨터 증명이라는 방법으로 검증하는 대기획을 출범시켰다. 흉내게임, 즉 '마치 ~인 것처럼' 연기하는 데에서 출발한 것 치고는 꽤 훌륭한 성과다.

게임으로서의 수학은 수학의 기초를 찾는 요긴한 기법에 머물지 않는다. 놀이는 문화 현상으로서의 '수학'을 이끄는 원동력이다.

이를 무엇보다 잘 보여주는 예로 초현실수가 있다. 초현실수는 약 50년 전 발견되었(거나 발명되었)다. 수의 이야기(더 정확히 말하자면 유한하든 아니든 어떤 식으로든 줄 세울 수 있는 수들의 이야기)가 결말에 도달했다고 누구나 생각하던 때였다.

알고 보니 그것은 착각이었다. 존 호턴 콘웨이라는 케임브리지 대학교의 젊은 수학자가 수를 가지고 놀다가 괴상망측한 성질을 가진 새로운 수를 잔뜩 발견한 것이다. 그는 이 수들을 도널드 커누스라는 미국 출신 동료에게 보여주었고 커누스는 그 수들에 유일하게 어울리는 이름을 지어주었다. 그것은 **초현실**수였다! 커누스는 오슬로의 호텔방에서 환희의 일주일을 보내는 동안 초현실수를 소개하는 책 한

권을 뚝딱 써냈다.

이 『초현실수Surreal Numbers』라는 책(부제는 '전직 학생 두 명이 어떻게 순수 수학으로 돌아서서 완전한 행복을 찾았는가')은 대학을 중퇴한 두 히피 앨리스와 빌의 이야기다. 이제 두 사람은 인도양 해안에서 '자신을 찾으려' 노력한다. 하지만 그들이 발견한 것은 모래밭에 반쯤 파묻힌 바위 조각이다. 바위에는 히브리어로 "태초에 만물이 공허했다. 그리고 J.H.W.H. 콘웨이가 수를 창조하기 시작했다"라고 새겨져 있다. 이 커누스판 창세기가 몇 줄 더 이어지는가 싶더니, 바위 조각이 떨어져 나가 중간에 끊겨버린다. 나머지 이야기는 앨리스와 빌이 저 구절의 의미를 해독하는 과정이다.

콘웨이는 크고 작은 모든 수를 두 가지 규칙에 따라 창조했다.

모든 수는 이전에 창조된 수의 두 집합에 대응하되 왼쪽의 어떤 집합도 오른쪽 집합의 어떤 원소보다 크거나 같지 않다.

그러므로 수는 수 집합의 쌍이며 $(L|R)$라고 쓸 수 있다. 규칙이 말이 되려면 수는 순서대로 정렬되어야 한다.

첫 번째 수의 왼쪽 집합의 어떤 원소도 두 번째 수보다 크거나 같지 않고 두 번째 수의 오른쪽 집합의 어떤 원소도 첫 번째 수보다 작거나 같지 않으면, 그리고 그런 경우에만if and only if 하나의 수가 다른 수보다 작거나 같다.

이렇게 하면 수로부터 풍성한 수를 최종적으로 만들어낼 수 있다. 그나저나 J.H.W.H.는 어떻게 시작할까? 방법은 다음과 같다. L과

R 둘 다 공집합 ∅으로 하자. "왼쪽 집합의 어떤 수도 …보다 크거나 같지 않다"라는 명령은 왼쪽 집합의 원소가 하나도 **없기** 때문에 당연히 충족된다. 이 첫 번째 수 (∅|∅)를 0으로 명명할 것이다. 명명은 =: 기호로 나타낸다(두 개의 점은 정의를 의미한다). 그리하여 아래와 같이 첫 번째 수가 탄생한다.

$$(\varnothing|\varnothing) =: 0$$

요한 폰 노이만이 자연수를 작도한 것과 마찬가지로 J.H. 콘웨이는 말 그대로 백지에서 출발한다. 하지만 그는 훨씬 멀리까지 나아간다. 다음 단계는 거의 자명하다.

$$(0|\varnothing) =: 1$$
$$(\varnothing|0) =: -1$$

오른쪽에 있는 이름은 기호에 불과하다. 이 기호들이 우리가 1과 −1에 부여하는 동작을 실제로 한다는 사실은 나중으로 미루자. 다시 말하지만 공집합은 '크거나 같다' 명령을 검증하기가 매우 쉽다. 앨리스와 빌은 지금까지 얻은 세 수 0, 1, −1이 각각 자신보다 작거나 같다는 것, 세 수가 서로 다르다는 것, 심지어 −1 ⟨ 0 ⟨ 1이라는 것까지 꼼꼼하게 확인한다. 지금까지는 좋다. 다음 수는 아래와 같다.

$$(1|\varnothing) =: 2, (2|\varnothing) =: 3, (\varnothing|-1) =: -2, \cdots$$

그러므로 이 모든 '정수'는 초현실수다. 하지만 지금까지 이 수들이 구성하는 것은 정렬된 구조일 뿐 그 이상은 결코 아니다. 어떤 대수학도 시야에 들어오지 않는다. 행운의 여신이 미소 지은 덕분에 앨리스와 빌은 떨어져 나간 바위 조각을 발견한다. 거기서 J.H.W.H.는 수를 더하고 음으로 만드는 규칙을 야훼 같은 어조로 일러주며 그 수들이 "생육하고 번성할" 것을 명한다. 이 대목에서야 초현실수가 자신의 온전함, 또는 정수성을 드러낸다. 이쯤 되자 앞으로 나아가기가 점점 힘들어진다. 하지만 순항만 한다면 어찌 게임이라 할 수 있으랴?

다음으로, 놀라운 것이 나타난다(마음의 준비가 된 사람에게는 놀랍지 않겠지만). 초현실수 (0|1)은 $\frac{1}{2}$로 명명되고 (0|$\frac{1}{2}$)은 $\frac{1}{4}$로 명명되고 이런 식으로 계속된다. 이렇게 나아가면서 곱셈 규칙을 염두에 두면 모든 이진 분수 $\frac{m}{2^n}$이 얻어진다(m, n은 정수). 이것은 다음의 대도약을 알리는 신호다. 이로부터 모든 실수가 생겨난다. 이 실수들은 초현실수 (L|R) 쌍이며 여기서 L과 R는 이진 분수의 집합이다. 이 시점에서 수학자들은 안전한 물가에 돌아온 느낌을 받는다. 이 작도는 유서 깊은 데데킨트 절단과 매우 비슷하다. 데데킨트 절단이 몇 가지 정렬 조건을 충족하는 수의 집합 쌍으로서 초현실수를 도입하는 전체 게임을 이미 제안했음은 의심할 여지가 없다. 덧셈, 뺄셈, 곱셈, 이제는 나눗셈까지도 모두 정상적으로 작동한다. 하지만 지금까지 우리가 본 것은 실수를 도입하는 한낱 흥겨운 방법에 불과하다. 어떤 수학과에서든 더 저렴한 가격에 실수를 얻을 수 있었을 테니 말이다.

빌과 앨리스가 이 문제를 궁리하기 시작하는데, 위에서 우렛소리가 울려퍼져 대화가 중단된다. "소용없도다! 무한집합에 도달할 때까지 기다리라."

오호, 수 (0, 1, 2, …|∅)은 알고 보니 모든 정수보다 크다. 이것

은 초한수인데, ω로 명명될 것이며 모든 서수에 이르는 길을 연다. 이와 반대로 수 $(0|1, \frac{1}{2}, \frac{1}{4}, \cdots)$은 별명이 ε인데, 양수이지만 어떤 양의 실수보다 작다. 게다가 $\frac{1}{\omega} = \varepsilon$이다. 무한소를 정의하려던 라이프니츠의 꿈이 실현되었다!

초현실수에는 초실수가 포함되며 따라서 에이브러햄 로빈슨의 비표준해석학도 포함된다. 이 시점에서 초현실적 재미가 진짜로 시작된다. 당신은 수의 연속체가 촘촘하게 뭉쳤다고 생각할지도 모르지만 모든 실수 x는 x에 나머지 모든 실수보다 가까운 초현실수의 구름으로 둘러싸여 있다. 초한수를 이용한 산술은 마법처럼 전개된다. 초현실수는 실수처럼 순서체ordered field를 형성한다(대체로 그런다는 얘기다). 실은 나머지 모든 순서체를 포함한다. 하지만 수효가 하도 많아서 더 긴 어떤 집합도 형성하지 못한다(그러므로 결코 체가 아니다).

도널드 커누스의 중편소설은 두 히피가 대학에 돌아간 뒤로 50년간 나이를 먹지 않았다. 번역본과 중쇄본이 수십 종에 이른다. 과학 저술가 마틴 가드너가 당시에 언급했듯 이 작은 책은 여전히 돋보인다.

주된 수학적 발견이 픽션으로 처음 발표된 유일한 사례다. 표준 집합론의 공리 몇 개로 이루어진 탁자에 텅 빈 모자가 놓였다. 콘웨이는 단순한 규칙 두 개를 허공에 흔든 다음 거의 아무것도 없는 곳에 손을 뻗어 무한히 풍성한 수의 태피스트리를 끄집어낸다.

초현실수를 모자에서 끄집어낸 마당에 수학적 대상이 실재인지 아닌지 묻는 것은 의뭉스러운 태도에 가깝다.

수학적 생명

콘웨이의 묘기는 옛 분야에 새롭게 접근하는 길을 열어준다. 실수, 즉 '실제' 실수는 오랜 세월 이곳에 있었다. 실은 영원토록 이곳에 있었다(어떤 멀쩡한 플라톤주의자라도 인정할 것이다). 실수 없는 수학은 상상하기 힘들어 보인다. 하지만 이것은 **수학**보다는 **우리**에 대해 더 많은 것을 알려주는지도 모르겠다.

다른 문명들은 전혀 다른 수학을 만들어낼 수 있었을까? 우리의 수학은 요행일까? 이것은 어떤 외계 행성 위나 성간 물질의 빽빽한 구름 속에, 우리가 아는 생명과 같은 유전부호(뉴클레오타이드 세짝이 단백질 알파벳으로 번역된다)에 기반하지 않은 생명 형태가 존재할 수 있느냐고 묻는 것과 같다. 우리가 아는 유전부호는 하나뿐이고 우리가 아는 수학 형태도 하나뿐이지만, 그렇다고 해서 둘 중 어느 쪽이든 반드시 우주적이라는 뜻은 아니다. 이 두 가지는 지금껏 우리 지구를 지배하면서 어떤 도전도 받지 않았다. 하지만 이러한 독점은 그저 이곳에 먼저 와서 나중에 오는 것들을 집어삼켰기 때문에 가능했는지도 모른다. 지금으로서는 '저기 바깥에' 경쟁자가 하나라도 있는지 알 도리가 없다.

하지만 우리는 콘웨이식 지성체가 다른 형태의 생명이나 수학을 발견하리라 얼마든지 상상할 수 있다. 어떤 의미에서 J.H. 콘웨이는 이미(실은 생명과 수학 둘 다에 대해) 그렇게 했다. 잠시 샛길로 빠져 이 문제를 살펴보자.

많은 수학자는 수학의 역사에서 일어난 (괴상망측까지는 아니더라도) 기이한 우여곡절에 매혹된다. 수학은 우발적일까? 지적인 무작위 행보일까? 완전히 다른 수학이 존재할까? 자연수 없는 수학을 상상하기란 솔직히 쉽지 않다. 하지만 (이를테면) 연속체 없는 수학을 상상하기란 별로 힘들지 않다. '세포 자동자 이론'이 좋은 예다.

세포 자동자는 (소프트웨어 플랫폼 매스매티카를 개발한 스티븐 울프럼의 겸손한 표현에 따르면) "새로운 종류의 과학"으로 칭송받았다. 사실 세포 자동자는 계산 이론의 하위 분야로서 현대 수학에 속하며 주변 분야들 안에 긴밀히 통합되었다. 심해에 서식하는 기이하고 반투명한 유기체는 지구의 생명나무에 속하면서도 외부 은하의 진화를 설명하는 실마리를 던질 가능성이 있는데, 이와 마찬가지로 우리는 세포 자동자로부터 또 다른 수학이 어떤 모습일지 엿볼 수 있다.

세포 자동자를 소개하는 최선의 방법은 역시나 카리스마 넘치는 기이함의 제왕 J.H. 콘웨이의 뒤를 따라 그의 생명 게임을 서술하는 것이다.

생명 게임의 무대는 2차원의 무한한 네모 격자다. 각각의 네모 셀은 여덟 개의 이웃 셀과 맞닿았다. 셀은 '켜짐'과 '꺼짐' 중 한 상태에 놓일 수 있으며 매초 상태가 갱신된다. '꺼짐' 셀은 이웃 셀 세 개가 '켜짐' 상태이면, 그리고 그런 경우에만 '켜짐'으로 바뀐다. '켜짐' 셀은 이웃 셀 두 개나 세 개가 '켜짐' 상태이면, 그리고 그런 경우에만 '켜짐' 상태를 유지하며 나머지 경우에는 '꺼짐'으로 바뀐다. 격자에서 주어진 모든 최초 구성은 매초 단계적으로 진화하는데, 그 미래는 영원까지 미리 정해져 있다. 시간은 단계적으로 진행하며 셀은 '켜짐'이나 '꺼짐' 둘 중 한 상태일 수 있다. 무엇도 이보다 **덜** 연속적일 수는 없다. 이 세계는 뼛속까지 이산적이다.

고립된 '켜짐' 셀은 다음 단계에서 '꺼짐'으로 바뀐다. 가로세로 두 개의 '켜짐' 셀로 이루어진 하나의 덩어리는 상태가 결코 바뀌지 않는다. 한 줄로 늘어선 세 개의 '켜짐' 셀은 가로로 놓였다 세로로

▲ 존 호턴 콘웨이(1937~2020).

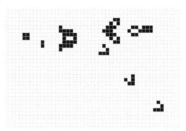

▲ 오른쪽 아래를 향해 잇따라
글라이더를 발사하는 글라이더 건.

놓였다 미친 듯 춤추며 영원히 함께한다. '켜짐' 셀 다섯 개나 일곱 개로 이루어진 몇몇 작은 형상은 어마어마하게 자라다가 결국 터지기도 한다. '켜짐' 셀 다섯 개로 이루어진 괴상한 모양의 형상은 게걸음으로 격자를 가로지르며 네 단계마다 원래 모양으로 돌아온다(위치는 달라지지만). 이것이 글라이더다. 매우 괴상하게 생긴 또 다른 형상은 주기적으로 원래 모양과 위치로 돌아오지만 글라이더를 잇따라 끊임없이 발사한다. 이것이 글라이더 건이다. 글라이더 대열은 서로 무사히 스쳐 지나가기도 하고 서로 박살 내기도 하고 서로의 방향을 수직으로 바꾸기도 한다. 그 밖에도 수많은 장면이 펼쳐진다. 글라이더 열세 대가 정확하게 충돌하면 글라이더 건이 된다. 두 대가 정확하게 충돌하면 먹보가 된다. 먹보는 가만히 있으면서 글라이더를 흔적도 없이 먹어치운다.

　격자의 사선은 신경세포처럼 행동할 수 있다. 글라이더는 전기 펄스처럼 사선을 따라 이동할 수 있다. 펄스는 정보를 전달할 수 있다. (기억하시겠지만 매우 단순한 규칙 몇 개만 가지고 부리는) 이 마법으로 콘웨이는 만능 튜링 자동 기계를 제작할 수 있었다. 이것은 격자 위의

'켜짐' 셀과 '꺼짐' 셀로 이루어진 거대한 형상이다. 글라이더 무리에 생명 게임이 작용하는 방식은 기계어로 쓴 프로그램 비트열에 컴퓨터가 작용하는 방식과 같다.

콘웨이의 자동 기계가 현재의 컴퓨터를 대체할 가능성은 좋게 말해 희박하다. 요점은 콘웨이 자동 기계의 행동이 컴퓨터 못지않게 복잡하다는 것이다. 따라서 콘웨이 자동 기계는 기본적으로 예측 불가능하다. 실제로 튜링 이후 우리는 이런 자동 기계가 예측 불가능하며 까다로운 문제들을 무한정 일으킨다는 사실을 안다.

게다가 콘웨이 자동 기계는 자기복제되도록 프로그래밍할 수 있다. 어떤 타당한 기준에 비춰봐도 살아 있는 것이다.

오늘날 세포 자동자는 탄탄히 확립된 연산 모형으로, 수학의 방대한 최근 분야 중 하나다. 우람한 거목의 작은 싹인 셈이다. 하지만 세포 자동자가 더 일찍 생겼다면 어땠을까? 이론상 세포 자동자는 정교한 수학적 기법이 전혀 필요 없다. 게임을 실행하려면 '켜짐'과 '꺼짐'의 전환 규칙을 이해하기 위해 여덟 까지만 셀 수 있으면 된다. 고대 그리스인이 정다면체에 매혹되지 않고 세포 자동자에 푹 빠졌다고 가정해보자. 수학의 대체 역사는 어떻게 흘러갔을까?

세포 자동자는 생명 게임 말고도 수없이 많다. 자동자마다 상태의 개수가 다를 수 있으며 전환 규칙과 그리드의 기하학적 구조도 마찬가지다. 콘웨이가 이런 흥미로운 행동을 나타내는 세포 자동자를 생명 게임에서 발견하기까지는 어마어마한 양의 실험이 필요했을 것이다. 컴퓨터가 없었다면 결코 해내지 못했을 것이다. 그러니 모든 것을 고려하건대 고대 그리스인들이 정다면체에 치중한 것은 현명한 선택이었다. 수학의 발전은 당대의 기술 수준에 달렸다. 하지만 수학 이면의 재미를 추구하는 것이 인간의 원초적 특질임은 분명하다. 유희는 진화적 바탕을 가지며 문명의 어떤 층위보다도 훨씬 깊숙이 자리 잡았다.

형식주의자들이 수학을 게임에 곧잘 비교하기는 하지만 형식적 증명은 놀이적 측면에 전혀 주목하지 않는다. 하지만 우리는 요모조모 뜯어보고 탐구하고 시험하는 데서 즐거움을 찾으며 발명 못지않게 발견에서도 기쁨을 느낀다.

16

이해Understanding
푸딩도 증명도 먹어봐야 맛을 안다

안락의자 쾌락주의

많은 수학자가 플라톤주의자이고 더욱 많은 수학자가 쾌락주의 자다. 대부분의 일반인은 믿기 힘들 것이다. 일반인들은 학창 시절 자신에게 지루하기만 하던 과목에서 쾌락을 느끼는 사람이 있다는 사실을 이해하지 못한다.

수학은 어떤 즐거움을 선사할까? 무엇보다 통찰의 쾌감이 있음은 의심할 여지가 없다. 이런 정신적 광명의 순간은 마음의 문을 닫아건 사람에겐 설명하기가 쉽지 않다. 그런 순간은 주로 홀연히 당도하며 가끔은 느릿느릿 밝아오기도 한다. 대개는 약 오르고 실망스럽고 심지어 괴로운 지지부진 뒤에 찾아온다. 이따금 포기하고 딴 날 다시 시도해야 할 때도 있다. 수학은 끈기를 가르친다. 겸손도 가르친다. 세상에는 나보다 훨씬 똑똑한 사람이 얼마나 많은지!

이 신비한 이해 과정의 풍미를 전달하는 유일한 방법은 예를 드는 것이다. 이런 사례의 선택은 임의적일 수밖에 없다. 나머지 수백 가지 예들도 안성맞춤이긴 마찬가지이기 때문이다.

맨 먼저 고전적 결과인 피타고라스 정리를 다시 살펴보자. 피타고라스 정리보다 낡은 예는 없어 보인다. 다시 들여다보는 건 시간 낭비일 것 같다. 하지만 피타고라스 정리의 증명은 수백 가지나 된다. 하나면 충분하지 않을까? 논리적 관점에서는 분명히 충분하다. 하지만 새로운 증명은 새로운 이해를 낳는다. 아래 증명에는 특별한 감흥이 있다. 이 증명은 a, b, c가 직각 삼각형의 변 길이일 때(c는 빗변 길이) 반드시 $a^2 + b^2 = c^2$임을 증명하는 데에 머물지 않는다. 이유도 설명한다.

직각을 통과하는 수선은 삼각형을 두 개의 작은 직각 삼각형으로 나눈다(아래 그림). 세 삼각형은 각이 같기 때문에 닮은꼴이다. 빗변 길이는 각각 a, b, c다. 각 삼각형의 넓이를 S_a, S_b, S_c로 표기한다. 두 개의 작은 삼각형을 합치면 큰 삼각형이 되므로 $S_a + S_b = S_c$다. 세 빗변 각각에 대해 그 빗변을 변으로 가지는 정사각형을 작도하라. 세 정사각형의 넓이는 각각 a^2, b^2, c^2이다. 세 삼각형은 닮은꼴이므로 집 모양 도형(삼각형 지붕을 쓴 정사각형)도 닮은꼴이다. 세 도형 모두 정사각형 넓이에 대한 지붕 넓이의 비가 같은데, 이를 m이라고 한다. 그러므로

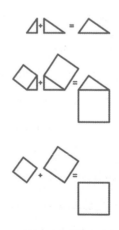

▲ 도형은 스스로 말할 수 있다.

$S_a = ma^2$, $S_b = mb^2$, $S_c = mc^2$이며 이에 따라 $ma^2 + mb^2 = mc^2$이다. 양변을 m으로 나누면 증명 끝.

학자들에 따르면 이 증명은 1929년에야 처음 발표되었다. 알베르트 아인슈타인이 학생 시절에 발견했다는 속설도 있다(그렇다면 그가 mc^2을 만난 첫 순간이었을 것이다). 삼각형이 닮은꼴이라는 사실을 활용한 피타고라스 정리 증명은 그 밖에도 많지만, 위의 중대한 통찰("삼각형 넓이를 더할 수 있으므로 정사각형 넓이도 더할 수 있다")은 피타고라스 이후 수천 년이 지난 뒤에야 번득였다. 좀처럼 믿기 힘든 얘기다(내가 정말 믿는지도 잘 모르겠다).

그렇긴 해도 이 증명은 한눈에 파악할 수 있다. 그런데 왜 이렇게 오랫동안 간과되었을까?

아무 다각형이나 고르시오

대부분의 수학자가 보기에 표면상 무관한 분야들을 연결하는 수많은 뜻밖의 연결은 마르지 않는 기쁨의 원천이다. 수학을 수학에 응용하는 것은 사실 '응용 수학'으로 간주되지 않는다. 하지만 이런 응용은 수학을 물리적 세계에 응용하는 것 못지않게 나름의 방식으로 놀랍다.

수중에 있는 수학의 양이 증가할수록 수학 분야들 사이의 연결의 개수도 증가한다는 사실은 말할 필요도 없다. 하지만 그중에는 이전의 지식이 거의 필요하지 않은 것들도 있다. 예를 들자면 유명한 픽의 정리를 살펴보자.

게오르크 픽의 사진은 한 장밖에 안 남았다. 사진 속에는 큼지막한 넥타이를 매고 단호한 표정을 지은 젊은이가 있다. 당시 빈에서 유행하는 패션이었다. 픽은 지크문트 프로이트보다 몇 살 아래였으며 아르투어 슈니츨러보다는 몇 살 위였다. 공부를 마친 뒤 합스부르크 제국에서 가장 오래된 프라하대학교에 진학했으며 은퇴할 때까지 그곳에서 재직했다. 동료로는 에른스트 마흐가 있었으며 알베르트 아인슈타인과도 잠시 함께했다.

픽은 교수직에서 은퇴한 뒤 1929년 빈으로 돌아갔다. 그곳은 더는 젊은 날의 벨 에포크§19세기 말부터 1914년의 제1차 세계대전 전까지 유럽의 좋은 시절 빈이 아니었다. 오스트리아는 만신창이가 되어 있었다. 1938년 나치가 오스트리아를 점령하자 픽은 다시 프라하로 피신해야 했다. 하지만 너무 가까웠다. 1942년 그는 강제 수용소 테레지엔슈타트에 수감되었다가 얼마 못 가서 사망했다.

오늘날 픽은 복소해석학과 미분기하학에 기여한 공로로 알려졌다. 둘 다 만만찮은 분야다. 하지만 1899년 《로토스Lotos》라는 무명의 보헤미아 학술지에 발표한 논문은 골머리를 썩일 필요가 전혀 없다. 이 논문은 보석으로 드러났다.

생명 게임에서와 같은 평면 격자에 단순한 다각형을 그려보자.

▲ ⓐ 게오르크 픽(1859~1942).

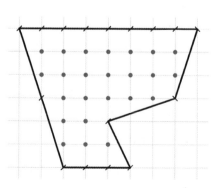

▲ ⓑ 픽 수 $24 + \frac{16}{2} - 1 = 31$인 격자 다각형.

이 도형은 교차하지 않는 선분으로 이루어진 닫힌 경로다. 꼭짓점(두 선분이 만나는 귀퉁이)은 반드시 격자 위의 점이라고 가정한다(460쪽 그림 ⓑ). 이 격자의 1×1 정사각형은 평면에서 넓이를 재는 자연 단위 척도다. 이렇게 하면 픽의 정리에 따른 다각형 넓이는 픽 수(물론 그는 이 용어를 쓰지 않았다)에 의해 주어지며 정의는 아래와 같다.

$$\text{픽}(\text{다각형}) =: P_I + \frac{P_B}{2} - 1$$

여기서 P_I는 다각형 **내부**interior에 있는 격자점 개수이며 P_B는 **테두리**boundary 위에 있는 격자점(모든 변과 꼭짓점 위에 있는 나머지 모든 격자점) 개수다.

고대 이래로 다각형 넓이 계산은 식은 죽 먹기만큼 간단한 문제였다. 하지만 픽의 공식을 이용하면 길이나 각도를 측정하지 않고도 넓이를 구할 수 있다. 개수를 세기만 하면 된다.

증명을 살펴보자. 가장 간단한 사례는 당연히 단위 정사각형이다. 격자점은 테두리 위에 네 개(꼭짓점) 있고 내부에는 하나도 없다. 이건 그냥 보면 안다.

다음으로 격자 선을 변으로 하는 직사각형을 살펴보자(그림

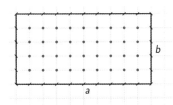

▲ ⓒ 가로 변과 세로 변이 있는
직사각형에 대해 픽의 정리를 검증하기.

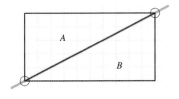

▲ ⓓ 그런 직사각형을 이등분한
두 삼각형에 대해 픽의 정리를 검증하기.

ⓒ). 이 직사각형의 가로가 a이고 세로가 b이면(물론 자연수) 내부 격자점 개수 P_I는 $(a-1)(b-1)$이다. 테두리 격자점 개수 P_B는 $2a+2b$다. 픽 수는 ab이며 이것이 넓이다. 이것도 한눈에 알 수 있다.

다음으로 직사각형을 대각선으로 갈라 직각 삼각형 A와 B를 만들어보자(461쪽 그림 ⓓ). 우리가 증명하려는 것은 아래 식이다.

$$픽(직사각형) = 픽(A) + 픽(B)$$

대각선 위에 있지 **않은** 모든 격자점은 왼쪽과 오른쪽에 똑같이 분포한다. 대각선 위에 있지만 꼭짓점 위에는 있지 않은 격자점도 마찬가지다(만일 있다면). 실제로 왼쪽 그림에서는 직사각형의 내점으로 간주되고 오른쪽 그림에서는 두 삼각형 A와 B(절반 두 개)의 테두리점으로 간주된다. 이 점들의 기여도는 서로 상쇄한다§ 내점은 그냥 더하고 테두리점은 $\frac{1}{2}$을 곱해서 더하는데, 그 테두리점으로 계산하는 삼각형이 두 개이므로. 이제 남은 것은 대각선 위의 꼭짓점 두 개다. 두 점은 왼쪽 그림에서는 $\frac{1}{2}+\frac{1}{2}$만큼 일조하고 오른쪽 그림에서는 $\frac{1}{2}+\frac{1}{2}$의 두 배만큼 일조한다(삼각형이 두 개이므로). 이러면 너무 많지만, 각각의 픽 수에 속하는 항 -1 덕분에 결국은 문제가 해결된다. 그러므로 A의 픽 수는 직사각형의 픽 수의 절반이며 이에 따라 넓이도 절반이다. 따라서 A의 넓이와 같다.

대각선에 의해 두 부분 A와 B로 나눌 수 있는 임의의 다각형 C에도 같은 논증이 성립한다.

$$픽(C) = 픽(A) + 픽(B)$$

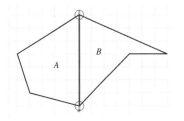

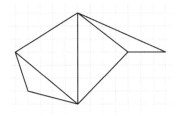

▲ 다각형 *C*를 대각선을 이용해
두 개의 다각형으로 가르기.

▲ 다각형을 여러 개의
삼각형으로 가르기.

픽 수는 넓이와 마찬가지로 가법적이다(더할 수 있다). 그러므로 '픽 수 = 넓이'라는 공식은 세 다각형 중 어느 두 개에든 성립하면 세 번째 다각형에도 성립한다.

각 다각형은 대각선에 의해 삼각형들로 가를 수 있으므로(위 그림) 우리의 할 일은 끝났다. 그렇지 않나? 실은 꼭 그런 것은 아니다. 지금까지 우리가 살펴본 '픽 수=넓이'라는 사실은 수평과 수직 변이 있는 삼각형에만 성립한다. 하지만 여기서 꼼수를 쓸 수 있다(아래 그림). 어느 삼각형이든 격자 선을 변으로 하는 직사각형으로 둘러싸면 된다. 이 직사각형은 지금까지와 마찬가지로 픽 수 = 넓이를 충족한다. 그런 다음 군더더기 삼각형(전부 수평 변과 수직 변이 있다)을 잘라낸다. 이 삼각형들도 픽 수 = 넓이를 충족하므로 나머지 다각형, 즉 군더더기

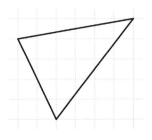

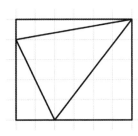

▲ 삼각형을 수평 변과 수직 변을 가진 직사각형으로 둘러싼 다음 군더더기 삼각형들을 잘라낸다.

삼각형들을 잘라낸 우리의 삼각형도 마찬가지다.

　이것으로 끝났다. 우리는 픽의 정리를 증명했다. 그런데 과연 그럴까? 당신은 모든 다각형을 삼각형들로 가를 수 있는지 의문이 들지도 모르겠다. 그것은 직관적으로 명백해 보이며 실제로 참이다. 하지만 증명이 필요하다. 또 다른 반론은 더욱 심각하다(적어도 언뜻 보기에는 훨씬 억지스러워 보인다). 우리는 별 생각 없이 **내부** 격자점을 이야기했다. 하지만 모든 다각형에 내부가 있을까? 아래 그림과 같은 도형에서 보듯 반드시 그런 것은 아니다. 19세기 말엽이 되자 이런 단언은 더는 무비판적으로 수용될 수 없었다. 증명되어야 했다. 그때 이후 이것은 '조르당의 곡선 정리'로 알려졌다. 증명은 쉽지 않았다. 여러 쪽에 걸쳐 전개되었으며 100년 뒤에 나온 자동 정리 증명기도 꽤 애를 먹었다.

　증명을 이해하지 못하면 정리를 이해할 수 없다는 말이 있다. 그러므로 우리는 물어야 한다. 조르당의 곡선 정리 이면에 도사린 문제를 알지 못하면서도 우리가 픽의 정리를 이해할 수 있을까? 증명과 함께 찾아온 이 모호하면서도 반박 불가능한 '이해'를 경험했을 때 우

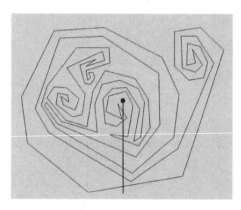

▲ 이 점은 다각형 안에 있을까, 밖에 있을까?

리는 스스로를 속인 것일까? 불완전한 증명은 쓸모없는 증명일까?

형가리 출신이며 수학적 발견법의 대가 포여 죄르지가 분명한 답을 내놓았다. "엄밀한 논리학자에게, 불완전한 증명은 결코 증명이 아니다." 그러더니 곧이어 이렇게 덧붙였다. "불완전한 증명도 적당한 장소에서 구미에 맞게 사용되면 유용한 것이 된다."

구미에 맞게 사용된다니! 분명히 관건은 당신이 엄밀한 논리학자인지 세련된 에피쿠로스 학파인지다. 유토피아주의자들은 인간이 포도주 시음회에서처럼 수학 감식가의 역할을 만끽하는 황금시대를 예견할지도 모르겠다. 우아함을 판정하는 사람들은 '증명 시음회'에서 기발한 통찰을 추려 증명의 바디감과 향미에 대한 인상을 동료 감식가들과 비교할 것이다. 그러는 동안 싸늘한 저장고에 틀어박힌 자동 증명 검증기들은 식탁에 대접되는 모든 증명이 완벽히 형식화될 수 있는지 확인하느라 골머리를 썩인다.

이제 전혀 다른 무언가를 살펴볼 차례다. 그것은 페리 수열로, 이것을 우연히 발견한 영국의 지질학자 존 페리(1766~1826)의 이름을 땄다. 페리 수열은 일반적 의미에서의 수열이 아니라 정렬 목록 F_1, F_2, F_3, …이다. 여기서 (이를테면) F_5는 0과 1 사이의 분수 중에서 분모가 5 이하인 것들을 모두 크기순으로 정렬한 목록이다(기약 분수만 허용되므로 $\frac{2}{4}$는 배제되고 $\frac{1}{2}$은 포함된다). 그러므로 F_5는 아래와 같은 목록이다.

$$\frac{0}{1}, \frac{1}{5}, \frac{1}{4}, \frac{1}{3}, \frac{2}{5}, \frac{1}{2}, \frac{3}{5}, \frac{2}{3}, \frac{3}{4}, \frac{4}{5}, \frac{1}{1}$$

페리 수열의 주 정리는 $\frac{a}{b}$가 그런 목록에 속하는 임의의 분수이고 $\frac{c}{d}$가 다음에 오면 $bc = ad + 1$이라는 것이다. 이것은 F_5에는 쉽게 검증할 수 있지만 F_{100}과 F_{28741}에도 성립한다. 언뜻 보기에는 매우 신기한데, 알고 보면 픽의 정리에서 직접 도출되는 결과다. 이 점이 이상하게 느껴진다. 실제로 픽의 결과는 격자점과 다각형에 관한 것인 반면에 페리의 관심사는 단분수의 목록에 관한 것이다. 둘은 어떤 관계일까?

그것은 비결을 알면 명백해진다. 분수 $\frac{a}{b}$는 정수 쌍 (a, b)에 대응하는데, 이것은 (평면에서 그물코 크기가 1인 격자 위에 있는) 격자점이다. 사실 이에 대응하는 유리수는 원점 $(0, 0)$에서 (a, b)를 통과하는 반직선 위에 있는 모든 격자점의 집합으로 정의된다(아래 그림을 보라). 반직선의 기울기가 바로 $\frac{b}{a}$다. 페리 수열에서 분수가 커짐에 따라 기울기는 작아진다. $\frac{c}{d}$는 페리 목록에서 $\frac{a}{b}$ 바로 다음에 오는 분수이므로 (a, b), (c, d), $(0, 0)$을 꼭짓점으로 하는 삼각형 안에는 다른 격자점이 하나도 없다. 내부에도, 테두리에도 없다. 그러므로 삼각형의 넓이는 픽의 정리에 따라 $\frac{1}{2}$이다. 게다가 초등 기하학으로 알 수 있듯 이 넓이는 $\frac{bc-ad}{2}$다(오른쪽 그림). 이는 페리 수열의 주 정리를 함축한다.

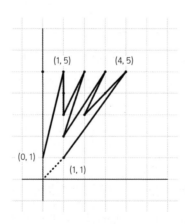

▲ 페리 수열 F_5의 격자점들. $(0, 1)$에서 시작해 $(1, 5)$로 이어지고 점차 기울기가 줄다가 마지막에는 $(4, 5)$를 지나 $(1, 1)$에서 끝난다.

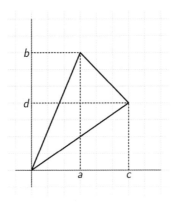

▲ (a, b), (c, d), $(0, 0)$을 꼭짓점으로 하는 삼각형의 넓이는 $(0, 0)$, $(a, 0)$, (a, b)를 꼭짓점으로 하는 삼각형의 넓이에 $(a, 0)$, (a, b), (c, d), $(c, 0)$을 꼭짓점으로 하는 사다리꼴의 넓이를 더하고 (c, d), $(c, 0)$, $(0, 0)$을 꼭짓점으로 하는 삼각형의 넓이를 뺀 것과 같으며, 그러므로 $\frac{ab}{2} + \frac{(c-a)(d+b)}{2} - \frac{cd}{2} = \frac{bc-ad}{2}$와 같다.

입체수

오일러의 유명한 다면체 공식은 픽의 정리를 응용한 또 다른 사례다.

위키백과에서 '다면체'를 검색하면 "현대 수학에서 다면체라 불리는 대상들을 전부 포괄할 수 있는 엄밀한 정의는 존재하지 않는다"라고 나온다. 이 말에서 수상한 냄새가 난다. 보편적 동의야말로 수학의 보증서 아니던가? 당연하다. 하지만 누구도 완벽하지 않다.

다면체는 테두리가 있는 입체다. 이것만큼은 확실하다(그나저나 과연 그럴까?). 다면체의 면은 평평한 다각형이며 모서리를 따라 맞닿았다. 모서리는 곧은 선분이며 꼭짓점에서 만난다. 문제를 단순화하기 위해 우리의 다면체가 볼록하다고 가정할 것이다. 모든 두 점은 다면체에 완전히 포함되는 선분으로만 만날 수 있다. 즉, 이 입체에는 구멍이나 흠이 있을 수 없다.

그리스의 기하학자들은 다면체를 애지중지했지만 이에 관한 가장 좋은 소식 몇 가지에는 무지했다.

오일러가 발견한(또한 데카르트가 훨씬 이전에 이미 잘 알았던) 한 가지 사실은 다면체의 꼭짓점 개수 V, 모서리 개수 E, 면 개수 F의 흥미로운 관계다. 즉, 아래 공식이 성립한다.

$$V + F = E + 2$$

이것은 (이를테면) 플라톤 다면체에서는 쉽게 검증할 수 있다. 정육면체는 F가 6, V가 8, E가 12다.

다면체 공식은 픽의 정리와 아무 관계가 없어 보인다. 격자도 넓이도 없으니 말이다. 하지만 아래에서 보듯 다면체 공식은 픽의 정리에서 직접 도출된 결과다.

증명의 첫 번째 단계는 다면체가 '입체'라는 사실을 잊는 것이다. 오일러의 공식은 면, 모서리, 꼭짓점을 대상으로 하는데, 이것들은 모두 다면체의 2차원 표면에 속한다. 이 표면이 고무판이라고 상상해보자. 아무 판이나 하나 골라 '뒷면'이라고 이름 붙인 다음 뜯어지지 않게 격자 위에서 늘여보자. 충분히 늘이면 나머지 모든 면(앞면들)도 평평하게 늘어날 것이다. 우리는 꼭짓점과 모서리에 표시를 해두었으므로, 이것들은 이제 뒷면을 따라 늘어난 연결망을 형성한다. V와 E는 둘 다 달라지지 않았다. 평평한 고무 연결망을 적절히 조정하면 모든 꼭짓점이 격자점에 놓이도록 할 수 있다. 따라서 픽을 위한 무대가 완성되었다.

늘이기가 끝났을 때 뒷면의 넓이는 나머지 면의 넓이를 더한

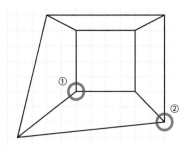

▲ 정육면체를 평평하게 늘인 모양. 두 꼭짓점에 동그라미 표시가 되어 있다. ②는 (이동한) 뒷면의 테두리 위에 있으며 ①은 뒷면 내부에 있다. 꼭짓점이 속한 모서리 개수와 면 개수가 같다는 사실에 유의하라(꼭짓점 ①에는 모서리 3개가 만나는데 여기서 만나는 면의 개수도 앞면 3개다. 꼭짓점 ②에도 모서리 3개가 만나며 면은 앞면 2개와 뒷면 1개로 총 3개다).

합과 같다(위 그림을 보라). 그러므로 뒷면의 픽 수는 앞면들의 픽수를 더한 합과 같다.

$$픽(뒷면) = 픽(앞면들)의 합$$

이로부터, 격자점을 꼼꼼히 세면 오일러 공식이 유도된다(의욕이 넘치는 독자는 직접 풀어보시길. 풀이는 뒤 페이지에 실었다).

다면체 공식은 가장 널리 사랑받는 수학 공식 중 하나에 그치지 않는다. 수학철학에서도 중요한 역할을 한다. 실제로 이 공식은 러커토시 임레의 도발적 저작 『수학적 발견의 논리』에서 주 무대를 차지한다. 이 책은 러커토시가 때 이르게 세상을 떠난 지 몇 년 뒤인 1976년에 유작으로 출간되었지만, 오래전부터 마치 지하 유인물처럼 손에서 손으로 전해지고 있었다.

우선 픽의 정리를 다시 한 번 상기하자,

$$\text{픽(다각형)} =: P_I + \frac{P_B}{2} - 1$$

우리는 격자점을 세야 하지만 대부분의 격자점은 아래 방정식의 양변 모두에 있다.

$$\text{픽(뒷면)} = \text{픽(앞면들)의 합}$$

즉, 좌변과 우변 모두에 있으므로 서로 소거한다. 당분간 꼭짓점은 무시하기로 하자. 앞면(앞쪽 다각형) 중 하나의 내부에 있는 모든 격자점은 뒷면(뒤쪽 다각형)의 내부에도 있으므로, 그 격자점들의 기여도는 서로 소거한다. 잘 가라! 뒤쪽 다각형의 변에 있는 각각의 격자점은 앞쪽 다각형의 변에도 있다. 이것도 잘 가라. 앞쪽 다각형의 변에 있는 나머지 격자점은 앞쪽 다각형 두 개에 속하므로 우변에 있는 합에 가중치 $\frac{1}{2}$의 두 배만큼 일조한다. 또한 뒤쪽 다각형의 내부 격자점이기도 한데, 여기서는 가중치 1만큼 일조한다. 이번에도 이 점들은 앞으로의 논의에서 배제할 수 있다.

마지막으로 남은 것은 꼭짓점에 있는 격자점들뿐이므로 이제 이것들을 살펴보겠다. 꼭짓점 개수는 모두 해서 V개다. 그중 v개가 뒷면에 속하며 따라서 $V-v$개가 내부에 속한다고 가정하자.

$$\text{픽(뒷면)} = \text{픽(앞면들)의 합}$$

지금까지의 소거를 모두 반영한 뒤 위 방정식의 좌변에 남은 것은 아래와 같다.

$$V - v + \frac{1}{2}v - 1$$

우변을 보자면, 마지막에 1을 빼는데 총 다각형이 $F-1$개이므로 $F-1$을 빼야 할 것이다. 다음으로 꼭짓점 기여도의 $\frac{1}{2}$이 있다(나머지는 전부 소거되었다). 이 기여도의 수를 산출하려면 각각의 면에 속한 꼭짓점 개수를 합쳐야 한다. 그런데 각 면에 속한 꼭짓점 개수를 합친 값은 각 꼭짓점이 속한 면의 개수를 합친 것과 같다. 한편 꼭짓점이 속한 면의 개수는 모서리의 개수와 같다. 모서리의 총 개수는 E이고 모서리마다 꼭짓점이 두 개 있으므로 합산하면 $2E$가 된다. 이것은 뒷면의 꼭짓점 v개 각각에서 뒷면을 생략해야 한다는 사실로 보정해야 한다(우변에서는 뒷면을 제외한 앞면들만을 따지므로).

픽(뒷면) = 픽(앞면들)의 합

따라서 위 방정식의 우변은 $\frac{1}{2}(2E-v)-(F-1)$이다. 좌변과 비교하면 v가 있는 항들이 소거되므로 위 방정식은 $V-1=E-F+1$을 산출하는데, 다름 아닌 오일러 공식이다.

러커토시는 지하 공작에 일가견이 있었다. 헝가리 태생으로, 마르크스주의자 레지스탕스와 함께 나치에 맞서 싸웠다. 전쟁이 끝난 뒤 모스크바에서 공부했는데, 스탈린 치하의 가장 엄혹한 시절이었다. 약 10년 뒤 공산주의 소련에서 달아나 런던 정치경제대학교에 안착했으며 과학철학과에서 칼 포퍼의 동료 교수가 되었다.

러커토시의 반항적 사상은 1960년대의 청년 정신과 잘 맞아떨어졌으며 수학철학이 교조적 형식주의로 화석화되다시피 했을 때 신선한 바람을 불어넣었다. 그의 흥겨운 연구 방식을 보면서 수학자들은 메타수학자들이 실제로 무엇을 하는지 메타수학이 설명할 수 없음을 떠올렸다.

『수학적 발견의 논리』는 한 교수와 엄청나게 똑똑한 학생들 사이에 벌어지는 활기찬 토론이다. 그들은 다면체 공식의 증명을 분석하고 허점과 반례를 찾아내며 결론을 구출하려 해쓴다. 대부분의 노력은 다면체가 실제로 무엇인지 알아내는 데 쓰이거나, 또는 ("실제로 무엇이다"라는 설명에는 플라톤주의적 과장이 스몄으므로) 증명이 유효하고 정리가 구현되도록 하려면 다면체를 어떻게 정의해야 하는지 알아내는 데 투입된다. 이 점에서 그들의 연구는 언어 분석이다. 이언 해킹은 훗날 이렇게 요약했다. "정리에서는 낱말의 의미가 하도 정제되었기에, 사실 정리는 낱말이 (올바르게 이해되었을 때) 의미하는 것 덕분에 참이 된다."

◀ 극작가이자 철학자 러커토시 임레(1922~1974).

『수학적 발견의 논리』에 나오는 상당수 논증은 저명 수학자들의 견해를 종종 말 그대로 되밟는다(러커토시 말마따나 "과학사 없는 과학철학은 공허하고 과학철학 없는 과학사는 맹목적이다").

우리의 다면체가 볼록하다고 가정하면 러커토시의 책에서 학생들이 논쟁하는 문제를 대부분 회피할 수 있지만, 그렇더라도 픽의 정리에서 오일러 공식을 유도하는 우리의 비공식적 증명에는 구멍이 숭숭 나 있다. 이를테면 모든 모서리가 팽팽히 늘어나도록 뒷면을 격자 위에서 확대하는 것은 기껏해야 발견법적 장치에 불과하다. 다각형을 받침대 위에서 늘이는 방법은 쉽게 상상할 수 있다. 고무판을 떠올리기만 하면 된다. 하지만 그리스의 기하학자들은 신축성 있는 물질을 좀처럼 보지 못했을 테니 우리의 논증에 코웃음 쳤을 것이다. 우리가 보기엔 직관이 우리의 논증을 떠받치는 듯해도 이것은 칸트가 기하학의 선험적 토대로 간주한 것과 같은 종류가 아니다. 형식적 증명은 틀림없이 훨씬 길고 복잡하다. 수학자들은 조만간 이를 직면해야 한다는 것을 안다. 그게 그들의 임무다.

이런 형식적 증명은 분명히 존재한다. 다면체 공식은 자동 컴퓨터 증명의 초기 성과 중 하나였다. 하지만 형식적 증명은 얼마나 무미건조하고 실속 없는지! 러커토시의 교실에서 벌어지는 열띤 토론과 얼마나 천양지차인지! 컴퓨터는 입체이든 고무줄 그물이든 사물을 공간에서 다룬다는 개념이 전혀 없다.

'아하!'와 '아차!' 사이에서

거의 모든 수학자가 동의하다시피 증명은 수학의 필수 조건이다. 하지만 이언 해킹은 증명에 매우 다른 두 가지 이상ideal이 있다고 지적했다. 그는 이 두 가지 증명을 '데카르트적 증명'과 '라이프니츠적 증명'이라고 부른다.

한편으로는 "어느 정도 고찰하고 연구하면 완전히 이해하고 '단번에' 파악할 수 있는 증명이 있다. 그것이 데카르트적 증명이다." 다른 한편으로는 "매 단계를 꼼꼼히 전개하고 한 줄 한 줄 기계적으로 점검할 수 있는 증명이 있다. 그것이 라이프니츠적 증명이다."

쾌락을 찾는 사람이라면 데카르트의 편에 서야 한다. 데카르트적 증명은 대체로 번득이는 이해, '아하!'의 경험, 난데없는 깨달음과 관계있다. "이등변 삼각형을 증명한 최초의 사람—그가 탈레스든 또는 다른 이름을 가졌든—에게 한 줄기 광명이 비쳤다." 이마누엘 칸트의 말이다.

이런 번득이는 이해는 결국에 가서는 섬광으로든 느린 여명으로든 덜 흡족한 다른 통찰로 얼마든지 대체될 수 있다. 무언가를 간과했거나, 반례가 제기되거나, 증명이 불완전하거나 심지어 틀렸을 수도 있다. '아하!'에서 '아차!'까지는 잔걸음 하나에 불과하다. 그런가 하면 이 '아차!'는 증명을 수선하거나 추측을 수정하거나 논박하는 방법들로의 통찰로 이어질 수 있다. 물론 결국에는 라이프니츠적 증명에서만 안도감을 느끼게 된다. 그때가 되면 재미는 온데간데없다.

수학적 이해의 희열을 경험하고 싶은 사람이 다들 정교한 이론을 깊이 파고들어야 하는 것은 아니다. 논리 퍼즐과 두뇌 게임 같은 이른바 취미 수학도 같은 원리를 바탕으로 삼는다. 업신여겨서는 안 된다. 농담으로만 이루어진 철학 책을 상상할 수 있듯이 퀴즈로만 이루어진 수학 교과서도 얼마든지 상상할 수 있다. 러커토시 임레의 수학 멘토 포여 죄르지는 이렇게 썼다. "기초적인 수학 문제는 모든 바람직한 다양성을 제공해주며, 그러한 문제의 풀이를 찾는 연구는 특히 접근하기 쉽고 흥미롭다."

이런 평이한 예제 두 가지를 들어보겠다. 둘 다 널리 소개된 낯익은 문제다.

1번 예제. 기차 두 대가 동시에 출발한다. 빠른 기차는 A에서 B로, 느린 기차는 B에서 A로 이동한다. 결국 두 기차가 서로를 스쳐 지나간다. 첫 번째 기차는 그로부터 정확히 한 시간 뒤에 B에 도착하고, 두 번째 기차는 첫 번째가 도착하고서 세 시간 뒤에 A에 도착한다. 문제: 첫 번째 기차는 얼마나 더 빠른가?

독자들 중에는 책을 덮고 직접 답을 알아내고 싶어하는 사람들도 있을 것이다. 그런 독자야말로 저자가 꿈꾸는 유형이다.

자, 독자여, 풀어보시라. 정답: 첫 번째 기차는 두 배 빠르다. 빠른 기차의 속력이 느린 기차보다 x배 빠르다고 가정해보자. 두 기차가 교차한 뒤 느린 기차가 주파해야 할 킬로수는 빠른 기차의 x배이며 1킬로미터당 걸리는 시간도 x배다. 그러므로 느린 기차가 목적지에 도달하려면 x^2배의 시간이 필요할 것이다. 알다시피 빠른 기차는 교차점으로부터 한 시간이 걸렸으므로 느린 기차는, 네 시간이 걸렸다. 그러므로 $x^2 = 4$이니까 $x = 2$다.

이 문제는 대학 물리학 수업에 단골로 등장한다. 조금 헷갈리기는 하지만 엄청나게 어렵지는 않다. 20세기 러시아의 유명한 수학자는 연구자가 일상 연구에서 평균적으로 투여해야 하는 정신노동의 전형적 수준을 산출하면서 이 예제를 기준으로 삼았다. 물론 이 정신노동이 어디 적용되는지는 천차만별이지만. 대학생들은 눈앞에 있는 문제를 수많은 학생이 이미 거쳐갔으며 기껏해야 몇 시간이면 풀 수 있음을 안다(행운의 영감이 번득이면 몇 분만에 풀 수 있을지도 모른다). 이에 반해 연구자들은 자신이 맞닥뜨린 문제가 평균 수준의 난이도를 가진

걸림돌인지, 오를 수 없는 장애물인지 미리 알지 못한다.

2번 예제. 통이 두 개 있는데, 하나에는 포도주가 가득 담겼고 다른 하나에는 같은 양의 물이 담겼다. 첫 단계로 첫 번째 통에서 포도주를 한 숟가락 떠서 두 번째 통에 따른다. 그런 다음 두 번째 통에서 한 숟가락 떠서 첫 번째 통에 따른다. 문제: 물통에 담긴 포도주와 포도주통에 담긴 물 중에서 어느 쪽이 더 많을까?

처음에는 이렇게 말하고 싶은 충동이 들 것이다. 둘 다 똑같다고. 그러다 의심이 든다. 첫술은 순수한 포도주였지만 다음 술은 물에 소량의 포도주가 섞이지 않았던가.

실은 최초의 충동이 옳았다. 어떤 사람들은 납득하는 데 시간이 좀 걸리겠지만. 결국 두 통 다 처음과 마찬가지로 액체가 같은 양 담겼다는 '통찰'에서 이해가 비롯한다. 그러므로 첫 번째 통에서 얼마큼의 포도주가 빠져나갔든 그것은 두 번째 통에 있던 물로 보충되었어야 한다. 아하!

이 '이해'는 무엇일까? 수학자들에게는 이토록 귀중한데도 대부분의 수학철학자에게는 외면받는 이 이해는? 그런데 대부분이긴 하지만 전부는 아니다. 이번에도 비트겐슈타인이 엇박자를 낸다. 그는 수학적 증명에 결부되는 확신에 매혹되었다. 우리는 증명을 이해할 수 있지만 왜 이해하는지 설명할 수는 없다. 말하자면 2차 이해가 존재하지 않는 것이다.

비트겐슈타인으로 말할 것 같으면 **그**는 설명하려 들지조차 않았다. 설명은 자신의 일이 **아니라고** 주장했다. 하지만 수학적 추론을 **기술**하는 일에는 최선을 다했다. 증명이 **위베르제바어**übersehbar(명료하거나 조사할 수 있는 것, 한눈에 파악할 수 있는 것, 이언 해킹의 용어로는 데카르트적인 것을 뜻한다)여야 한다고 몇 번이고 강조했다. 이 장의 첫머리에서 살펴본 피타고라스 정리는 그에게 만족감을 선사했을 것이다.

애석하게도 이런 증명으로 도달할 수 있는 정리는 몇 개 되지 않는다. 대체로 우리가 바랄 수 있는 최상의 상황은 일련의 수手가 꼬리에 꼬리를 물고 이어지며 하나하나가 명료한 경우다. 20세기에 가장 활발히 활동한 저명 수학자 에르되시 팔은 신이(그의 말로는 "지고의 파시스트"가) 이 증명들을 책에 꼭꼭 감춰둔다고 주장했다. 따라서 수학적 증명이 누릴 수 있는 최고의 찬사는 "그 책에 있는 증명이군"이다.

우리가 증명을 경험할 때 머릿속에서는 어떤 일이 일어날까? 신경생물학자들이 수학자들의 뇌를 촬영했더니 엽葉의 어떤 부위는 활성화되고 어떤 부위는 활성화되지 않았는데, 예상한 결과였다. 이것으로는 증명을 이해할 때 쾌락을 느끼는 이유를 설명할 수 없다. 진화생물학이 열쇠를 쥐고 있을까? 지금까지는 그렇지 않아 보인다. 수학적 쾌락주의는 여전히 수수께끼다.

수학적 발견이 증명보다 선행한다는 것, 종종 여러 시대를 선행한다는 사실은 잘 알려졌다. 통찰의 바탕은 귀납과 유추다.

다른 예를 살펴보자. 이번에도 픽의 정리를 근거로 삼겠다. 아래는 결코 증명이 아니며 한낱 논증에 불과하다. 그럼에도 픽의 공식을 **설명한다.**

각각의 격자점이 평면상에서 물방울을 하나씩 낳고 이것이 면에 고르게, 즉 격자의 단위 정사각형마다 한 방울씩 퍼진다고 가정해보자. 물은 퍼져 나가 결국 다각형의 모든 테두리를 덮을 것이다. 테두리의 이쪽에서 저쪽으로 흘러 나가는 양은 저쪽에서 이쪽으로 흘러드는 양과 (대칭성 때문에 당연히) 동일할 것이다. 실제로 각 변을 중점 기준으로 180도 회전시켜도 변과 격자점의 구성은 전과 똑같다. 흘러들

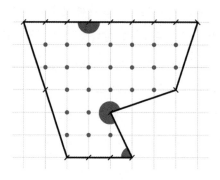

▲ 각각의 격자점이 물방울을 한 개씩 낳는다고 상상해보라. 테두리에 있는 격자점의 다각형 내부에 대한 기여도는 내각(회색으로 표시한 세 지점에서 보듯)에 대한 기여도에 비례한다.

기와 흘러 나가기 원리는 각각의 변에 성립하므로 우리의 다각형에서는 순유입이나 순유출이 발생하지 않는다.

이제 각각의 격자점이 다각형 안에 있는 물의 양에 얼마나 기여하는지 계산해보자. 내부의 격자점은 자신의 물을 전부 기여한다고 간주할 수 있다. 실제로 일부가 흘러 나가면 딱 그만큼이 흘러든다. 테두리 위에 있는 각각의 격자점이 기여하는 양은 다각형과 공유하는 내각§ 여기서 내각은 꼭짓점뿐 아니라 모든 테두리점의 내각을 뜻한다에 비례한다. 이 각이 180도이면 기여도는 $\frac{1}{2} = \frac{180}{360}$ 이고, 60도이면 $\frac{1}{6} = \frac{60}{360}$ 이고, 이런 식으로 계속된다.

이 모든 내각의 합을 계산하려면 딱정벌레 한 마리가 다각형의 변을 따라 시계 반대 방향으로 달린다고 상상해보라. 딱정벌레는 모두 더해서 완전히 한 바퀴 360도를 돌게 된다. 테두리에 있는 각각의 격자점에서 변이 꺾인 각도(180도 **빼기** 내각)만큼 회전하는데, 꼭짓점 위에 있는 격자점에서는 회전하지만 변 위에 있는 격자점에서는 원래 방향 그대로 직진한다. 내각이 180도보다 큰 경우에는(다각형의 오목한 부분) 음의 각만큼 회전한다. 이렇듯 총 회전 360도는 꼭짓점 위에 있는 모든 P_B 격자점에 대한 회전(180도 **빼기** 내각)을 합산한 결과다. 그러므로 내각의 합은 $(180P_B - 360)$도다. 이것을 360으로 나누면 $\frac{P_B}{2} - 1$이 된다. 그러면 이것은 테두리에 있는 격자점들이 다각형에 든 물의 양에 기여하는 정도다. 우리는 픽의 공식을 얻으며 (보너스로) 항 -1이 왜 생겨나는지 이해한다.

이 논증이 증명이 아님은 분명하다. 심지어 비공식적 증명조차 아니다. 격자점에서 똑똑 배어 나오는 물방울을 헤아리는 물리적 직관은 너무 미끌미끌하다. 하지만 흐르는 물, 순환하는 전류, 서로 균형을 이루는 무게추 등에 관한 같은 종류의 물리적 사고실험은 일찍이 발견법적 도구로서 성공을 거뒀다. 이 사고실험들은 아르키메데스와 리만의 가장 위대한 정리들에 영감을 주었다.

그와 동시에 물리적 사고실험은 우리를 속여먹는 것으로도 악명이 자자하다. 이런 인지적 도깨비놀음의 사례로 가장 널리 알려진 것 중에 용수철 역설이 있다.

고리에 매달린 용수철에 매달린 끈에 매달린 용수철에 매달린 무게추를 생각해보라(그림이 안 그려진다고? 그렇다면 480쪽 그림의 왼쪽 부분을 보시라). 거기에 더해 길이가 같은 끈 두 가닥이 연결되었는데, 이것들은 무게를 전혀 지탱하지 않기 때문에 느슨하다. 끈 하나는 무게추와 위 용수철의 아래쪽 끝을 연결하고 다른 하나는 아래 용수철의 위쪽 끝과 고리를 연결한다.

두 용수철 사이의 끈을 자르면 무슨 일이 일어날까? 어수룩한 사람은 당연한 것 아니냐고, 무게추가 축 늘어져 두 가닥의 느슨하던 끈이 팽팽해질 거라고 말한다. 역설이 도사린다는 경고를 듣지 않았다면 당신도 이렇게 생각했을 것이다. 사실 무게추는 **들려 올라간다**.

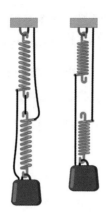

▲ 용수철 역설.

두 용수철은 여전히 당겨지고 있지만 (위 그림의 오른쪽 부분에서 보듯)
아까보다는 작은 힘으로 당겨진다. 아까는 두 용수철이 무게추를 직
렬로 지탱했지만 지금은 병렬로 지탱한다.

　이 간단한 실험은 살짝 바뀐 채 훨씬 알쏭달쏭한 맥락에서 '브
래스의 역설'이라는 이름으로 재등장했다. 용수철과 끈을 도로로 대
체해보라. 끈을 잘랐을 때 무게추가 위로 올라가듯이 도로를 막았을
때 교통 흐름이 빨라질 수 있다! 말하자면 새 도로를 깔았을 때 차량
속도가 오히려 느려질 수 있다. 이것 역시 직관에 어긋나는 결과이며
사회적 딜레마와 관계있다. 운전자들은 어느 길이든 자신에게 더 빠
른 쪽을 선택하는데, 이 때문에 교통 정체가 일어날 수 있다.

　그러므로 직관은 엉큼할 수 있고 이해는 섣부를 수 있다. '아
하!'와 '아차!'를 오가는 진동은 탈레스(또는 다른 그리스 수학자) 이래
로 수학을 연구하는 최초의 동기 중 하나였음에 틀림없다.

매우 특이한 법칙

통찰이 이해로 이어지는 과정은 쾌감을 준다. 하지만 이따금 통찰이 이해가 아니라 당혹으로 이어지기도 한다. 그러면 수수께끼가 드러난다. 그런 경험은 경이로우면서도 심란할 수 있다. 설명하는 방법은 예를 드는 것뿐이다. 하지만 어떤 예를 고른담? 수학에는 이런 예가 득시글거린다.

레온하르트 오일러에게서 실마리를 찾아보자. 그는 수학의 대가, 아니 수학마술사로, 그의 묘기는 타의 추종을 불허한다. 초상화에서는 으레 찡그린 표정이다. 왼쪽 눈은 서른이 되기 전에 실명했으며 말년에는 양쪽 시력을 거의 상실했다. 하지만 그의 수학적 시야는 손상되지 않았으며 생산성은 거침없는 행보를 이어갔다. 그의 전작은 아직도 완간되지 않았다. 다 합치면 두툼한 책 80권으로 엮이고도 남을 것이다.

오일러가 '매우 특이한 법칙une loi très extraordinaire'이라고 이름 붙인 것을 간략하게 소개하겠다(이 문구는 오일러가 라틴어를 쓰지 않고 프랑스어를 쓴 드문 사례다).

어떤 이유에서인지 오일러는 아래 곱을 계산했다.

$$(1-x)(1-x^2)(1-x^3)(1-x^4)(1-x^5)(1-x^6)(1-x^7) \cdots$$

이것은 무한히 많은 항의 곱인데, 첫째 항 $(1-x)$에서 출발하여, 다음은 $(1-x)(1-x^2)$, 그다음은 $(1-x)(1-x^2)(1-x^3)$ 등으로 이어지는 유한 곱 수열의 극한으로 이해된다. 각각의 유한 곱은 쉽게 산출할 수 있다.

◀ 대★수학마술사 레온하르트 오일러(1707~1783).

$$1 - x,$$
$$1 - x - x^2 + x^3,$$
$$1 - x - x^2 + x^4 + x^5 - x^6,$$
$$1 - x - x^2 + 2x^5 - x^8 - x^9 + x^{10}$$

이런 식으로 계속된다. 이 정도면 애들 장난이다. 얼마 지나면 이 다항식의 앞쪽 항들이 '동결'되는 것을 볼 수 있다. 이 항들은 n이 차수보다 커진 뒤로는 $(1 - x^n)$의 영향을 받지 않는다. 이 의미에서 모든 $(1 - x^n)$의 무한 곱은 알고 보면 아래와 같은 무한 합이다.

$$1 - x - x^2 + x^5 + x^7 - x^{12} - x^{15} + x^{22} + x^{26} - x^{35} - x^{40} + \cdots$$

그건 그렇고 수열이 수렴하는지 아닌지는 신경 쓰지 말라. 우리의 유일한 관심사는 대수 법칙을 이용하여 무한 곱을 무한 합으로 치환하는 것이니까.

여기서는 뭔가 기묘한 일이 벌어지는 듯하다.

곱에서는 모든 거듭제곱수 x^n의 지위가 동등하다.

그런데 **합**에서는 x^n이 $n = 1, 2, 5, 7, 12, 15, 22, 26, 35, 40, \cdots$에

서만 나타난다. x의 처음 두 거듭제곱 앞에는 뺄셈 부호가 붙고, 다음 두 거듭제곱 앞에는 덧셈 부호가 붙고, 그다음 둘 앞에는 다시 뺄셈 부호, 그다음에는 다시 덧셈 부호가 붙는 식으로 계속된다. 뺄셈 부호 두 개와 덧셈 부호 두 개의 주기적 교대는 매우 규칙적이다. 하지만 정수 수열은 어떨까? 다시 들여다보자.

$$1, 2, 5, 7, 12, 15, 22, 26, 35, 40, \cdots$$

이 정수들은 일반화된 오각수generalized pentagonal number라고 명명되었는데 우리는 줄여서 일오수genpen number라고 부르겠다(온라인 정수열 사전에서는 이 수열에 A001318이라는 무미건조한 이름을 붙였다).

일오수의 증가 이면에는 법칙이 있을까? 물론이다. 그리고 오일러는 이를 단번에 알아차린 것이 분명하다. 인접한 두 수의 차이를 보라. 차이는 1, 3, 2, 5, 3, 7, 4, 9, 5, ⋯다. 이 수열의 홀수 위치(첫 번째, 세 번째, 다섯 번째, ⋯)에는 평범한 자연수 1, 2, 3, 4, ⋯가 오고 짝수 위치(두 번째, 네 번째, 여섯 번째, ⋯)에는 홀수 3, 5, 7, 9, ⋯가 온다. 이 법칙을 적용하면 일오수 수열을 쉽게 확장할 수 있다.

이제 주제를 완전히 송두리째 바꿀 때가 된 듯하다.

임의의 자연수에서 약수의 합을 들여다보자. 이를테면 12의 약수는 1, 2, 3, 4, 6, 12이며 모두 더하면 28이다. 13의 약수는 1과 13이며 모두 더하면 14다. 일반적으로 소수 p의 약수의 합은 $p+1$이다. 사실 소수 자체가 약수의 합이 자신보다 1만큼 큰 수다(이런 까닭에 오일러는 1을 소수로 간주하지 말아야 한다고 주장한다. 약수의 합이 $1+1$이 아니라 1이니 말이다. 물론 1은 합성수도 아니다. 1은 독자적인 유일한 단위다).

오일러는 자연수 약수의 합을 연구하다가 불규칙성에 매혹되었다. 맨 앞의 열 개 항은 1, 3, 4, 7, 6, 12, 8, 15, 13, 18이다. 시작은 상서롭지 않으며 그 뒤로도 나아지지 않는다. 이를테면 40부터 50까지의 수에서 약수의 합은 90, 42, 96, 44, 84, 78, 72, 48, 124, 57, 93이다.

오일러는 이렇게 썼다. "이 수들의 연쇄를 조금이라도 연구하다 보면 절망에 내몰린다. 질서라고는 조금도 발견할 희망을 품을 수 없다."

하지만 그가 누구인가. 오일러 아닌가.

그는 계속해서 이렇게 말했다. "그럼에도 나는 이 수열이 완벽하게 확고한 법칙을 따르며 심지어 반복되는 수열로 간주될 수도 있음을 깨달았다. 각 항은 불변 법칙에 따라 이전 항들에서 계산할 수 있다."

이 법칙은 수 n보다 작은 모든 수의 약수의 합을 알 경우 n의 약수의 합을 산출한다. 법칙의 내용은 아래와 같다.

n-1의 약수의 합을 취한다.

n-2의 약수의 합을 더한다.

n-5의 약수의 합을 뺀다.

n-7의 약수의 합을 뺀다.

n-12의 약수의 합을 더한다.

n-15의 약수의 합을 더한다.

이런 식으로 계속한다.

이런 규칙을 어떻게 발견하는지 신비로울 따름이다. 하지만 오일러의 정신은 그럴 준비가 되어 있었다. 수 1, 2, 5, 7, 12, 15는 앞서 말한 일오수다. 덧셈 부호 두 개, 뺄셈 부호 두 개, 다시 덧셈 부호 두 개, 이런 식으로 이어지는 부호의 교대는 무한 곱을 무한 합으로 치환하는 과정에서 일어나는 현상을 고스란히 반영한다. 그렇기에 위의 법칙에서는 (n-일오수) 유형의 맨 처음 두 차를 더하고 다음 두 차를 빼고 다음 두 차를 더하는 식으로 계속한다. 물론 차 (n-일오수)가 음수가 되면, 즉 n보다 큰 일오수에 도달하면 멈춰야 한다. 아, 마지막으로 하나 더. 이런 차가 0이면(즉, n이 일오수 자체이면) "(n-일오수)의 약수의 합"을 n 자체로 대체한다. 자, 이것이 '불변의 법칙'인데, 실로 기상천외하다.

레온하르트 오일러는 아직 증명을 제시할 수는 없었지만, 이 '매우 특이한 법칙'을 어떻게 확신하게 되었는지 서술하면서 즐거워한 것이 분명하다. 우선 그는 맨 앞에 있는 스무 개의 수를 검산하고는 다음으로 넘어갔다. 이를테면 12의 약수의 합은 아래와 같이 검산했다.

12-1(즉, 11)의 약수의 합에서 출발한다.

12-2(즉, 10)의 약수의 합을 더한다.

12-5(즉, 7)의 약수의 합을 뺀다.

12-7(즉, 5)의 약수의 합을 뺀다.

12-12(즉, 0)의 약수의 합을 더한다.

마지막 항은 앞에서 보았듯 처음의 수, 즉 12로 대체되어야 한다. 전부 계산하면, 우리가 찾던 12의 약수의 합은 이 법칙에 따라 12+18-8-6+12이며 보다시피 정답인 28이다.

오일러는 이 법칙을 많은 수(이를테면 101부터 301까지의 수)에서 검증한 다음 냉소적으로 결론 내렸다. "이 예들은 나의 법칙이 진리에 부합한다는 사실이 한낱 우연이라고는 누구도 상상하지 못하도록 하기에 충분하다고 생각된다."

이렇듯 약수의 합의 수열은 확고한 법칙을 따른다! 이 결론이 더더욱 놀라운 것은 큰 수, 이를테면 스무 자릿수나 예순 자릿수의 약수를 찾는 작업이 극도로 고되고 시간을 잡아먹는 일이기 때문이다. 이 작업은 '힘든' 문제의 본보기다.

게다가 약수의 합의 수열은 언뜻 보기에 소수의 수열보다 더욱 오리무중이어야 마땅하기 때문이다. 실제로 이 법칙은 소수를 추려낸다(소수는 약수의 합이 $n+1$인 수 n로 정의된다). 하지만 약수의 합의 수열은 뚜렷한 재귀적 법칙을 따르는 반면에 소수의 수열은 오일러에 따르면 "질서의 기미를 조금도 나타내지 않는 듯"하다. 소수의 수열은 누대에 걸쳐 수학자들의 어떤 시도에도 난공불락이었다. 오일러는 이렇게 말했다. "인간 정신이 결코 파고들 수 없는 어떤 신비가 있다고 믿을 이유가 충분하다." 소수는 두서없이 나타나는 것처럼 보인다.

오일러가 이 글을 쓴 때는 1751년이었다. 약 10년 뒤 그는 '매우 특이한 법칙'의 증명을 생각해냈다. 그 이후로 수학은 비약적으로 발전했지만 소수의 수수께끼는 아직도 풀리지 않았다. 소수prime는 존 더비셔의 책 제목을 인용하자면 '으뜸가는 강박prime obsession'이 되었다§ 한국어판 제목은 『리만 가설』이다. 소수는 유명한 리만 가설의 주제다. 리만 가설은 힐베르트가 1900년 제시한 유명한 목록의 8번 문제였으며 20세기까지 살아남아 클레이연구소의 (힐베르트 문제 못지않게 유명한) 밀레니엄 문제에도 포함되었다. 리만 가설은 소수의 분포를 무작위 연쇄와 구별할 수 없음을 매우 분명하고 정확하게 선언한다. 자연수보다 규칙적인 것은 아무것도 없는 듯한 반면 자연수의 구성 요소인 소수의 배열보다 불규칙한 것은 아무것도 없는 듯하다.

우리가 볼 수 있는 부분은 빙산의 일각에 불과하다. 감춰진 모든 것을 생각하다 보면 플라톤주의자가 되지 않을 도리가 없다.

인간 정신으로 헤아릴 수 없을 듯한 수수께끼를 경험하는 일은 수학에 국한되지 않는다. 양자 얽힘, 빅뱅, 분자생물학의 복잡성, 의식의 창발 등을 숙고하면 겸손해지지 않을 수 없다. 하지만 이 물음들은 이른바 현실 세계에 대한 생각인데, 현실 세계는 우연하다고 간주할 수 있다. 우주가 불가해하고 차갑고 거대해 보이는 것은 결코 놀랄 일이 아니다. 달리 무엇을 기대할 수 있겠는가? 하지만 수학자와 철학자들은 바깥세상을 바라보지 않고도, 말하자면 집을 떠나지 않고도 똑같은 절대적 소외의 감각을 경험할 수 있다.

가장 초창기 플라톤의 대화편들은 대개 난제로 끝났는데, 고대인들은 이를 **아포리아**라고 불렀다. 비트겐슈타인은 이렇게 썼다. "철학적 문제는 '나는 (길을) 훤히 알지 못한다'란 형식을 가진다." 만에 하나 철학자들이 문제가 부족해진다면(그럴 리 없겠지만) 수학에 손을 벌리기만 하면 된다.

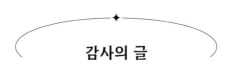

감사의 글

이 책을 빚어낸 사람은 대부분 나를 거쳐 간 학생들이다. 나는 수십 년간 그들이 무리 지어 수학계에 뛰어드는 광경을 목격하는 특권을 누렸다. 그들의 질문·불안·주장·의심·비판은 내게 꼭 필요한 자극이었다. 내가 젊은 시절 느낀 혼란과 희열을 그들 덕분에 잊지 않을 수 있었다.

삽화 제작에 대해서는 베아 라우퍼스바일러와 알렉산더 헬보크, 그리고 카를하인츠 그뢰헤니크와 하넬로레 데 실바에게 감사해야겠다. 마르틴 마이어호퍼와 마르쿠스 슐라비체크는 든든한 버팀목이 되어주었다.

문서와 자료를 열람하도록 도와준 고등연구소의 마샤 터커, 케임브리지대학교 비트겐슈타인 자료실의 미카엘 네도, 오스트리아한림원의 슈테판 지넬, 빈대학교의 토머스 마이젤에게 감사한다. 비트겐슈타인과 램지의 사진을 쓰도록 허락해준 벤트 조푸스 트라노이와 스티븐 버치에게 감사한다.

나는 동료들에게서 많은 것을 배웠다. 특히 야코프 켈너, 프리드리히 슈타들러, 크리스토프 림베크, 하랄트 린들러, 페터 미쇼어, 발터 샤허마이어, 크리스토프 하우에르트, 클라우스 슈미트, 미카엘 아이히마이어, 이마누엘 봄체, 요제프 호프바우어, 크리스티안 힐베, 게오르크 플루크, 장로베르 티랑에게 감사한다. 자상한 도움과 전문성을 베풀어준 브라이언 스컴스, 장피에르 오뱅, 레오폴트 슈레테러, 로버트 레너드, 글렌 셰이퍼, 라인하르트 지크문트슐츠, 돈 사리, 더글러스 R. 호프스태터, 셰릴 미사크에게도 무척 감사한다. 골수 플라톤주의자 마틴 노왁의 유쾌한 캐물음에도 빚진 바 크다. 편집인 T.J. 켈레허는 책이 꼴을 갖추는 데 무척 일조했다.

아들 빌리와 아내 아나 마리아의 지원 및 인내가 없었다면 이 책의 집필을 아직 끝내지 못했으리라는 것은 두말할 필요가 없다.

그건 그렇고 우리 고양이 몬티가 집필 시간에 방해하지 말아달라는 내 요청을 아랑곳하지 않는다는 사실이 증명되었음을 꼭 언급해야겠다. 심지어 내 키보드를 고의로 밟고 지나가기까지 한다. 따라서 남은 실수는 모두 몬티 탓이다.

지은이

카를 지크문트 Karl Sigmund

오스트리아 빈대학교의 수학과 명예교수다. 진화적 게임이론의 선구자로 저서『진화적 게임과 동역학계 Evolutionary Games and Dynamical Systems』,『이기심의 계산 The Calculus of Selfishness』은 이 분야의 교과서다. 오스트리아, 독일, 유럽 과학아카데미의 회원이며 빈대학교 수학연구소장과 오스트리아 수학학회장을 역임했다. 《네이처》와 《사이언스》에 다수의 논문을 발표하고 《사이언티픽 아메리칸》에 기사를 싣는 등 200여 편에 가까운 글을 기고했다. 또한 수학과 철학에 관한 여러 대중서를 썼다. 대표작『생명 게임 Games of Life』은 2012년 《가디언》의 '수학 분야 최고의 책 10권'으로 꼽혔고,『정신 나간 시대의 정확한 사고 Exact Thinking in Demented Times』는 오스트리아 연방 과학기술경제부에서 2016년 올해의 과학도서상을 받았다.

✦

옮긴이

노승영

서울대학교 영어영문학과를 졸업하고 동 대학교 대학원에서 인지과학 협동과정을 수료하며 언어학·철학·심리학·신경과학·컴퓨터공학을 공부했다. 컴퓨터 회사에서 번역 프로그램을 만들고 환경단체에서 일하다가 2007년부터 번역을 시작했다. 『나무 내음을 맡는 열세 가지 방법』,『세상 모든 것의 물질』,『이렇게 살아도 괜찮은가』,『세계 그 자체』 등 100권이 넘는 책을 옮겼으며,『번역가 모모 씨의 일일』(공저)을 지었다.

• 홈페이지: https://socoop.net

어떻게 수학을
사랑하지 않을 수 있을까?

삶의 해를 구하는 공부

펴낸날 초판 1쇄 2024년 5월 30일

지은이 카를 지크문트

옮긴이 노승영

펴낸이 이주애, 홍영완

편집장 최혜리

편집3팀 강민우, 장종철, 이소연

편집 양혜영, 문주영, 박효주, 한수정, 김하영, 홍은비, 김혜원, 이정미

디자인 김주연, 기조숙, 윤소정, 박정원, 박소현

마케팅 김태윤, 정혜인, 김민준

홍보 김준영, 김철, 백지혜

해외기획 정미현

경영지원 박소현

펴낸곳 (주)윌북 **출판등록** 제2006-000017호

주소 10881 경기도 파주시 광인사길 217

홈페이지 willbookspub.com **전화** 031-955-3777 **팩스** 031-955-3778

블로그 blog.naver.com/willbooks **포스트** post.naver.com/willbooks

트위터 @onwillbooks **인스타그램** @willbooks_pub

ISBN 979-11-5581-725-4 03410